내 식물에게
무슨 일이
일어났을까?

What's Wrong With My Plant?
by David Deardorff
and Kathryn Wadsworth

Copyright ⓒ 2009 by David Deardorff and Kathryn Wadsworth. All rights reserved. • Illustrations copyright ⓒ 2009 by David Deardorff. All rights reserved. • Photograph copyright ⓒ 2009 by David Deardorff and Kathryn Wadsworth. All rights reserved. • Korean translation copyright ⓒ 2011 by Gimm-Young Publishers, Inc. This Korean edition published by arrangement with Regina Ryan Enterprises c/o Books Crossing Borders, USA through Yu Ri Jang Literary Agency, Korea.

내 식물에게 무슨 일이 일어났을까?

지은이 데이비드 디어도르프 · 캐서린 와즈워스
옮긴이 안유정
감수 윤경은
1판 1쇄 발행 2011. 11. 16.
1판 4쇄 발행 2022. 9. 12.

발행처_ 김영사 • 발행인_ 고세규 • 등록번호_ 제406-2003-036호 • 등록일자_ 1979. 5. 17. • 경기도 파주시 문발로 197(문발동) 우편번호 10881 • 마케팅부 031)955-3100, 편집부 031)955-3200, 팩시밀리 031)955-3111 • 이 책의 한국어판 저작권은 유리장 에이전시를 통해 저작권사와 독점 계약한 김영사에 있습니다. 저작권법에 의해 한국 내에서 보호를 받는 저작물이므로 무단 전재와 무단 복제를 금합니다.

값은 뒤표지에 있습니다. ISBN 978-89-349-5531-3 03840 • 홈페이지_ http://www.gimmyoung.com • 이메일_ bestbook@gimmyoung.com
• 좋은 독자가 좋은 책을 만듭니다. 김영사는 독자 여러분의 의견에 항상 귀 기울이고 있습니다.

내 식물에게 무슨 일이 일어났을까?

병충해 예방에서 영양공급까지
튼튼하고 아름답게 키우는 식물 관리법

데이비드 디어도르프 · 캐서린 와즈워스

안유정 옮김 | 윤경은 감수

김영사

주방 창틀에 놓인 허브 화분이든, 빽빽이 심어놓은 가로화단이든,
메인 주의 약 1,983m² 계단식 대지든, 하와이 주의 베란다에 진열해놓은 화분이든,
여러분이 가꾸는 정원의 형태나 규모와 상관없이 정원은
우리가 참살이 well-being of life 를 느끼게 해주는 환경이다. 식물은 사람이 공동체를
구성할 경우에 필요한 기본 자재라고 할 수 있다.

차
례

서문 • 9

무슨 문제일까?
흐름도를 따라가며 문제 진단하기

What's Wrong?

1_ 식물 전체 • 15 | 2_ 잎, 잎채소 • 30 | 3_ 꽃, 꽃봉오리, 식용꽃 • 67 | 4_ 과일, 채소 • 100
5_ 줄기, 가지 • 135 | 6_ 뿌리, 알뿌리, 뿌리채소 • 170 | 7_ 씨, 유묘 • 204

어떻게 치료할까?
자연 방제 및 유기농약

How Do I Fix It?

8_ 생장 환경 • 228 | 9_ 진균 • 275 | 10_ 곤충 • 305 | 11_ 응애 • 348
12_ 세균 • 366 | 13_ 바이러스 • 380 | 14_ 선충 • 391 | 15_ 그 밖의 해충 • 403

왜 이럴까?
흔히 발생하는 질병을 사진으로 보기

What Does It Look Like?

식물 전체에서 나타나는 증상 • 422 | 잎 및 잎채소에서 나타나는 증상 • 426
꽃, 꽃봉오리, 식용꽃에서 나타나는 증상 • 448 | 과일 및 채소에서 나타나는 증상 • 464
줄기 및 가지에서 나타나는 증상 • 477 | 뿌리, 알뿌리, 뿌리채소에서 나타나는 증상 • 492
씨 또는 실생에서 나타나는 증상 • 500

잔디 관리 요령 • 507 | 용어 해설 • 516
참고문헌 • 525 | 찾아보기 • 527

WHAT'S WRONG WITH MY PLANT?

식물을 사랑하는 사람은 시간이 지나면 식물들과 밀접한 관계를 맺는다.
식물은 미세하고 흥미로운 방식으로 우리와 대화를 할 줄 안다.

서문
Introduction

　주방 창틀에 놓인 허브 화분이든, 빽빽이 심어놓은 가로화단이든, 메인 주의 약 1,983m² 계단식 대지든, 하와이 주의 베란다에 진열해놓은 화분이든, 여러분이 가꾸는 정원의 형태나 규모와 상관없이 정원은 우리가 참살이 well-being of life를 느끼게 해주는 환경이다. 식물은 사람이 공동체를 구성할 경우에 필요한 기본 자재라고 할 수 있다. 우리 정원, 텃밭, 베란다, 안뜰에서 생활하는 모든 생물은 전적으로 식물에 의존해서 살아간다. 우리도 마찬가지다. 우리 중 어느 누구도 에너지를 스스로 만들지 못하고 소비만 할 수 있기 때문이다.

　식물을 사랑하는 사람은 시간이 지나면 식물들과 밀접한 관계를 맺는다. 식물은 미세하고 흥미로운 방식으로 우리와 대화를 할 줄 안다. 건강한 녹색 잎은 햇빛으로 에너지를 얻고 양분을 생성하여 식물이 잘 자라고 있음을 알려주고, 검은 상처를 띠며 누르스름하게 변하는 잎은 식물 자체에 문제가 있음을 알리는 것이다. 꽃이 축 늘어져 있거나 구멍이 숭숭 뚫려 있으면 무엇인가가 꽃을 잠식하고 있음을 말하는 것이다. 이와 같이 현미경 없이도 눈으로 쉽게 관찰할 수 있는 모든 증상은 식물 자신이 건강하고 행복한지, 아니면 괴로운지를 소통하는 방식이다.

"제가 키우는 식물이 왜 이렇죠?" 이 질문은 식물 때문에 속을 앓는 주인들에게서 가장 많이 듣는 말이다. 이 책은 그 질문에 답을 내리도록 도와준다. 또한 두 번째로 가장 많이 하는 질문인 "독한 농약을 쓰지 않고 식물을 낫게 하는 방법이 있나요?"에 대한 답도 제시한다. 이 책은 특유의 단계에 따라 여러분의 보살핌을 받고 있는 식물의 질병과 이상 증세, 해충을 진단하고 치료하는 방법을 알려준다. 이 책으로 여러분이 의사가 되어 식물을 치료하는 것이다.

제1부에는 식물의 증상을 부위별로 나누어 수록했다. 이해하기 쉽도록 그림과 흐름도로 구성되어 있으므로, 식물에서 발견된 증상을 진단하고 구체적인 원인을 판별할 수 있을 것이다. 필자들은 자신의 정원이나 식물에서 문제점을 발견한 사람들이 문제의 식물 샘플을 가져오는 방식으로 하여 몇 년에 걸쳐 흐름도를 완성했다. 병충해를 겪는 식물을 보고 필자들은 '식물이 하루에 햇빛을 얼마나 받습니까? 물은 얼마나 자주 주십니까? 해충이 보였습니까?'라는 똑같은 질문을 반복한다는 사실을 깨달았다. 그리고 공저자인 데이비드 디어도르프 박사의 식물학 및 식물병리학 지식에 따라 문제에 대한 진단을 "예, 아니요" 형식으로 정리할 수 있다는 사실도 알게 되었다. 흐름도에서 필자들은 식물에서 일어날 수 있는 모든 문제의 가능성을 하나씩 걸러 단 한 개의 결과, 즉 최종 진단에 이르도록 구성했다(예 : 그을음병).

제2부에는 문제의 원인을 생물 종류별로 분류하여 수록했으며(예 : 9장 진균), 안전한 유기농약을 추천하고 병해충의 이익과 해악의 양면성을 소개했다. 흔히 발견되는 문제들의 예시 사진은 제3부에 수록했다.

진단 흐름도를 사용하여 식물의 증상을 신중히 관찰하기만 하면 여러분은 식물이 무슨 병을 앓고 있는지 알아낼 수 있다. 벌레를 표본으로 채집하거나 식물의 종 또는 병원체를 알아내려고 전문서적을 어렵게 뒤질 필요도 없다. 뿌리, 줄기, 잎을 보고 증상을 기록한 다음 그림을 보면서 흐름도를 따라가 해결책을 찾는 것이 여러분이 할 일이다.

이 책을 잘 활용하려면

무엇보다도 식물을 해쳐서는 안 된다. 식물이 죽어간다고 성급하게 결론짓고 독한 화학 농약을 뿌리기 전에 식물을 잘 관찰하자. 주방 싱크대 위 창틀에 나란히 놓인 화분이든, 테라스에 조성된 화단이든, 옥외 정원에서 자라는 것이든, 식물의 어느 부분에 문제가 있는지 판별하라. 그다음 제1부의 흐름도에서 식물이 병징을 보이는 부위를 찾는다. 흐름도에서 문제를 진단하여 답이 결정되면("예" 또는 "아니요") 화살표를 따라간다. 최종 진단을 내리면 아래에 표시된 페이지로 가거나(Go to page ○○), '해결', '사진'에 제시한 페이지로 가서 제2부의 해결책을 읽고 제3부의 사진도 참고한다.

1

What's Wrong?
무슨 문제일까?
흐름도를 따라가며 문제 진단하기

왜 진단체계를 사용해야 하는가?

식물의 병충해나 방제법 등에 관한 대부분의 자료들은 활용하기가 어렵다. 검색을 하려면 거의 모든 경우에 식물의 이름을 알아야 한다. 그런데 정원이 이미 조성되어 있는 집에 이사를 간다거나, 식물을 선물로 받았는데 이름표나 라벨이 없다면 검색하기가 쉽지 않을 것이다. 어떤 자료에는 사진이 수록되어 있어 식물에 나타난 문제와 똑같은 사진을 찾아볼 수도 있다. 그러나 똑같은 사진을 찾을 수 없다면 어떻게 해야 할까?

이 책은 그러한 점을 보완하여 사용하기 쉬운 흐름도로 진단체계를 만들어놓았다. 진단 흐름도는 한 쌍씩 문제점을 제시하면서 그림을 참고할 수 있도록 했으며, "예" 또는 "아니요"로 답하는 형식이다. 식물의 증상을 관찰하고 진단하여 흐름도를 따라 최종 진단을 내리는 것이다. 최종 진단에서는 문제의 원인을 알려준다.

흐름도 활용 방법

❶ 어디에서 자라는 식물이든 반드시 면밀히 검사한다. 한 가지 이상의 증상을 발견했다면, 전부 다 신경이 쓰이겠지만 일단 한 가지에 집중한다. 한 번에 한 가지 증상을 추적하는 것이 중요하다. 식물 전체에 나타난 문제인지 아니면 특정 부위에 나타난 문제인지 판별한 다음 차례로 간다.

❷ 차례에서 증상을 나타내는 부위에 해당하는 장으로 간다. 각 그림을 살펴보고 그 옆의 설명을 읽은 다음, 가장 비슷하게 설명한 증상을 찾고 그 증상이 어떤 범주에 속하는지 확인한다.

❸ 그 범주에 해당하는 페이지로 간다. 여기서 문제를 정확하게 가려낼 수 있다.

경고ㅣ같이 수록된 설명을 읽지 않고 그림만으로 비슷한 증상을 찾을 수도 있지만, 설명을 잘 읽어야 한다. 곧바로 똑같은 그림만 찾으려고 하면 잘못된 진단을 내릴 수도 있다.

❹ 각 흐름도는 한 가지 증상에 대해 한 쌍씩 문제점을 제시한다. 증상이 일치하면 "예", 일치하지 않으면 "아니요"로 답한다. 짝을 지어 제시한 두 증상 중 한 개에만 "예"로 답할 수 있다.

❺ 답이 결정되면("예" 또는 "아니요") 화살표를 따라가며 진단한다.

❻ 대부분의 경우, 흐름도의 왼쪽은 여러 증상을 동시에 설명한다. 따라서 설명하는 증상이 한 그림에 모두 표현되지 않았을 수도 있다.

❼ 해결책을 보려면 가리키는 페이지로 간다. 참고할 사진이 있으면 가리키는 페이지로 가서 유사한 증상을 보이는 식물을 확인한다.

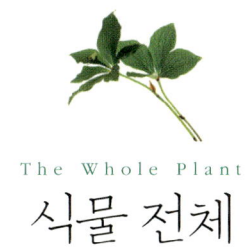

The Whole Plant

식물 전체

1

식 물 이 란 ?

식물은 우리 생물권을 구성하는 진화의 기적 중 하나다. 식물은 이산화탄소를 마시고 산소를 내쉬면서 숨을 쉬는 살아 있는 유기체다. 뿌리를 통해서 물과 무기질을 흡수하고 광합성이라는 마법으로 잎에서 양분을 생산한다. 대부분의 식물은 녹색 색소인 엽록소를 함유하고 있어 녹색을 띠는데, 엽록소는 태양 에너지를 흡수 및 동화하고, 식물은 이것을 양분으로 저장한다. 우리 몸과 마찬가지로 식물의 몸 역시 많은 세포로 이루어져 있으며, 세포는 조직과 기관을 형성한다.

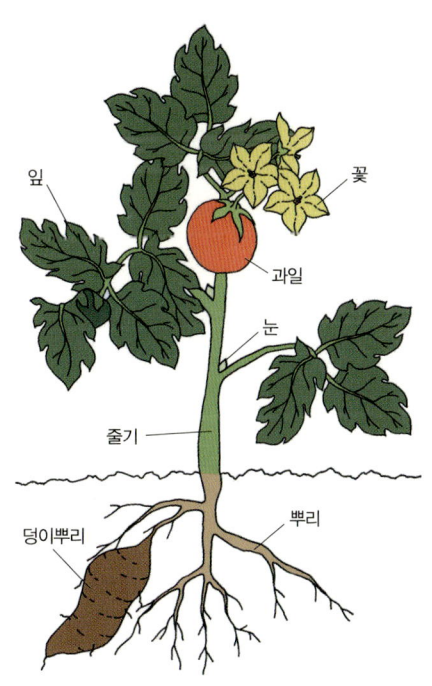

동물의 몸을 구성하는 주요 기관 계통과 비교했을 때 식물의 기관 계통은 단순해 보인다. 그러나 식물의 기관도 동물과 마찬가지로 복잡한 생리 기능이 유기적으로 연결되어 있다.

단풍나무속이나 참나무속과 같은 쌍떡잎식물은 식물 분류 중 가장 많은 종으로 분화된다. 정원이나 밭에 흔히 심는 식물인 장미, 델피니움, 진달래, 사과나무, 콩 Phaseolus, 호박 Cucurbita, 토마토 Lycopersicon esculentum 및 꽃양배추 Brassica oleracea 역시 쌍떡잎식물에 속한다.

싱그러운 잎을 자랑하는 고사리는 종자가 아닌 포자로 번식한다.
고사리는 오래전부터 지구상의 생태계를 장악한 식물의 종류 중 하나다.

식물의 기관인 잎, 꽃, 과일, 줄기, 뿌리와 씨는 이 책의 제1부를 구성하는 각 장의 주제다.

식물의 종류는 엄청나게 다양하며 그 진화 경로는 매우 복잡하다. 식물은 조류藻類와 같이 기관이 거의 구분되지 않는 단순한 생명체로 시작했다. 이들은 종자를 만드는 능력이 없으므로 포자로 번식한다.

종자를 생산함으로써 식물은 한 단계 더 진화되었다. 종자식물에는 두 부류, 즉 겉씨식물과 속씨식물이 있는데, 이들은 우리 지구를 녹색으로 만든 주인공들이다. 종자식물의 두 부류 모두 매우 복잡하며 고도로 조직화되었다.

겉씨식물에는 소나무$_{Pinus}$, 가문비나무$_{Picea}$, 향나무$_{Juniperus}$, 개잎갈나무$_{Cedrus}$, 전나무$_{Abies}$ 등이 있으며, 솔방울毬花 속에 종자를 만들어낸다(영어로 침엽수 'conifer'는 '솔방울 cone'에서 유래했다).

종자식물의 다른 부류인 속씨식물은 분류가 매우 복잡하다. 번식 기관이 꽃으로 진화함으로써 식물은 새로운 생태계로 확장할 능력이 생겼다. 나리$_{Lilium}$, 장미, 참나무$_{Quercus}$, 단풍나무$_{Acer}$, 난蘭, 야자나무, 잔디, 사과나무$_{Malus}$, 그리고 그 밖의 꽃을 피우고 과일 속에 종자를 만들어내는 모든 식물이 이 부류에 속한다. 속씨식물은 다시 쌍떡잎식물과 외떡잎식물 두 무리로 나누어진다.

식물은 종류와 적응성이 워낙 다양하여 지구 곳곳에 자리를 잡고 번식해 나갔으며, 심지어 바닷속에서도 살고 있다. 우리도 잘 알고 있듯이 식물이 생산하는 양분과 이들이 내뿜는 산소 덕분에 다른 모든 생명체가 살아갈 수 있다.

식물이 하는 일은?

식물은 하는 일이 많다. 우리가 호흡하는 공기를 만들어낼 뿐 아니라, 우리가 먹을 양식과 살 집을 지을 재료를 제공한다. 또한 토양을 비옥하게 하고 땅을 고정하는 역할도 하며, 기후를 조절하고 다른 동물들의 먹이와 집이 되기도 한다.

식물의 기관 계통은 각각 식물 전체를 형성하는 특정한 기능을 수행한다. 잎은 햇빛, 물, 이산화탄소로부터 양분을 생산한다. 식물의 나머지 모든 계통은 이 능력에 전적으로 의존하여 활동한다. 꽃과 솔방울은 생식 계통이다. 과일은 씨를 품고 자란 씨방이며 속씨식물의 꽃에서 발달한다. 줄기는 식물의 몸이 설 수 있도록 지지한다. 또한 줄기는 물과 무기양분을 뿌리에서 잎까지 운반하고 잎에서 만들어낸 양분을 당질과 전분의 형태로 뿌리까지 운반한다.

뿌리 계통은 토양에서 물과 무기양분을 흡수하여 식물의 다른 부분으로 운반한다. 또한 뿌리는 식물을 생육 환경에 굳건히 고정시킨다. 씨는 태아와 같은 상태의 식물과 이 식물이 스스로 양분을 만들 때까지 충분히 먹을 만큼의 식량이 든 작은 주머니다. 씨는 식물의 자손들이 바람을 타거나 동물의 소화기관을 통과하여 새로운 장소로 이동할 수 있도록 돕는 번식 수단이다.

식물은 건조한 땅마저 매우 오래전에 정복했다. 오늘날 이들은 모든 생태계, 즉 열대우림, 사막, 초원뿐만 아니라 높은 산꼭대기에서도 번성하고 있다. 식물은 대자연 안에서 생태계가 요구하는 명령에 순응하여 자연적으로 식물 군락을 이루며 동고동락하고 있다. 우리 정원의 식물은 인위적으로 조성된 군락 속에서 살고 있으며, 우리를 둘러싸고 존속하게 해주는 생명의 공동체와 하나가 되게 한다.

식물 전체에서 나타나는 증상

식물 전체를 공격하고 괴롭히는 문제가 발생할 수 있으며, 매우 심각할 때도 있다. 흐름도에 따라 진단을 내린 후 안전하고 적절한 해결책을 찾자(흐름도 활용 방법은 14쪽 참고).

개곰솔 *Pinus sylvestris*의 솔방울은 나무껍질 같은 비늘 안쪽에 두 장의 날개가 달린 씨를 품고 있다. 영글면 솔방울이 벌어지고, 씨는 바람에 날아간다.

꽃이 진화하면서 식물은 번식이 매우 유리해졌다. 콜룸비아눔 나리 *Lilium columbianum*는 외떡잎식물에 속하며, 벼과 식물, 난, 야자나무, 수많은 관상용 알뿌리 식물이 외떡잎식물이다.

사막은 지구에서 가장 마지막으로 형성된 생태계 중 하나다. 물이 한정되어 있는 이 거친 환경에서 식물은 물을 아껴 쓰는 방식으로 진화하여 적응에 성공했다. 사진과 같이 용설란의 잎은 물을 저장한다.

Categories of plant symptoms
식물 증상의 범주

식물 전체가 시들었다.

Go to page 21

식물 전체가 시들지는 않았으나 잎이 부분적 또는 전체적으로 색을 잃었다.

Go to page 26

■ 식물 전체가 시들었다 ■
증상의 다른 범주는 20쪽 참고

잎이 부분적 또는 전체적으로
노랗거나 갈색 혹은 검은색으로 변했다.

아니요 ➡

잎의 색깔은 정상이다.
Go to page 25

예 ⬇

식물의 발육이 저해되었다.
즉, 식물이 보통 크기보다 작다.

아니요 ➡

식물의 크기는 정상이다.
Go to page 22

예 ⬇

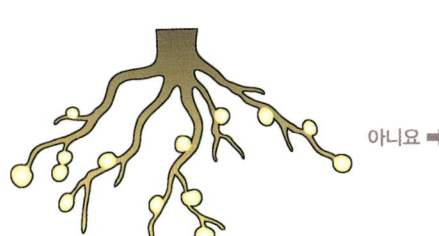

뿌리에 이상한 마디가 달리거나 뿌리가
부풀어 있으면(참고 : 콩과에서 볼 수 있는
질소를 고정하는 뿌리혹과 혼동하지 않는다)
뿌리혹선충이 있는 것이다.

해결 ➡ 394쪽

아니요 ➡

뿌리에 이상한 마디나 부푼
증상이 없는데 가지가 여러 곳에서 동시에
죽어가고 있으면 세균에 감염된 것이다.

해결 ➡ 371쪽, 사진 ➡ 423쪽

무슨 문제일까?

식물이 시들하나 크기는 정상이다
(21쪽에서 계속)

흙이 촉촉하다.
온도가 적당하고
바람도 잠잠하다.

아니요 ➡ 흙이 말라 있거나 날이 너무 덥고 바람도 많이 불면 건조 현상이다.
해결 ➡ 259, 260쪽, 사진 ➡ 422쪽

↓ 예

식물이 현재 위치에
잘 자리 잡고 있다.

아니요 ➡ 식물을 최근에 옮겨 심었다면 이식 쇼크다.
해결 ➡ 260쪽, 사진 ➡ 423쪽

↓ 예

식물에 비료를 주지 않았고,
염분이 포함된 물질이나
제설염도 닿지 않았다.
Go to page 23

아니요 ➡ 최근에 식물에 비료를 주었거나, 염분이 포함된 물질 또는 제설염이 닿았으면 염해를 입은 것이다.
해결 ➡ 271쪽, 사진 ➡ 423쪽

식물에 비료를 주지 않았고, 염분이
포함된 물질이나 제설염도 닿지 않았다.
(22쪽에서 계속)

뿌리 주변이 헤집어져 있거나
빽빽하게 다져져 있으면 식물이
물리적 원인으로
손상을 입은 것이다.

해결 ➡ 250쪽, 사진 ➡ 422쪽

아니요 ➡

뿌리 주변이 헤집어져 있거나
빽빽하게 다져져 있지 않다.

예
↓

줄기를 약간 절단했을 때
검은 줄무늬가 없다.

아니요 ➡

줄기를 약간 절단했을 때
검은 줄무늬 같은 것이
보이면, 푸사리움균이나
버티실리움균에 감염된 것이다.

해결 ➡ 292쪽, 사진 ➡ 423쪽

예
↓

회갈색 솜털 같은
얼룩은 퍼져 있지 않다.

해결 ➡ 24쪽

아니요 ➡

죽은 조직(줄기나 잎)에
회갈색 솜털 같은
얼룩이 퍼져 있으면,
잿빛곰팡이라고도 알려진
보트리티스균에 감염된 것이다.

해결 ➡ 292쪽, 사진 ➡ 423쪽

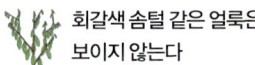 **회갈색 솜털 같은 얼룩은 보이지 않는다**
(23쪽에서 계속)

솜털 같은 얼룩은 보이지 않는다. (참고 : 흰 얼룩이 발견되나 솜털 같지 않고, 작고 단단하며 검은 혹도 보이지 않는다.)

아니요 ➡ 흰 솜털 같은 얼룩이 보이고 줄기 바깥이나 안쪽에서 작고 단단하고 검은 혹이 자라고 있으면 흰곰팡이가 자라고 있는 것이다.
해결 ➡ 294쪽

예
↓

아밀라리아 뿌리썩음병이다. 해결 ➡ 294쪽
아래 두 그림과 같다.

꿀색의 버섯 송이가 식물 밑동에서 자라며, 식물의 줄기를 자르면 흰 반점이 보인다.

줄기를 자르면 흰 반점이 보이나, 밑동 주변에 꿀색의 버섯은 보이지 않는다.

잎의 색깔은 정상이다
(21쪽에서 계속)

식물이 화분이 아닌 땅에서 자란다.   아니요 ➡   화분에 심은 식물이라면 뿌리가 화분에 꽉 찬 것이다.
해결 ➡ 253쪽, 사진 ➡ 422쪽

⬇ 예

줄기에 구멍이 뚫리지는 않았다.   아니요 ➡   줄기에 구멍이 뚫렸으면 천공충(穿孔蟲)이 있는 것이다.
해결 ➡ 341, 342쪽, 사진 ➡ 423쪽

⬇ 예

흙을 파보았을 때 흰 애벌레가 뿌리를 갉아먹고 있으면 바구미류 또는 풍뎅이류 유충이다.
(해충명이 '-류'인 것은 과 또는 속명까지만 동정된 외국종이다-옮긴이)
해결 ➡ 344쪽

아니요 ➡   흙을 파보았을 때 뿌리 일부가 없거나 줄기 밑동의 껍질을 무엇인가가 씹어 먹은 듯한 증상이 있으면 흙파는쥐, 토끼, 기타 포유류에 따른 피해다.
해결 ➡ 416, 417쪽

무슨 문제일까? 25

■ 식물 전체가 시들지는 않았으나 잎이 부분적 또는 전체적으로 색을 잃었다
증상의 다른 범주는 20쪽 참고

지난 겨울철 온도는 적당했다.   아니요 ➡   지난겨울이 극심하게 추웠으면 식물이 동해(凍害)를 입은 것이다.
해결 ➡ 262, 263쪽, 사진 ➡ 424쪽

예 ↓

식물에 물을 적당량 주었다.   아니요 ➡   뿌리가 계속 축축하게 젖어 있으면 물을 너무 많이 준 것이다.
해결 ➡ 261, 262쪽, 사진 ➡ 424쪽

예 ↓

유묘幼苗(싹이 터서 자란 어린 식물)가 아닌 다 자란 식물이다.
Go to page 27
   아니요 ➡   식물은 유묘인데 한쪽으로 쓰러졌으면 모잘록병이다.
해결 ➡ 292쪽

**식물은 유묘가 아닌
다 자란 식물이다**
(26쪽에서 계속)

식물이 제자리에
잘 서 있다.　　　　아니요 ➡　식물이 한쪽으로
　　　　　　　　　　　　　　쓰러졌으면
　　　　　　　　　　　　　풍해를 입은 것이다.
　　　　　　　　　　해결 ➡ 250, 251쪽, 사진 ➡ 424쪽

　　　　예
　　　　⬇

변색된 잎이 달린
가지에서　　　　　아니요 ➡　변색된 잎이 달린 가지에서
작은 구멍이　　　　　　　　　작은 구멍이 발견되면
발견되지는 않는다.　　　　　천공충이나 나무좀이 있는 것이다.
　　　　　　　　　　해결 ➡ 342쪽, 사진 ➡ 425쪽

　　　　예
　　　　⬇

그루터기에 큰 혹은 없다.　아니요 ➡　지면과 가까운 그루터기에
Go to page 28　　　　　　　　　큰 혹이 발견되면
　　　　　　　　　　　　　　근두암종병이다.
　　　　　　　　　　해결 ➡ 377쪽, 사진 ➡ 425쪽

그루터기에 큰 혹은 없다
(27쪽에서 계속)

잎의 크기와 모양이 정상이다.   아니요 ➡   잎의 크기와 모양이 비정상이면 제초제 피해를 입은 것이다.

해결 ➡ 252쪽, 사진 ➡ 424쪽

⬇ 예

잎에서 노란색의 반문, 고리 무늬 또는 지그재그 무늬가 발견되지 않는다.   아니요 ➡   잎에서 노란색의 반문, 고리 무늬 또는 지그재그 무늬가 발견되면 바이러스에 감염된 것이다.

해결 ➡ 383쪽, 사진 ➡ 425쪽

⬇ 예

줄기에 철사나 밧줄을 꽉 끼게 감아놓지 않았다.   아니요 ➡   줄기에 철사나 밧줄을 꽉 끼게 감아놓았다면 환상박피 증세다.

Go to page 29

해결 ➡ 251쪽

줄기에 철사나 밧줄을 꽉 끼게 감아놓지 않았다
(28쪽에서 계속)

가지 끝의 어린잎은 색이 정상인데
가지 처음의 오래된 잎이
노란색으로 변하고 있으면
질소 또는 마그네슘 결핍이다.

해결 ➡ 272쪽, 사진 ➡ 425쪽

아니요 ➡

가지 처음의 오래된 잎은
색이 정상인데 가지 끝의 어린잎이
노란색으로 변하고 있으면
철 또는 망간 결핍이다.

해결 ➡ 271, 272쪽, 사진 ➡ 424쪽

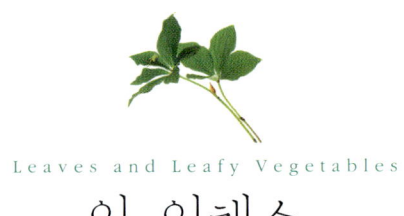

Leaves and Leafy Vegetables

잎, 잎채소

2

잎 이 란 ?

잎은 식물을 구성하는 기관 중 하나다. 식물에서 잎은 보통 녹색 부분을 가리키며, 줄기에서 생겨나 햇빛, 공기와 접촉하는 부분이다.

잎은 기본적으로 잎을 줄기에 연결하는 잎자루, 영양분과 물을 잎 세포와 줄기로 전달하는 주맥과 세맥, 그리고 세포가 광합성 활동을 하는 부분인 잎살로 구성되어 있다.

잎은 보기에는 단순한 것 같지만 매우 정교한 기관이다. 크기, 모양, 색깔의 종류도 놀라울 정도로 다양하다. 사실 형태가 너무

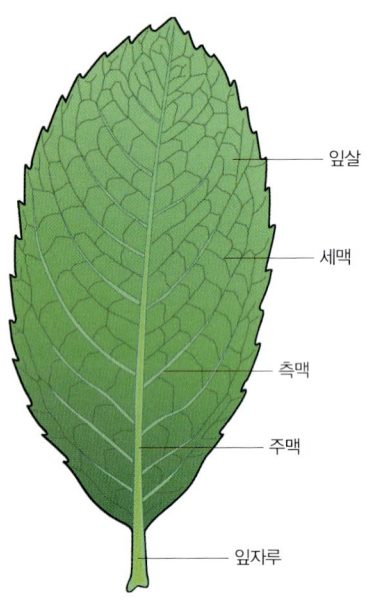

- 잎살
- 세맥
- 측맥
- 주맥
- 잎자루

다양해서 식물의 어떤 부분이 정확히 잎인지 판별하기 어려울 때도 있다.

아프리칸바이올렛, 필로덴드론, 난蘭 등 실내 화초나 정원에서 기르는 장미, 단풍나무, 토마토 등의 잎은 모양이 친숙하고 식별하기도 쉽다.

식물도 환경에 적응하는 생물이며, 잎은 새로운 조건에 적합하도록 진화한다. 따라서 어떤 잎은 잎처럼 보이지도 않는다. 소나무, 전나무, 히스, 헤더에 난 가시가 모두 잎이라는 사실을 알고 있었는가? 어떤 잎은 너무 작아서 분간하기 어려운데, 향나무, 사이프러스, 측백나무의 자잘한 비늘들은 사실 잎이다.

마찬가지로 선인장에 난 가시도 모두 잎으로 건조한 사막 공기에 수분을 빼앗기지 않기 위하여 극도로 변형된 것이다. 층층나무 꽃의 흰 '꽃잎'은 사실 꽃턱잎인데, 이는 진짜 꽃이 너무 볼품없어서 수분을 돕는 곤충을 끌어들이기 위하여 시간이 지나면서 잎이 꽃처럼 변형된 것이다.

벼과 식물의 잎몸은 좁고 긴 모양의 단순한 형태로 바닥에서부터 자라 나오며, 잎자루로 줄기에 연결되어 있지 않다. 고사리나 야자나무의 잎은 겹잎이라고 하는데, 겹잎은 수많은 소엽으로 이루어져 있다.

이처럼 다양한 형태를 이루는 잎은 식물계의 연금술사다. 쇠를 금으로 만드는 연금술사처럼 잎은 물, 공기, 빛을 양분으로 만든다.

잎이 하는 일은?

잎의 주 기능은 광합성으로, 빛에너지를 흡수하여 화학에너지로 전환하는 일을 한다. 식물은 잎이 생산한 에너지를 성장과 번식에 사용하고, 남는 에너지는 당질이나 전분으로 저장한다.

이산화탄소 CO_2 기체는 공기 중에서 잎의 뒷면에 있는 기공을 통하여 잎으로 들어간

실내 식물로 인기가 많은
스킨답서스 *Epipremnum pinnatum* 'Aureum'는
기본적인 잎을 가장 잘 나타내는 예다.

기본 구조를 보이는
잎의 열편裂片이 마치 사람의 손바닥 모양 같은
치르치나툼 단풍 *Acer circinatum*도
잎의 기본 구조가 잘 나타나 있다.

새포아풀 *Poa annua*의 잎은
바닥에서부터
여러 개가 바로 자라난다.

노블전나무 *Abies procera*는
바늘 하나하나가 각각 잎이다.

자이언트측백나무 *Thuja plicata*는
가지마다 미세한 비늘 같은 잎이
달려 있다.

누탈리이 층층나무 *Cornus nuttallii*의
흰 꽃턱잎은 잎이 변형된 것이다.

클레마티스 아르만디 *Clematis armandii*는
세 장의 소엽이 하나의 겹잎을 형성한다.

다. 빛에너지는 물H_2O을 수소와 산소로 분해한다. 이산화탄소와 수소는 당질로 합성되고, 산소O_2는 기공을 통하여 공기 중으로 나간다.

당질은 식물이 소비하기 위하여 만드는 양분이다. 그러나 식물의 잎은 많은 동물의 양분, 즉 먹이가 된다. 물론 우리의 양식이기도 하다.

상추, 시금치, 양배추 등 우리가 먹는 잎은 우리의 건강을 유지시켜주는 비타민과 무기질이 풍부하다. 파슬리, 세이지, 로즈마리, 백리향 잎 등 조미료나 향신료로 사용하는 잎도 있다. 알팔파, 벼과 식물, 클로버 잎은 가축의 먹이다.

또한 잎은 공기 중 이산화탄소(우리 몸에서 내쉬고 공장과 자동차에서 내뿜는)를 청소하고 우리가 마시는 산소를 만들어낸다. 식물은 온실효과를 일으키는 기체의 주성분인 이산화탄소를 다량 흡수하므로, 지구 온난화를 늦추고자 하는 우리의 노력에 힘을 실어주는 귀중한 협력자다. 나무를 심는 것은 지구의 대기 중 이산화탄소 비중을 줄이는 데 매우 큰 도움이 된다.

잎에서 나타나는 증상

잎의 증상은 눈에 잘 띈다. 잎에 나타나는 문제는 많은 경우에 식물의 다른 곳에서 문제가 발생했을 때 알려주는 첫 번째 신호다. 흐름도에 따라 진단을 내린 후 안전하고 적절한 해결책을 찾자(흐름도 활용 방법은 14쪽 참고).

일반적인 녹색 잎은 단순한 기관인 듯하나 단면을 보면
사실 복잡한 구조이며, 다양한 조직과 여러 종류의 세포로 구성되어 있다.
광합성은 대부분 책상조직에서 일어난다.
잎은 기공을 통하여 이산화탄소를 흡수하고 산소를 배출한다.

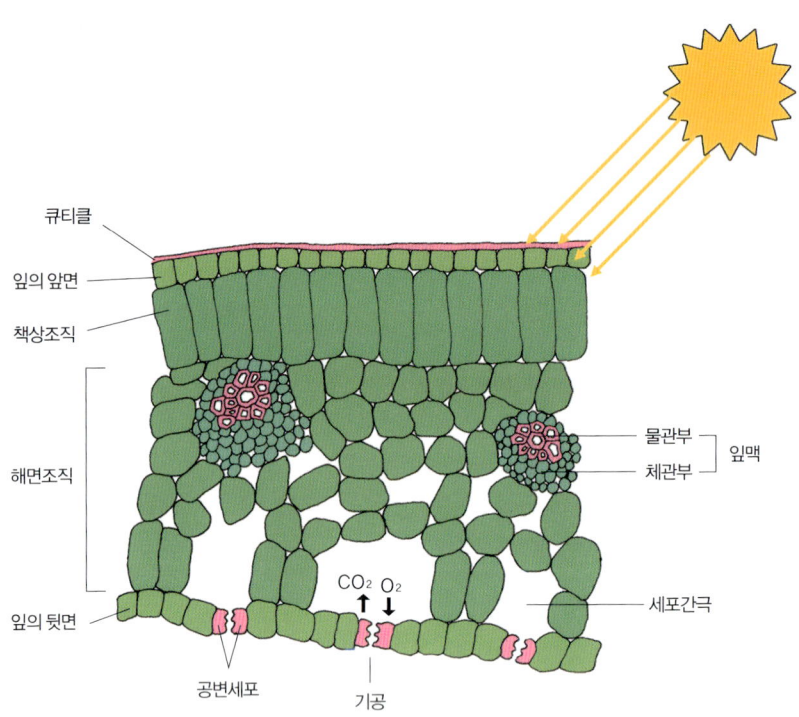

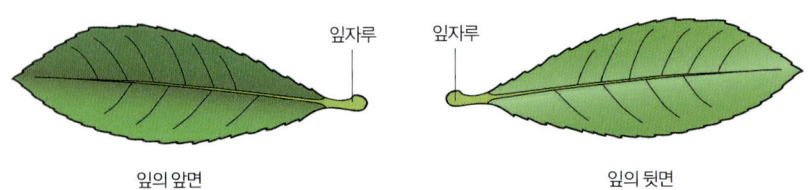

Categories of leaf symptoms
잎 증상의 범주

잎 전체 색이 변했다.

Go to page 36

쪽잎에 구멍이 있거나 가장자리가 씹어 먹힌 듯하며, 해충이 발견되기도 한다.

Go to page 53

둥근 반점이 드문드문 퍼져 있거나 크기가 불규칙한 얼룩점이 보인다.

Go to page 40

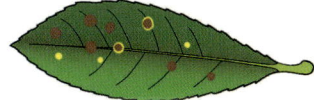

잎에서 이상한 형체의 혹이 자란다.

Go to page 61

잎의 형태가 불규칙하고 매우 큰 반점 또는 얼룩이 생겼다.

Go to page 46

잎이 변형되었다(부풀거나, 솟거나, 주름지거나, 오그라들거나 뒤틀려 있다).

Go to page 64

잎에 줄무늬가 생기거나 반문이 퍼져 있다.

Go to page 48

잎이 처지고 시들었다.

Go to page 50

■ 잎 전체 색이 변했다 ■
증상의 다른 범주는 35쪽 참고

잎의 색깔이 노란색, 갈색, 흰색으로 변하고 검은색으로는 변하지 않았다.   아니요 ➡   잎 전체가 검은색으로 변했다.

— 예 —   — 예 —

검은 부분을 긁어보았을 때 녹색 잎이 드러나면 그을음병이다.
해결 ➡ 296, 297쪽, 사진 ➡ 428쪽

아니요 ➡ 검게 변색된 부분이 긁히지 않으면 황 피해다.
해결 ➡ 264쪽, 사진 ➡ 426쪽

잎의 색깔이 노란색, 갈색으로 변하고 흰색으로는 변하지 않았다.   아니요 ➡   잎 전체가 엷은 초록색이거나 흰색이면(참고 : 잎이 부풀어 있는 경우가 많다) 떡병이다.
해결 ➡ 280쪽, 사진 ➡ 428쪽

— 예 —

가지마다 잎의 일부가 노란색이나 갈색으로 변했다.
Go to page 37

아니요 ➡ 일부 가지의 잎 전부가 노란색이나 갈색으로 변했다.
Go to page 39

가지마다 잎의 일부가
노란색이나 갈색으로 변했다
(36쪽에서 계속)

잎의 일부가
갈색으로 변했다.

아니요 ➡

잎의 일부가 노란색으로 변했다.
Go to page 38

| 예
⬇

가지 처음에 난 잎이
갈색으로 변한다.

아니요 ➡

가지 끝에 난 잎이
갈색으로 변하고 있으면 잎뎀 현상이다.
해결 ➡ 259, 260쪽, 사진 ➡ 426쪽

| 예
⬇

식물의 뿌리가 내린 토양이 항상 건조하고
물을 준 직후에도 계속 건조하며, 비료나 염류를
과다하게 준 적이 없으면 건조 현상이다.
해결 ➡ 259, 260쪽, 사진 ➡ 426쪽

토양이 항상 건조한 것은 아니고
식물에 비료나 염분을 과다하게
준 적이 있으면 염해를 입은 것이다.
해결 ➡ 271쪽, 사진 ➡ 426쪽

아니요 ➡

무슨 문제일까?

잎의 일부가 노란색으로 변했다
(37쪽에서 계속)

가지 처음에 난 잎부터 노란색으로 변하고 있다.

아니요 ➡

가지 끝에 난 잎부터 노란색으로 변하고 있다.

— 예 —

— 예 —

가지 끝에 난 잎이 완전히 노랗게 되었으면 빛이 너무 센 것이다.

해결 ➡ 255, 256쪽, 사진 ➡ 427쪽

아니요 ➡

가지 끝에 난 잎이 노랗게 변했으나 잎맥이 그대로 녹색이면 철 또는 망간 결핍이다.

해결 ➡ 271, 272쪽, 사진 ➡ 427쪽

가지 처음에 난 잎이 완전히 노랗게 되었다.

아니요 ➡

가지 처음에 난 잎이 노랗게 변했으나 잎맥이 그대로 녹색이면 질소 또는 마그네슘 결핍이다.

해결 ➡ 272쪽, 사진 ➡ 427쪽

— 예 —

흙이 항상 축축하게 젖어 있으면 물을 너무 많이 준 것이다.

해결 ➡ 261, 262쪽, 사진 ➡ 427쪽

아니요 ➡

흙이 축축하지 않으면 잎이 노화한 것이다.

해결 ➡ 246쪽, 사진 ➡ 428쪽

일부 가지의 잎 전부가 노란색이나 갈색으로 변했다
(36쪽에서 계속)

아니요 ➡ 증상을 보이는 가지가 수관을 따라 곳곳에서 발견되면 천공충(穿孔蟲)이 있는 것이다.

해결 ➡ 341, 342쪽, 사진 ➡ 428쪽

식물의 어느 한쪽 가지 전부가 이와 같은 증상을 보인다.

⬇ 예

뿌리 주변을 헤친 적이 있거나, 아니면 극도로 더운 날이 있었다. 매우 추운 겨울을 나지는 않았다.

아니요 ➡ 매우 추운 겨울을 나고, 그동안의 날씨가 강한 햇빛과 바람을 동반했다면 겨울철 건조해를 입은 것이다.

해결 ➡ 262, 263쪽, 사진 ➡ 427쪽

⬇ 예

극도로 더운 날과 강풍이 온 적이 있지만 식물 뿌리 주변을 파내거나 고른 적이 없다면 볕에 탄 것이다.

해결 ➡ 259, 260쪽, 사진 ➡ 426쪽

아니요 ➡ 식물이 열이나 바람으로 고생한 적은 없지만 식물 뿌리 주변을 파내거나 고른 적이 있다면 물리적 원인으로 손상된 것이다.

해결 ➡ 250쪽, 사진 ➡ 427쪽

■ 둥근 반점이 드문드문 퍼져 있거나 크기가 불규칙한 얼룩점이 보인다 ■
증상의 다른 범주는 35쪽 참고

| 반점이 눈에 잘 띈다. | 아니요 ➡ | 반점을 식별하기 어렵다. 매우 작은 얼룩점, 줄무늬, 점무늬가 잎의 앞면에 퍼져 있다. Go to page 43 |

⬇ 예

| 반점이 중소(中小) 크기다. (참고 : 반점의 크기가 주맥에서 잎 가장자리까지 간격의 반 정도 된다.) | 아니요 ➡ | 반점이 매우 크다. (참고 : 반점의 크기가 주맥에서 잎 가장자리까지 간격의 반 이상이 된다.) Go to page 46 |

⬇ 예

| 반점이 마치 돌기나 물집처럼 잎 표면에서 솟아올라 있다. Go to page 44 | 아니요 ➡ | 반점이 평평하거나 움푹하게 팬 모양이다. Go to page 41 |

**반점은 평평하거나
움푹하게 팬 모양이다**
(40쪽에서 계속)

| 반점은 평평하다. | 아니요 ➡ | 레이스 천 무늬 같은 반점이 잎에 함몰되어 있으면 뭉뚝날개나방에 따른 피해다.
해결 ➡ 318, 319, 341, 342쪽, 사진 ➡ 430쪽 |

⬇ 예

| 반점이 하나씩 떨어져서 발생했으며, 작은 얼룩점이 모인 형상은 아니다.
(참고 : 작은 얼룩점이 산재해 있을 수도 있다.) | 아니요 ➡ | 작은 얼룩점이 모여서 큰 반점 하나로 형성된 것이라면(참고 : 작은 얼룩점의 크기는 일정하다) 매미충이 있는 것이다.
해결 ➡ 318, 319쪽, 사진 ➡ 431쪽 |

⬇ 예

| 반점은 기름방울이 떨어진 종이처럼 반투명하지 않고 불투명하다. 잎맥 때문에 더 퍼지지 않고 각이 지는 것이 아니라 둥글게 퍼진다. | 아니요 ➡ | 최근에 생긴 반점은 기름방울이 떨어진 종이처럼 반투명하고, 잎맥 때문에 더 퍼지지 않고 각이 지면 세균성 잎반점병이다.
해결 ➡ 371, 372쪽, 사진 ➡ 431쪽 |

⬇ 예

| 반점이 잎맥 너비보다 작고 중심부가 갈색이나 검은색이 아니면 생리 장해 잎반점병이다.
해결 ➡ 248쪽, 사진 ➡ 429쪽 | 아니요 ➡ | 반점이 잎맥 너비보다 크고 중심부가 갈색 또는 검은색인 것이 발견되기도 한다.
Go to page 42 |

반점이 잎맥 너비보다 크고 중심부가 갈색 또는 검은색인 것이 발견되기도
한다. 중심부가 흰색, 노란색, 주황색, 녹(rust)색, 갈색, 자주색일 때도 있다
(41쪽에서 계속)

반점은 흰색을 제외한 여러 색으로 나타난다.	아니요 ➡	반점이 흰색이면(참고 : 잎 표면에 가루 같은 질감의 흰 반점이 보인다) 흰가루병이다. 해결 ➡ 280, 281쪽, 사진 ➡ 429쪽

⬇ 예

반점은 검은색이 아니고 가장자리가 비죽비죽하지 않다.	아니요 ➡	반점이 검은색이고 가장자리 형태가 비죽비죽하면 검은무늬병이다. 해결 ➡ 280, 281쪽, 사진 ➡ 429쪽

⬇ 예

반점이 나타난 잎의 뒷면에 여러 색깔의 포자가 발견되지 않는다면 잎반점병이다. 해결 ➡ 280, 281쪽, 사진 ➡ 429쪽	아니요 ➡	반점이 나타난 잎의 뒷면에서 여러 색깔의 포자가 발견되면 녹병綠病이다. 해결 ➡ 280, 281쪽, 사진 ➡ 429쪽

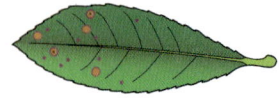

반점을 식별하기는 어렵다. 매우 작은
얼룩점, 줄무늬, 점무늬가 잎의 앞면에 퍼져 있다
(40쪽에서 계속)

| 얼룩점 또는 점무늬가 분리되어 있고 뚜렷하며 줄무늬를 이루지 않는다. | 아니요 ➡ | 얼룩점이 서로 이어져서 줄무늬처럼 보이면 총채벌레가 있는 것이다.
해결 ➡ 318, 319쪽 |

예
⬇

| 거미줄같이 매우 가는 줄로 집이 처져 있지 않고 잎의 앞면에서 작은 벌레들이 보이지 않는다. | 아니요 ➡ | 거미줄같이 매우 가는 줄로 집이 처져 있고, 작은 벌레들이 빠르게 기어 다니면 잎응애다.
해결 ➡ 351, 352쪽, 사진 ➡ 431쪽 |

예
⬇

| 잎 뒷면에 검은 점무늬가 있다. 잎 뒷면에서 쐐기 모양의 벌레가 발견되지 않으면 방패벌레가 있는 것이다.
해결 ➡ 318, 319쪽, 사진 ➡ 430쪽 | 아니요 ➡ | 잎 뒷면에 검은 점무늬가 없다. 쐐기 모양의 벌레가 잎 뒷면에서 발견되면
(참고 : 이 벌레들은 발견되는 즉시 날아가 버린다)
매미충이다.
해결 ➡ 318, 319쪽, 사진 ➡ 431쪽 |

반점이 마치 돌기나 물집처럼 잎 표면에서 솟아올라 있다
(40쪽에서 계속)

돌기는 윤기가 나지 않고
갈색이 아니다.
잎의 앞면이나
뒷면에서 발견된다.

아니요 ➡ 돌기는 작고 윤기가 나며 갈색이다.
이들 대부분이 잎의 뒷면에서 발견되면
깍지벌레류가 있는 것이다.

해결 ➡ 318, 319쪽, 사진 ➡ 430쪽

예
⬇

돌기는 여러 가지
색깔이지만
흰색은 없다.

아니요 ➡ 돌기가 흰색이고 솜털 같으며, 잎의 뒷면에서
발견되면 가루깍지벌레나 솜벌레류,
솜깍지벌레류가 있는 것이다.

해결 ➡ 318, 319쪽, 사진 ➡ 430쪽

예
⬇

돌기가 잎의 양면에서
모두 발견되며,
여러 색깔의 가루 같은
포자가 붙어 있지 않다.

Go to page 45

아니요 ➡ 돌기가 잎의 뒷면에서만 발견되고,
여러 색깔의 가루 같은 포자가 붙어 있으면
녹병이다.

해결 ➡ 280, 281쪽, 사진 ➡ 429쪽

돌기가 잎의 양면에서 모두 발견되며,
여러 색깔의 가루 같은 포자가 붙어 있지 않다

(44쪽에서 계속)

돌기가 간혹 발견된다.   아니요 ➡   돌기가 매우 많이 발견되면
혹응애류가 있는 것이다.

해결 ➡ 362, 363쪽, 사진 ➡ 431쪽

예
⬇

잎이 기형으로 변하지는 않고
오목한 원형 반점이 잎의 앞면에서 발견되며,
노란색 볼록한 원형 반점이 잎의 뒷면에서
발견되면 진균에 감염된 것이다.

해결 ➡ 280, 281쪽, 사진 ➡ 429쪽

무슨 문제일까? 45

■ 잎의 형태가 불규칙하고 매우 큰 반점이 생겼다 ■

증상의 다른 범주는 35쪽 참고

얼룩 또는 반점이 매우 크다((35쪽 또는 40쪽에서 계속))

반점이 평평하고
(함몰되지 않았다),
잎맥은 드러나지 않는다.

아니요 ➡ 반점이 함몰되고 그 자리에 잎맥이
드러나 있으면 뭉뚝날개나방에 따른 피해다.
해결 ➡ 341, 342쪽, 사진 ➡ 433쪽

예 ⬇

반점이 갈색 또는 검은색이고
은빛을 띠지는 않는다.

아니요 ➡ 반점에 은빛 흔적이 이어져 있으면
굴파리류가 있는 것이다.
해결 ➡ 318, 319, 341, 342쪽, 사진 ➡ 433쪽

예 ⬇

반점을 긁거나 손가락으로
문질러보아도 조직이 그대로
남아 있고 앞뒤로
밀리지 않는다.

아니요 ➡ 반점을 긁거나 문질러보았을 때 조직이
앞뒤로 밀리면 굴파리류에 따른 피해다.
해결 ➡ 318, 319, 341, 342쪽, 사진 ➡ 433쪽

예 ⬇

반점이 잎의 가장자리나
잎 끝에서 발견된다.
Go to page 47

아니요 ➡ 반점이 잎 중앙에서 발견되면 일소日燒 증상이다.
해결 ➡ 255, 256쪽, 사진 ➡ 432쪽

반점이 잎의 가장자리나 잎 끝에서 발견된다
(46쪽에서 계속)

반점이 잎맥을 지나서 확산되었다.　　아니요 ➡　　최근에 생긴 반점이 잎맥을 경계로 형성되어 있으면 잎선충이 있는 것이다.
해결 ➡ 394, 395쪽, 사진 ➡ 433쪽

─── 예 ───
⬇

반점이 검게 변한 곳 (넓게 퍼지거나 점박이 모양)이 있는 갈색이면 잎반점병이다.
해결 ➡ 280, 281쪽, 사진 ➡ 432쪽

아니요 ➡　　반점이 전부 갈색이면 수분이 부족한 것이다.
해결 ➡ 259, 260쪽, 사진 ➡ 432쪽

다음 그림은 검게 변한 부위가 있는 갈색 반점의 예이고, 모두 잎반점병 진균에 감염된 증상이다.

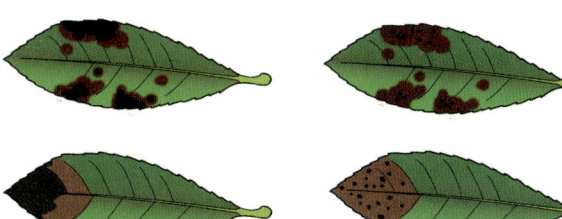

무슨 문제일까?　47

■ 잎에 줄무늬가 생기거나 반문이 퍼져 있다 ■
증상의 다른 범주는 35쪽 참고

잎의 크기와 모양이 정상이다.	아니요 ➡	줄무늬나 반문이 퍼져 있는 데다 잎의 크기나 모양이 변했으면 제초제 피해를 입은 것이다. 해결 ➡ 252쪽, 사진 ➡ 434쪽

⬇ 예

잎에 잎과 다른 색깔로 지그재그 선이나 원무늬가 그려져 있지 않다.	아니요 ➡	잎에 잎과 다른 색깔로 지그재그 선이나 원무늬가 그려져 있으면 바이러스에 감염된 것이다. (참고 : 바이러스 증상은 매우 다양하다.) 해결 ➡ 383~385쪽, 사진 ➡ 434쪽

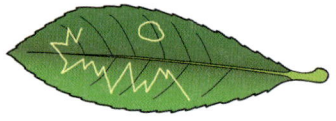

⬇ 예

잎 가장자리와 잎맥 사이에서 갈색의 괴사한 조직이 발견되지 않는다. Go to page 49	아니요 ➡	잎 가장자리와 잎맥 사이에서 갈색의 괴사한 조직이 발견되면 수분 부족이다. 해결 ➡ 259, 260쪽, 사진 ➡ 434쪽

 **잎 가장자리와 잎맥 사이에서
갈색의 괴사한 조직이 발견되지 않는다**
(48쪽에서 계속)

잎의 뒷면에서
색이 다른 반점은
발견되지 않는다.

아니요 ➡

잎의 뒷면에 색이 다른 반점이 발견되면
진균에 감염된 것이다.

해결 ➡ 280, 281쪽, 사진 ➡ 434쪽

─────────── **예**
⬇

가지 처음에 난 잎에서
줄무늬나 반문이 발견되면
질소 또는 마그네슘 결핍이다.

해결 ➡ 272쪽, 사진 ➡ 434쪽

아니요 ➡

가지 끝에 난 잎에서
줄무늬나 반문이 발견되면
철 또는 망간 결핍이다.

해결 ➡ 271, 272쪽, 사진 ➡ 434쪽

무슨 문제일까?

■ 잎이 처지고 시들었다 ■
증상의 다른 범주는 35쪽 참고

식물 전체가 아니라　　아니요 ➡　　식물 전체가 시들었다.
일부 잎이 시들었다.　　　　　　　　　　Go to page 21

───── 예 ─────
↓

시든 잎의 색은 대부분 정상이나,　아니요 ➡　　시든 잎이 대부분 갈색,
색이 변한 곳도 약간 있다.　　　　　　　　　　검은색, 노란색
　　　　　　　　　　　　　　　　　　　　　또는 회색으로 변했다.
　　　　　　　　　　　　　　　　　　　　　　Go to page 51

───── 예 ─────
↓

시든 잎의 가장자리나　　아니요 ➡　　시든 잎의 색이 정상이면
끝의 색이 약간 변했다.　　　　　　　　수분 부족이다.
　　　　　　　　　　　　　　　　　해결 ➡ 259, 260쪽, 사진 ➡ 435쪽

───── 예 ─────
↓

시든 잎이 끝에서부터　　아니요 ➡　　시든 잎이 끝에서부터
투명해지면　　　　　　　　　　　　　갈색으로 변하면
수분 부족으로　　　　　　　　　　　　수분 부족으로 조직이
조직이 손상된 것이다.　　　　　　　　괴사한 것이다.
해결 ➡ 259, 260쪽,　　　　　　　　해결 ➡ 259, 260쪽,
사진 ➡ 435쪽　　　　　　　　　　　사진 ➡ 435쪽

시든 잎이 대부분 갈색, 검은색, 노란색 또는 회색으로 변했다
(50쪽에서 계속)

시든 잎을 건드리면 단단하고 곰팡이는 발견되지 않는다.   아니요 ➡   시든 잎이 무르고 솜처럼 폭폭하며 곰팡이가 피었으면 갈색썩음병이다.
해결 ➡ 280, 281쪽, 사진 ➡ 437쪽

⬇ 예

시든 잎이 바삭바삭하고 부스러지면 화상병이다.
해결 ➡ 371, 372, 378, 379쪽, 사진 ➡ 437쪽   아니요 ➡   잎의 질감은 정상인 편이다.

⬇ 예

시든 잎이 달린 가지의 껍질에서 끈적한 물질은 분비되지 않는다.
(참고 : 나뭇진과 구멍이 발견된다. →155쪽 참고)   아니요 ➡   시든 잎이 달린 나뭇가지의 껍질에서 끈적한 물질이 분비되고 가지에서 구멍이 발견되지 않으면 세균에 감염된 것이다.
해결 ➡ 371, 372쪽, 사진 ➡ 437쪽

⬇ 예

시든 잎이 달린 가지에 구멍이 나 있고 주변에서 약간의 톱밥이 발견되면 천공충이 있는 것이다.
해결 ➡ 341, 342쪽, 사진 ➡ 436쪽   아니요 ➡   시든 잎이 달린 가지에서 구멍은 발견되지 않는다.
Go to page 52

무슨 문제일까?

시든 잎이 달린 가지에서 구멍은 발견되지 않는다
(51쪽에서 계속)

가지에서 움푹하고 색이 다른 병반이 발견되지 않는다.   **아니요 ➡**   가지에서 움푹하고 색이 다른 병반이 발견되면 궤양 증상이다.
해결 ➡ 280, 281쪽, 사진 ➡ 436쪽

예 ↓

칼로 가지를 잘랐을 때 거무스름한 줄무늬는 발견되지 않는다.   **아니요 ➡**   칼로 가지를 잘랐을 때 거무스름한 줄무늬가 발견되면 청고병이다.
해결 ➡ 280, 281, 292, 293쪽, 사진 ➡ 436쪽

예 ↓

 가지가 부러져 있으면 물리적 원인으로 손상된 것이다.
해결 ➡ 251쪽, 사진 ➡ 435쪽   **아니요 ➡**   가지가 손상되거나 부러지지 않았다.

예 ↓

잎과 가지에서 회색 곰팡이는 발견되지 않는다.   **아니요 ➡**   잎과 가지에서 회색 곰팡이가 발견되면, 잿빛곰팡이라고도 알려진 보트리티스균에 감염된 것이다.
해결 ➡ 280, 281쪽, 사진 ➡ 436쪽

예 ↓

 가지 끝에 난 잎과 잔가지가 갑자기 갈색 또는 검은색으로 변했으면 동해凍害다.
해결 ➡ 262, 263쪽, 사진 ➡ 435쪽   **아니요 ➡**   식물 안쪽, 가지 처음에 난 잎이 갈색으로 변했으면 고사枯死다.
해결 ➡ 246쪽, 사진 ➡ 436쪽

■ 잎에 구멍이 있거나 가장자리가 씹어 먹힌 듯하다. 해충이 발견되기도 한다 ■
증상의 다른 범주는 35쪽 참고

손상된 잎에서
해충은 발견되지 않는다.

아니요 ➡

손상된 잎에서 해충이 발견된다.
Go to page 54

예
⬇

잎 중앙에 구멍이
많고 가장자리에서도
일부 발견된다.

아니요 ➡

잎의 가장자리가 씹어 먹힌 듯하고
중앙에는 구멍이 간혹 발견되거나
전혀 발견되지 않는다
Go to page 57

예
⬇

구멍 가장자리가 둥글고
잎에서 색이 다른 반점은
발견되지 않는다.
Go to page 59

아니요 ➡

잎에 난 구멍의 가장자리가 비죽비죽하고
색이 다른 반점이 발견된다.
Go to page 60

무슨 문제일까?

손상된 잎에서 해충이 발견된다
(53쪽에서 계속)

해충이 연형동물, 　　아니요 ➡　　해충이 곤충처럼 생겼다. (참고 : 곤충은
털벌레 또는　　　　　　　　　　　몸에 마디가 있고 다리가 여섯 개며, 외골격은 딱딱하다.)
민달팽이처럼 생겼다.　　　　　　　　　　　　Go to page 55

↓ 예

해충이 점액으로 덮여 있고　아니요 ➡　해충이 연형동물이나 점액으로 덮여 있지 않으며,
민달팽이처럼 생겼으며　　　　　　　털이 있는 경우도 있고 없는 경우도 있다.
털이 없다.　　　　　　　　　　　　이와 같이 생겼으면 털벌레다.
　　　　　　　　　　　　　　　해결 ➡ 318, 319쪽, 사진 ➡ 440쪽

↓ 예

해충이 크고 주름졌으며　　아니요 ➡　해충이 작고, 몸에 주름이나
촉수에 눈이 있으면　　　　　　　　눈 달린 촉수가 없으면
달팽이 또는 민달팽이다.　　　　　　잎벌 유충이다.
해결 ➡ 410, 411쪽, 사진 ➡ 442쪽　　해결 ➡ 318, 319쪽, 사진 ➡ 438쪽

해충이 곤충처럼 생겼다
(54쪽에서 계속)

해충에 긴 주둥이는 없다.	아니요 ➡	해충에 긴 주둥이가 있으면 바구미다. 해결 ➡ 318, 319쪽, 사진 ➡ 439쪽 

⬇ 예

해충이 작거나 중간 크기이며 매우 긴 뒷다리는 없다. (참고 : 날개 아래에 긴 다리가 숨어서 보이지 않을 수도 있다.)	아니요 ➡	해충이 크고 매우 긴 뒷다리가 있으면 메뚜기다. 해결 ➡ 318, 319쪽, 사진 ➡ 440쪽 

⬇ 예

해충 몸의 끝부분에 큰 집게는 없다.	아니요 ➡	해충 몸의 끝부분에 큰 집게가 있으면 집게벌레다. 해결 ➡ 318, 319쪽, 사진 ➡ 439쪽 

⬇ 예

해충이 보통 잎의 뒷면에서 발견되며 매끈하고 딱딱한 겉날개가 없다. 즉, 딱정벌레는 아닌 것 같다. Go to page 56	아니요 ➡	해충이 보통 잎의 양면에서 모두 발견되며 매끈하고 딱딱한 겉날개가 있다. 즉, 딱정벌레 같다. 이와 같이 생겼으면 딱정벌레다. 해결 ➡ 318, 319쪽, 사진 ➡ 441쪽 

해충이 보통 잎의 뒷면에서 발견되며 매끈하고
딱딱한 겉날개가 없다. 즉, 딱정벌레는 아닌 것 같다

(55쪽에서 계속)

해충의 색깔이 여러 가지인데, 밝은 흰색은 아니다.	아니요 ➡	해충이 밝은 흰색이고 식물을 건들면 날아간다. 이들은 가루이다. (참고 : 흰색 잔류물이 종종 발견된다.) 해결 ➡ 318, 319쪽, 사진 ➡ 439쪽 
⬇ 예		
해충이 쐐기 모양처럼 생기지 않았다.	아니요 ➡	해충이 쐐기 모양처럼 생겼으면 매미충이다. 해결 ➡ 318, 319쪽, 사진 ➡ 438쪽 
⬇ 예		
해충이 작고 서양배처럼 생겼으며, 개미도 같이 발견되면 진딧물이다. 해결 ➡ 318, 319쪽 	아니요 ➡	개미가 같이 발견되지는 않으나, 해충이 작고 서양배처럼 생겼으면 진딧물이다. 해결 ➡ 318, 319쪽, 사진 ➡ 440쪽 

잎의 가장자리는 씹어 먹힌 듯하고 중앙에서
구멍이 간혹 발견되거나 전혀 발견되지 않는다

(53쪽에서 계속)

| | 아니요 ➡ | 잎의 대부분 또는 잎 전체가 없으면 사슴 또는 기타 포유류에 따른 피해다. |

잎의 가장자리가
씹어 먹혔다.

해결 ➡ 416, 417쪽, 사진 ➡ 442쪽

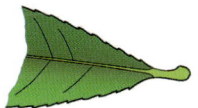

예
⬇

잎 가장자리의
씹어 먹힌 모양은
원형이 아니다.

아니요 ➡   잎 가장자리의 씹어 먹힌 모양이
원형이면 가위벌류에 따른 피해다.

해결 ➡ 318, 319쪽, 사진 ➡ 438쪽

예
⬇

잎의 가장자리에서
잎을 파먹은 좁은 홈이나
경로가 발견되지 않는다.

Go to page 58

아니요 ➡   잎의 가장자리에서 잎을 파먹은 좁은 홈이나
경로가 발견되면 바구미에 따른 피해다.

해결 ➡ 318, 319쪽, 사진 ➡ 439쪽

무슨 문제일까?   57

 잎의 가장자리에서 잎을 파먹은
좁은 홈이나 경로가 발견되지 않는다
(57쪽에서 계속)

잎의 가장자리를 따라 삼각형 모양으로 파여 있지 않다.	아니요 ➡	잎의 가장자리를 따라 삼각형 모양으로 파여 있으면 새에 따른 피해다. 해결 ➡ 413~415쪽

⬇ 예

파먹힌 부분에 잎맥은 남아 있다.	아니요 ➡	파먹힌 부분에 잎맥이 남아 있지 않으면 털벌레, 메뚜기에 따른 피해다. 해결 ➡ 318, 319쪽, 사진 ➡ 440쪽

⬇ 예

주맥과 세맥이 모두 남아 있어서 잎의 파먹힌 부분이 레이스처럼 되어 있으면 딱정벌레에 따른 피해다. 해결 ➡ 318, 319쪽, 사진 ➡ 441쪽	아니요 ➡	세맥은 먹어 없어지고 주맥만 남아 있어도 딱정벌레에 따른 피해다. 해결 ➡ 318, 319쪽, 사진 ➡ 441쪽

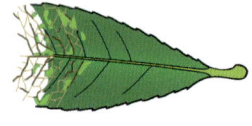

구멍 가장자리가 둥글고 잎에서
색이 다른 반점은 발견되지 않는다
(53쪽에서 계속)

오래되고 거친 잎과 새로 난 연한 잎 모두 피해를 입었다.	아니요 ➡	새로 난 연한 잎만 피해를 입었으면 집게벌레에 따른 피해다. 해결 ➡ 318, 319쪽, 사진 ➡ 439쪽 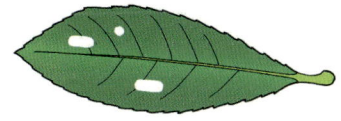

⬇ 예

구멍이 작고 잎 위 또는 잎 주변에서 점액 흔적은 발견되지 않는다.	아니요 ➡	구멍이 크고 잎 위 또는 잎 주변에서 점액 흔적이 발견되면 달팽이 또는 민달팽이에 따른 피해다. 해결 ➡ 410, 411쪽, 사진 ➡ 442쪽 

⬇ 예

구멍의 모양이 불규칙하면 털벌레에 따른 피해다. 해결 ➡ 318, 319쪽, 사진 ➡ 440쪽 	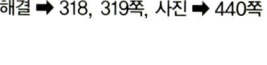아니요 ➡	구멍이 둥근 모양이면 잎벌레류에 따른 피해다. 해결 ➡ 318, 319쪽, 사진 ➡ 441쪽 

 잎에 난 구멍의 가장자리가 비죽비죽하고
색이 다른 반점이 발견된다
(53쪽에서 계속)

가장자리가 비죽비죽하고
작은 구멍이
많이 발견된다.

아니요 ➡ 가장자리가 비죽비죽하고 큰 구멍이
드문드문 발견되며 때로는 동일한 잎에서
색이 다른 얼룩도 같이 발견되면 진균병이다.

해결 ➡ 280, 281쪽, 사진 ➡ 438쪽

예 ⬇

구멍 주변에서 색이 다른
평평한 반점이 발견되는데,
레이스 무늬는 아니다.

아니요 ➡ 색이 다른 반점이 레이스 무늬로 함몰되어
있거나, 함몰된 반점 밑면에 먹히지 않은 잎맥이
남아 있으면 뭉뚝날개나방에 따른 피해다.

해결 ➡ 318, 319, 341, 342쪽, 사진 ➡ 438쪽

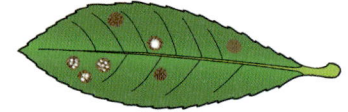

예 ⬇

색이 다른 반점 중 일부는
잎맥 때문에 더 퍼지지 않고
각이 졌으면
세균에 감염된 것이다.

해결 ➡ 371, 372쪽, 사진 ➡ 441쪽

아니요 ➡ 색이 다른 반점이 둥근 모양이고
잎맥 너머로 확산되었으면 잎반점병이다.

해결 ➡ 280, 281쪽, 사진 ➡ 438쪽

■ 잎에서 이상한 형체의 혹이 자란다 ■
증상의 다른 범주는 35쪽 참고

| 이상한 물질을 손톱으로 긁으면 쉽게 제거된다. | 아니요 ➡ | 이상한 물질을 손톱으로 긁어도 쉽게 제거되지 않거나 아예 제거되지 않는다.
Go to page 62 |

⬇ 예

| 흰 솜털 같은 돌기가 잎 한쪽 면에서 발견된다. | 아니요 ➡ | 잎의 뒷면에서 작고 윤기 나는 갈색 돌기가 발견되면 깍지벌레다.
해결 ➡ 318, 319쪽, 사진 ➡ 443쪽 |

⬇ 예

| 흰 솜털 같은 돌기가 발견되는 나무가 침엽수가 아니면 가루깍지벌레나 솜깍지벌레류가 있는 것이다.
해결 ➡ 318, 319쪽, 사진 ➡ 443쪽 | 아니요 ➡ | 흰 솜털 같은 돌기가 발견되는 나무가 침엽수면 솜벌레류가 있는 것이다.
해결 ➡ 318, 319쪽, 사진 ➡ 443쪽 |

무슨 문제일까? **61**

**이상한 돌기를 손톱으로 긁어도 쉽게
제거되지 않거나 아예 제거되지 않는다**
(61쪽에서 계속)

이상한 물질이
레이스나 이끼 같지 않다.   아니요 ➡   이상한 물질이 레이스나 이끼 같으면
혹벌류의 충영이다.

해결 ➡ 346, 347쪽, 사진 ➡ 444쪽

↓ 예

물질이 부드럽고
억센 털이 없다.   아니요 ➡   물질에 억센 털이 나 있으면
혹벌류의 충영이다.

해결 ➡ 346, 347쪽, 사진 ➡ 444쪽

↓ 예

잎의 모양은 정상이다.   아니요 ➡   잎의 일부가 말렸거나 밝은 빨간색으로
변했으며, 부풀어 있으면 잎혹진딧물류다.

해결 ➡ 346, 347쪽, 사진 ➡ 444쪽

↓ 예

물질을 건드리면 부드럽고 모양이
젖꼭지 같으면 혹응애류다.   아니요 ➡   물질을 건드리면 딱딱하고
모양과 색깔이 일정치 않다.

해결 ➡ 362쪽, 사진 ➡ 444쪽

Go to page 63

물질을 건드리면 딱딱하고 모양과 색깔이 일정치 않다
(62쪽에서 계속)

이상한 물질의 모양이 일정치 않으나 둥근 형은 아니다.   아니요 ➡   이상한 물질이 둥글고 크거나 작으면 벌레혹이다.
해결 ➡ 346, 347쪽, 사진 ➡ 443쪽

↓ 예

물질이 평평하고 뾰족하지 않다.   아니요 ➡   물질이 뾰족하면 벌레혹이다.
해결 ➡ 346, 347쪽

↓ 예

물질이 자라는 잎의 뒷면에서 가루 같은 포지기 발견되지 않는다.   아니요 ➡   물질이 자라는 잎의 뒷면에서 여러 색깔의 가루 같은 포자가 발견되면 녹병이다.
해결 ➡ 280, 281쪽, 사진 ➡ 443쪽

↓ 예

물질이 갈색이고 건드렸을 때 딱딱한 코르크 같은 조직이면 부종이다.
해결 ➡ 261, 262쪽, 사진 ➡ 443쪽   아니요 ➡   물질을 건드렸을 때 부드럽고 다양한 모양과 색깔로 나타나면 혹응애류가 있는 것이다.
해결 ➡ 362, 363쪽, 사진 ➡ 444쪽

무슨 문제일까?   **63**

■ 잎이 변형되었다(부풀거나, 솟거나, 주름지거나, 오그라들거나 뒤틀려 있다) ■
증상의 다른 범주는 35쪽 참고

잎의 크기가 거의 정상이다.　　아니요 ➡　　잎이 정상 크기에서 심하게
　　　　　　　　　　　　　　　　　　　　　오그라들고 비틀어졌다.
　　　　　　　　　　　　　　　　　　　　　Go to page 66

── 예 ──

잎의 가장자리가　　　　　　　아니요 ➡　　잎의 가장자리가 위쪽으로 솟아 있으면
위쪽으로 솟아 있지 않다.　　　　　　　　　나무이류가 있는 것이다.

　　　　　　　　　　　　　　　　　　　　　해결 ➡ 318, 319쪽, 사진 ➡ 446쪽

── 예 ──

잎이 주름지지 않았다.　　　　아니요 ➡　　잎이 아코디언처럼 주름져 있으면
　　　　　　　　　　　　　　　　　　　　　공중습도가 낮은 것이다.

　　　　　　　　　　　　　　　　　　　　　해결 ➡ 260, 261쪽, 사진 ➡ 445쪽

── 예 ──

잎이 원통형으로　　　　　　　아니요 ➡　　잎이 원통형으로
말리지 않았다.　　　　　　　　　　　　　　말려 있으며 실 같은 물질로
Go to page 65　　　　　　　　　　　　　　한데 묶여 있으면
　　　　　　　　　　　　　　　　　　　　　잎말이나방류에 따른 피해다.

　　　　　　　　　　　　　　　　　　　　　해결 ➡ 318, 319, 341, 342쪽,
　　　　　　　　　　　　　　　　　　　　　사진 ➡ 447쪽

잎이 원통형으로 말리지 않았다
(64쪽에서 계속)

비틀린 잎에서 흰곰팡이는 발견되지 않는다.   아니요 ➡   비틀린 잎에서 흰곰팡이가 발견되면 흰가루병이다.
해결 ➡ 280, 281쪽, 사진 ➡ 445쪽

↓ 예

비틀린 잎은 빨갛거나 자줏빛을 띠지 않는다.   아니요 ➡   비틀린 잎이 빨갛거나 자줏빛을 띠면 잎오갈병이다.
해결 ➡ 280, 281쪽, 사진 ➡ 446쪽

↓ 예

비틀린 잎에서 거무스름한 반점은 발견되지 않는다.   아니요 ➡   비틀린 잎에서 거무스름한 반점이 발견되면 잎반점병이다.
해결 ➡ 280, 281쪽, 사진 ➡ 446쪽

↓ 예

잎이 주름지고 곤충이 발견되지 않으면 불규칙적으로 물을 주어서 나타나는 증상이다.
해결 ➡ 260, 261쪽, 사진 ➡ 445쪽

아니요 ➡   잎이 주름져서 뒤틀려 있고 잎의 뒷면에 곤충이 빽빽하게 붙어 있으면 진딧물이다.
해결 ➡ 318, 319쪽, 사진 ➡ 446쪽

**잎이 정상 크기에서
심하게 오그라들고 비틀어졌다**
(64쪽에서 계속)

잎은 갈녹색에서 청동색, 또는 자줏빛을 띠는 색으로 변하지 않는다.	아니요 ➡	잎이 갈녹색에서 청동색, 또는 자줏빛을 띠는 색으로 변하면 응애가 있는 것이다. 해결 ➡ 351, 352쪽, 사진 ➡ 447쪽 

예 ⬇

잎의 가장자리가 아래로 말리지 않았다.	아니요 ➡	잎의 가장자리가 아래로 말렸으면 깍지벌레에 따른 피해다. 해결 ➡ 318, 319쪽 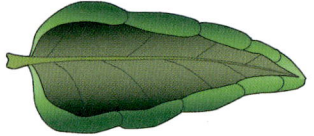

예 ⬇

잎의 가장자리가 위쪽으로 솟아 있지 않으면 바이러스에 감염된 것이다. (참고 : 바이러스 증상은 매우 다양하다.) 해결 ➡ 383~385쪽, 사진 ➡ 447쪽 	아니요 ➡	잎의 가장자리가 위쪽으로 솟아 있으면 (참고 : 잎이 길고 좁게 말리거나 색깔이 변했다) 제초제 피해를 입은 것이다. 해결 ➡ 252쪽, 사진 ➡ 445쪽 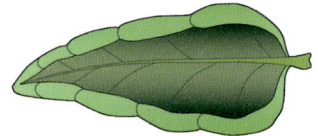

Flowers, Flower Buds, and Edible Flowers

꽃, 꽃봉오리, 식용꽃

<u>3</u>

꽃이란?

꽃은 푸른 세상의 기쁨이자 시요, 노래다. 식물학자에게 꽃이란 곧 미래이기도 하다. 꽃은 꽃이 피고 씨가 생기는 종자식물의 생식 기관이다. 이는 너무 당연한 말이지만, 꽃이 피지 않고 씨가 생기는 식물도 많이 있다. 꽃에는 웅성 기관(수술) 또는 자성 기관(씨방)이 있거나 둘 다 있다. 유성생식의 결과로 식물의 씨방에는 씨가 만들어진다.

꽃의 형태를 연구하는 화훼형태학에서는 성별 구분을 포함하여 꽃을 여러 부분으로 나누는데, 식물을 식별하는 일차적 기준이다. 식물학자는 식물의 생식 구조를 식물분류체계의 기준으로 삼는다.

꽃을 한번 보자. 여러분은 화려한 꽃잎을 피우고 스스로 향긋한 냄새를 발산하여 이성을 유혹할 수 있는가? 이 마술 같은 행위는 많은 식물의 번식 전략이다. 꽃이 피지 않는 식물은 다른 번식 전략을 구사하는데, 이 경우를 설명하자면 주제가 달라지므로 생략하기로 한다. 꽃은 색과 향으로 꽃가루매개자를 끌어들인다. 그렇게 함으로써 식물은 동물이 자신의 정자를 난자에 옮겨주는 수정 도우미 역할을 해주기를 요청한다. 인간의 육안으로 보이지 않는 꽃일지라도 꽃가루매개자에게는 보인다. 여러분이 만약 아주 작은 곤충이라면 아주 작은 꽃이 엄청나게 큰 꽃보다 훨씬 매력적으로 보일 것이다.

꽃이 피는 식물 중에는 다른 방법을 사용하는 것들도 있다. 바람을 꽃가루매개자로 이용하는 식물에서는 나화裸花(꽃받침과 꽃부리가 없는 꽃)가 핀다. 이러한 식물에는 주로 나무가 많은데, 꽃잎과 꽃받침을 생성할 필요가 없으므로 잎, 과일, 종자 발육에 더 많은 에너지를 쏟는다.

꽃의 모양은 매우 다양하며, 때로는 꽃이 야채로 착각되기도 한다. 예를 들면, 아티초크는 매우 작은 수많은 꽃의 꽃차례다. 브로콜리 *Brassica*에서 우리가 먹는 부분은 꽃눈의 꽃차례다.

꽃은 세상을 아름답게 가꾸기도 하지만, 꽃이 소중한 이유는 바로 씨방이 과일이 되고 야생동물과 사람에게 음식을 제공하며, 다음 세대의 식물을 낳기 때문이다.

꽃이 하는 일은?

꽃은 다음 해에 식물로 다시 나고 우리의 먹을거리가 되기도 하는 과일과 종자를 생산한다. 또한 꽃가루매개자에게 당질이 풍부한 꿀이나 단백질이 풍부한 꽃가루 등의 영양물을 제공한다. 이 자연의 화수분 덕분에 야생동물을 우리 삶의 일부로 초대할 수 있는데, 새, 나비, 벌, 그 외의 익충들은 음식을 찾으면서 대자연의 무대에서 벗어나 인간이 꾸며놓은 정원으로 모험을 감행한다.

동물과 식물의 공동 진화를 연구하는 수분생태학에서는 왜 꽃이 그토록 많은 형태

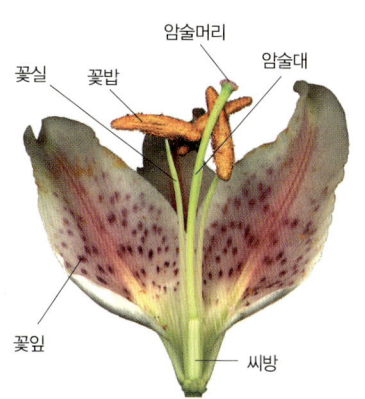

나리의 단면. 자성 역할을 하는 부분은
암술머리, 암술대, 씨방이다. 씨방은 종자를 생산하고
탐스러운 과일이 된다. 웅성 역할을 하는 부분은
꽃밥과 꽃실로 이루어진 수술이다. 꽃밥은 꽃가루를 생산한다.
크고 화려한 꽃잎은 꽃가루매개자의 호감을 산다.

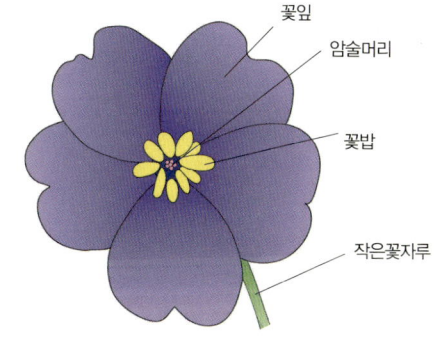

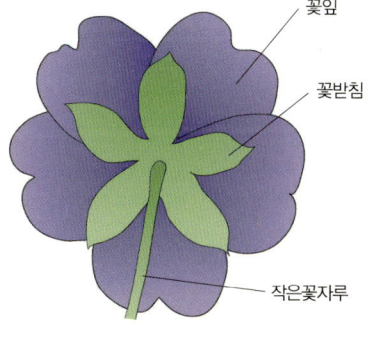

를 띠는지를 설명한다. 이를테면 벌새는 빨간색을 좋아하고 긴 혀를 가지고 있어서 꽃 깊숙이까지 꿀을 핥을 수 있다. 그리고 이들은 착륙할 자리가 필요하지 않고 공중 정지가 가능하다. 따라서 관 모양으로 생긴 빨간 꽃은 벌새를 유혹하여 벌새가 다른 꽃으로 날아갔을 때 이마와 부리에 묻은 꽃가루를 그 꽃에 묻혀 수분受粉하게 한다. 이러한 일을 해주는 대가로 새는 맛있는 꿀을 먹는다. 자연 도처에서 공정한 거래가 이루어지고 있는 것이다.

벌은 파랑, 노랑, 자주색 꽃을 좋아하는데, 많은 꽃에서 꿀이 있는 장소를 안내하는 무늬를 인식한다. 팬지*Viola* 및 여러 종류의 난蘭은 꽃 중앙에서부터 대비가 강한 색깔의 무늬가 번져 나온다. 벌이

아프리칸바이올렛 *Saintpaulia*의 색깔은
이들이 원하는 꽃가루매개자가 좋아하는 색이다.

향이 진한 장미 *Rosa*는 향과 색을
수단으로 매력을 발산한다.

아티초크 *Cynara*의 꽃은 매우 어린 꽃봉오리일 때
총포(꽃의 밑동을 싸는 비늘 모양의 조각)가
감싸고 있어 눈에 띄지 않는다.

팬지는 벌을 꿀과 꽃가루로
유도하는 무늬가 있다.

톱풀 *Achillea*의 재배품종인
'테라코타 Terracotta'를 심어놓으면 바깥에
날아다니던 나비가 전부 마당으로 찾아올 것이다.

나 기타 꽃가루매개자들은 이 무늬를 길잡이로 사용하여 꿀과 꽃가루를 찾는다.

크기가 작은 밝은 색 꽃은 서로 모여서 하나의 작은 다발을 형성하여 나비를 유혹한다. 나비는 이 꽃에서 저 꽃으로 옮겨 다니면서 꿀 먹기를 좋아하는데, 꽃 위에 앉아 꿀을 먹고 꽃가루를 옮겨준다.

꽃은 단순히 생물학적 기능만 하지는 않는다. 꽃의 아름다움과 다양성을 활용하여 우리는 사랑을 맹세하고 우정을 다짐하며 조의를 표할 때 꽃을 선물로 건네기도 한다.

꽃에서 나타나는 증상

꽃의 증상은 잎과 마찬가지로 보통 눈에 잘 띈다. 흐름도에 따라 식물을 괴롭히는 원인이 무엇인지 진단을 내린 후 해결책을 찾자(흐름도 활용 방법은 14쪽 참고).

Categories of flower symptoms
꽃 증상의 범주

꽃의 색깔이 변했다.

Go to page 73

꽃이 상하거나, 시들거나 문드러진다

Go to page 89

꽃에 구멍이 있거나 가장자리가
씹어 먹힌 듯하며,
해충이 발견되기도 한다.

Go to page 79

꽃이 잘 피지 않거나,
아예 안 피거나,
꽃봉오리가 일찍 떨어져버린다.

Go to page 93

꽃이 비틀어지거나 오그라들었다.

Go to page 84

■ 꽃의 색깔이 변했다 ■
증상의 다른 범주는 72쪽 참고

꽃이 상하지는 않았는데 색이 변했다.

아니요 ➡ 꽃이 상하거나, 시들거나 문드러진다 (증상을 모두 보이기도 한다).
Go to page 89

예
⬇

꽃에 반점(원형으로 변색) 또는 얼룩(불규칙한 모양으로 변색)이 생겼다.
Go to page 74

아니요 ➡ 꽃에 줄무늬나 반문이 생기고, 흐릿한 반점이 퍼져서 꽃이 변색되고 있다.
Go to page 78

무슨 문제일까? 73

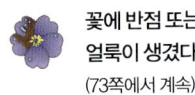

꽃에 반점 또는 얼룩이 생겼다
(73쪽에서 계속)

반점이나 얼룩은 회백색이 아니다. ←아니요— 반점이나 얼룩이 회백색이다.
　　　　　　　　　　　　　　　　　　　예↓

 ←아니요—

회백색 반점이 반투명하고 가루가 묻은 것 같지 않으면 잿빛곰팡이라고도 알려진 보트리티스균에 감염된 것이다.
해결 ➡ 280, 281쪽, 사진 ➡ 449쪽

회백색 반점이 불투명하고 가루가 묻은 것 같으면 흰가루병이다.
해결 ➡ 280, 281쪽, 사진 ➡ 449쪽

예↓

반점이나 얼룩은 갈색, 노란색, 자주색 또는 검은색이다.
Go to page 75

←아니요— 반점이나 얼룩이 꽃의 제 색깔에서 약간 옅은 색이면 일소日燒 증상이다.
해결 ➡ 255, 256쪽, 사진 ➡ 448쪽

반점이나 얼룩은 갈색, 노란색, 자주색 또는 검은색이다
(74쪽에서 계속)

반점이나 얼룩이 갈색, 자주색 또는 검은색 음영을 띤다.	아니요 ➡	반점이나 얼룩이 노란색이나 흰색을 띠면 바이러스에 감염된 것이다. 해결 ➡ 383~385쪽

⬇ 예

꽃에 생긴 반점이 작다. (참고 : 큰 얼룩이 발견될 수도 있다.)	아니요 ➡	꽃에 생긴 반점은 큰 얼룩이지, 작은 반점이 아니다. Go to page 77

⬇ 예

반점이나 얼룩이 작은 크기에서 시작히어 점점 커진다.	아니요 ➡	반점이 커지지 않으면 농약 피해를 입은 것이다. 해결 ➡ 252쪽, 사진 ➡ 448쪽

⬇ 예

반점이나 얼룩이 갈색 또는 검은색이다. Go to page 76	아니요 ➡	반점이 작고 자주색이면 (참고 : 자주색의 작은 반점은 갈색 얼룩으로 커질 수 있다) 탄저병이다. 해결 ➡ 280, 281쪽, 사진 ➡ 449쪽

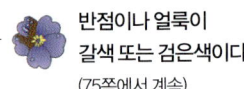 **반점이나 얼룩이
갈색 또는 검은색이다**
(75쪽에서 계속)

습도가 높은 날에는
반점이나 얼룩이
회갈색 곰팡이로 덮인다.

아니요 ➡

반점이나 얼룩이
회갈색 곰팡이로
덮이지 않으면
동백꽃썩음병이다.

해결 ➡ 280, 281쪽, 사진 ➡ 450쪽

예
⬇

아니요 ➡

곰팡이가 핀 꽃이 이내 떨어지면
잿빛곰팡이라고도 알려진 보트리티스균에
감염된 것이다. (참고 : 보트리티스균은
핵과 *Prunus* 나무에서는 발견되지 않는다.)

해결 ➡ 280, 281쪽, 사진 ➡ 449쪽

곰팡이가 핀 꽃이 떨어지지 않으면
갈색썩음병이다. (참고 : 갈색썩음병은
주로 핵과 나무에서 발병하며,
사과나무속屬 *Malus* 에서 드물게 발병한다.)

해결 ➡ 280, 281쪽, 사진 ➡ 450쪽

꽃에 생긴 반점은 큰 얼룩이지, 작은 반점이 아니다
(75쪽에서 계속)

식물의 수분이 부족한 것 같지는 않다. 　아니요 ➡　 식물에 물을 적당량 주지 않은 것 같다면(참고 : 수분이 부족하면 꽃 세포가 죽어서 갈색으로 변한다) 수분 부족이다.
해결 ➡ 259, 260쪽, 사진 ➡ 448쪽

⬇ 예

　아니요 ➡　

처음에 난 꽃은 갈색으로 변하는데, 맨 나중에 난 꽃이 싱싱하면 (참고 : 꽃봉오리는 제외) 노화 현상이다.
해결 ➡ 248쪽, 사진 ➡ 449쪽

갑자기 한파가 엄습하거나 영하로 떨어진 날이 있었다면 서리 피해를 입은 것이다.
해결 ➡ 262, 263쪽, 사진 ➡ 449쪽

꽃에 줄무늬나 반문이 생기고,
흐릿한 반점이 퍼져서 꽃이 변색되고 있다
(73쪽에서 계속)

줄무늬나 반문이
노란색, 흰색 또는 갈색이고
은백색은 아니다.

아니요 ➡

줄무늬나 반문이 은백색이면
총채벌레가 있는 것이다.
해결 ➡ 318, 319쪽, 사진 ➡ 450쪽

예
↓

줄무늬 또는 반문이 갈색이면
농약 피해 증상이다.
해결 ➡ 252쪽, 사진 ➡ 448쪽

아니요 ➡

줄무늬 또는 반문이
노란색이나 흰색이면
바이러스에 감염된 것이다.
해결 ➡ 383~385쪽

■ 꽃에 구멍이 있거나 가장자리가 씹어 먹힌 듯하며, 해충이 발견되기도 한다 ■
증상의 다른 범주는 72쪽 참고

꽃이나 꽃 주변에서
해충은 발견되지 않는다.

아니요 ➡

꽃이나 꽃 주변에
해충이 있다.
Go to page 81

예 ⬇

피해를 입은 꽃이나
식물에 점액 흔적은 없다.
(참고 : 비에 점액 흔적이 씻겼을
수도 있으므로 꽃이나 식물을
자주 관찰한다.)

아니요 ➡

피해를 입은 꽃이나
식물에 점액 흔적이
있으면 달팽이 또는
민달팽이에 따른 피해다.
해결 ➡ 410, 411쪽, 사진 ➡ 454쪽

예 ⬇

꽃잎 가장자리가 파였거나
꽃잎이 거의 파먹히고 없다.
Go to page 80

아니요 ➡

꽃 중앙의 연한 꽃잎에
구멍이 있고 새로 난
잎에서도 똑같은 구멍이 발견되면
집게벌레에 따른 피해다.
해결 ➡ 318, 319쪽, 사진 ➡ 452쪽

무슨 문제일까? 79

꽃잎 가장자리가 파였거나 꽃잎이 거의 파먹히고 없다
(79쪽에서 계속)

식물을 철저히 검사했는데도 식물에 해충이 숨어 있지는 않다.   **아니요** ➡   식물에 해충이 숨어 있었다.
Go to page 81

⬇ **예**

땅 위나 땅속에서 통통한 털벌레는 발견되지 않았다.   **아니요** ➡   땅 위나 땅속에 통통한 털벌레가 숨어 있었다면 (참고 : 털벌레는 C자형으로 웅크리고 있으며 보통 땅속에 숨어 있다), 이들은 거세미나방의 애벌레다.
해결 ➡ 318, 319쪽

⬇ **예**

잎에 털벌레가 지나간 뒤에 남는 작은 똥이 발견되지 않으면(참고 : 간혹 잎이 일부 또는 전체가 없다) 사슴에 따른 피해다.
해결 ➡ 416, 417쪽, 사진 ➡ 454쪽

   아니요 ➡   잎에 털벌레가 지나간 뒤에 남는 작은 똥이 흩어져 있으면 (참고 : 잎에 구멍도 나 있다. 때로 자벌레처럼 실을 뽑아서 몸을 지탱하여 이동하는 녹색 털벌레가 발견되기도 한다) 털벌레에 따른 피해다.
해결 ➡ 318, 319쪽, 사진 ➡ 452쪽

꽃 주변에 해충이 있거나(79쪽에서 계속)
식물을 철저히 검사해보니 해충이 숨어 있었다(80쪽에서 계속)

작고 몸이 서양배처럼 생겼으며
끝에 두 개의 뿔이 나 있는 해충은 아니다.

아니요 ➡

해충이 작고 몸은 서양배처럼 생겼으며
끝에 두 개의 뿔이 나 있으면
(참고 : 꽃잎 뒷면, 꽃받침 또는 꽃의 줄기에 빽빽하게 모여 있다) 진딧물이다.

해결 ➡ 318, 319쪽, 사진 ➡ 451쪽

⬇ 예

식물에서 '침 거품' 같은 방울이 발견되지 않는다.

아니요 ➡

'침 거품' 같은 방울이 꽃의 줄기에 붙어 있고, 때로는 꽃받침이나 꽃잎에서도 발견되면
(참고 : 연약해 보이는 작은 벌레가 그 거품 안에 숨어 있다), 거품벌레에 따른 피해다.

해결 ➡ 318, 319쪽, 사진 ➡ 452쪽

⬇ 예

식물 어디에서도 털벌레는 발견되지 않는다.
Go to page 82

아니요 ➡

식물 어디에선가 털벌레를 찾았으면, 털벌레에 따른 피해다.

해결 ➡ 318, 319쪽, 사진 ➡ 452쪽

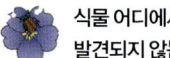 **식물 어디에서도 털벌레는 발견되지 않는다**
(81쪽에서 계속)

식물 어디에서도 달팽이나 민달팽이는 발견되지 않는다.	아니요 ➡	식물 어디에선가 달팽이나 민달팽이를 찾았으면 달팽이 또는 민달팽이에 따른 피해다. 해결 ➡ 410, 411쪽, 사진 ➡ 454쪽

⬇ 예

식물 어디에서도 딱정벌레는 발견되지 않는다. (참고 : 딱정벌레는 겉날개가 배 전체를 덮고 있는 곤충의 종류다. 겉날개의 색깔은 종에 따라 여러 가지다.)	아니요 ➡	식물 어디에선가 딱정벌레를 찾았으면 딱정벌레에 따른 피해다. (참고 : 딱정벌레의 종류는 311쪽을 참고한다.) 해결 ➡ 318, 319쪽, 사진 ➡ 451, 453쪽

⬇ 예

식물 어디에서도 반시류 곤충은 발견되지 않는다. (참고 : 노린재목目에 속하는 반시류 곤충은 겉날개가 배의 일부만 덮고 있다.) Go to page 83	아니요 ➡	식물 어디에선가 반시류 곤충을 찾았으면 (참고 : 이들은 찌르고 빠는 입 구조를 가지고 있어 먹이를 먹은 장소에 자국을 남긴다) 이들은 노린재, 허리노린재류 또는 거품벌레다. 해결 ➡ 318, 319쪽, 사진 ➡ 451, 452쪽

식물 어디에서도 반시류 곤충은 발견되지 않는다
(82쪽에서 계속)

식물 어디에서도
메뚜기는 발견되지 않는다.

아니요 ➡

식물 어디에선가
메뚜기를 찾았으면
메뚜기에 따른 피해다.

해결 ➡ 318, 319쪽, 사진 ➡ 451쪽

―――― 예 ――――
⬇

식물 어디에서도
개미는 발견되지 않는다.

아니요 ➡

식물 어디에선가
개미를 찾았으면
개미에 따른 피해다.

해결 ➡ 318, 319쪽, 사진 ➡ 451쪽

―――― 예 ――――
⬇

식물 어디에선가
집게벌레를 찾았으면
(참고 : 집게벌레는
몸 끝부분에 집게가 있다)
집게벌레에 따른 피해다.

해결 ➡ 318, 319쪽, 사진 ➡ 452쪽

아니요 ➡

식물 어디에선가
바구미나 꿀꿀이바구미를
찾았으면(참고 : 이들은
주둥이가 길다) 바구미 또는
꿀꿀이바구미류에
따른 피해다.

해결 ➡ 318, 319쪽, 사진 ➡ 451쪽

무슨 문제일까?

■ 꽃이 비틀어지거나 오그라들었다 ■
증상의 다른 범주는 72쪽 참고

꽃이 비틀어지거나 형태가 변했는데 크기는 정상이다.

아니요 ➡ 꽃 모양은 정상인데 왜소하다.
Go to page 87

⬇ 예

형태가 변한 꽃은 회백색 가루로 덮여 있지 않다.

아니요 ➡ 형태가 변한 꽃이 회백색 가루로 덮여 있으면 흰가루병이다.
해결 ➡ 280, 281쪽

⬇ 예

형태가 변한 꽃이 초록색으로 변하지 않고, 잎맥이 노란색으로 변하지 않았다.
Go to page 85

아니요 ➡ 형태가 변한 꽃이 초록색으로 변하고 잎맥이 노란색으로 변했으면 국화황화병이다.
해결 ➡ 378, 379쪽

형태가 변한 꽃이 초록색으로 변하지 않고
잎맥이 노란색으로 변하지 않았다
(84쪽에서 계속)

작고 잎 달린 가지가　　아니요 ➡　　작고 잎 달린 가지가
꽃 중앙에서　　　　　　　　　　　　　꽃 중앙에서 자라고 있으면
자라고 있지 않다.　　　　　　　　　　국화황화병이다.
　　　　　　　　　　　　　　　　　해결 ➡ 378, 379쪽

──── 예 ────
　　↓

형태가 변한 꽃은　　아니요 ➡　　형태가 변한 꽃이
갈색이 아니다.　　　　　　　　　　갈색이면 대만 총채벌레가
　　　　　　　　　　　　　　　　있는 것이다. (참고 : 흰 종이
　　　　　　　　　　　　　　　　위에서 꽃을 흔들면 깨알 같은
　　　　　　　　　　　　　　　　곤충이 떨어진다.)
　　　　　　　　　　해결 ➡ 318, 319쪽, 사진 ➡ 456쪽

──── 예 ────
　　↓

꽃이 검은색으로　　아니요 ➡　　꽃이 검은색으로 변하면
변하지 않는다.　　　　　　　　　(참고 : 새로 난 잎은 오그라들거나 변색된다)
Go to page 86　　　　　　　　　시클라멘먼지응애에 따른 피해다.
　　　　　　　　　　해결 ➡ 351, 352쪽

85　무슨 문제일까?

꽃이 검은색으로 변하지 않는다
(85쪽에서 계속)

변형된 꽃의 꽃잎을 뜯어보았을 때 그 안에서 진딧물은 발견되지 않는다.
(참고 : 진딧물의 생김새는 오른쪽을 참고한다.)

아니요 ➡ 변형된 꽃의 꽃잎을 뜯어보았을 때 그 안에 작고 몸이 서양배처럼 생겼으며 끝에 두 개의 뿔이 나 있는 곤충이 살고 있다면 진딧물이다.
해결 ➡ 318, 319쪽, 사진 ➡ 456쪽

⬇ 예

꽃에 갈색으로 말라버린 반점은 없다.

아니요 ➡ 꽃에서 갈색으로 말라버린 반점이 발견되면 제초제 피해를 입은 것이다.
해결 ➡ 252쪽, 사진 ➡ 455쪽

⬇ 예

블랙베리인데, 꽃잎이 뒤틀리고 불그스레하면 진균 감염에 의한 로제트 현상(double blossom, 정해진 한글명 없음 - 옮긴이)이다.
해결 ➡ 383~385쪽

아니요 ➡ 이미 핀 꽃 한가운데에 꽃봉오리가 또 생기면 관생貫生이다.
해결 ➡ 262, 263쪽, 사진 ➡ 455쪽

꽃 모양은 정상인데 왜소하다
(84쪽에서 계속)

왜소한 꽃의 색깔은 연하지 않으며, 잎이 노랗게 변하거나, 말리거나 시들지 않는다.

아니요 ➡ 왜소한 꽃의 색깔이 연하며, 잎이 노랗게 변하고, 말리고, 시들면 푸사리움 황화병이다.

해결 ➡ 292, 293쪽

↓ 예

잎의 뒷면에서 검은색 또는 갈색의 반질반질한 점은 발견되지 않는다.

아니요 ➡ 잎의 뒷면에서 검은색 또는 갈색의 반질반질한 점이 발견되면 방패벌레에 따른 피해다.

해결 ➡ 318, 319쪽, 사진 ➡ 456쪽

↓ 예

잎의 색깔과 형태는 정상이고 줄기가 뒤틀리거나 비틀어지지 않았다.

Go to page 88

아니요 ➡ 잎이 얇게 길쭉해지고 색이 변했으며, 줄기가 뒤틀리거나 비틀어졌다면 제초제 피해를 입은 것이다.

해결 ➡ 252쪽, 사진 ➡ 455쪽

**잎의 색깔과 형태는 정상이고
줄기가 뒤틀리거나 비틀어지지 않았다**
(87쪽에서 계속)

꽃이 왜소할 뿐 아니라
식물 자체도 정상 크기보다 작다.
(참고 : 잎은 시들었다.)
Go to page 21

아니요 ➡

식물의 크기는 정상인데
꽃이 정상 크기보다 작으면
꽃봉오리 솎기(적화摘化)를 하지 않아서
보이는 증상이다.

해결 ➡ 253쪽, 사진 ➡ 455쪽

■ 꽃이 상하거나, 시들거나, 문드러진다 ■
증상의 다른 범주는 72쪽 참고

꽃이 갈색 또는
검은색으로 변했다.

아니요 ➡

꽃이 갈색 또는
검은색으로 변하지는
않았으나 생기가 없다.
Go to page 92

___예___
⬇

꽃이 갈색으로 변했다.

아니요 ➡

꽃이 검은색으로
변했다.
Go to page 91

___예___
⬇

꽃이 갈색으로
썩은 채 식물에 달려 있다.
Go to page 90

아니요 ➡

꽃이 갈색으로
썩어서 떨어진다.
이 식물이 동백꽃이라면,
동백꽃썩음병이다.
해결 ➡ 280, 281쪽,
사진 ➡ 458쪽

무슨 문제일까? 89

꽃이 갈색으로 썩은 채 식물에 달려 있다
(89쪽에서 계속)

썩은 조직에서
회갈색 곰팡이가 피고 있다.

아니요 ➡

갈색으로 변한 꽃에
회갈색 곰팡이가 피지 않으면
볼링balling이다.

해결 ➡ 262, 264쪽, 사진 ➡ 457쪽

⬇ 예

식물은 핵과 나무가 아니면
(참고 : 핵과는 복숭아, 천도복숭아,
살구, 자두, 앵두, 아몬드 등이다)
잿빛곰팡이라고도 알려진
보트리티스균에 감염된 것이다.

해결 ➡ 280, 281쪽, 사진 ➡ 458쪽

아니요 ➡

식물이 핵과 나무면 갈색썩음병이다.
(참고 : 갈색썩음병은
주로 핵과에 잘 발병한다.
핵과의 종류는 왼쪽을 참고한다.)

해결 ➡ 280, 281쪽, 사진 ➡ 458쪽

꽃이 검은색으로 변했다
(89쪽에서 계속)

 아니요 ➡

꽃봉오리에서만 증상이 나타나고
이들이 장미속 *Rosa* 꽃봉오리면
(참고 : 구더기 같은 흰색 작은 벌레가
봉오리 안에 서식하고 있다)
흑파리류에 따른 피해다.

해결 ➡ 318, 319쪽, 사진 ➡ 458쪽

꽃과 꽃봉오리
모두 증상을 보이면 화상병이다.
(참고 : 이는 세균성 병으로,
장미속에만 피해를 입힌다.)

해결 ➡ 371, 372, 378, 379쪽, 사진 ➡ 458쪽

꽃이 갈색 또는 검은색으로
변하지는 않았으나 생기가 없다
(89쪽에서 계속)

식물에서 꽃만 생기가 없다.　　　아니요 ➡　　　꽃뿐 아니라
　　　　　　　　　　　　　　　　　　　　　식물 전체가 생기가 없다.
　　　　　　　　　　　　　　　　　　　　　　　Go to page 21

⬇ 예

난이다.　　　　　　　　　　　아니요 ➡　　　난이 아니면 수분 부족이다.
　　　　　　　　　　　　　　　　　　　　　해결 ➡ 259, 260쪽, 사진 ➡ 457쪽

⬇ 예

난에 에틸렌 가스를　　　　　　아니요 ➡　　　증상을 보이는 난에 직접
쏘인 적이 있으면 (참고 : 에틸렌은　　　　　　수분(受粉)시키거나 벌 등의 곤충이
사과, 바나나 및 기타 과실이 익을 때　　　　　수분 활동을 한 적이 있으면
저절로 발생한다. 천연가스에도 포함되어 있다)　(참고 : 난초는 수분되면 이와 같은 반응을 보인다)
에틸렌으로 인한 증상이다.　　　　　　　　　수분으로 인한 결과다.

해결 ➡ 248쪽, 사진 ➡ 457쪽　　　　　　　　해결 ➡ 248쪽, 사진 ➡ 457쪽

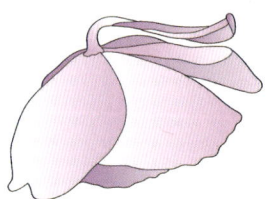

■ 꽃이 잘 피지 않거나, 아예 안 피거나, 꽃봉오리가 일찍 떨어져버린다
증상의 다른 범주는 72쪽 참고

| 꽃봉오리가 생기기는 했으나 일찍 떨어진다. 또는 꽃의 수가 너무 적거나 크기가 너무 작다. | 아니요 ➡ | 꽃이 피지 않았다. (참고 : 확신이 서지 않으면 말라버린 꽃, 꽃봉오리, 꽃대를 땅 위나 식물에서 찾아본다. 발견되지 않으면 꽃이 피지 않은 것이다.) Go to page 96 |  |

⬇ 예

| 꽃의 수가 너무 적거나 크기가 너무 작지만 꽃봉오리 대부분은 식물에 붙어 있다. | 아니요 ➡ | 꽃봉오리의 대부분이 떨어져버렸다. Go to page 98 |  |

⬇ 예

| 식물을 최근에 옮겨 심거나, 장소를 옮기거나, 화분에서 들어낸 적은 없다. | 아니요 ➡ | 식물을 최근에 옮겨 심거나, 장소를 옮기거나, 화분에서 들어낸 적이 있으면 이식 쇼크다. 해결 ➡ 260쪽, 사진 ➡ 459쪽 |  |

⬇ 예

| 식물이 제멋대로 자라지 않고 발육이 정상이거나 정상 이하다. Go to page 94 | 아니요 ➡ | 식물이 제멋대로 자라고 있으며, 녹색 새순은 무성한데 꽃이 별로 없으면 질소 과잉이다. 해결 ➡ 272쪽, 사진 ➡ 460쪽 |  |

무슨 문제일까?

**식물이 제멋대로 자라지 않고
발육이 정상이거나 정상 이하다**
(93쪽에서 계속)

식물의 발육 상태가 좋지 않다.   아니요 ➡   식물의 발육 상태는 정상이다.
Go to page 95

⬇ 예

잎은 잎맥을 제외하고   아니요 ➡   잎이 잎맥을 제외하고
노랗게 변하지 않았다.   노랗게 변했으면 영양 부족이다.
해결 ➡ 273쪽, 사진 ➡ 460쪽

⬇ 예

식물이 가늘고 약하며   아니요 ➡   잎이 끝에서부터 갈색으로 변하면
엷은 초록색이면 그늘이 지나쳤기 때문이다.   수분 부족이다.
해결 ➡ 255, 256쪽, 사진 ➡ 461쪽   해결 ➡ 259, 260쪽, 사진 ➡ 463쪽

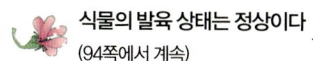

식물의 발육 상태는 정상이다
(94쪽에서 계속)

매년 꽃이 피고
제철에도 꽃이 계속 핀다.

아니오 ➡ 꽃이 한 해 걸러서 피거나
제철에 꽃이 피지 않으면
시든 꽃 따내기를 하지 않았기 때문이다.
(참고 : 시든 꽃 따내기를 하면
꽃이 종자를 만들지 않는다.
많은 식물 종류는 종자를 만들고 나면
꽃이 더 이상 안 핀다.)
해결 ➡ 253쪽, 사진 ➡ 459쪽

⬇ 예

꽃이 너무 일찍 피지는 않았는데,
꽃의 수가 너무 적으면
온도 조건이 맞지 않은 것이다.
(참고 : 너무 춥거나 더운 환경 등
식물 생육에 알맞은 온도가
맞추어지지 않았다는 뜻이다.)
해결 ➡ 264, 265쪽, 사진 ➡ 461쪽

아니오 ➡

꽃이 너무 일찍 폈으면
추대抽薹 현상이다.
(참고 : 이 현상은 주로 시금치 *Spinacia*,
상추 *Lactuca* 등의 채소에서 나타난다.)
해결 ➡ 264쪽, 사진 ➡ 459쪽

무슨 문제일까?

꽃이 피지 않았다
(93쪽에서 계속)

작년에 식물 가지치기(전정剪定)를 하지 않았거나, 혹시 했다면 가지치기를 실시해야 하는 시기에 했다.

아니요 ➡ 작년에 식물 가지치기를 했는데 가지치기를 실시해야 하는 시기에 하지 않았으면 그 시기가 잘못되었기 때문이다.

해결 ➡ 253쪽, 사진 ➡ 459쪽

⬇ 예

봄에 꽃눈이 나온 후 0℃ 이하의 한파가 엄습하지 않았다.

아니요 ➡ 봄에 꽃눈이 나온 후 0℃ 이하의 한파가 엄습했으면 동해(凍害)를 입은 것이다.

해결 ➡ 262, 263쪽

⬇ 예

알뿌리 식물이 아니다.
Go to page 97

아니요 ➡ 알뿌리 식물이다.

⬇ 예

알뿌리 식물을 알맞은 시기에 심었다.
Go to page 97

아니요 ➡ 알뿌리 식물을 알맞은 시기에 심지 않았으면 식재 시기가 부적절했기 때문이다.

해결 ➡ 265쪽, 사진 ➡ 459쪽

**알뿌리 식물이 아니다.
알뿌리 식물일 경우 알맞은 시기에 심었다**
(96쪽에서 계속)

식물이 제멋대로 　　아니요 ➡　　식물이 제멋대로 자라고 있으며,
자라지 않고 발육이 　　　　　　녹색 새순은 무성한데 꽃이 별로 없으면
정상이거나 정상 이하다.　　　　　질소 과잉이다.
　　　　　　　　　　　　　　해결 ➡ 272쪽, 사진 ➡ 460쪽

　예
　⬇

식물의 발육　　　　아니요 ➡　　식물의 발육 상태가 정상이면
상태가 좋지 않다.　　　　　　겨울이 온난했기 때문이다.
　　　　　　　　　　　　　　해결 ➡ 265쪽, 사진 ➡ 461쪽

　예
　⬇

식물이 왜소해 보이지만　아니요 ➡　식물이 연약하고 가늘며
약하거나 가늘거나　　　　　　얇은 초록색이면
얇은 초록색은 아니다.　　　　　그늘이 지나쳤기 때문이다.
　　　　　　　　　　　　　　해결 ➡ 255, 256쪽, 사진 ➡ 461쪽

　예
　⬇

　　아니요 ➡　　

식물의 잎 끝 또는 가장자리부터 갈색으로　　잎이 잎맥을 제외하고
변하고 있으면 수분 부족이다.　　　　　　노랗게 변하면 영양 부족이다.
해결 ➡ 259, 260쪽, 사진 ➡ 463쪽　　　　해결 ➡ 273쪽, 사진 ➡ 460쪽

꽃봉오리의 대부분이 떨어져버렸다
(93쪽에서 계속)

떨어지기 전 꽃봉오리는 말라서 오그라들지 않았다.

아니요 ➡ 떨어지기 전 꽃봉오리가 말라서 오그라들었으면 수분 부족이다. (참고 : 꽃봉오리가 생성되는 시기에 수분이 부족해지는 원인은 바람, 뿌리부패병, 나무좀, 천공충, 더위 등 여러 가지다.) 해결 ➡ 259, 260쪽, 사진 ➡ 462쪽

⬇ 예

식물 주변의 토양이 축축하지 않고, 오래된 잎은 초록색 또는 갈색이다.

아니요 ➡ 식물 주변의 토양이 축축하고, 오래된 잎이 노란색으로 변하고 있으면 수분 과잉이다.
해결 ➡ 261, 262쪽, 사진 ➡ 462쪽

⬇ 예

식물이 연약하거나 가늘거나 얇은 초록색은 아니다.
Go to page 99

아니요 ➡ 식물이 연약하고 가늘며 얇은 초록색이면 그늘이 지나쳤기 때문이다.
해결 ➡ 255, 256쪽, 사진 ➡ 462쪽

식물이 연약하거나 가늘거나 엷은 초록색은 아니다
(98쪽에서 계속)

지난겨울 또는 봄에 이상 기상으로 영하로 떨어진 날은 없었다.   아니요 ➡   지난겨울 또는 봄에 이상 기상으로 영하로 떨어진 날이 있었다면, 서리 피해를 입은 것이다.
해결 ➡ 262, 263쪽, 사진 ➡ 461쪽

⬇ 예

꽃봉오리가 떨어지기 전에 홈이나 둥글게 팬 상처, 먹힌 흔적은 없다.   아니요 ➡   꽃봉오리가 떨어지기 전에 홈이나 둥글게 팬 상처, 먹힌 흔적이 있으면 바구미류에 따른 피해다.
(참고 : 이 피해는 사과나무속, 핵과 및 관련 종에서 많이 발견된다.) 해결 ➡ 318, 319쪽, 사진 ➡ 463쪽

⬇ 예

장미속 꽃봉오리면 (참고 : 봉오리에 구멍이 많이 뚫리고 갈색으로 마르면서 마침내 떨어진다) 거위벌레류에 따른 피해다.
해결 ➡ 318, 319쪽, 사진 ➡ 463쪽   아니요 ➡   딸기 *Fragaria*, 블랙베리 *Rubus* 또는 나무딸기 *R. idaeus* 의 꽃봉오리면 꽃바구미류에 따른 피해다. (참고 : 바구미는 꽃봉오리에 구멍을 뚫고 알을 낳는다. 그런 다음 꽃봉오리 아래 줄기를 일부 자르는데, 꽃봉오리는 갈색으로 시들어서 마침내 떨어진다.)
해결 ➡ 318, 319쪽, 사진 ➡ 463쪽

무슨 문제일까?

Fruits and Vegetables
과일, 채소

4

과일이란?

과일은 미래를 실현한다. 과일은 발육하여 익은 씨방인데, 그 안에는 씨가 한 개에서 여러 개까지 들어 있다. 속씨식물, 즉 꽃이 피는 식물만이 과일을 생산할 수 있다. 과일은 꽃가루받이受粉의 산물이기 때문이다. 아버지 역할을 하는 식물, 즉 수포기의 정자는 어머니 역할을 하는 식물, 즉 암포기의 난세포와 수정된다. 난자를 품은 밑씨

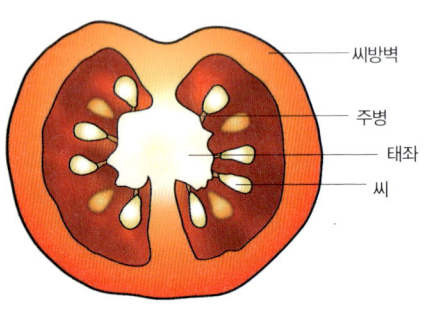

장과류漿果類인 토마토는 세 가지 중요한 기능을 한다. 씨방은 자라나는 씨를 보호하고 태좌, 그리고 탯줄 역할을 하는 주병을 통하여 씨눈에 영양을 공급한다. 발육하여 과일이 익으면 씨방은 과일이 되고 새나 사람 등 과일을 먹는 동물의 식욕을 돋워 동물의 소화기 계통을 통해서 어미그루는 종자를 퍼뜨린다.

— 씨방벽
— 주병
— 태좌
— 씨

는 자라서 씨가 된다. 씨방은 밑씨를 품고 있으며, 과일이 되어 씨를 보호하고 영양을 공급한다.

태좌는 밑씨를 어미그루에 연결하여 씨가 떡잎이 될 때까지 풍부한 양분을 전달한다. 씨는 싹이 트면서 씨에 저장된 양분으로 살다가 때가 되면 햇빛으로부터 양분을 직접 생산하기 시작한다.

우리는 보통 맛있는 열매, 즉 과즙이 풍부하고 맛있어서 먹기 좋은 열매를 과일로 분류한다.

그러나 과일의 정의는 발육한 씨방이다(식물학에서는 과일을 이와 같이 정의하며, 원예학에서는 목본 식물의 열매는 과일, 초본 식물의 열매는 채소로 분류한다. 예를 들어, 토마토가 식물학에서는 과일, 원예학에서는 채소다-옮긴이). 따라서 우리가 채소로 분류하는 거의 모든 종류가 사실 과일에 속한다. 오렌지 Citrus sinensis, 사과 Malus, 블루베리 Vaccinium 뿐 아니라 강낭콩 Phaseolus vulgaris, 토마토 Lycopersicon esculentum, 페포 호박 Cucurbita pepo도 모두 과일이다.

더 놀라운 사실도 있다. 마른 양귀비 Papaver 의 삭과도 과일이다. 여러분의 집에서 꽃이 피는 식물들은 모두 과일을 생산한다. 그중 일부만 먹을 수 있는 것이다. 관상초, 난풍나무 Acer, 민들레 Taraxacum officinale 모두 씨방이 달린 꽃이 핀다. 따라서 이들도 과일을 생산한다. 세계 곳곳에서 식용으로 생산되는 쌀이라는 낟알은 벼 Oryza sativa 의 씨방이 발육한 것이므로 역시 과일이다.

과일이 하는 일은?

과일은 식물의 세계에서 가장 유능한 유모다. 과일이 주로 하는 일은 '아기 식물'을 보호하고 음식을 먹이는 것이다. 과일은 식물의 번식을 성공시키는 매우 특별한 임무를 수행한다. 과일의 첫 번째 임무는 씨에 영양을 공급하고 씨를 보호하는 것이다. 씨가 성숙하고 과일이 익으면 이 임무는 끝난다. 과일의 두 번째 임무는 엄마와 자식이 필수 영양분, 물 또는 햇빛을 서로 경쟁하지 않아도 되도록 씨를 새로운 장소에 퍼뜨리는 것이다. 건과의 경우, 완전히 발육하면 쪼개어져 씨를 퍼뜨린다. 실제 과일 중에는 익으면 터져서 그 힘으로 씨를 뿜어내는 것들이 있다.

보통 과일로 분류되는 노지멜론 *Cucumis melo*처럼 속씨식물의 잘 익은 씨방은 동물들이 좋아하는 맛이어서 씨가 널리 퍼질 수 있다.

채소로 구분하기도 하는 과일의 한 종류인 강낭콩의 씨방은 완전히 익으면 말라서 쪼개어져 씨를 내보낸다.

토마토 열매는 어떤 기준으로는 채소, 어떤 기준으로는 과일로 분류된다.

밀크위드 Asclepias의 과일은 익으면 벌어져 안에서 자란 씨를 바람에 띄워 보낸다.

서양금혼초 Hypochaeris radicata의 과일은 유연관계가 가까운 민들레와 마찬가지로 낙하산이 달려 있어 부모 식물로부터 멀리 바람을 타고 날아간다.

난쑹나무의 날개 달린 과일은 시과翅果라고도 하는데, 나무에서 떨어질 때 헬리콥터처럼 회전해서 날아 어미그루에서 떨어져 새 장소에 안전하게 착지한다.

다년생 스위트피 Lathyrus latifolius는 강낭콩과 마찬가지로, 익으면 씨를 멀리 튕길 정도의 힘으로 씨방이 터진다.

어떤 과일은 그보다는 부드럽게 열려서 날개나 낙하산을 단 씨가 바람을 타고 어미그루에서 멀리 떨어진 새 장소에 도착하도록 한다. 민들레의 과일은 자체에 날개가 있어 공중 높이 날았다가 여러분 집의 잔디밭 한가운데에 사뿐히 착륙하여 싹을 틔운다.

반면에 육질이 좋고 맛있는 과일은 동물을 이용하여 종자를 퍼뜨린다. 사과, 복숭아 *Prunus persica*, 체리 *P. avium*, 그 밖의 장과류는 맛과 향으로 동물을 유혹하고, 동물은 과일을 먹고 다른 곳에서 씨가 든 변을 배설한다. 이 전략으로 씨는 싹이 텄을 때 먹을 비료를 한 덩어리 얻을 뿐 아니라, 싹이 트기 쉽도록 씨껍질을 연하게 삭힐 수 있으며, 새 터전으로 옮기는 데 무임승차까지 가능하다. 동물은 음식을 먹어서 열량을 얻고 식물은 자손을 퍼뜨린다. 지구상의 모든 생물은 이러한 공생관계로 서로 이익을 주고받는다.

과일에서 나타나는 증상

과일에 문제가 생기면 다소 골치가 아프다. 흐름도에 따라 문제를 진단한 후 안전하고 적절한 해결책을 찾자(흐름도 활용 방법은 14쪽 참고).

Categories of fruit symptoms
과일 증상의 범주

과일 전체 색이
변했다.

Go to page 106

과일이 비틀어지거나,
왜소하거나 오그라들었다.

Go to page 124

과일에 여러 크기의
반점이 생겼다.

Go to page 108

과일이 물렁물렁하거나, 벌레 먹거나,
곰팡이가 피거나 썩었다.

Go to page 130

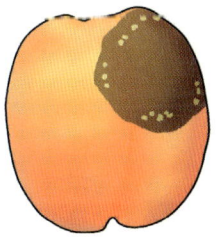

과일이 아예 없거나, 과일에 구멍이 생기거나,
일부가 파먹히거나 갈라졌다.

Go to page 119

■ 과일 전체 색이 변했다 ■
증상의 다른 범주는 105쪽 참고

	아니요 ➡	발육이 덜 된 감귤류 과일이면 (참고 : 과일에 은색의 줄무늬 또는 얼룩이 생겼다) 총채벌레류에 따른 피해다. 해결 ➡ 318, 319쪽
과일이 다 자랐다. (참고 : 다 자란 감귤류 또는 그 외 성숙한 과일이다.)		

⬇ 예

	아니요 ➡	과일이 덜 익었으며 초록색에서 변하지 않는다. 특히 꼭지 부근에 색이 그대로면 푸른바탕병이다. 해결 ➡ 262, 263쪽, 사진 ➡ 464쪽
과일이 익었다.		

⬇ 예

	아니요 ➡	과일에 희거나 연한 초록색, 짙은 초록색의 얼룩이 있으면 모자이크바이러스병이다. 해결 ➡ 383~385쪽, 사진 ➡ 468쪽
과일에 희거나 연한 초록색, 짙은 초록색의 얼룩은 없다. Go to page 107		

 **과일에 희거나 연한 초록색,
짙은 초록색의 얼룩은 없다**
(106쪽에서 계속)

과일은 다 자란 감귤류가 아니다.　　**아니요** ➡　　과일이 다 자란 감귤류면
　　　　　　　　　　　　　　　　　　　　　　　(참고 : 갈색 병반이 있고 열매살은 마르고 질기다)
　　　　　　　　　　　　　　　　　　　　　　　동해(凍害)를 입은 것이다.
　　　　　　　　　　　　　　　　　　　　　　　해결 ➡ 262, 263쪽, 사진 ➡ 464쪽

예
⬇

　　　　　　**아니요** ➡　　

과일이 검은 '그을음'으로 덮여 있고　　　　　과일이 회백색 가루로 덮여 있으면
긁었을 때 벗겨지면 그을음병이다.　　　　　　흰가루병이다.
　해결 ➡ 296, 297쪽　　　　　　　　　　　　　해결 ➡ 280, 281쪽

무슨 문제일까? 107

■ 과일에 여러 크기의 반점이 생겼다 ■
증상의 다른 범주는 105쪽 참고

반점은 흰색, 회백색 또는 은색이 아니다.   아니요 ➡   반점이 흰색, 회백색 또는 은색이다.
Go to page 111

⬇ 예

반점은 검은색 또는 짙은 갈색이 아니다.
(참고 : 볶은 원두처럼 짙은 갈색이 아닌 갈색 종이봉투나 밤처럼 밝은 갈색이다.)   아니요 ➡   반점이 검은색 또는 볶은 원두 색깔처럼 짙은 갈색이다.
Go to page 113

⬇ 예

반점 표면이 코르크 같지 않고 부드럽다.
(참고 : 코르크 같은 조직이란 건조하고 거친 질감에 오렌지갈색을 띠는 것을 말한다.)
Go to page 109   아니요 ➡   반점 표면이 코르크 같다.
Go to page 115

반점 표면이 코르크 같지 않고 부드럽다
(108쪽에서 계속)

반점은 갈색 종이봉투처럼 옅은 갈색에서 밤색까지의 밝은 갈색 계열이 아니다.   아니요 ➡   반점은 갈색 종이봉투처럼 옅은 갈색에서 밤색까지의 밝은 갈색 계열이다.
Go to page 116

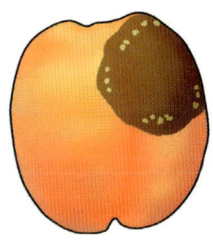

― 예 ―
⬇

반점은 길고 좁게 곡선을 그리는 모양이 아니다.   아니요 ➡   반점이 과일 껍질을 파고들며 길고 좁게 곡선을 그리는 모양이면 애배잎벌류에 따른 피해다.
(참고 : 사과나무속 *Malus* 과 배나무속 *Pyrus* 에만 발생한다.)
해결 ➡ 341, 342쪽

― 예 ―
⬇

반점은 자주색이 아니다.
Go to page 110
   아니요 ➡   자주색 반점이 과일 전 표면에 흩어져 있으면 구멍병이다.
(참고 : 사과나무속과 핵과에만 발생한다.)
해결 ➡ 280, 281쪽

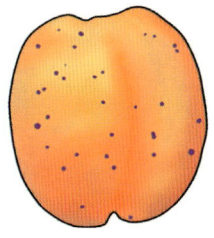

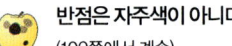

반점은 자주색이 아니다
(109쪽에서 계속)

반점이 노란색 또는 주황색이다.   아니요 ➡   반점이 빨간색이다.

예 ⬇

   아니요 ➡   

막 생기기 시작한 반점이 처음에 노란색이다가 주황색으로 변하면 붉은별무늬병(적성병赤星病)이다.
(참고 : 사과 및 꽃아그배나무에만 발생한다.)
해결 ➡ 280, 281쪽, 사진 ➡ 467쪽

반점이 오래된 것이나 새것 모두 노란색이면
(참고 : 반점이 과일 전체에 흩어져 있다)
노린재에 따른 피해다.
해결 ➡ 318, 319쪽

예 ⬇

익은 블랙베리에서 익지 않은 빨간 조직의 얼룩이 발견되면 흑응애류에 따른 피해다.
(참고 : 블랙베리에만 발생한다.)
해결 ➡ 362쪽, 사진 ➡ 467쪽

   아니요 ➡   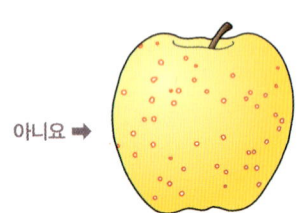

중심부가 흰 빨간색 반점이 있으면 산호세 깍지벌레에 따른 피해다.
해결 ➡ 318, 319쪽

반점이 흰색, 회백색 또는 은색이다
(108쪽에서 계속)

반점 위에 회백색 가루는 없다.   아니요 ➡   반점 위에 회백색 가루가 덮여 있으면 흰가루병이다.
해결 ➡ 280, 281쪽

⬇ 예

과일이 발육이 덜 된 감귤류가 아니다.
(참고 : 다 자란 감귤류다.)   아니요 ➡   과일이 발육이 덜 된 감귤류면
(참고 : 반점은 은색이다)
총채벌레류에 따른 피해다.
해결 ➡ 318, 319쪽

⬇ 예

과일에 희거나 연한 초록색, 짙은 초록색의 얼룩은 없다.
Go to page 112   아니요 ➡   과일에 희거나 연한 초록색, 짙은 초록색의 얼룩이 있으면 모자이크바이러스병이다.
해결 ➡ 383~385쪽, 사진 ➡ 468쪽

무슨 문제일까?

과일에 희거나 연한 초록색,
짙은 초록색의 얼룩은 없다.
(111쪽에서 계속)

과일에 부드러운 흰색 얼룩이
생겨서 그 부분이 건조하고
바삭해지는 현상은 없다.

아니요 ➡ 과일에 부드러운 흰색 얼룩이 생겨서
그 부분이 건조하고 바삭해지는
현상이 생기면 일소日燒 증상이다.

해결 ➡ 255, 256쪽, 사진 ➡ 465쪽

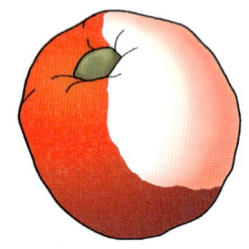

예
⬇

아니요 ➡

과일에 부드러운 물집이 생겼다가
그 위에 회갈색 곰팡이가 피면
잿빛곰팡이라고도 알려진
보트리티스균에 감염된 것이다.

해결 ➡ 280, 281쪽, 사진 ➡ 466쪽

과일에 부드러운 물집이 생겼다가
그 위에 흰곰팡이가 피면
(참고 : 때로는 '씨'같이 검은색의
단단한 혹이 자라고 있다)
흰곰팡이에 따른 피해다.

해결 ➡ 280, 281, 292, 293쪽, 사진 ➡ 466쪽

**반점은 검은색 또는
볶은 원두 색깔처럼 짙은 갈색이다**
(108쪽에서 계속)

반점을 문질러보아도
그대로 남아 있다.　　　아니요 ➡　　　반점을
　　　　　　　　　　　　　　　　　　　문질러보았을 때
　　　　　　　　　　　　　　　　　　　벗겨지면
　　　　　　　　　　　　　　　　　　　그을음병이다.
　　　　　　　　　　　　　　　　　　　해결 ➡ 296, 297쪽

─── 예 ───
⬇

반점이 꽃자리 외에서도
발견된다.　　　　　　　아니요 ➡　　　반점이 꽃자리에서만
　　　　　　　　　　　　　　　　　　　발견되면
　　　　　　　　　　　　　　　　　　　배꼽썩음병이다.
　　　　　　　　　　　　　　　　　　　해결 ➡ 271, 272쪽, 사진 ➡ 466쪽

─── 예 ───
⬇

햇빛을 잘 받은 부분이나
잘 받지 못한 부분에서 모두
반점이 발견된다.　　　아니요 ➡　　　햇빛을 잘 받은
Go to page 114　　　　　　　　　　　　부분에서만 반점이
　　　　　　　　　　　　　　　　　　　발견되면 일소 증상이다.
　　　　　　　　　　　　　　　　　　　해결 ➡ 255, 256쪽

무슨 문제일까?　113

햇빛을 잘 받은 부분이나 잘 받지 못한 부분에서 모두 반점이 발견된다

(113쪽에서 계속)

반점이 흐릿하고
과일 전체에 퍼져 있다.

아니요 ➡

반점이 윤이 나고
작은 반점이 모여
큰 얼룩을 형성하고
있으면 검은점병이다.

해결 ➡ 280, 281쪽, 사진 ➡ 467쪽

─── 예 ───
⬇

반점이 평평하거나
움푹하다.

아니요 ➡

반점이 매우 작고
솟아올랐으며
얼룩점 같은 검은색 돌기면
세균성 반점병이다.

해결 ➡ 371, 372쪽, 사진 ➡ 468쪽

─── 예 ───
⬇

반점이 작은
갈색 점무늬였다가
검고 둥근 반점으로
패이면 탄저병이다.

해결 ➡ 280, 281쪽

아니요 ➡

반점이 짙은 갈색으로 시작해서
크고 검은 얼룩으로 변하여
과일이 썩어 들어가면
검은썩음병이다.

해결 ➡ 280, 281쪽, 사진 ➡ 466쪽

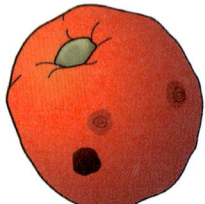

반점 표면이 코르크 같다
(108쪽에서 계속)

코르크 같은 질감의 반점은 어느 한 부분에 한정되어 있고 과일 전체에 퍼져 있지 않다.   **아니요 ➡**   코르크 같은 질감의 반점이 과일 전체에 퍼져 있으면 동녹병이다.
해결 ➡ 249쪽, 사진 ➡ 465쪽

⬇ 예

과일은 발육한 모습 그대로를 유지하고 있다.   **아니요 ➡**   과일이 자라면서 코르크 같은 조직 주변의 모양이 변하면(참고 : 대부분의 참고문헌에서는 이 모양을 "고양이 얼굴cat face"이라고 표현한다) 장님노린재류에 따른 피해다.
해결 ➡ 318, 319쪽, 사진 ➡ 467쪽

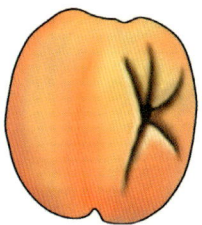

⬇ 예

과일에 작은 점들이 얼룩처럼 찍혀 있고 주변에 코르크 같은 질감의 병반이 생기면 구멍병이다.
(참고 : 사과나무속 및 핵과에만 발생한다.)
해결 ➡ 280, 281쪽
   아니요 ➡
과일 표면에 코르크 같은 질감의 병반으로 변한 조직이 퍼져 있으면 더뎅이병이다.
해결 ➡ 280, 281쪽, 사진 ➡ 467쪽

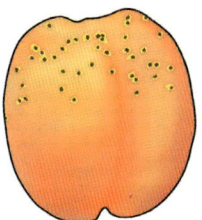 

무슨 문제일까?   115

반점은 갈색 종이봉투나 밤처럼 밝은 갈색이다
(109쪽에서 계속)

반점이 평평하거나 솟아올랐다.   아니오 ➡   반점이 움푹하다.
                                              Go to page 118

⬇ 예

과일 중앙에서 애벌레는   아니오 ➡   과일 중앙에서 작은 연형동물이
발견되지 않았다.   발견되면 쑤시기붙이류다.
(참고 : 애벌레의 머리는 갈색이고   (참고 : 이 곤충의 유충은 나무딸기와
머리 바로 밑에 관절이 있는 다리가 세 쌍 있다.)   블랙베리에서만 발견된다.)
                                         해결 ➡ 341, 342쪽

⬇ 예

과일은 다 자란   아니오 ➡   과일이 다 자란 감귤류라면
감귤류가 아니다.   (참고 : 과일에 갈색 병반 흔적이 있으며
Go to page 117   열매살은 마르고 질기다) 동해(凍害)를
                                   입은 것이다.
                                   해결 ➡ 262, 263쪽, 사진 ➡ 465쪽

116 내 식물에게 무슨 일이 일어났을까?

과일은 다 자란 감귤류가 아니다
(116쪽에서 계속)

반점이 점점 커진다.　　아니오 ➡　　반점이 커지지 않으면 물리적 원인으로 손상된 것이다. (참고: 우박, 새, 기타 원인으로 작은 갈색 반점의 상처가 날 수도 있다.)
해결 ➡ 250쪽

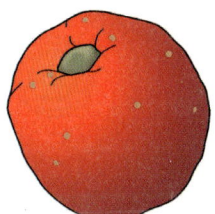

⬇ 예

반투명한 반점은 없다.
(참고: 반투명한 반점은 종이에 떨어뜨린 기름처럼 보인다.)　　아니오 ➡　　반투명한 반점이 생겼다가 갈색의 마른 얼룩이 되면 세균성 마름병이다.
해결 ➡ 371, 372쪽, 사진 ➡ 468쪽

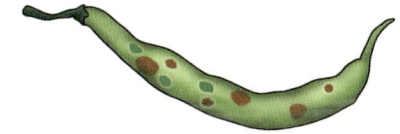

⬇ 예

갈색으로 변한 부분의 과일 껍질이 부드럽고 축축하면 역병이다.
해결 ➡ 280, 281쪽, 사진 ➡ 467쪽　　아니오 ➡　　갈색으로 변한 부분의 과일 껍질이 단단하고 건조하면 갈색썩음병이다.
(참고: 주로 핵과에 발병하고 드물게 사과나무속에 발병한다.)
해결 ➡ 280, 281쪽, 사진 ➡ 466쪽

　　　　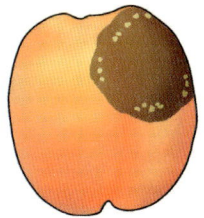

무슨 문제일까?　117

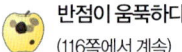
반점이 움푹하다
(116쪽에서 계속)

반점이 커지지 않는다.   아니요 ➡   작았던 반점이 급속도로 커지면 탄저병이다.
(참고 : 이 병은 사과나무속 및 배나무속에만 발생한다. 지름은 2.5cm 이상이며 중앙에서부터 원형 고리가 생긴다.)
해결 ➡ 280, 281쪽

⬇ 예

과일의 열매살에 엷은 갈색의 코르크 같은 반점이나 얼룩점이 군데군데 있으면 고두병이다.
(참고 : 사과나무속에만 발병한다.)
해결 ➡ 273쪽

아니요 ➡   반점 주위가 노랗게 변색되면 세균성 점무늬병이다.
해결 ➡ 371, 372쪽, 사진 ➡ 468쪽

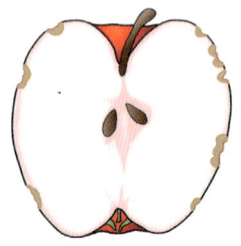

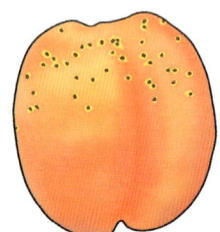

118 내 식물에게 무슨 일이 일어났을까?

■ 과일이 아예 없거나, 과일에 구멍이 생기거나, 일부가 파먹히거나 갈라졌다 ■
증상의 다른 범주는 105쪽 참고

과일에 구멍이 났다.　　**아니요 ➡**　　과일 자체가 없거나, 일부가 파먹히거나 갈라졌다.
Go to page 122

예 ⬇

과일에 난 구멍의 지름이 6mm 이하이고 점액 흔적은 발견되지 않는다.　　**아니요 ➡**　　과일에 난 구멍의 지름이 6mm를 넘고 점액 흔적이 발견되면 달팽이 또는 민달팽이에 따른 피해다.
해결 ➡ 410, 411쪽, 사진 ➡ 471쪽

예 ⬇

구멍이 둥글고 깊이는 3mm 이상이다.
Go to page 120
　　아니요 ➡　　구멍이 갈고리 모양이고 깊이가 3mm 이하로 얕으면 바구미류에 따른 피해다.
해결 ➡ 318, 319쪽, 사진 ➡ 469쪽

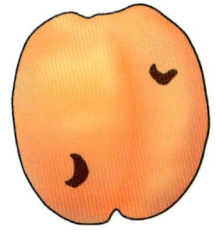

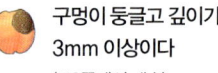 **구멍이 둥글고 깊이가 3mm 이상이다**
(119쪽에서 계속)

과일은 포도속이 아니다.　　아니요 ➡　　과일이 포도속 *Vitis*이면
(참고 : 포도속 과일에 줄이 쳐져 있으며
톱밥 같은 물질이 가득하다)
잎말이나방류에 따른 피해다.
해결 ➡ 341, 342쪽

예
⬇

목본 식물의 과일이고　　아니요 ➡　　초본 식물의 과일이고
과일 속에서 벌레가 발견되었다.　　　　　과일 속에서 벌레가 발견되면 목화씨벌레,
Go to page 121　　　　　　　　　　큰담배나방 · 명나방류 · 파밤나방 애벌레에
따른 피해다.
해결 ➡ 318, 319, 341, 342쪽, 사진 ➡ 469, 470쪽

**목본 식물의 과일이고
과일 속에서 벌레가 발견되었다**
(120쪽에서 계속)

과일 속에서 발견된 벌레는 주황색이 아니고 과일 안에 줄이 쳐져 있지 않다.

아니요 ➡ 과일 속에서 발견된 벌레가 주황색이고 과일 안에서 줄을 치고 있으면 명나방류의 애벌레에 따른 피해다.
(참고 : 이 곤충은 주로 견과류, 감귤류, 무화과속 *Ficus*에 피해를 입힌다.)

해결 ➡ 341, 342쪽

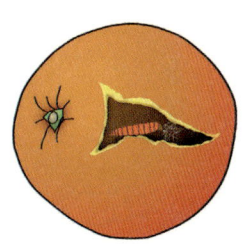

─────── 예 ───────
⬇

구멍은 마른 톱밥 같은 물질로 채워져 있고, 구멍 주변이 건조하고 바삭한 검은색 또는 갈색 조직으로 변해 있으면 코들링나방 애벌레에 따른 피해다.

해결 ➡ 341, 342쪽, 사진 ➡ 470쪽

구멍은 축축하고 진득한 물질로 채워져 있으며, 구멍 주변이 건조하고 바삭한 검은색 또는 갈색 조직으로 변해 있으면 복숭아순나방 애벌레에 따른 피해다. (참고 : 이 곤충은 과수果樹에 피해를 입힌다.)

해결 ➡ 341, 342쪽

 아니요 ➡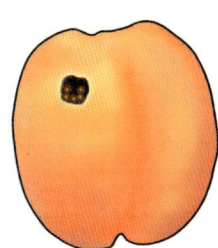

**과일 자체가 없거나,
일부가 파먹히거나 갈라졌다**
(119쪽에서 계속)

| 과일은 있으나 일부가 파먹히거나 갈라졌다. | 아니요 ➡ | 과일 자체가 없으면 새 또는 곰, 코요테, 너구리, 사슴, 어린이가 먹었을 가능성이 있다.
해결 ➡ 414~417쪽(각 진단별로) |

예
⬇

| 과일이 일부 먹혔다. | 아니요 ➡ | 과일이 갈라졌다.
Go to page 123 |

예
⬇

| 과일이 먹힌 모양을 보았을 때 끝이 뾰족한 무엇인가로 열매살을 파먹은 것 같지는 않다. | 아니요 ➡ | 과일이 먹힌 모양을 보았을 때 끝이 뾰족한 무엇인가로 열매살을 파먹은 것 같으면 새에 따른 피해다.
해결 ➡ 413~415쪽(각 진단별로),
사진 ➡ 470쪽 |

예
⬇

말벌이 과일을 먹고 있으면
(참고 : 말벌이 없으면 다음날 다시
과일을 살펴본다) 말벌에 따른 피해다.
해결 ➡ 318, 319쪽, 사진 ➡ 469쪽

과일이 먹힌 자리에
평행한 이빨 자국이 남아 있으면
설치류에 따른 피해다.
해결 ➡ 416쪽, 사진 ➡ 470쪽

아니요 ➡

과일이 갈라졌다
(122쪽에서 계속)

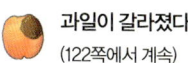

갈라진 부분이 건조하다.　　　아니요 ➡　　갈라진 부분이 촉촉하면
　　　　　　　　　　　　　　　　　　　　수분 과잉이다.

해결 ➡ 261, 262쪽, 사진 ➡ 469쪽

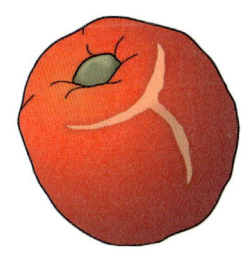

───── 예 ─────
　　　⬇

갈라진 부분이 갈색 코르크 같은 조직으로　　　　갈라진 부분이 건조하고 딱지가 생겼으며
채워져 있고, 과일의 세로 방향으로　　　　　　　과일의 꼭지 주위로 원을 그리며
진행되고 있으면 더뎅이병이다.　　　　　　　　　진행되고 있으면 생장 균열이다.

해결 ➡ 280, 201쪽, 사진 ➡ 469쪽　　　　　　　해결 ➡ 260, 261쪽, 사진 ➡ 469쪽

　　　　　아니요 ➡　　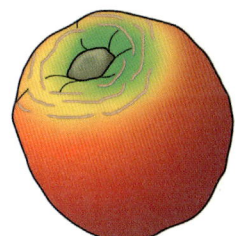

무슨 문제일까?　123

■ 과일이 비틀어지거나, 왜소하거나, 오그라들었다 ■
증상의 다른 범주는 105쪽 참고

과일이 비틀어지거나 오그라들었다.	아니요 ➡	과일은 왜소하지만 비틀어지거나 오그라들지는 않았다. Go to page 128

예 ⬇

과일은 비틀어졌지만 오그라들지는 않았다.	아니요 ➡	과일이 오그라들었다. Go to page 129

예 ⬇

과일 속에서 곤충의 유충 (구더기, 애벌레, 털벌레 등)은 발견되지 않았다. Go to page 125	아니요 ➡	과일 속에서 곤충의 유충이 발견되었다. Go to page 127

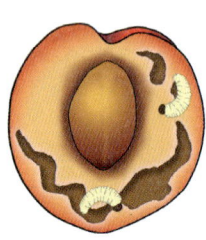

124 　내 식물에게 무슨 일이 일어났을까?

🌿 **과일 속에서 곤충의 유충은 발견되지 않았다**
(124쪽에서 계속)

표면이 우툴두툴하거나 얽은 자국이 없다.   아니요 ➡   표면이 우툴두툴하고 얽은 자국이 많으면 스토니 피트 바이러스병이다. (참고 : 배나무속 *Pyrus*에만 발병한다. 열매살에 굳은 얼룩이 퍼져 있다.)
해결 ➡ 383~385쪽

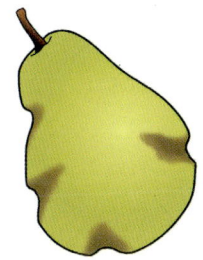

⬇ 예

표면에 코르크 같은 얼룩이 없다. (참고 : 코르크 같은 조직이란 건조하고 거친 질감에 색깔은 오렌지갈색이다.)   아니요 ➡   표면에 코르크 같은 얼룩이 있으면 (참고 : 갈라짐 현상이 있을 수도 있다) 더뎅이병이다.
해결 ➡ 280, 281쪽, 사진 ➡ 473쪽

⬇ 예

다 자란 과일의 꽃자리가 수축되지 않았다.
Go to page 126
   아니요 ➡   다 자란 과일의 꽃자리가 수축되었으면 질경이둥글밑진딧물에 따른 피해다. (참고 : 이 곤충은 사과나무속에만 피해를 입힌다.)
해결 ➡ 318, 319쪽, 사진 ➡ 474쪽

무슨 문제일까?

다 자란 과일의 꽃자리가 수축되지 않았다
(125쪽에서 계속)

과일에서 엷은 노란색 반점은 발견되지 않는다.

아니요 ➡ 과일에서 엷은 노란색 반점이 발견되면 붉은별무늬병(적성병)이다.
(참고 : 반점이 점점 커지면서 주황색으로 변하고 검은색 작은 점이 생긴다. 사과나무속에만 발병한다.)

해결 ➡ 280, 281쪽, 사진 ➡ 473쪽

⬇ 예

과일의 한쪽 면이나 끝이 왜소하고 기형인데 반대쪽 끝은 정상이면 수분(受粉) 불량이다.

해결 ➡ 254쪽, 사진 ➡ 472쪽

아니요 ➡

과일 껍질이 사포처럼 거칠고 빛깔이 바래고 반문이 생겼으면 모자이크바이러스병이다.

해결 ➡ 383~385쪽

과일 속에서 곤충의 유충이 발견되었다
(124쪽에서 계속)

송이를 둘러싼 줄이 처져 있지는 않다.　　아니오 ➡　　송이를 둘러싸고 줄이 처져 있으면
(참고 : 과일 안에서 털벌레가 발견되었다) 잎말이나방류 또는 명나방류의 애벌레다.
해결 ➡ 318, 319, 341, 342쪽

⬇ 예

과일 속에 구더기 같은 벌레가 있는데 애벌레는 발견되지 않는다.
(참고 : 구더기 같은 벌레는 머리가 구분되지 않고 다리도 없다.)　　아니오 ➡　　과일 속에서 구더기의 형체가 아닌 애벌레가 발견되면
(참고 : 벌레의 머리는 갈색이고 머리 바로 밑에 관절이 있는 다리가 세 쌍 있다)
바구미류의 유충이다.
해결 ➡ 318, 319쪽

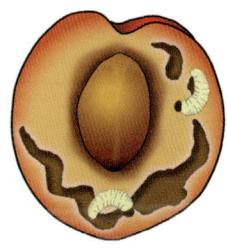

⬇ 예

다 자라고 완전히 익은 과일이면(참고 : 과일이 비틀어지고 질기다) 과실파리류의 유충이다.
해결 ➡ 318, 319, 341, 342쪽,
사진 ➡ 474쪽

발육이 덜 된 소과실이면 흑파리류의 유충이다.
(참고 : 과일은 검게 변하고 부풀어 오르며 마침내 떨어진다. 배나무속에만 발생한다.)
해결 ➡ 318, 319, 341, 342쪽

아니오 ➡

과일은 왜소하지만 비틀어지거나 오그라들지는 않았다
(124쪽에서 계속)

| 과일은 나무딸기 Rubus idaeus가 아니다. | 아니요 ➡ | 과일이 나무딸기면 크럼블리 베리 바이러스병이다.
(참고 : 과일이 작고 바스러진다. 이 바이러스는 적색나무딸기에만 피해를 입힌다.)
해결 ➡ 383~385쪽 |

⬇ 예

| 식물이 병약하고 발육이 더디다. 그러나 해충이나 질병의 기미는 보이지 않는다. | 아니요 ➡ | 식물이 건강하고 과일이 너무 많이 열렸다.
해결 ➡ 254쪽, 사진 ➡ 472쪽 |

⬇ 예

| 과일이 제대로 익지 않고 건조하고 질기면 환경 스트레스다.
해결 ➡ 249쪽, 사진 ➡ 472쪽 | 아니요 ➡ | 식물에서 열린 과일이 제대로 익었으나 작고 맛도 별로 없으면 영양 부족이다.
해결 ➡ 273쪽, 사진 ➡ 472쪽 |

과일이 오그라들었다
(124쪽에서 계속)

과일이 떨어진다.   **아니요** ➡   과일이 떨어지지는 않으나 검게 변하고 말라가면 검은썩음병(포도), 미이라병(블루베리), 갈색썩음병이다.

해결 ➡ 280, 281쪽, 사진 ➡ 473쪽

예 ⬇

과일이 오이 *Cucumis sativus*면
(참고 : 줄기를 자르면 뿌옇고 끈적한 액이 나온다)
풋마름병이다.

해결 ➡ 378, 379쪽, 사진 ➡ 474쪽

아니요 ➡

과일이 발육이 덜 된 토마토, 고추, 수박, 기타 다육과多肉果면 탄저병이다.

해결 ➡ 280, 281쪽, 사진 ➡ 473쪽

무슨 문제일까?

■ 과일이 물렁물렁하거나, 벌레 먹거나, 곰팡이가 피거나 썩었다 ■
증상의 다른 범주는 105쪽 참고

과일 속에서 곤충의 유충이나 애벌레 흔적은 발견되지 않았다. (참고 : 곤충의 유충에는 구더기, 애벌레, 털벌레가 속한다. 정확한 정의는 용어 해설 및 찾아보기를 참고한다.)

아니요 ➡ 과일 속에서 곤충의 유충이나 애벌레 흔적이 발견되었다. (참고 : 흔적이란 과일 바깥의 구멍, 유충의 배설물, 과일 속에 파놓은 구멍 등을 말한다.)
Go to page 133

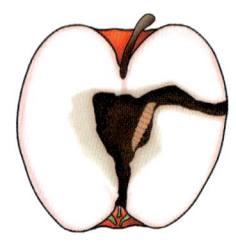

⬇ 예

과일이 썩었으나 곰팡이는 피지 않았다.

아니요 ➡ 과일에 곰팡이가 폈다.
Go to page 132

⬇ 예

과일에 갈색 반점이 있으나 검은색으로 변하지는 않았다.
Go to page 131

아니요 ➡ 과일에 갈색 반점이 생겼다가 검은색으로 변하면 검은썩음병이다.
해결 ➡ 280, 281쪽, 사진 ➡ 475쪽

과일에 갈색 반점이 있으나
검은색으로 변하지는 않았다
(130쪽에서 계속)

썩은 과일이 축축하고 무르면
(참고 : 썩은 과일에 찍힌 자국이 많고
자국 주변은 노랗다)
세균성 점무늬병이다.

해결 ➡ 371, 372쪽, 사진 ➡ 476쪽

썩은 과일이 마르고 단단하면
(참고 : 썩은 과일은 오그라들고
바짝 마른 채로 겨우내 나무에 달려 있기도 한다)
갈색썩음병이다.

해결 ➡ 280, 281쪽, 사진 ➡ 475쪽

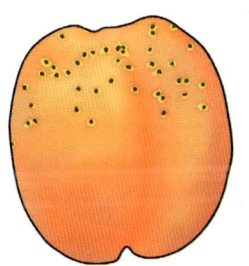

아니요 ➡

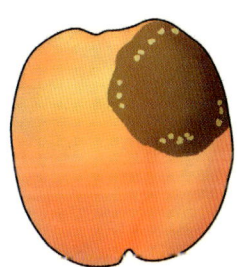

과일에 곰팡이가 폈다
(130쪽에서 계속)

곰팡이가 크림색이면
(참고 : 썩은 과일은 오그라들고 바짝 마른 채로
겨우내 나무에 달려 있기도 한다)
갈색썩음병이다.

해결 ➡ 280, 281쪽, 사진 ➡ 476쪽

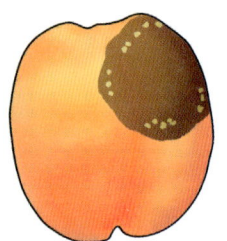

아니요 ➡

곰팡이가 회갈색이면
잿빛곰팡이라고도 알려진
보트리티스균에 감염된 것이다.

해결 ➡ 280, 281쪽, 사진 ➡ 475쪽

과일 속에서 곤충의 유충이나 애벌레 흔적이 발견되었다
(130쪽에서 계속)

과일 중앙에 검은색 큰 구덩이가 없다.	**아니요 ➡**	과일 중앙에 검은색 큰 구덩이가 있고 (참고 : 과일 바깥쪽까지 굴이 나 있다) 애벌레가 발견되면 코들링나방 유충이다. **해결 ➡ 341, 342쪽, 사진 ➡ 476쪽**

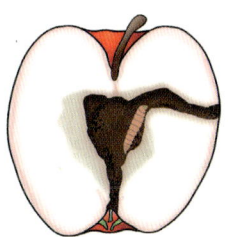

예
⬇

과일 속에 털벌레가 없다.	**아니요 ➡**	과일 속에서 분홍색이나 등갈색 바탕에 줄무늬가 있는 털벌레가 발견되면 명나방류의 유충이다. **해결 ➡ 341, 342쪽**

예
⬇

과일이 물렁물렁하고 그 안에서 구더기 같은 벌레가 발견되었다. (참고 : 벌레는 머리가 구분되지 않고 다리도 없다.) Go to page 134	**아니요 ➡**	과일이 물렁물렁하고 그 안에서 애벌레가 발견되면(참고 : 벌레의 머리는 갈색이고 머리 바로 밑에 관절이 있는 다리가 세 쌍 있다) 바구미류의 유충이다. **해결 ➡ 318, 319쪽**

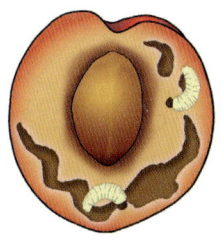

무슨 문제일까? 133

과일이 물렁물렁하고 그 안에서 구더기 같은 벌레가 발견되었다
(133쪽에서 계속)

발육이 덜 된 소과실이면
(참고 : 다 자라지 않았는데 나무에서 떨어진다)
애배잎벌류의 애벌레다.

해결 ➡ 341, 342쪽, 사진 ➡ 476쪽

과일이 다 자랐으면
과실파리류, 사과과실파리,
잎말이나방류의 애벌레다.

해결 ➡ 318, 319쪽, 사진 ➡ 476쪽

아니요 ➡

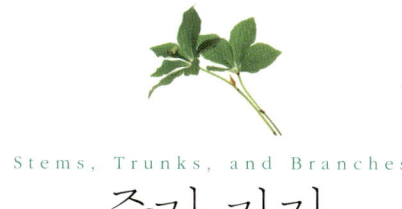

Stems, Trunks, and Branches
줄기, 가지

5

줄기란?

줄기는 식물에서 땅 위로 나온 모든 부분, 즉 잎, 꽃, 과일을 지지하는 식물의 기관이다. 보통 풀에서는 이 부분을 줄기라 하고 나무에서는 원줄기, 가지, 잔가지 등 여러 명칭이 있다. 줄기는 물과 영양분을 뿌리에서 다른 부분으로 운반하고 양분을 잎에서 뿌리로 운반한다. 줄기 끝에서는 살아 있는 조직을 새로 키워낸다.

줄기 속 세포는 여러 조직으로 구성되어 있다. 우리 몸과 마찬가지로 식물에도 혈관이 있다. 유관속 조직은 물관부와 체관부로 나누어진다. 경계가 두껍

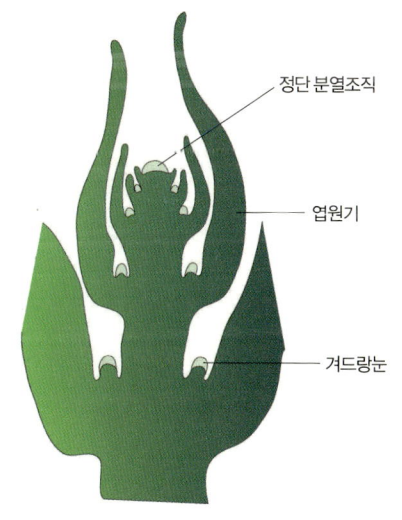

줄기 끝에는 매우 작은 엽원기葉原基가 있어 줄기가 자람에 따라 제 크기의 잎으로 자라난다. 겨드랑눈은 잎과 줄기가 만나는 마디에 위치하며 새로운 줄기를 낸다. 모든 줄기에는 마디와 눈이 있다.

고 튼튼한 빨대 같은 구조의 물관부는 물과 무기양분을 뿌리에서 잎으로 운반한다. 체관부는 잎에서 생산한 당질을 줄기를 통하여 식물의 각 부분으로 전달한다.

줄기는 다양한 방식으로 변형되기도 한다. 코코야자의 줄기는 변형되지 않고 가장 기본적인 형태를 유지한 대표적인 줄기의 예다. 그러나 어떤 식물의 줄기는 상당히 변형되었다. 이를테면 포도 덩굴의 줄기는 끝없이 뻗어나가며 마디와 눈이 줄기에 수없이 나 있다.

딸기 *Fragaria* 의 기는줄기 역시 변형된 줄기다. 다른 모든 줄기와 마찬가지로 기는줄기에도 눈이 달린 마디가 있고 이 부분은 새 식물로 자랄 수 있다. 딸기의 줄기는 극도로 짧아져서 마디 사이가 매우 촘촘해진 관부로도 변형되었다.

줄기는 양분과 물을 저장할 목적으로 상당히 변형될 수도 있다. 예를 들어, 여러 난蘭과Orchidaceae 종류는 줄기가 헛비늘줄기(줄기가 다육화됨)로 변형되었다.

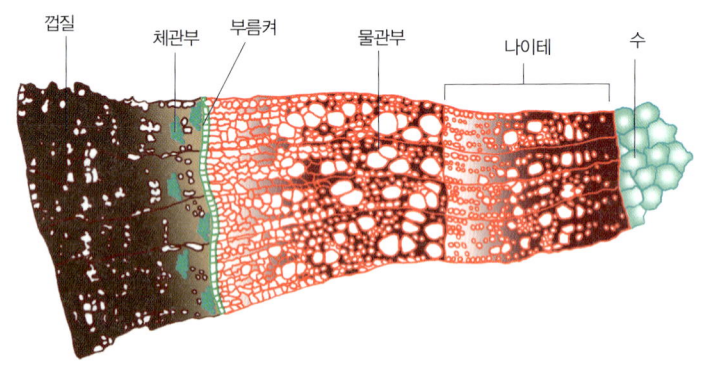

2년 된 쌍떡잎 목본 줄기의 단면은 줄기에서 일반적으로 발견되는 세포 종류와 조직을 보여준다. 물관부 세포는 다 자라면 죽어서 매우 단단해져 식물의 땅 위 모든 부분을 지지한다. 건축에 사용하는 목재는 바로 물관부 부분이다. 초본 줄기 및 외떡잎식물의 줄기에는 나이테가 없다.

선인장과 Cactaceae의 잎은 가시로 변형되고 줄기는 잎의 기능을 인계받아 광합성을 하는 녹색 기관으로 변형되었다.

줄기인지 거의 못 알아볼 정도로 많이 변형된 땅속줄기, 덩이줄기, 둥근줄기는 땅속에 뻗은 줄기다. 알뿌리(비늘줄기)와 덩이뿌리 등 뿌리채소를 포함하여 이들은 모두 토양 환경 속에서 발육하고 뿌리에 영향을 미치는 해충과 질병이 똑같이 발생한다. 따라서 땅속줄기와 뿌리채소는 다음 장에서 다루기로 한다.

줄기가 하는 일은?

건강한 줄기는 식물의 건강을 보장한다. 줄기는 잎과 꽃이 햇빛을 받도록 구조적으로 받쳐주면서 물과 양분을 전달한다. 대부분의 줄기는 유조직이라고 하는 특수하게 변형된 세포에 양분을 저장한다. 유조직은 줄기 중앙에서 수髓를 형성하는데, 사탕수수 Saccharum officinarum 는 유조직을 볼 수 있는 좋은 예다. 줄기의 껍질은 질병을 일으키는 세균과 진균이 침범하는 것을 막고 수분 손실을 방지한다.

줄기는 뿌리를 자라게 할 수 있고 새로운 줄기를 만들어내는 눈이 있으므로, 줄기의 작은 일부는 새로운 독립 개체로 자랄 수 있다. 줄기는 선택된 하나의 식물을 무성번식시키는 방법, 즉 영양계 번식에

널리 사용되는데, 이를 꺾꽂이라고 한다. 줄기를 휘묻이, 접목, 눈접하거나 조직배양에 의한 미세번식으로도 새로운 식물을 얻을 수 있다.

우리는 줄기를 여러모로 활용한다. 우리의 참살이는 건강한 식물의 줄기 덕분인지도 모른다. 나무의 줄기는 우리에게 쉴 곳과 건축 자재를 제공한다. 장작으로 사용하면 난방을 할 수 있다.

아마亞麻 줄기는 우리에게 리넨이라는 옷감을 제공한다. 또한 음식으로 이용할 수 있는 줄기도 있다.

줄기에서 나타나는 증상

줄기는 식물의 건강을 좌우하므로, 줄기에서 나타나는 문제는 식물의 건강 상태를 결정하는 척도가 될 수 있다. 줄기의 상태가 좋지 않다면, 흐름도에 따라 원인을 밝힌 후 안전하고 적절한 해결책을 찾자(흐름도 활용 방법은 14쪽 참고).

단풍나무Acer · 참나무Quercus 등 낙엽수림은 같이 줄기가 매우 많으면 숲을 형성하기도 한다.
숲의 나무에서 얻은 목재로는 종이에서 건축 자재까지 수많은 품목을 생산한다.

온시디움의 헛비늘줄기와 같이 줄기는 양분이나 물을 보관하는 역할을 수행한다. 난은 나뭇가지 위에 붙어사는 착생 식물 종류가 많은데, 이들은 비가 올 때만 물을 접할 수 있다.

줄기가 극도로 변형된 예로 선인장을 들 수 있다. 부채선인장 *Opuntia*의 잎은 침으로 변했고, 줄기는 광합성을 하므로 녹색이다. 사막의 험한 환경에서 살아남기 위하여 양분을 줄기에서 생산하고 충분한 물과 함께 줄기에 저장한다.

Categories of stem symptoms
줄기 증상의 범주

줄기의 전체 색이 변하거나,
죽어가거나 죽었다.

Go to page 141

줄기가 왜소하거나 비틀어졌다.

Go to page 159

줄기에 반점이 생겼다.

Go to page 147

줄기에 곰팡이가 피거나,
줄기가 물렁하거나 얇아졌다.

Go to page 162

줄기에 구멍이 나거나, 파먹히거나,
쪼개지거나, 갈라지거나 부러졌다.

Go to page 154

줄기에 혹이 나거나, 이상한 물질이
자라고 있거나 해충이 발견된다.

Go to page 164

■ 줄기의 전체 색이 변하거나, 죽어가거나 죽었다 ■
증상의 다른 범주는 140쪽 참고

| 궤양은 발견되지 않는다. (참고 : 궤양이란 움푹 팬 조직의 병반이며 줄기를 에워싸기도 한다.) | 아니요 ➡ | 궤양이 발견된다. Go to page 143 |

⬇ 예

| 줄기에서 구멍은 발견되지 않는다. | 아니요 ➡ | 줄기에 구멍이 나 있다. Go to page 145 |

⬇ 예

| 껍질이 없거나 벗겨진 증상은 없다. Go to page 142 | 아니요 ➡ | 껍질이 없거나 벗겨져 있다. Go to page 144 |

무슨 문제일까?

껍질이 없거나 벗겨진 증상은 없다
(141쪽에서 계속)

옹두리나 마디, 혹, 또는 돌기는 발견되지 않는다.   아니요 ➡   옹두리나 마디, 혹, 또는 돌기가 발견된다.
Go to page 146

⬇ 예

줄기(가지 및 잔가지)가 노란색으로 변한다. 발견되는 부위는 일정하지 않다.   아니요 ➡   식물의 어느 한쪽 줄기(가지 및 잔가지)만 노란색으로 변하고 이내 떨어지면(참고 : 증상이 발견되는 줄기에서 토양으로 연결되는 부위를 절단해보면 속에 짙은 갈색의 줄무늬가 생겼다) 시들음병(위조병萎凋病)이다.
해결 ➡ 280, 281쪽, 사진 ➡ 477쪽

⬇ 예

잔가지는 시들어 죽었는데 식물에 그대로 붙어 있다.   아니요 ➡   잔가지가 시들어서 땅에 떨어졌으면 하늘소류, 나뭇가지띠하늘소 유충에 따른 피해다.
해결 ➡ 341, 342쪽

⬇ 예

나무딸기인데, 가지에 구멍이 두 줄로 뚫려 있으면 사과하늘소류의 유충에 따른 피해다.
해결 ➡ 341, 342쪽, 사진 ➡ 479쪽

나무딸기가 아니고, 가지 속에 벌레가 들어 있으면 뿔나방류, 복숭아순나방의 유충이다.
해결 ➡ 341, 342쪽, 사진 ➡ 479쪽

아니요 ➡

줄기를 에워싸면서 발생한 궤양 또는
움푹 팬 병반이 발견되었다
(141쪽에서 계속)

폭신한 회색 곰팡이는 없다.　　아니요 ➡　　폭신한 회색 곰팡이가 병환부에 폈으면 잿빛곰팡이라고도 알려진 보트리티스균에 감염된 것이다.
해결 ➡ 280, 281쪽, 사진 ➡ 477쪽

⬇ 예

식물은 장미속 *Rosa*이 아니다.　　아니요 ➡　　식물이 장미속이면 (참고 : 장미속 가지는 색이 변하고 가지 끝에서부터 죽는다) 줄기마름병이다.
해결 ➡ 280, 281쪽, 사진 ➡ 477쪽

⬇ 예

줄기에서 핀의 대가리만 한 주홍색 또는 산호색의 단단한 돌기가 발견되지 않는다.　　아니요 ➡　　핀의 대가리만 한 주홍색 또는 산호색의 단단한 돌기가 줄기에서 형성되고 있으면 붉은가지마름병, 흑병이다.
해결 ➡ 280, 281쪽, 사진 ➡ 478쪽

⬇ 예

궤양에서 끈적한 진이 스며 나오면 갈색썩음병, 궤양병, 유티파 가지마름병이다.
해결 ➡ 280, 281쪽, 사진 ➡ 478쪽

아니요 ➡　　새 가지가 시들고 검게 변하면서 죽어가면 화상병, 라일락 불마름병이다.
해결 ➡ 371, 372쪽, 사진 ➡ 480쪽

껍질이 없거나 벗겨져 있다

(141쪽에서 계속)

껍질이 테이프 풀리듯이 벗겨지면
(참고 : 자작나무속 *Betula*, 단풍나무속 등
나무껍질이 자연적으로 벗겨지는 식물도 있다)
페이퍼리 바크병(papery bark,
정해진 한글명 없음-옮긴이)이다.

해결 ➡ 280, 281쪽, 사진 ➡ 478쪽

그루터기, 원줄기, 가지에서
껍질이 벗겨진 자국이 발견되면
설치류, 사슴 또는 잔디깎기 기계,
제초기가 원인이다.

해결 ➡ 250, 251, 416, 417, 419쪽, 사진 ➡ 480쪽

아니요 ➡

줄기에 구멍이 나 있다
(141쪽에서 계속)

새로 난 가지 속 중앙에
털벌레가 들어 있으면
(참고 : 껍질에서 둥근 구멍도 발견된다)
잎말이나방류, 복숭아순나방,
뿔나방류의 유충이다.

해결 ➡ 341, 342쪽, 사진 ➡ 479쪽

아니요 ➡

껍질에 D자형의 구멍이 나 있으면
(참고 : 껍질 밑으로는 지그재그
모양의 굴이 나 있다)
호리비단벌레류에
따른 피해다.

해결 ➡ 341, 342쪽

무슨 문제일까?

옹두리나 마디, 혹 또는 돌기가 발견된다
(142쪽에서 계속)

검은색 가루 같은 포자 위에서 물집 같은 것이 솟아오르는 증상은 없다.　　아니요 ➡　검은색 가루 같은 포자 덩어리 위에서 물집 같은 것이 솟아오르고 있으면 깜부기병이다.
해결 ➡ 280, 281쪽

─── 예 ───

작고 단단한 돌기가 줄기를 덮고 있지 않다.　　아니요 ➡　줄기에 작고 단단한 돌기들이 덮여 있으면 깍지벌레류, 밀깍지벌레류, 굴깍지벌레류, 산호세깍지벌레다.
해결 ➡ 318, 319쪽, 사진 ➡ 479쪽

─── 예 ───

울퉁불퉁하고 둥근 종양 같은 물질이 자라서 줄기가 부러지면 근두암종병이다.
해결 ➡ 377, 378쪽, 사진 ➡ 480쪽

아니요 ➡　울퉁불퉁하고 긴 종양 같은 물질이 줄기를 둘러싸고 있으면 검은혹병이다.
해결 ➡ 280, 281쪽, 사진 ➡ 478쪽

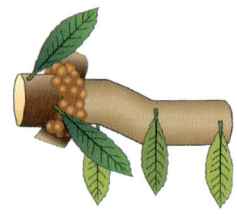

■ 줄기에 반점이 생겼다 ■
증상의 다른 범주는 140쪽 참고

줄기에서 작은 구멍, 갈라짐, 쪼개짐이 발견되지 않는다. (참고 : 초본 식물과 목본 식물 모두에 적용된다.)

아니요 ➡ 문제의 식물은 교목喬木 또는 관목灌木이며, 줄기에서 작은 구멍, 갈라짐, 쪼개짐이 발견된다.
Go to page 150

⬇ 예

줄기에서 옹두리나 마디, 돌기가 발견되지 않는다.

아니요 ➡ 줄기에서 옹두리나 마디, 돌기가 발견된다.
Go to page 151

⬇ 예

줄기가 비틀어지지 않았다.

아니요 ➡ 줄기가 비틀어진다.
Go to page 152

⬇ 예

줄기가 썩지 않고 곰팡이도 발견되지 않는다.
Go to page 148

아니요 ➡ 줄기가 썩거나 곰팡이가 펴 있다.
Go to page 153

**줄기가 썩지 않고
곰팡이도 발견되지 않는다**
(147쪽에서 계속)

궤양은 발견되지 않는다. (참고 : 궤양이란 움푹 팬 조직의 반점이며 줄기를 에워싸기도 한다.)	아니요 ➡	궤양이 발견되면(참고 : 궤양에서 끈적한 진이 스며 나오기도 한다) 갈색썩음병, 궤양병, 유티파 가지마름병이다. 해결 ➡ 280, 281쪽, 사진 ➡ 481, 482쪽

⬇ 예

중심부가 담황색 또는 회색인 자주색 반점이 발견되지 않는다.	아니요 ➡	한가운데가 담황색 또는 회색인 자주색 반점이 발견되면 줄기반점병이다. [참고 : 반점이 빠르게 커지고 나무딸기(라즈베리)에서만 발견된다.] 해결 ➡ 280, 281쪽

⬇ 예

식물의 줄기가 모두 자라고, 새 가지가 났더라도 시들거나 갈흑색으로 변하여 죽는 현상은 없다. Go to page 149	아니요 ➡	새 가지가 시들고 갈흑색으로 변하여 마침내 죽으면(참고 : 증상을 보이는 식물의 잎에서 다각형의 거무스름한 반점이 발견되기도 한다) 세균성 마름병이다. 해결 ➡ 371, 372쪽, 사진 ➡ 482쪽

식물의 줄기가 모두 자라고, 새 가지가 났더라도
시들거나 갈흑색으로 변하여 죽는 현상은 없다
(148쪽에서 계속)

줄기에 짙은 갈색이 아닌 반점이 생겼다.   아니요 ➡   줄기에 짙은 갈색의 반점이 생겼으면
(참고 : 병환부 위쪽에 난 잎은 말라
황갈색으로 변해서 죽는다) 줄기마름병이다.

해결 ➡ 280, 281쪽, 사진 ➡ 482쪽

⬇ 예

줄기에서 올리브갈색의 반점은 발견되지 않는다.   아니요 ➡   줄기에서 올리브갈색의 반점이 발견되면
(참고 : 잎에 벨벳 같은 올리브갈색의 반점이 생기고
잎이 비틀린다) 검은별무늬병이다.

해결 ➡ 280, 281쪽, 사진 ➡ 482쪽

⬇ 예

나무껍질이 녹색에서 노란색으로 착색되고 껍질 밑에 검은 포자 덩어리가 깔렸으면 시카모르단풍 그을음껍질병(Sycamore maple sooty bark disease, 정해진 한글명 없음-옮긴이)이다. (참고 : 이 질병은 단풍나무속에만 발생한다.)

해결 ➡ 280, 281쪽

   아니요 ➡   줄기에 회초록 얼룩과 주황색에서 갈색에 이르는 작은 반점이 생겼으면 줄기마름병이다. (참고 : 이 진균은 밤나무속, 참나무속, 너도밤나무속에서만 번식한다.)

해결 ➡ 280, 281쪽

문제의 식물은 교목 또는 관목이며,
줄기에서 작은 구멍, 갈라짐, 쪼개짐이 발견된다
(147쪽에서 계속)

줄기가 갈라지거나 쪼개진다.   아니요 ➡   껍질을 뚫은 구멍이 발견되면(참고 : 껍질 아래에는 톱밥으로 가득한 굴이 파여 있다) 천공충에 따른 피해다.
해결 ➡ 341, 342쪽, 사진 ➡ 483쪽

─── 예 ───
⬇

줄기 곳곳에서 갈라짐 현상이 발생한다.   아니요 ➡   줄기 중 햇빛을 받는 부분만 움푹하게 거무스름한 색으로 갈라져 있으면 일소 증상이다.
해결 ➡ 255, 256쪽

─── 예 ───
⬇

갈라진 곳이 밝은 주황색 가루로 채워져 있으면 녹병이다.
해결 ➡ 282, 283쪽

아니요 ➡   갈라진 병환부 안쪽에서부터 검은 조직의 원형 고리가 발생하면(참고 : 고리 위에서 작고 단단하고 둥근 흰색 또는 빨간색 진균이 자라고 있다) 궤양병(사과나무, 배나무)이다.
해결 ➡ 282, 283쪽, 사진 ➡ 482쪽

줄기에서 옹두리나 마디, 돌기가 발견된다
(147쪽에서 계속)

돌기에서 새 가지가 자라지 않는다.   아니요 ➡   돌기에서 황갈색 또는 녹갈색의
짧고 잎이 없는 가지가 자라면
왜성겨우살이 *Arceuthobium*다.
(참고 : 이 기생 식물은 침엽수에서만 발견된다.)
해결 ➡ 419쪽

⬇ 예

흰색의 솜 같은 돌기나
흰색의 폭신한 반점이 줄기에 생겨났으면
솜벌레류, 솜깍지벌레류,
가루깍지벌레, 솜진딧물이다.
해결 ➡ 318, 319쪽, 사진 ➡ 483쪽

흰색의 부채꼴 모양 진균 덩어리가
식물 아랫부분의 줄기 껍질 아래에서
자라고 있으면(참고 : 진균층에서 버섯 냄새가
강하게 난다) 아밀라리아 뿌리썩음병이다.
해결 ➡ 292, 293쪽

   아니요 ➡   

무슨 문제일까?

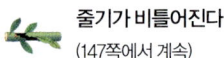

줄기가 비틀어진다
(147쪽에서 계속)

혹은 발견되지 않는다.
(참고 : 줄기에 붙어서 자라는 이상한 혹이다.)

아니요 ➡

파인애플 모양이고 말랐으며, 줄기에 갈색 혹이 붙어 있으면 솔벌레류다. (참고 : 이 벌레혹은 가문비나무속 *Picea*에만 발생하고 새 가지 자리를 침범한다.)

해결 ➡ 346, 347쪽, 사진 ➡ 483쪽

⬇ 예

미송 *Pseudotsuga menziesii*인데, 솜뭉치 같은 것이 줄기에 붙어 있으면 솔벌레류다.
(참고 : 미송에만 발생하며, 잔가지와 잎이 휘고 뒤틀린다.)

해결 ➡ 318, 319쪽

미송이 아니며,
밝은 노란색과 검은색의 진딧물이 발견되면
(참고 : 진딧물은 크기가 작고 연한 몸통이 서양배처럼 생긴 곤충이다)
밀크위드진딧물로도 알려진 박주가리진딧물이다.

해결 ➡ 318, 319쪽

아니요 ➡

줄기가 썩거나 곰팡이가 펴 있다
(147쪽에서 계속)

폭신한 회색 곰팡이는
발견되지 않는다.

아니요 ➡ 폭신한 회색 곰팡이가
반점 위에 폈으면 잿빛곰팡이라고도 알려진
보트리티스균에 감염된 것이다.

해결 ➡ 280, 281쪽, 사진 ➡ 481쪽

⬇ 예

줄기에 폭신한 흰곰팡이가
빽빽하게 붙어 있으면
(참고 : '씨'같이 생긴 검은색의 단단한 혹이
곰팡이에 박혀 있기도 한다) 흰곰팡이병이다.

해결 ➡ 292, 293쪽

아니요 ➡

증상을 보이는 식물이 교목
또는 관목이며,
밑동이 계피갈색으로 썩어 들어가면
(참고 : 뿌리 역시 갈색으로 문드러진다)
역병, 관부썩음병이다.

해결 ➡ 292, 293쪽, 사진 ➡ 481쪽

무슨 문제일까? 153

■ 줄기에 구멍이 나거나, 파먹히거나, 쪼개지거나, 갈라지거나 부러졌다 ■
증상의 다른 범주는 140쪽 참고

줄기에서 구멍은   아니요 ➡   줄기에 구멍이 났다.
발견되지 않는다.   Go to page 155

⬇ 예

줄기가 갈라지거나   아니요 ➡   줄기가 갈라지거나,
쪼개지는 증상은 없으나   쪼개지거나 부러졌다.
줄기의 일부 조직이 사라졌다.   Go to page 157

⬇ 예

아스파라거스가 아니다.   아니요 ➡   아스파라거스이고,
                                   표면 조직의 일부가
                                   사라졌으면(참고 : 줄기가 휘고
                                   마르며, 황갈색으로 변한다)
                                   아스파라거스딱정벌레에
                                   따른 피해다.
                                   해결 ➡ 318, 319쪽, 사진 ➡ 485쪽

⬇ 예

줄기 표면 조직이 군데군데 벗겨졌으면   줄기의 표면 조직이 사라진 곳에
(참고 : 식물 그루터기에서만 발견된다)   이빨 자국이 있으면 설치류에 따른 피해다.
잔디깎기 기계, 제초기가 원인이다.   (참고 : 설치류의 이빨 자국으로 평행한 골이 남는다.)
해결 ➡ 250, 251, 419쪽, 사진 ➡ 486쪽   해결 ➡ 416, 417쪽, 사진 ➡ 486쪽

 아니요 ➡

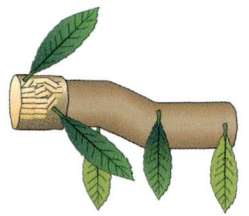

154   내 식물에게 무슨 일이 일어났을까?

줄기에 구멍이 났다
(154쪽에서 계속)

| 구멍의 지름이 2.5cm 미만이다. | 아니요 ➡ | 구멍의 지름이 2.5cm 이상이면 딱따구리에 따른 피해다.
해결 ➡ 414, 415쪽, 사진 ➡ 486쪽 |

예
⬇

| 구멍 밖에 톱밥이 묻어 있지 않다. | 아니요 ➡ | 구멍 밖에 톱밥(또는 톱밥 같은 물질) 또는 진이 묻어 있으면 보석딱정벌레, 유리나방류 · 명나방류 애벌레, 목수개미, 나무좀류에 따른 피해다.
해결 ➡ 341, 342쪽, 사진 ➡ 485쪽 |

예
⬇

| 지그재그 모양의 굴과 D자형 구멍은 발견되지 않는다.
Go to page 156 | 아니요 ➡ | 줄기에서 지그재그 모양의 굴과 D자형 구멍이 발견되면 호리비단벌레류에 따른 피해다.
해결 ➡ 341, 342쪽 |

**지그재그 모양의 굴과
D자형 구멍은 발견되지 않는다**
(155쪽에서 계속)

얕은 구멍이 평행한 배열로 뚫려 있지 않다.	아니요 ➡	얕은 구멍이 평행한 배열로 뚫려 있으면 즙빨기딱따구리에 따른 피해다. 해결 ➡ 414, 415쪽, 사진 ➡ 486쪽

⬇ 예

문제의 식물은 목본 식물 또는 떨기나무다.	아니요 ➡	문제의 식물이 옥수수 *Zea mays*면 (참고 : 옥수수에서 이삭이 생기지 않으며, 시들어 죽기도 한다) 밤나방류에 따른 피해다. 해결 ➡ 341, 342쪽 

⬇ 예

소나무속 *Pinus*의 잎 시작 부분, 눈, 새 가지에 구멍이 나 있으면 (참고 : 가지 끝 솔잎이 노란색, 갈색으로 죽는다) 잎말이나방류에 따른 피해다. 해결 ➡ 341, 342쪽 	아니요 ➡	껍질을 벗겨보았을 때 중심선에서 뻗어 나오는 굴이 발견되면(참고 : 죽어가거나 최근 죽은 교목 또는 관목에서 흔히 발견된다) 나무좀에 따른 피해다. 해결 ➡ 341, 342쪽, 사진 ➡ 485쪽 

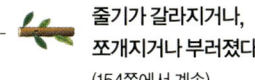 **줄기가 갈라지거나, 쪼개지거나 부러졌다**
(154쪽에서 계속)

줄기가 터져 속에서 밝은 주황색의 포자 덩어리가 나오는 증상은 없다.

아니요 ➡ 줄기가 터져 속에서 밝은 주황색의 포자 덩어리가 나오면 녹병이다.
해결 ➡ 282, 283쪽

⬇ 예

식물은 교목 또는 관목이며, 부러진 가지는 발견되지 않는다.

아니요 ➡ 원줄기에서 나온 가지가 부러졌다면 지나친 과일 무게, 대설, 강풍, 가지 부실, 곰, 어린이가 원인이다.
해결 ➡ 254쪽, 사진 ➡ 484쪽

⬇ 예

껍질이 원형으로 얇게 분리되는 증상은 없다.
Go to page 158

아니요 ➡ 궤양이 생겨서 줄기의 껍질을 원형으로 얇게 분리하는 증상이 있으면(참고 : 궤양이란 움푹 팬 조직의 병반이고 줄기를 에워싸고 있기도 한다) 궤양병이다.
해결 ➡ 282, 283쪽, 사진 ➡ 484쪽

**껍질이 원형으로 얇게
분리되는 증상은 없다**
(157쪽에서 계속)

햇빛을 받지 않는 쪽에서
쪼개짐과 갈라짐 증상이 발견된다.

아니요 ➡ 햇빛을 받는 쪽에서만 쪼개짐과
갈라짐 증상이 발견되면 일소 증상이다.
해결 ➡ 255, 256쪽

⬇ 예

생육기에 쪼개짐, 갈라짐 증상이
길이 방향으로 발생하면
물을 불규칙적으로 주어서
나타나는 증상이다.
해결 ➡ 260, 261쪽, 사진 ➡ 484쪽

겨울에 쪼개짐, 갈라짐 증상이
길이 방향으로 발생하면 상열霜裂 증상이다.
해결 ➡ 262, 263쪽, 사진 ➡ 484쪽

아니요 ➡

여름

겨울

158 내 식물에게 무슨 일이 일어났을까?

■ 줄기가 왜소하거나 비틀어졌다 ■
증상의 다른 범주는 140쪽 참고

줄기에서 작은 구멍이나 곤충은 발견되지 않는다.   아니요 ➡   줄기에서 작은 구멍이나 곤충이 발견된다.
Go to page 161

─── 예 ───
⬇

파인애플 모양의 마른 갈색 혹은 없다.   아니요 ➡   파인애플 모양의 마른 갈색 혹이 가지에 붙어 있으면 솔벌레류다.
(참고 : 이 벌레혹은 가문비나무속에만 발생하고 새 가지에서만 생긴다.)
해결 ➡ 346, 347쪽, 사진 ➡ 487쪽

─── 예 ───
⬇

줄기가 넓고 납작한 리본 모양이 아니다.
Go to page 160
   아니요 ➡   줄기 끝 모양이 넓고 납작한 리본 같으면
(참고 : 꽃과 꽃턱잎이 빽빽하게 나 있고 모두 왜소하다) 대화帶化 현상(줄기, 꽃대 부분이 평평해지거나, 생장점이나 꽃눈이 많이 생겨나서 서로 겹쳐 자라는 기형 현상-옮긴이)이다.
해결 ➡ 378, 379쪽, 사진 ➡ 487쪽

무슨 문제일까?   159

줄기가 넓고 납작한 리본 모양이 아니다
(159쪽에서 계속)

줄기가 휘거나 꼬이는 증상은 없다.　　아니오 ➡　　줄기가 나선형으로 꼬이거나 이상하게 휘면
〔참고 : 잎은 좁고 변색되며, (또는) 솟아오른다. 정체를 알 수 없는 뿌리가 줄기에서 생기는 경우도 있다〕
제초제 피해를 입은 것이다.

해결 ➡ 252쪽, 사진 ➡ 487쪽

― 예 ―
⬇

줄기 아래쪽이 왜소하거나 부풀어 오른 증상은 없다.　　아니오 ➡　　줄기 아래쪽이 왜소하거나 부풀어 오르면
(참고 : 그 위에 난 잎은 심하게 좁아져 마치 실 같다)
플록스선충에 따른 피해다.

해결 ➡ 394, 395쪽

― 예 ―
⬇

연약한 잔가지가 촘촘하게 무리 지어 나서 계속 그대로 붙어 있으면 빗자루병이다.

해결 ➡ 383~385쪽, 사진 ➡ 487쪽

아니오 ➡　　연약한 잔가지가 촘촘하게 무리지어 나서 한두 철 지속되면 제초제 피해다.

해결 ➡ 252쪽, 사진 ➡ 487쪽

줄기에서 작은 구멍이나 곤충이 발견된다
(159쪽에서 계속)

옥수수가 아니다.   아니요 ➡   옥수수라면 밤나방류에 따른 피해다.
(참고 : 이 곤충은 옥수수에만 피해를 입힌다.)
해결 ➡ 341, 342쪽

⬇ 예

밝은 노란색과 검은색의 진딧물은 발견되지 않는다.
(참고 : 진딧물의 생김새는 오른쪽을 참고한다.)   아니요 ➡   밝은 노란색과 검은색의 진딧물이 발견되면(참고 : 진딧물은 크기가 작고 연한 몸통이 서양배처럼 생겼으며 꽁무니에 두 개의 뿔이 나 있다) 밀크위드진딧물로도 알려진 박주가리진딧물이다.
해결 ➡ 318, 319쪽

⬇ 예

줄기 끝의 주 새 가지가 늘어지고 말리며, 노랗게 변해 죽으면 흰소나무바구미에 따른 피해다. (참고 : 이 피해는 스트로브스잣나무에만 발생한다.)
해결 ➡ 341, 342쪽

솜뭉치 같은 것이 줄기에 붙어 있으면 솔벌레류다.
(참고 : 미송에만 발생하며, 잔가지와 잎이 휘고 뒤틀린다.)
해결 ➡ 318, 319쪽

   아니요 ➡   

무슨 문제일까?   **161**

■ 줄기에 곰팡이가 피거나, 줄기가 물렁하거나 얇아졌다 ■
증상의 다른 범주는 140쪽 참고

식물의 그루터기가
갈색이 아니다.

아니요 ➡

식물의 그루터기가
갈색이면(참고 : 뿌리는 갈색으로
썩었다) 역병, 관부썩음병이다.

해결 ➡ 292, 293쪽, 사진 ➡ 488쪽

⎯⎯ 예 ⎯⎯
⬇

줄기에 곰팡이가 피거나,
줄기에서 유액이 나오거나,
버섯 또는 기타 진균체가
발견된다.

아니요 ➡

줄기가 얇고 문드러지며, 검은색의 작은
덩어리가 그루터기에서 발견되면 줄기썩음병이다.

해결 ➡ 292, 293쪽, 사진 ➡ 488쪽

⎯⎯ 예 ⎯⎯
⬇

흰색의 실오라기 같은 진균체가
줄기 아랫부분에서
자라지 않는다.
Go to page 163

아니요 ➡

흰색의 실오라기 같은 진균체가
줄기 아랫부분에서 자라고 있으면(참고 : 물이 고인
묵직한 토양에서 발생하며, 줄기는 무르고 썩어 있다)
줄기썩음병이다.

해결 ➡ 292, 293쪽

**흰색의 실오라기 같은 진균체가
줄기 아랫부분에서 자라지 않는다**
(162쪽에서 계속)

줄기에 폭신한 흰곰팡이는 없다.　　아니오 ➡　줄기에 폭신한 흰곰팡이가 빽빽하게
　　　　　　　　　　　　　　　　　　　　　　피고 있으면(참고 : '씨' 같이 생긴 검은색의
　　　　　　　　　　　　　　　　　　　　　　단단한 혹이 곰팡이에 박혀 있기도 한다)
　　　　　　　　　　　　　　　　　　　　　　흰곰팡이병이다.
　　　　　　　　　　　　　　　　　　　　　해결 ➡ 292, 293쪽

 예

선반같이 생긴 물질, 버섯 또는　　　　　　　나무 허리에서 냄새나는
기타 진균체가 나무 허리나　　　　　　　　진이 스며 나오면 점액 유출이다.
밑부분에서 자라고 있으면　　　　　　　　해결 ➡ 377~379쪽, 사진 ➡ 480쪽
(참고 : 나무가 변색되고 연화되었다)
심부병이다.
해결 ➡ 301, 302쪽, 사진 ➡ 488쪽

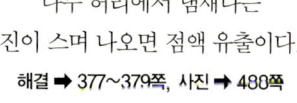

　　　　　　　아니오 ➡　

■ 줄기에 혹이 나거나, 이상한 물질이 자라고 있거나, 해충이 발견된다 ■
증상의 다른 범주는 140쪽 참고

줄기에서 다른 생명체가 자라고 있지는 않다.	아니요 ➡	줄기에서 다른 생명체, 즉 버섯, 겨우살이 같은 다른 종류의 식물, 껍질이나 잎 모양의 물질이 자라고 있다. Go to page 167

⬇ 예

혹은 지름 1.25cm 이상이고, 곤충은 발견되지 않는다.	아니요 ➡	줄기에 작은(지름 1.25cm 미만) 돌기가 있고 곤충이 발견된다. Go to page 169

⬇ 예

습한 날씨에 가는 주황색 촉수는 자라지 않는다. Go to page 165	아니요 ➡	단단한 마디 같은 물질에서 정체불명의 가는 주황색 촉수가 자라면 붉은별무늬병(적성병赤星病)이다. 해결 ➡ 282, 283쪽

**습한 날씨에 가는 주황색 촉수는
자라지 않는다**
(164쪽에서 계속)

물집처럼 부푼 부위에서
검은색 가루 같은 포자가
생기는 증상은 없다.

아니요 ➡

물집처럼 부푼 부위에서 검은색 가루 같은
포자 덩어리가 생기면 깜부기병이다.

해결 ➡ 280, 281쪽

⬇ 예

검은색 막대기 같은 것이
줄기에서 자라는 증상은 없다.

아니요 ➡

막대기처럼 딱딱하고, 길이 30cm에
지름 2.5cm 정도 되는 검은색 물질이
줄기에서 자라고 있으면 검은혹병이다.

해결 ➡ 280, 281쪽, 사진 ➡ 489쪽

⬇ 예

물질이 줄기를 찢으며
솟아나고 있지는 않다.

Go to page 166

아니요 ➡

거칠고 둥근 물질이 줄기를 찢고 자라
마침내 줄기를 파열시키면 줄기혹병이다.

해결 ➡ 377, 378쪽, 사진 ➡ 491쪽

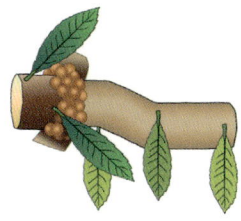

무슨 문제일까?

물질이 줄기를 찢으며 솟아나고 있지는 않다

(165쪽에서 계속)

줄기에 흰색 '침' 거품 방울이
붙어 있으면 거품벌레가
서식하는 것이다.

해결 ➡ 318, 319쪽, 사진 ➡ 490쪽

아니요 ➡

봄에 둥글고 부푼 물질이 자라서
주황색 또는 노란색으로 변하면
혹병(소나무)이다.

해결 ➡ 282, 283쪽

줄기에서 다른 생명체, 즉 버섯, 겨우살이 같은
다른 종류의 식물, 껍질이나 잎 모양의 물질이 자라고 있다
(164쪽에서 계속)

잎과 가지가 난
녹색 식물이 줄기에서
직접 자라지 않는다.

아니요 ➡

잎과 가지가 난
녹색 식물이 줄기에서
직접 자라고 있으면
참겨우살이 *Phoradendron*다.
(참고 : 이 상록 기생 식물은
기주 나무가 낙엽수일 때
눈에 잘 띈다.)
해결 ➡ 419쪽, 사진 ➡ 491쪽

─ 예
⬇

잎이 없는
황갈색 가지의 식물이
줄기에서 자라고 있지 않다.

아니요 ➡

잎이 없는 황갈색
가지의 식물이 줄기에서
직접 자라고 있으면
왜성겨우살이다.
(참고 : 이 기생 식물은
침엽수에서만 발견된다.)
해결 ➡ 419쪽

─ 예
⬇

마르고 단단하거나
잎사귀 같은 생명체가
줄기에서 자라고 있지 않다.
Go to page 168

아니요 ➡

마르고 단단하거나
잎사귀 같은 모양의
녹색, 회색, 갈색, 주황색
또는 연둣빛의 생명체가
줄기에서 자라고 있으면
조류, 지의류다.
(참고 : 이 생물은 기생 식물이
아니므로 식물에 피해가 없다.)
사진 ➡ 491쪽

**줄기에서 자라는 생명체는 마르고 단단하거나
잎사귀(지의류 또는 조류) 같은 생명체가 아니다**

(167쪽에서 계속)

줄기에서 부드럽고 이끼 같은
녹색 돌기가 자라지 않는다.

아니요 ➡ 줄기에서 부드럽고 이끼 같은
녹색 돌기가 자라고 있으면
혹벌류의 충영이다.

해결 ➡ 346, 347쪽, 사진 ➡ 490쪽

예
↓

꿀색 버섯이
식물 밑동에서 자라고 있으면
아밀라리아 뿌리썩음병이다.

해결 ➡ 292, 293쪽

아니요 ➡ 선반 모양의 버섯 같은 생명체가
원줄기에서 자라고 있으면
구멍장이균류다.

해결 ➡ 301, 302쪽, 사진 ➡ 489쪽

줄기에 작은(지름 1.25 cm 미만) 돌기가 있고 곤충이 발견된다

(164쪽에서 계속)

줄기에서 지름 6mm 미만의 혹과 돌기 또는 곤충이 발견된다.
(참고 : 곤충으로 보이지 않아도 이 범주에 포함한다.)

아니요 ➡ 지름 6mm 정도의 갈색 혹이 줄기에 다닥다닥 붙어 있으면 밀깍지벌레류다.
(참고 : 이들은 곤충이지만 곤충처럼 보이지 않는다.)
해결 ➡ 318, 319쪽, 사진 ➡ 490쪽

↓ 예

서양배처럼 생긴 작은 곤충은 아니다.

아니요 ➡ 작고 몸이 서양배처럼 생겼으며 끝에 두 개의 뿔이 나 있는 곤충을 발견했다면 진딧물이다.
해결 ➡ 318, 319쪽, 사진 ➡ 489쪽

↓ 예

원형 또는 타원형의 단단한 돌기가 줄기를 덮고 있으면 깍지벌레류, 굴깍지벌레, 산호세 깍지벌레다.
해결 ➡ 318, 319쪽, 사진 ➡ 489쪽

아니요 ➡ 솜뭉치나 곰팡이처럼 보이는 흰색의 폭신한 밀랍이 붙어 있고 그 사이 또는 아래에 곤충들이 있으면 솜벌레류, 솜깍지벌레류, 가루깍지벌레, 솜진딧물이다.
해결 ➡ 318, 319쪽, 사진 ➡ 490쪽

Roots, Bulbs, and Root Vegetables

뿌리, 알뿌리, 뿌리채소

6

뿌 리 란 ?

    뿌리는 식물의 각 부분에 공급할 물과 영양분을 찾아 흙 속을 뻗어나가는 기관이다. 뿌리는 보통 땅 밑으로 자라면서 식물을 땅에 고정시킨다. 그러나 때로는 공중 나뭇가지에 식물을 고정시키기도 한다.

    뿌리골무는 뿌리가 토양, 즉 근권根圈(뿌리가 토양으로 뻗는 범위)을 뚫고 나아갈 때 연약한 뿌리 끝을 보호한다. 뿌리가 이루는 복잡한 생태계에는 수백만 종의 세균, 진균, 곤충, 기타 동물이 함께 서식한다. 근권은 영양분 순환과 질병 예방에 매우 중요하다. 뿌리가 잎에서 생산한 탄수화물을 분비하여 근권을 공유하는 이웃을 먹여 살리면, 이 이웃들은 그 대가로 물과 무기양분을 모아서 뿌리에 제공하고, 그러면 뿌리는 식물 전체에 이를 전달한다.

    뿌리가 환경에 적응하는 능력과 갖가지로 진화하여 갖춘 형태와 크기를 보면 놀라울 따름이다. 보통 식물의 뿌리 계통은 섬유질인데, 작은 뿌리들이 그물처럼 나오고

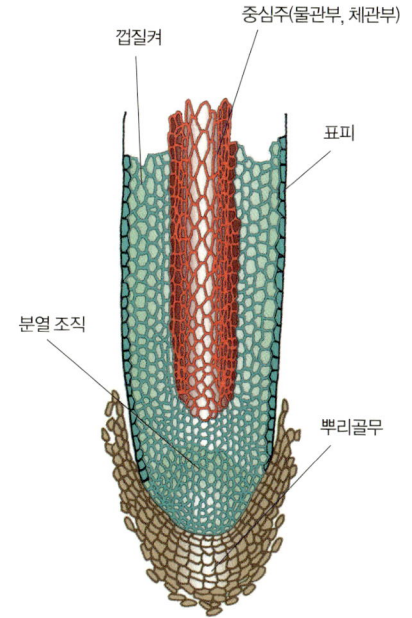

뿌리의 생장 역시 줄기와 마찬가지로 끝부분에서 이루어진다. 뿌리 끝의 분열 조직은 작은 무리의 딸세포로 분화된다. 뿌리는 토양을 미는 힘이 있다. 이때 뿌리골무는 뿌리 끝의 연약한 분열 부위가 손상되지 않도록 보호한다. 뿌리를 가장 바깥에서 싸고 있는 표피는 수분 손실을 방지하고 뿌리털이라고 하는 머리카락 같은 잔뿌리를 내려 토양에서 물과 무기양분을 흡수한다.

자라서 엄청난 면적의 토양을 장악한다.

옥수수 Zea mays 뿌리와 같은 버팀뿌리는 줄기 측면에서 나와 지면을 뚫고 들어가서 키 큰 줄기를 버팀목처럼 받친다. 자연의 놀라운 기술이다.

어떤 식물의 뿌리는 가지나 줄기 중간에서 곧바로 나온다. 필로덴드론, 벵갈고무나무 Ficus, 그리고 일부 난과 Orchidaceae에서 볼 수 있는 이와 같은 공중뿌리는 줄기 조직에서 뿌리가 나 공중에서 자란다.

뿌리가 하는 일은?

식물이 뿌리 내린 곳이 땅속이든 울창한 나뭇가지든, 그 어디든 간에 뿌리의 기본적인 임무는, 첫째, 식물을 단단히 고정시키는 것이다. 둘째, 땅 위로 솟아난 식물의 모

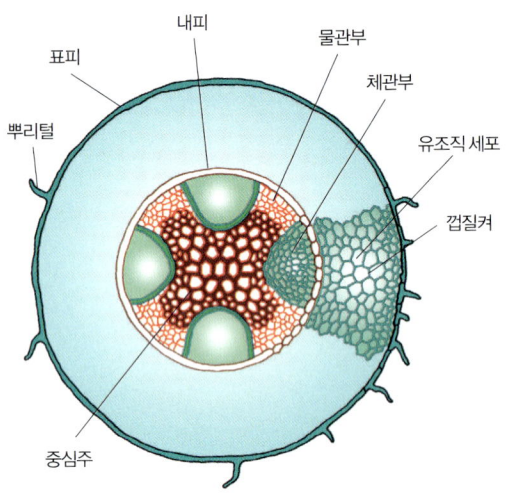

뿌리의 단면을 보면, 한가운데에는 중심주와 그것을 둘러싼 내피가 있다. 내피에는 물관부와 체관부로 구성된 유관속 요소가 지난다. 분화하지 않은 큰 조직인 껍질켜의 유조직 세포는 주로 양분 저장고 역할을 한다.

든 부분에 지속적으로 물을 공급해주는 것이다. 그리고 셋째, 양분을 저장하는 것이다. 양분 저장 기능을 특화한 일부 뿌리, 즉 당근Daucus, 비트Beta, 고구마Ipomoea 등의 뿌리채소는 우리에게 맛과 영양을 주는 중요한 농작물이다. 올 겨울 군고구마를 먹을 때는 고구마가 맛있는 간식으로 우리 입에 들어오기까지 거쳤을 복잡한 발육 과정을 한 번 떠올려보는 것은 어떨까?

이와 같은 뿌리의 모든 기능은 식물의 전반적인 건강을 위해 반드시 정상이어야 한다. 뿌리 계통의 버팀 능력이 질병, 장해 또는 해충에 의해 조금이라도 약화되면 식물은 쓰러질 수도 있다.

식물이 요구하는 만큼 뿌리가 물을 조달하지 못하면 잎이 타기 시작한다. 다시 말해서 잎이 끝과 가장자리부터 죽어가는 현상은 뿌리에 이상이 있음을 알리는 첫 번째 신

양배추 *Brassica oleracea*의 뿌리는 변형되지 않은 보통 뿌리 계통의 예다.

열대 착생란인 반다 코에룰레아 *Vanda coerulea*는 나무 위에서 공중뿌리를 내리고 살면서 빗물을 흡수하고 땅에는 의존하지 않는다.

호다. 뿌리가 양분을 저장하지 못하면 어떤 식물은 아예 살아남지 못한다.

뿌리가 아닌 다른 기관이 땅속에서 양분을 저장하는 역할을 하기도 한다. 감자 *Solanum tuberosum*와 붓꽃의 땅속줄기는 땅속에서 변형된 줄기다. 양파*Allium cepa*, 튤립 *Tulipa*, 나팔수선*Narcissus*의 알뿌리는 잎이 변형된 것이다. 땅속에 위치한 식물의 모든 기관, 즉 뿌리, 변형된 줄기와 잎은 토양 환경에서 자라므로 토양에 서식하는 해충과 병원체에 노출된다. 따라서 뿌리뿐 아니라 땅속에서 자라는 그 밖의 기관도 뿌리로 분류하고 이 장에서 다룬다.

뿌리는 식물을 지지하고 양분을 공급하며, 식물이 살아가고 번식하는 데 기본이 되는 매우 중요한 기관이다. 우리는 이 사실을 잘 알기 때문에 한 사회에 정착할 때 "뿌리를 내린다"라고 표현하고, 가계도를 그리면서 우리 가문의 "뿌리를 찾는다"라고 표현한다.

고구마를 영어로 'sweet potato'라고 하지만
학명 *Ipomoea batatas*를 봐도 알 수 있듯이 고구마는 나팔꽃의 친척뻘이고
감자와는 전혀 연관이 없다.
사실 고구마는 양분을 저장하는 목적으로 뿌리가 변형된 것이며,
줄기 부위인 감자에서 볼수 있는 마디와 눈도 없다.

감자에는 눈이 있는데,
마디와 눈은 줄기에서만 나므로 감자는 뿌리가 아니라
줄기가 변형된 것임을 알 수 있다.

양파는 흔히 뿌리채소로 분류되지만,
실제 뿌리는 양파의 맨 아래에 있다.

뿌리에서 나타나는 증상

뿌리가 토양에서 물과 무기양분을 흡수하는 기능은 식물의 건강에 필수적이므로, 이곳에서 나타나는 문제는 식물의 생사를 결정하는 정도가 될 수 있다. 식물에서 뿌리 계통의 상태가 좋지 않다면, 흐름도에 따라 원인을 밝힌 후 안전하고 적절한 해결책을 찾자(흐름도 활용 방법은 14쪽 참고).

Categories of root symptoms
뿌리 증상의 범주

뿌리 전체 색이 변했다.

Go to page 176

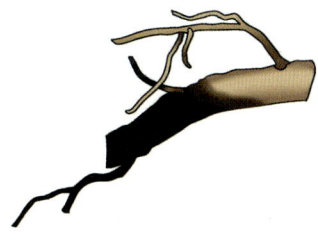

뿌리가 비틀어지거나, 왜소하거나 오그라들었다.

Go to page 195

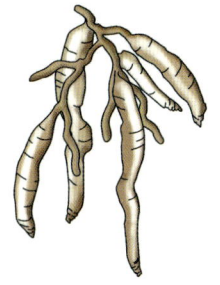

뿌리에 색이 변한 부위가 있다.

Go to page 179

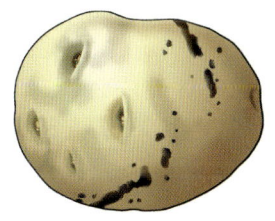

뿌리에 곰팡이가 피거나 뿌리가 썩었다.

Go to page 200

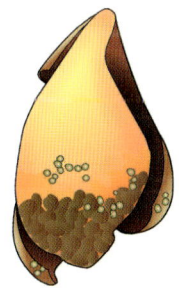

뿌리에 구멍이 났거나, 뿌리가 씹어 먹히거나,
금이 가거나 쪼개졌다.
뿌리의 일부 또는 전체가 없다.
뿌리에서 해충이 발견된다.

Go to page 189

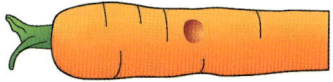

뿌리에 혹, 돌기, 마디가 생겼다.

Go to page 203

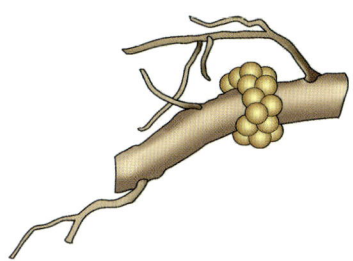

■ 뿌리 전체 색이 변했다 ■
증상의 다른 범주는 175쪽 참고

크고 살이 많은 저장근 종류다. **아니요 ➡** 저장근 종류가 아니며,
〔참고 : 여기서 저장근은 살이 많은 갈색 또는 검은색으로
뿌리, 알뿌리, 땅속줄기, 둥근줄기 변했으면 뿌리썩음병이다.
(구경球莖), 덩이뿌리, 덩이줄기를 해결 ➡ 292, 293쪽, 사진 ➡ 492쪽
모두 포함한다. 저장근의 정의는
용어 해설을 참고한다.〕

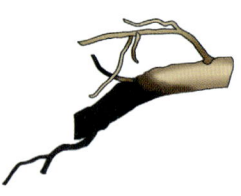

예 ↓

갈색으로 변색된 부위는 없다. **아니요 ➡** 뿌리가 갈색으로
변색되었다.
Go to page 177

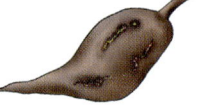

예 ↓

회색으로 변색된 부위는 없다. **아니요 ➡** 뿌리가 회색으로
변색되었으면
(참고 : 양파에만 해당한다)
고온 장해 또는 한해寒害다.
해결 ➡ 264, 265쪽, 사진 ➡ 492쪽

예 ↓

비트인데 색이 연하면 **아니요 ➡** 비트인데 색이
(참고 : 뿌리를 자르면 밝고 너무 진하면
어두운 부분이 명백하게 구분된다) 칼륨 결핍이다.
온도가 너무 높거나 수분이 해결 ➡ 273쪽
고르지 않아서 생긴 증상이다.
해결 ➡ 264, 265쪽

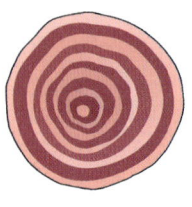

뿌리가 갈색으로 변색되었다
(176쪽에서 계속)

크고 살이 많은 저장근 종류인데 감자는 아니다.   아니요 ➡   감자라면 감자둘레썩음병이다.
(참고 : 감자를 반으로 자르면 밝은 갈색의 고리가 발견되고, 살은 푸석푸석하고 썩어 있다.)
해결 ➡ 377, 378쪽, 사진 ➡ 492쪽

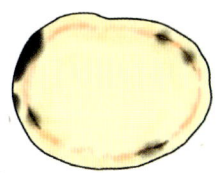

⬇ 예

양파가 아니다.   아니요 ➡   양파다.
Go to page 178

⬇ 예

달리아 덩이줄기인데, 갈색의 움푹 꺼진 병반이 있고 그 위에 분홍색과 노란색의 곰팡이가 폈으면 구근부패병이다.
해결 ➡ 303, 304쪽
   아니요 ➡   글라디올러스 둥근줄기인데, 전체적으로 오그라들고 짙은 갈색 융기가 있으면 푸른곰팡이병이다.
해결 ➡ 303, 304쪽

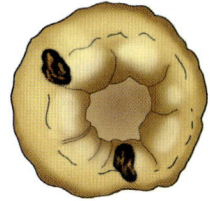

무슨 문제일까?   177

양파다
(177쪽에서 계속)

양파 알이 무르고 안쪽이 갈변했으며, 표면에 흰곰팡이가 폈으면 시들음병이다.

해결 ➡ 292, 293쪽

아니요 ➡

양파 알은 건강하나 세근細根이 분홍색을 띤 갈색이고 오그라들었으면 분홍빛뿌리썩음병(양파)이다.

해결 ➡ 292, 293쪽

■ 뿌리에 색이 변한 부위가 있다 ■
증상의 다른 범주는 175쪽 참고

뿌리 표면만 변색되었다.   아니오 ➡   뿌리를 반으로 자르면 안에서 변색된 부위가 발견된다. (참고 : 변색된 부위가 표면에서도 발견될 수 있다.)
Go to page 185

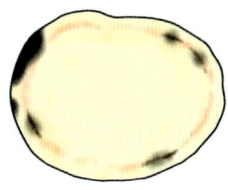

⬇ 예

변색된 부위에 곰팡이는 피지 않았다.   아니오 ➡   변색된 부위에 곰팡이가 폈다.
Go to page 184

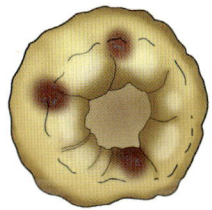

⬇ 예

변색된 부위가 평평하거나 솟아올랐다.   아니오 ➡   변색된 부위가 움푹하게 꺼졌다.
Go to page 182

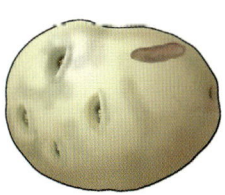

⬇ 예

변색된 부위가 평평하다.
Go to page 180

변색된 부위가 솟아올랐다.
Go to page 183

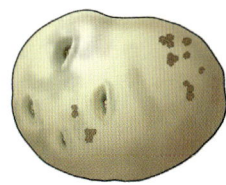

변색된 부위가 평평하다
(179쪽에서 계속)

변색된 부위가 검은색 또는 갈색이 아니다.
(참고 : 초록색, 짙은 초록색, 은색 또는 회색이다.)

아니요 ➡ 변색된 부위가 검은색 또는 갈색이다.

예 ↓

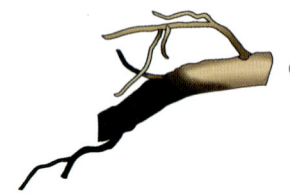 아니요 ➡

실뿌리면 뿌리썩음병이다.
해결 ➡ 292, 293쪽, 사진 ➡ 493쪽

저장근이면 검은무늬썩음병이다.
해결 ➡ 292, 293쪽

예 ↓

변색된 부위의 가장자리가 갈색을 띤 엷은 은회색이 아니다.
Go to page 181

아니요 ➡ 변색된 부위의 가장자리가 갈색을 띤 엷은 은회색이면
(참고 : 감자에서만 발견된다)
은무늬병이다.
해결 ➡ 292, 293쪽

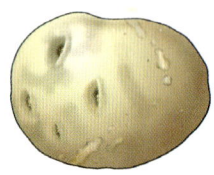

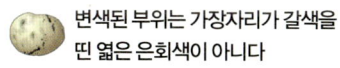 변색된 부위는 가장자리가 갈색을
띤 엷은 은회색이 아니다
(180쪽에서 계속)

변색된 부위는 밝은 초록색이 아니다.　아니요 ➡　변색된 부위가 밝은 초록색이면
햇빛에 노출되어서 나타나는 증상이다.

해결 ➡ 255, 256쪽, 사진 ➡ 494쪽

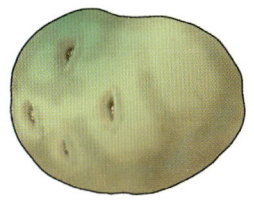

예
↓

변색된 부위가 옅게 탈색되고
무르면 일소日燒 증상이다.

해결 ➡ 255, 256쪽

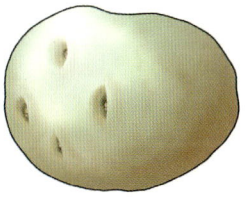　아니요 ➡　

변색된 부위가 짙은 초록색이고,
매우 짙은 색의 원무늬 반점이 있으면
탄저병(양파)이다.

해결 ➡ 282, 283쪽

무슨 문제일까?　181

변색된 부위가 움푹하게 꺼졌다
(179쪽에서 계속)

변색된 부위가 단단하고 건조하다.　　아니오 ➡　　변색된 부위가 약하고 무르면 무름병이다.

해결 ➡ 377, 378쪽

⬇ 예

변색된 부위가 검은색 또는 갈색이나 자줏빛을 띠지 않으면 진균병이다.

해결 ➡ 303, 304쪽, 사진 ➡ 493쪽

변색된 부위가 자갈색이면 역병(감자)이다.
(참고 : 감자를 반으로 자르면 표면에 가까운 부위가 적갈색으로 건조하다.)

해결 ➡ 282, 283쪽, 사진 ➡ 494쪽

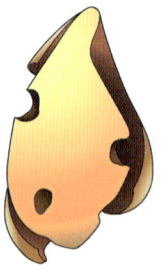　　아니오 ➡　　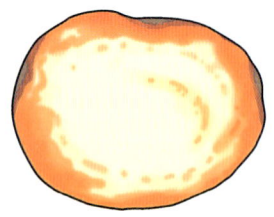

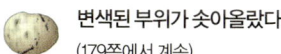

변색된 부위가 솟아올랐다
(179쪽에서 계속)

변색된 부위가 둥근 모양이다.　　아니오 ➡　　변색된 부위가 이랑 모양이면 구근 진균병이다.

해결 ➡ 303, 304쪽

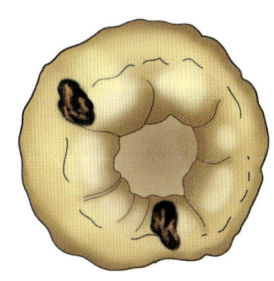

예
⬇

변색된 부위에 작고 딱딱한 검은 돌기가 박혀 있으면 점무늬병이다.
(참고 : 이 진균은 튤립에만 번식한다.)

해결 ➡ 282, 283쪽

아니오 ➡

변색된 부위가 거칠고 코르크 같은 질감이면 더뎅이병이다.

해결 ➡ 292, 293쪽, 사진 ➡ 493쪽

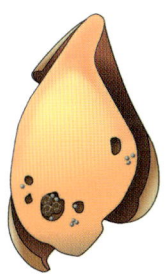

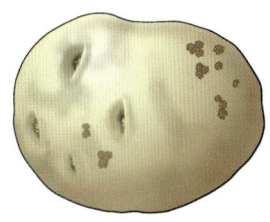

무슨 문제일까? 183

변색된 부위에 곰팡이가 폈다.
(179쪽에서 계속)

양파가 아니다.　　아니요 ➡　양파인데, 바깥쪽은 폭신한
흰곰팡이가 피고 안쪽은 부드러운
갈색 조직으로 변했으면
시들음병이다.

해결 ➡ 292, 293쪽

예
⬇

병반의 변색된 부위가 적갈색이면
푸른곰팡이병이다.

해결 ➡ 303, 304쪽, 사진 ➡ 494쪽

갈색으로 꺼진 병반에
분홍색, 흰색 또는 청록색 곰팡이가
덩어리져 있으면 비늘줄기썩음병이다.

해결 ➡ 292, 293쪽, 사진 ➡ 493쪽

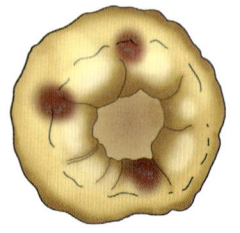　　아니요 ➡　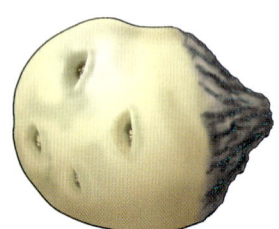

안에서 변색된 부위가 발견된다
(179쪽에서 계속)

감자가 아니다.　　　아니오 ➡　　　감자다.
　　　　　　　　　　　　　　　　　　　Go to page 187

⬇ 예

변색된 부위는　　　아니오 ➡　　　변색된 부위는 갈색이다.
갈색이 아니다.　　　　　　　　　　　Go to page 186

⬇ 예

변색된 부위가　　　아니오 ➡　　　밝고 어두운 빨간 고리가
검은색 또는 회색이다.　　　　　　　과녁판처럼 원형으로
　　　　　　　　　　　　　　　　　　반복되면(참고 : 비트에만 해당한다.
　　　　　　　　　　　　　　　　　　비트를 가로로 잘라보면
　　　　　　　　　　　　　　　　　　과녁판 모양의 무늬가 발견된다)
　　　　　　　　　　　　　　　　　　온도가 너무 높거나 수분이
　　　　　　　　　　　　　　　　　　고르지 않아서 나타나는 증상이다.

해결 ➡ 265쪽

⬇ 예

뿌리가 검고 무르며　　아니오 ➡　　안쪽에서부터 단단하고 거무스름한 얼룩이
썩었으면 물리적 원인에　　　　　　생겼으면 비트 붕소 결핍이다.
의한 손상 이후 질병에
감염된 것이다.　　　　　　　　　　해결 ➡ 273쪽

해결 ➡ 251쪽

무슨 문제일까?　185

변색된 부위는 갈색이다
(185쪽에서 계속)

알뿌리인데, 바깥쪽은 폭신한 흰곰팡이가 피고 안쪽은 부드러운 갈색 조직으로 변했으면 시들음병이다.

해결 ➡ 292, 293쪽

알뿌리인데, 안쪽에 갈색 원형 무늬가 생겼으면(참고 : 알뿌리를 가로로 잘라보면 원형 무늬가 발견된다) 선충류에 따른 피해다.

해결 ➡ 394, 395쪽, 사진 ➡ 494쪽

아니요 ➡

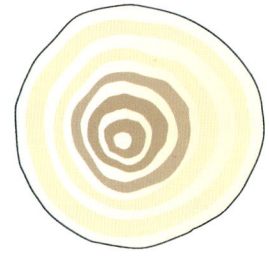

감자다
(185쪽에서 계속)

안쪽에서 황갈색 고리는 발견되지 않는다.   아니요 ➡   안쪽에서 황갈색 고리가 발견되면 감자둘레썩음병이다.

해결 ➡ 377, 378쪽

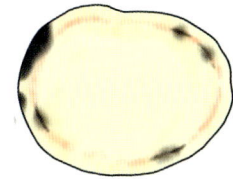

⬇ 예

호(弧) 모양의 등갈색 곡선은 발견되지 않는다.   아니요 ➡   호 모양의 등갈색 곡선이 발견되면 감자바이러스병이다.

해결 ➡ 292, 293쪽

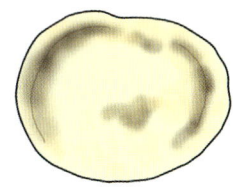

⬇ 예

변색된 부위는 분홍색이 아니다.

Go to page 188

아니요 ➡   변색된 부위가 분홍색이면 진균병의 일종 (potato gangrene, 정해진 한글명 없음 – 옮긴이)이다.

해결 ➡ 303, 304쪽

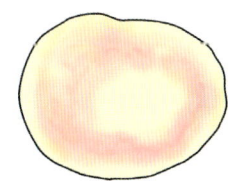

변색된 부위는 분홍색이 아니다

(187쪽에서 계속)

회색에서 검은색에 이르는 병반이 발견되면
(참고 : 한가운데는 비어 있다)
생육 환경 불량이다.

해결 ➡ 250쪽

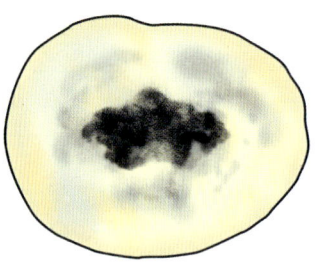

아니요 ➡

눈 주변에 검은색의 썩은 고리가 생겼으면
둘레썩음병이다.

해결 ➡ 377, 378쪽, 사진 ➡ 494쪽

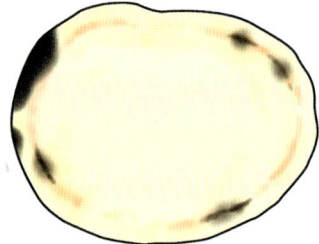

■ **뿌리에 구멍이 났거나, 뿌리가 씹어 먹히거나, 금이 가거나 쪼개졌다.
뿌리의 일부 또는 전체가 없다. 뿌리에서 해충이 발견된다** ■

증상의 다른 범주는 175쪽 참고

뿌리가 갈라지거나 쪼개지는 증상은 없다.	아니요 ➡	뿌리가 갈라지거나 쪼개진 증상이 발견되면 물을 불규칙적으로 주어서 나타나는 증상이다.

해결 ➡ 260, 261쪽, 사진 ➡ 495쪽

⬇ 예

곤충 또는 곤충의 유충은 발견되지 않는다. (참고 : 곤충의 유충에는 구더기, 애벌레, 털벌레기 속한다. 정확한 정의는 용어 해설 및 찾아보기를 참고한다.)	아니요 ➡	뿌리 안팎 또는 흙에서 곤충 또는 곤충의 유충(구더기, 애벌레, 털벌레 등)이 발견된다. Go to page 191

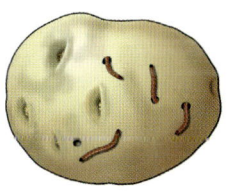

⬇ 예

뿌리 속에 빈 곳이 있다. Go to page 190	아니요 ➡	뿌리 겉에 구멍이 났거나, 뿌리가 씹어 먹히거나, 일부 또는 전체가 없다. Go to page 193

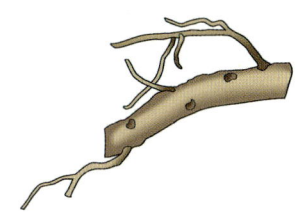

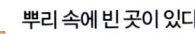

뿌리 속에 빈 곳이 있다
(189쪽에서 계속)

뿌리에 작은 구멍이 있고 그 안으로
더 큰 공간이 비어 있으면 달팽이
또는 민달팽이에 따른 피해다.

해결 ➡ 410, 411쪽, 사진 ➡ 496쪽

뿌리 속에 빈 곳이 있으나
바깥으로 이어지는 구멍이
발견되지 않으면 캐비티스폿이다.

해결 ➡ 273쪽

아니요 ➡

**뿌리 안팎 또는 흙에서 곤충 또는
유충(애벌레, 작은 벌레, 털벌레 등)이 발견된다**
(189쪽에서 계속)

유충(구더기, 애벌레,
털벌레 등)은 발견되나
성충은 발견되지 않는다.

아니요 ➡

성충(진딧물,
가루깍지벌레 등)은
발견되나 곤충의 유충은
발견되지 않는다.
Go to page 194

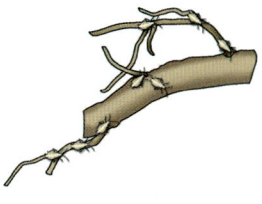

예 ⬇

유충은 흰색,
분홍색, 등갈색이다.

아니요 ➡ 유충이 길고 꽈리색 또는
회색이면 철사벌레의
애벌레다. (참고 : 이들은
뿌리 조직에 구멍을 뚫고 사는
애벌레다. 벌레의 머리는
갈색이고 머리 바로 밑에
관절이 있는 다리가 세 쌍 있다.)

해결 ➡ 344, 345쪽, 사진 ➡ 495쪽

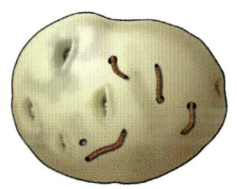

예 ⬇

유충은 흰색
또는 등갈색이다.
Go to page 192

아니요 ➡ 유충이 분홍색이면
밤나방류 애벌레,
감자나방 애벌레다.

해결 ➡ 344, 345쪽, 사진 ➡ 496쪽

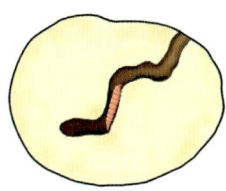

무슨 문제일까? 191

유충은 흰색 또는 등갈색이다
(191쪽에서 계속)

유충은 흰색이다.   아니요 ➡   유충이 한 마리 발견되고 등갈색이면(참고 : 커다란 등갈색 유충이 알뿌리 한가운데서 서식하고 있으며 주변은 끈적하다) 수선화꽃등의 애벌레다.
해결 ➡ 344, 345쪽

⬇ 예

뿌리에 굴과 이동 경로가 있고 굴은 건조하다. 구더기 같은 벌레는 발견되지 않는다. (참고 : 구더기는 머리가 구분되지 않고 다리도 없다.)   아니요 ➡   뿌리에 얇은 굴과 이동 경로가 있고 흰색 구더기 같은 벌레가 발견되면 (참고 : 굴 주위는 갈색으로 병들었다) 꽃파리류 유충, 무고자리파리 · 고자리파리 · 당근파리의 유충이다.
해결 ➡ 344, 345쪽, 사진 ➡ 495쪽

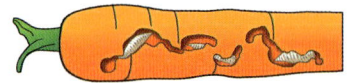

⬇ 예

뿌리에 굴과 이동 경로가 있고 굴은 건조한데 몸통이 희고 머리는 갈색인 애벌레가 발견되면 바구미류 · 잎벌레류의 유충, 고구마바구미 유충이다.
해결 ➡ 344, 345쪽   아니요 ➡   뿌리에 크고 얕은 흠터가 있고, 몸통이 희고 머리는 갈색인 애벌레가 발견되면 바구미류 · 잎벌레류 · 풍뎅이류의 유충이다.
해결 ➡ 344, 345쪽

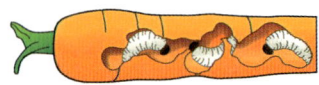

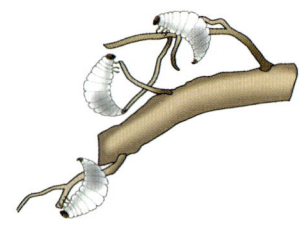

뿌리에서 해충이 발견된다
(189쪽에서 계속)

뿌리 전체가 없거나
일부 먹혀 없어진 곳에
평행한 이빨 자국이 남아 있으면
설치류에 따른 피해다.

해결 ➡ 416, 417쪽, 사진 ➡ 496쪽

뿌리에 구멍이 났거나 썸어 먹힌
흔적이 있는데 이빨 자국이 없으면
(참고 : 흙 속에서 C자형의 흰 애벌레가
발견되기도 한다), 철사벌레 유충,
잎벌레류 · 바구미류 · 풍뎅이류의
유충에 따른 피해다.

해결 ➡ 344, 345쪽

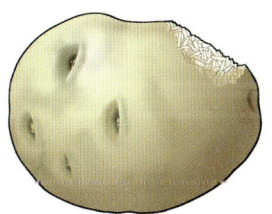

아니요 ➡

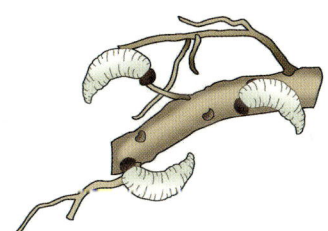

뿌리에서 성충이 발견된다
(191쪽에서 계속)

구형이고 희끄무레한 갈색 진딧물
(크기는 작고 연한 몸통이 서양배처럼 생겼으며
꽁무니에 두 개의 뿔이 나 있는 곤충)
이 뿌리를 갉아먹고 있다면 뿌리진딧물이다.
(참고 : 이 진딧물은 떡진 흰색 가루를 분비한다.)

해결 ➡ 344, 345쪽

타원형의 흰색 곤충이 뿌리에서
기생하고 있으면 가루깍지벌레류다.
(참고 : 이 곤충 역시 떡진 흰색 가루를 분비한다.)

해결 ➡ 344, 345쪽

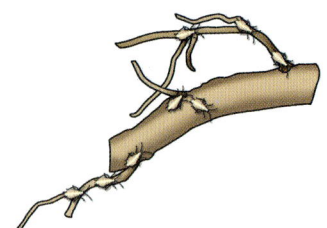

아니요 ➡

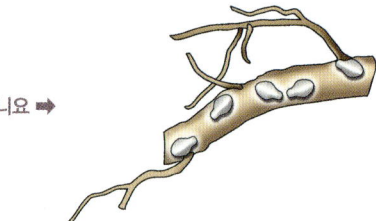

■ 뿌리가 비틀어지거나, 왜소하거나 오그라들었다 ■
증상의 다른 범주는 175쪽 참고

뿌리가 비틀어지거나 오그라들었는데 왜소하지는 않다.	아니요 ➡	뿌리가 왜소하다. Go to page 198

↓ 예		
뿌리가 비틀어졌다.	아니요 ➡	뿌리가 오그라들었다. Go to page 199

↓ 예		
비틀어진 뿌리 모양이 곤봉 같지는 않다. Go to page 196	아니요 ➡	뿌리가 마치 곤봉처럼 두껍게 부풀어 오르고 비틀어졌으면(참고 : 양배추를 포함하여 케일, 브로콜리, 콜리플라워, 겨자무, 갓 등의 배추과 Brassicaceae에서만 발견된다) 무사마귀병이다. 해결 ➡ 292, 293쪽

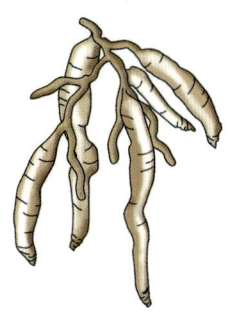

무슨 문제일까?

비틀어진 뿌리 모양이 곤봉 같지는 않다
(195쪽에서 계속)

뿌리에서 작은 혹이나 돌기는 발견되지 않는다.

아니요 ➡ 뿌리에서 작은 혹이나 돌기가 발견되면 선충류에 따른 피해다.
해결 ➡ 394, 395쪽

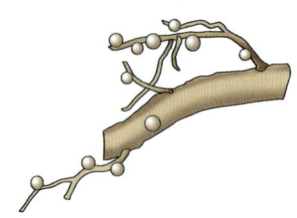

예 ⬇

뿌리가 우둘투둘하고 휘거나 비틀어졌는데 갈라지지는 않았다.

아니요 ➡ 뿌리가 갈라졌으면 흙이 거칠고 돌이 많거나 너무 다져진 것이다.
해결 ➡ 273쪽, 사진 ➡ 497쪽

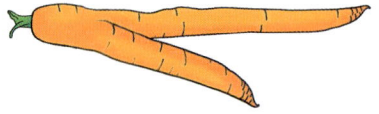

예 ⬇

뿌리를 잘라보았을 때 밝은 갈색의 곡선이나 호弧 무늬가 발견되지 않는다.
Go to page 197

아니요 ➡ 감자인데, 잘라보았을 때 밝은 갈색의 곡선이나 호 무늬가 발견되면 감자바이러스병이다.
해결 ➡ 292, 293쪽

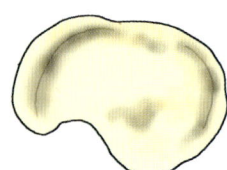

뿌리를 잘라보았을 때 밝은 갈색의 곡선이나 호 무늬는 발견되지 않는다
(196쪽에서 계속)

감자가 울퉁불퉁하고 휜 데다 변형되었으면 고르지 못한 수분 때문에 생기는 증상이다.

해결 ➡ 260, 261쪽, 사진 ➡ 497쪽

양파 꼭대기가 비정상적으로 발달했으면
(참고 : 양파 모양이 눈물 같다) 추대抽薹 현상이다.

해결 ➡ 255, 256쪽

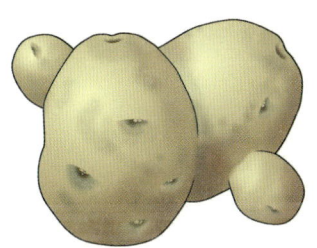

아니요 ➡

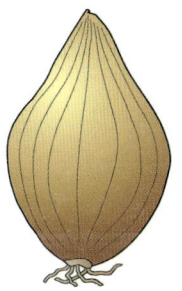

뿌리가 왜소하다
(195쪽에서 계속)

당근, 비트나 양파Allium cepa처럼 살이 많은 저장근 종류다.

아니요 ➡ 저장근 종류가 아니라 세근 종류면 선충류에 따른 피해다.
해결 ➡ 394, 395쪽

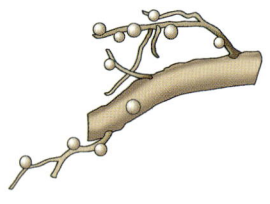

↓ 예

뿌리 크기와 개수는 정상이며(작거나 실뿌리가 많이 나 있지 않다) 원뿌리 표면도 정상이다 (목질이 아니다).

아니요 ➡ 뿌리에 작고 가는 실뿌리가 너무 많이 나 있고 표면이 목질이면 국화황화병, 사탕무 바이러스병이다.
해결 ➡ 378, 379, 383~385쪽(각 진단별로)

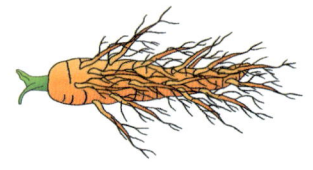

↓ 예

뿌리가 작고 발육이 좋지 않으며 색이 연하면 생육 환경 불량, 과밀, 양분 결핍이 원인이다.
해결 ➡ 249, 250쪽

아니요 ➡ 양파고, 영양, 공간, 빛, 물 조건이 양호한데도 알이 작거나 발육이 더디면 낮 길이가 문제다.
〔참고 : 양파는 낮 길이(일장日長)에 따라 품종이 달라진다. 장일長日 조건을 요하는 품종인데 낮 길이가 짧은 겨울에 심으면 알이 여물지 않고, 단일短日 조건을 요하는 품종인데 낮 길이가 긴 여름에 심어도 알이 여물지 않는다.〕
해결 ➡ 255, 256쪽

뿌리가 오그라들었다
(195쪽에서 계속)

양파 이외의 뿌리라면 건조가 문제다.

해결 ➡ 259, 260쪽

양파라면(참고 : 양파 알이 아닌 뿌리가 오그라들고 분홍색이다) 분홍빛뿌리썩음병이다.

해결 ➡ 292, 293쪽

아니요 ➡

■ 뿌리에 곰팡이가 피거나 뿌리가 썩었다 ■
증상의 다른 범주는 175쪽 참고

뿌리 일부 또는 전체가 썩었다.

아니요 ➡

뿌리에 곰팡이가 폈다.
Go to page 202

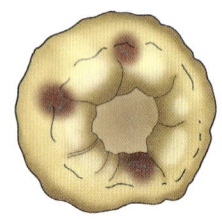

↓ 예

뿌리를 쪼개보았을 때 작고 흰 응애는 발견되지 않는다.
(참고 : 응애는 매우 작은 거미 종류며, 흰 모래알처럼 생겼다.)

아니요 ➡

양파인데, 쪼개보았을 때 작고 흰 응애가 안에 서식하고 있으면 뿌리응애다.
해결 ➡ 363, 364쪽, 사진 ➡ 499쪽

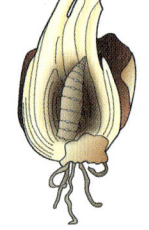

↓ 예

뿌리 전체가 썩었다.
Go to page 201

아니요 ➡

감자인데, 눈 주변이 검은 고리 모양으로 썩어 있으면 둘레썩음병이다.
해결 ➡ 377, 378쪽, 사진 ➡ 499쪽

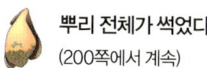

뿌리 전체가 썩었다
(200쪽에서 계속)

나쁜 냄새가 나는 걸쭉한 분비액은 나오지 않는다.

아니요 ➡ 썩은 뿌리에서 나쁜 냄새가 나는 걸쭉한 분비액이 나오면(참고 : 분비액은 흰색 또는 노르스름한 색이며 공기에 노출되면 거무스름한 색으로 변한다) 세균성 무름병이다.
해결 ➡ 377, 378쪽, 사진 ➡ 499쪽

예
⬇

뿌리가 무르고 가늘며, 작은 갈색 덩어리기 발견되지 않으면 비늘줄기썩음병, 무름병, 뿌리썩음병이다.
해결 ➡ 292, 293쪽, 사진 ➡ 498쪽

아니요 ➡ 뿌리가 무르고 푸석푸석하며 들깨알 만한 갈색 덩어리가 뿌리와 흙 속에서 발견되면 관부썩음병이다.
해결 ➡ 292, 293쪽, 사진 ➡ 498쪽

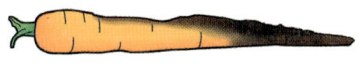

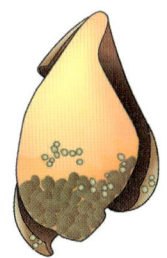

무슨 문제일까? 201

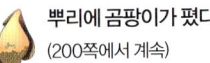

뿌리에 곰팡이가 폈다
(200쪽에서 계속)

양파가 아니다.　　　아니요 ➡　양파인데, 안쪽은 무르고 갈색이며 바깥쪽은 폭신한 흰곰팡이로 덮여 있으면 시들음병이다.

해결 ➡ 292, 293쪽

예
⬇

달리아 덩이뿌리고 분홍색과 노란색 곰팡이가 펴 있으면 구근부패병이다.

해결 ➡ 303, 304쪽

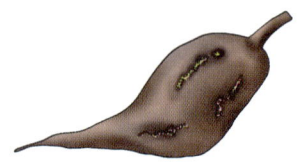

아니요 ➡

알뿌리(수선화 등)며, 병반은 불그스름한 갈색으로 움푹 꺼졌으며, 그 위에 청록색 또는 회색 곰팡이가 폈으면 푸른곰팡이병이다.

해결 ➡ 303, 304쪽, 사진 ➡ 498쪽

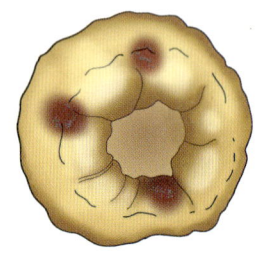

202　내 식물에게 무슨 일이 일어났을까?

■ 뿌리에 혹, 돌기, 마디가 생겼다 ■
증상의 다른 범주는 175쪽 참고

| 큰 종양 같은 물질은 자라지 않는다. | 아니요 ➡ | 큰 종양 같은 물질이 뿌리에서 자라고 있으면 근두암종병, 뿌리혹병이다.
해결 ➡ 377, 378쪽 |

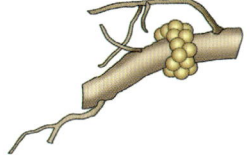

예 ↓

| 작은 옹두리 모양으로 부푼 증상은 없다. | 아니요 ➡ | 뿌리에 작은 옹두리 모양으로 부푼 증상이 있으면 (참고 : 질소를 고정하는 콩과 *Fabaceae* 식물에서 발견되는 뿌리가 부푼 증상은 정상이며 옹두리 모양도 아니다) 뿌리혹선충에 따른 피해다.
해결 ➡ 394, 395쪽 |

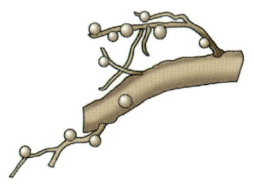

예 ↓

| 구형이고 희끄무레한 갈색 진딧물이 뿌리를 갉아먹고 있다면 뿌리진딧물이다. (참고 : 이 진딧물은 떡진 흰색 가루를 분비한다.)
해결 ➡ 344, 345쪽 | 아니요 ➡ | 타원형의 흰색 곤충이 뿌리에서 기생하고 있으면 가루깍지벌레류다. (참고 : 이 곤충 역시 떡진 흰색 가루를 분비한다.)
해결 ➡ 344, 345쪽 |

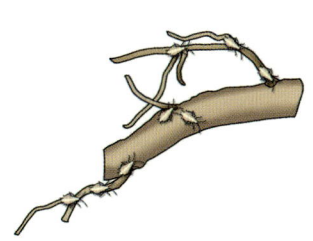
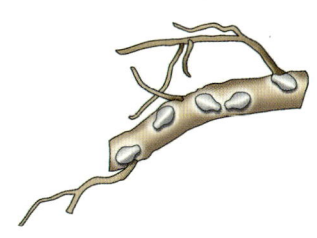

Seeds and Seedlings

씨, 유묘

7

씨 란?

씨는 식물이 지구상의 모든 장소를 정복하도록 도와준 기적의 창조물이다. 씨는 쉽게 이동할 수 있는 구조로 된 작은 주머니라고 보면 되는데, 그 안에는 태아 상태의 식물과 이 어린 식물이 햇빛, 이산화탄소, 물을 가지고 스스로 양식을 만들 때까지 먹을 충분한 양식이 들어 있다. 우주인이 우주 캡슐 안에서 수면하듯이, 어린 식물은 씨가 안전하게 착륙할 때까지 그 안에서 잠자는 상태로 멀리 여행한다. 어떤 씨는 날개로, 어떤 씨는 낙하산으로, 어떤 것들은 새나 포유류의 소화기관을 타고 비행한다. 씨는 강우량과 온도 등 싹이 트기에 적합한 환경 조건이 될 때까지 필요하면 몇 년간 그 상태로 기다릴 수 있다.

이 장에서 다루는 씨는 흔히 씨앗이나 열매로 부르는 각종 과일 종류도 포함한다. 예를 들어, 껍질을 벗긴 해바라기 '씨'는 '수과瘦果'라고 하는 과일이다. 해바라기 씨의 흰색과 검은색 줄무늬 껍질은 씨방벽이다. 우리는 해바라기 씨를 먹을 때 씨방벽을 제거하고 그 안에 든 진짜 씨를 먹는 것이다.

옥수수 Zea mays는 '영과穎果'라고 하는 특수한 과일인데, 우리는 흔히 옥수수 등의 곡류를 낟알, 알 또는 '씨앗'이라고 한다. 옥수수의 각 낟알은 진짜 씨앗이 든 '과일'이다.

우리가 흔히 견과류라 칭하는 먹을거리 중 코코넛 Cocos은 복숭아, 자두 Prunus와 같은 핵과류의 씨와 같이 과일 속에 들어 있는 씨이고, 헤이즐넛 Corylus이나 참나무 Quercus의 도토리 열매는 진짜 견과이다.

먹을 수 있는 씨 중 진짜 씨는 모든 콩(강낭콩, 완두콩, 땅콩 등), 해바라기 씨, 그리고 호박씨 등이다. 양배추 등의 배추 Brassicaceae, 토마토 Lycopersicon esculentum, 가지 Solanum melongena, 고추 Capsicum, 그리고 박 Cucurbitaceae 등의 씨는 밭에서 식물을 키우기 위한 종자로 사용한다.

쌍떡잎식물인 콩의 단면을 보면 씨앗이 얼마나 정교하게 축소된 분포 수단인지 알 수 있다. 씨껍질은 씨를 보호하는 외피다. 어린 식물인 유아幼芽는 거대한 두 장의 떡잎이 안전하게 감싸고 있다. 떡잎은 양분을 저장하고 있어 식물은 자립할 때까지 이 양분을 소모한다. 배꼽은 사람의 배꼽과 같다. 즉, 씨가 어미그루에 붙어 있던 흔적인데 이곳을 통하여 물을 흡수하면 발아가 시작된다. 어린뿌리는 먼저 자라서 뿌리 계통이 된다. 유묘幼苗가 뿌리 계통에 의하여 제대로 자리 잡으면, 어린뿌리가 휘어서 유묘를 흙 밖으로 드러내어 햇빛을 받게 한다.

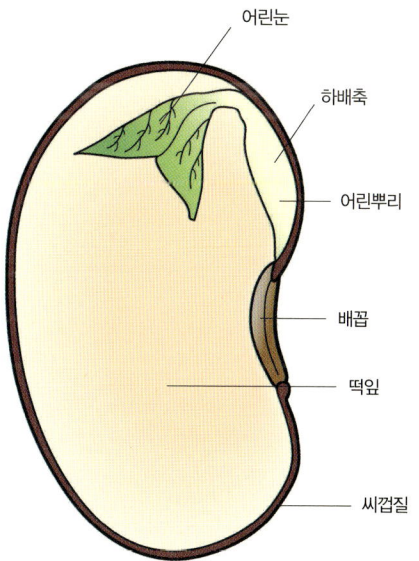

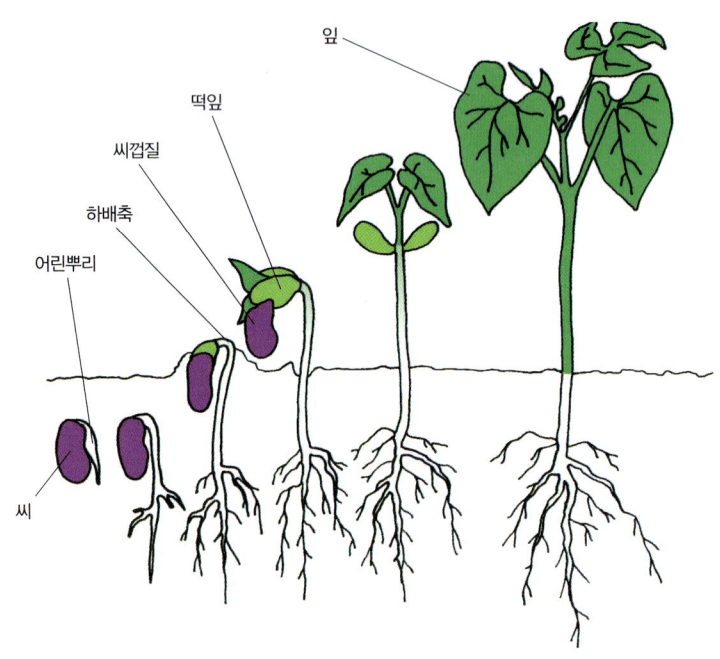

씨의 발아는 순서대로 이루어진다.
씨가 물을 흡수하면 배아 식물은 효소를 분비하여 떡잎에 저장된 연료를 소모한다.
겉으로 드러나는 발아의 첫 번째 현상은 어린뿌리가 성장하여 최초의 뿌리가 되는 모습이다.
어린뿌리는 작은 식물을 재빨리 땅에 고정한다. 하배축이 휘어서 뿌리가 땅에 박히면
떡잎이 넓게 벌어지고 첫 번째 한 쌍의 잎을 낸다.
한 쌍의 진짜 잎이 다 만들어지면 떡잎은 오그라들고 나중에는 떨어진다.

씨가 하는 일은?

씨의 가장 큰 임무는 발아를 하기에 안전하고 새 식물로 자라 종의 다음 세대를 잇기에 적합한 환경과 장소를 물색하는 것이다.

적합한 장소와 환경을 찾기 위하여 씨는 장거리 여행을 마다하지 않는다. 여러 방식으로 여행을 하는데, 씨 스스로 이동하기도 하고 과일을 수단으로 삼기도 한다. 어떤 씨는 옷, 털, 깃털에 붙어서 새로운 땅을 찾아 공짜 여행을 한다. 어떤 것들은 새나 포유류가 과일을 삼킬 때 같이 먹히는 방법을 택한다. 동물의 소화기관에 들어간 씨는 나중에 동물이 이동한 후 배설물과 같이 다시 밖으로 나온다. 어떤 씨는 바람을 타고 날아간다.

물론 대상을 가리지 않고 이런 방법을 택함으로써 많은 실패도 겪는다. 매년 수억 개의 씨가 생산되고 그 주변에 무작위로 뿌려지는데, 대부분은 척박한 땅에 버려지거나 도랑에 빠지기도 하고, 포장된 길바닥이나 그 밖의 발아와 직립이 불가능한 장소에 도착한다. 운이 좋은 몇 개의 씨만 알맞은 생육 환경이 갖추어진 장소에 정착하여 물을 흡수해서 발아 과정을 시작한다.

배꼽을 통해서 물을 흡수하면 씨는 '잠에서 깨어나' 자라기 시작한다. 성장하면서 효소 생산도 시작하는데, 효소는 전분 등 떡잎에 저장되어 있던 양분을 분해하여 당질 등의 간단하면서도 열량이 풍부한 화합물로 전환하여 생육에 이용한다. 저장된 자원을 모두 활용하여 작은 유묘는 급속도로 자라난다. 뿌리가 나면 곧바로 토양을 뚫고 들어가서 유묘를 고정하고, 줄기를 곧게 당기며 떡잎을 연다. 직립한 유묘의 떡잎은 밝은 초록색으로 변해서 광합성을 통하여 에너지를 생산한다.

유묘는 곧 첫 번째 진짜 잎이 나고 떡잎은 시들어 떨어지는데, 그때부터 유묘는 자급자족이 가능하게 된다.

옥수수 및 기타 곡류, 즉 벼 *Oryza*의 쌀알이나 밀 *Triticum*알은 씨방과 씨를 포함한 것이다.

토마토의 단면에서 보는 바와 같이 씨는 과일 안에 들어 있다. 과일은 꽃의 씨방이 발달한 것이다.

씨에서 나타나는 증상

씨에서 생기는 문제는 감지하기 어려울 수도 있으나, 유묘에서 발생하는 문제는 보통 확연히 드러난다. 흐름도에 따라 원인을 밝힌 후 안전하고 적절한 해결책을 찾자(흐름도 활용 방법은 14쪽 참고).

Categories of seeds and seedlings
씨 또는 유묘 증상의 범주

씨 또는 유묘의 색이 변하거나,
비틀어지거나 오그라든다.

Go to page 210

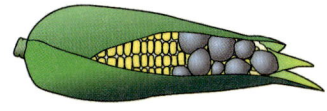

씨 또는 유묘에서 구멍이 발견되거나
싹이 나지 않는다.

Go to page 211

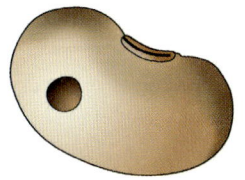

씨 또는 유묘가 씹어 먹혔거나 아예 없다.

Go to page 214

유묘의 발육이 좋지 않다.

Go to page 218

■ 씨 또는 유모의 색이 변하거나, 비틀어지거나 오그라든다 ■
증상의 다른 범주는 209쪽 참고

씨가 부풀거나 비틀리지 않고, 푸르스름한 회색이 아니다.

아니요 ➡ 씨가 괴상하게 부풀고 비틀렸으며, 푸르스름한 회색이면 깜부기병이다.
(참고 : 옥수수에만 발생하며, 이삭 전체에서 발병하기도 한다. 낟알은 부서져 검은 가루 포자 덩어리를 발산한다.)
해결 ➡ 282, 283쪽

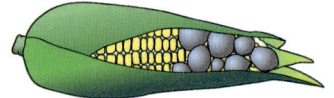

예
⬇

씨에서 갈색 반점이 발견되지 않고 속이 빈 현상도 없다.

아니요 ➡ 씨에서 갈색 반점이 발견되고 속이 비어 있으면 망간 결핍이다.
해결 ➡ 272쪽, 사진 ➡ 500쪽

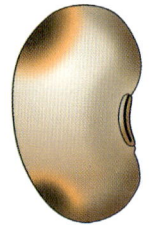

예
⬇

건과인데, 껍질에서 검게 물러 썩은 자국이 발견되면
(참고 : 희끄무레하면서 노리끼리한 구더기가 안에 서식하고 있다)
과실파리류 유충에 따른 피해다.
해결 ➡ 318, 319, 341, 342쪽, 사진 ➡ 500쪽

아니요 ➡ 호두나무속 *Juglans*인데, 껍질에 딱딱하고 검은 얼룩이 패여 있으면 세균성 마름병이다.
해결 ➡ 371, 372쪽, 사진 ➡ 500쪽

■ 씨 또는 유묘에서 구멍이 발견되거나 싹이 나지 않는다 ■
증상의 다른 범주는 209쪽 참고

씨 또는 유묘에 구멍은 없다.　아니요 ➡　씨 또는 유묘에 구멍이 나 있다.
　　　　　　　　　　　　　　　　　　　Go to page 212

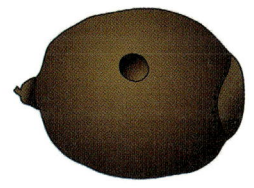

⬇ 예

씨가 썩지는 않았다.　아니요 ➡　씨가 흙 속에서 썩었으면
　　　　　　　　　　　　　　　　모잘록병이다.
　　　　　　　　　　　해결 ➡ 292, 293쪽, 사진 ➡ 501쪽

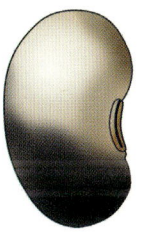

⬇ 예

연한 몸통에 머리가 갈색인　아니요 ➡　몸통이 지렁이처럼 길고 딱딱하며,
흰 애벌레가 흙 속에서　　　　　　　　황갈색 또는 적갈색 계통의 벌레가 흙 속에서
씨를 먹고 있으면(참고 : 벌레의　　　　씨를 먹고 있으면 철사벌레다.
머리는 갈색이고 머리 바로 밑에　　　　해결 ➡ 344, 345쪽
관절이 있는 다리가 세 쌍 있다)
잎벌레류 유충, 옥수수씨딱정벌레,
굼벵이의 유충이다.
해결 ➡ 344, 345쪽

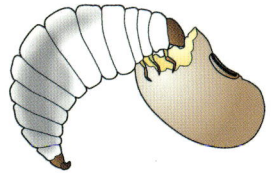

무슨 문제일까?　211

씨 또는 유묘에 구멍이 나 있다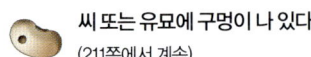
(211쪽에서 계속)

유묘에 구멍이 나 있다.   아니요 ➡   씨앗에 구멍이 나 있다.
Go to page 213

예 ⬇

흙 위로 올라와 싹이 튼 유묘에 구멍이 나 있다.

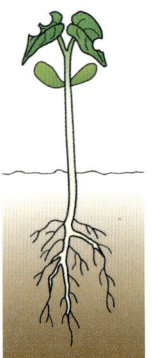

아니요 ➡

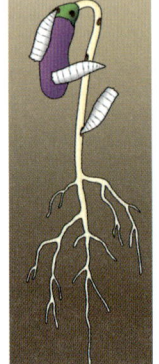

흙 위로 올라오기 전인 유묘에 구멍이 나 있으면 흰구더기에 따른 피해다.
(참고 : 구더기는 곤충의 유충 중 한 종류로, 머리가 구분되지 않고 다리도 없다.)
해결 ➡ 341, 342쪽

예 ⬇

점액 흔적이 발견되지 않으면 집게벌레에 따른 피해다.
해결 ➡ 318, 319쪽

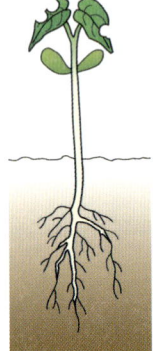

아니요 ➡

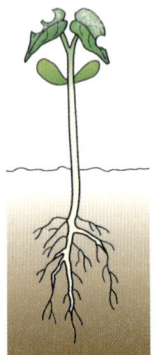

점액 흔적이 발견되면 (참고 : 유묘의 잎이 완전히 사라지는 경우도 있다) 달팽이 또는 민달팽이에 따른 피해다.
해결 ➡ 410, 411쪽

씨앗에 구멍이 나 있다
(212쪽에서 계속)

견과인데, 여물기도 전에
나무에서 떨어지면 코들링나방 애벌레,
잎말이나방류 애벌레에
따른 피해다. (참고 : 이 피해는 호두나무속,
피칸 *Carya illinoinensis* 및 히코리 *C. ovata*에만
발생한다. 분홍기가 돌거나 흰색의 통통한
애벌레가 과일 속에서 내부를 갉아먹고 있다.)

해결 ➡ 341, 342쪽

씨에 둥근 구멍이 나 있으면
잎벌레류·바구미류의 유충에 따른 피해다.
(참고 : 이 피해는 여러 종류의 씨 및
견과류에서 발생한다.
몸통은 희고 머리는 갈색인
애벌레가 씨를 파먹는다.)

해결 ➡ 342, 343쪽, 사진 ➡ 501쪽

아니요 ➡

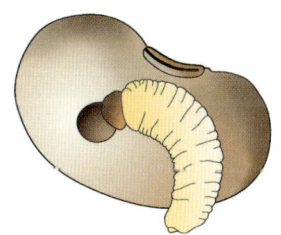

■ 씨 또는 유묘가 씹어 먹혔거나 아예 없다 ■
증상의 다른 범주는 209쪽 참고

유묘가 씹어 먹혔거나 아예 없다.　　아니요 ➡　　씨앗이 씹어 먹혔거나 아예 없다.
Go to page 215

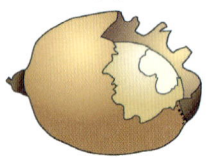

── 예
　↓

유묘의 일부 또는 전체가 없다.　　아니요 ➡　　뿌리는 없고 유묘가 땅 위에 쓰러져 있으면 굴 파는 동물에 따른 피해다.

해결 ➡ 416, 417쪽

── 예
　↓

유묘 전체가 없고 그루터기도 전혀 남아 있지 않으면 메뚜기, 새에 따른 피해다. (참고 : 식물을 심은 정원이나 밭에서 메뚜기를 찾아보라. 만약 눈에 띄지 않으면 새가 원인이다.)

해결 ➡ 318, 319, 414, 415쪽(각 진단별로)

아니요 ➡　　유묘가 지면 윗부분만 씹어 먹히고 그루터기가 남아 있으면 거세미, 토끼에 따른 피해다. (참고 : 녹색 또는 갈색의 통통한 털벌레가 피해 식물 주변 흙 속에 C자형으로 웅크리고 숨어 있다. 만약 이 벌레가 없으면 토끼가 원인이다.)

해결 ➡ 318, 319, 416, 417쪽(각 진단별로)

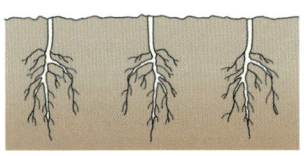

씨앗이 씹어 먹혔거나 아예 없다
(214쪽에서 계속)

씨 또는 견과가 식물에 그대로 달린 채로 씹어 먹힌 흔적이 있다.   **아니요 ➡**   씨 또는 견과가 없다.
(참고 : 식물 아래에 떨어져 있을 수도 있다.)
Go to page 217

예 ⬇

머리는 황갈색, 몸통은 올리브녹색인 털벌레는 발견되지 않는다.   **아니요 ➡**   피칸 나무의 견과인데, 머리는 황갈색, 몸통은 올리브녹색인 털벌레가 과일을 먹고 있으면 명나방류의 애벌레다.
(참고 : 견과의 열매송이는 실 같은 물질로 한데 묶여 있다.)
해결 ➡ 342, 343쪽

예 ⬇

짙은 색 점이 찍힌 크림색 작은 털벌레는 발견되지 않는다.
(참고 : 다른 털벌레가 발견될 수도 있다.)
Go to page 216   **아니요 ➡**   완두인데, 점이 찍힌 크림색 작은 털벌레가 꼬투리 안에 서식하고 있으면 잎말이나방류의 애벌레다.
해결 ➡ 342, 343쪽

무슨 문제일까?   215

짙은 색 점이 찍힌 크림색 작은 털벌레는 발견되지 않는다. 단, 다른 털벌레가 발견될 수도 있다

(215쪽에서 계속)

노란색 반점이 있는 검은색
작은 딱정벌레는 발견되지 않는다.

아니오 ➡ 옥수수인데, 노란색 반점이 있는
검은색 작은 딱정벌레가 이삭의
위쪽 반 또는 끝부분에 구멍을 뚫어놓았으면
밑빠진벌레다.

해결 ➡ 342, 343쪽

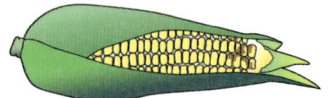

예
⬇

옥수수인데, 노란색, 주황색
또는 짙은 갈색 줄무늬가 있는 갈색 털벌레가
엄청나게 많이 서식하면서 잎을 다 갉아먹고
옥수수 이삭에 구멍을 내놓았으면
파밤나방 애벌레다. (참고 : 이 벌레들은 떼 지어
다니고 움직임이 빠르다.)

해결 ➡ 342, 343쪽

옥수수인데, 노란색, 갈색
또는 초록색 줄무늬가 있는 털벌레가
옥수수 껍질 안에서 이삭 끝에서부터
낟알을 갉아먹고 있으면
큰담배나방 애벌레다.

해결 ➡ 342, 343쪽, 사진 ➡ 502쪽

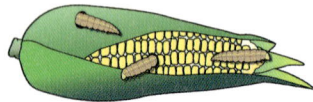 아니오 ➡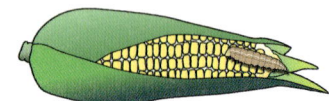

씨 또는 견과가 없다.
단, 식물 아래에 떨어져 있을 수도 있다
(215쪽에서 계속)

쪼개진 견과 껍질은 땅바닥에   아니오 ➡   쪼개진 견과 껍질이
흩어져 있지 않다.   땅바닥에 흩어져 있으면
(참고 : 땅에서 먹지 않은 견과   (참고 : 씨 또는 견과의 알맹이는 없다)
또는 씨가 발견될 수도 있다.)   다람쥐가 원인이다.

해결 ➡ 416, 417쪽, 사진 ➡ 502쪽

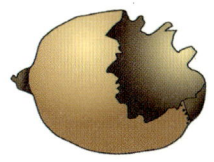

예
⬇

먹지 않은 견과가 땅에 떨어져 있으면   아니오 ➡   먹은 견과가 땅에
너구리, 곰, 사람이 원인이다.   떨어져 있으면 새가 원인이다.

해결 ➡ 416, 417쪽   해결 ➡ 414, 415쪽, 사진 ➡ 502쪽

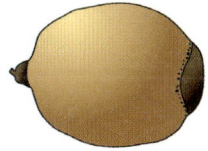

■ 유묘의 발육이 좋지 않다 ■
증상의 다른 범주는 209쪽 참고

유묘의 키가 크지 않고
가늘지도 않으며 옅은
초록색이 아니다.

아니요 ➡

유묘의 키가 크고
가늘며 옅은 초록색이면
일조량 부족이다.

해결 ➡ 255, 256쪽, 사진 ➡ 503쪽

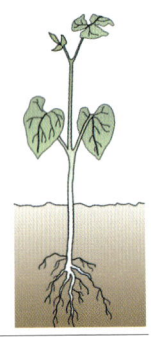

⬇ 예

유묘의 잎은
어두운 자주색이 아니고,
잎맥도 자주색이 아니다.

아니요 ➡

유묘의 잎이 어두운
자주색이고 잎맥은
자주색이면 인 결핍이다.

해결 ➡ 274쪽

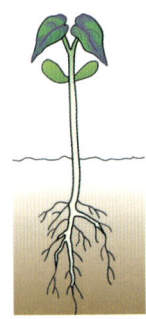

⬇ 예

유묘의 뿌리는
건강하다.

Go to page 219

아니요 ➡

유묘의 천근은
남아 있는데
심근은 죽어가고 있거나
이미 죽었으면
수분 과잉이다.

해결 ➡ 261, 262쪽, 사진 ➡ 503쪽

유묘의 뿌리는 건강하다
(218쪽에서 계속)

pH(산도)가 너무 높거나 낮으면
(참고 : 약식 검사 키트를 사용한다)
pH 불균형이다.

해결 ➡ 274쪽

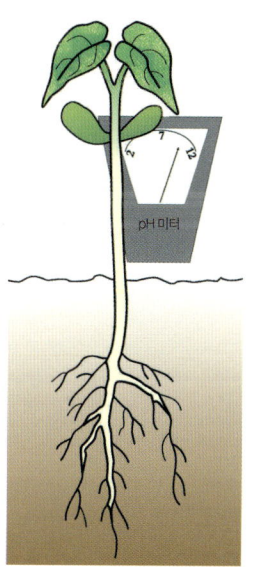

아니요 ➡

호온성 식물(토마토,
강낭콩 *Phaseolus vulgaris*, 옥수수 등)인데
날이 추웠다면 서늘한 날씨가 원인이다.

해결 ➡ 262, 263쪽

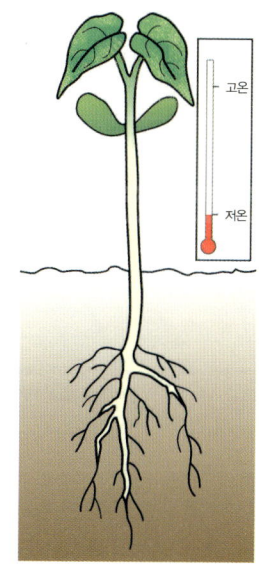

2

How Do I Fix It?
어떻게 치료할까?
자연 방제 및 유기농약

예방이 최고의 치료약

어느 식물의 무슨 문제든지 가장 쉽고 저렴하며 효과 좋은 해결책은 역시 예방이다. '병의 삼각형'은 예방의 중요성을 잘 말해준다.

식물에서 병이 발생하려면 이병성 식물, 즉 병에 잘 걸리는 기주 식물이 있어야 한다. 저항력이 높은 좋은 병에 걸릴 확률이 낮다. 병에 잘 걸리는 환경도 갖추어져야 한다. 식물에 발생하는 문제의 80%는 생육 환경이 적합하지 못하기 때문이라고 보면 된다. 그리고 마지막으로 해충, 즉 병원체(병을 일으키는 매개체)가 존재해야 한다. 진균의 포자는 공기를 타고 오며, 세균은 바람을 동반한 비나 물방울이 튈 때 실려 오고, 곤충은 인근 지역에서 날아온다. 병원체와 해충이 없는 장소는 한 곳도 없다. 이들은 어디에나 존재한다.

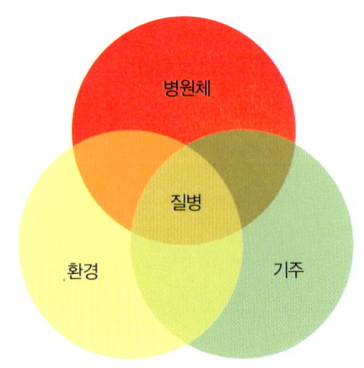

병의 삼각형. 질병이나 해충이 발생하기 위해서는 세 원의 요소가 모두 존재해야 한다.

최선의 방어

질병 또는 해충이 식물을 침범했을 때는 무엇보다도 먼저 그 식물의 생육 환경을 점검해야 한다. 질병에 맞서는 최선의 방어는 식물을 최적의 장소로 옮기는 것이다. 식물마다 알맞은 환경이 모두 다르다. 적합한 미기후를 만들어주면 식물은 스트레스를 훨씬 덜 받을 것이다. 사람처럼 식물도 스트레스가 만병의 근원이다.

1. 식물을 알맞은 장소에 배치한다. 식물이 적소지위에, 즉 올바른 토양 조건과 적당량의 빛, 물, 그리고 적절한 온도에 있으면 싱싱하고 건강한 상태를 계속 유지할 수 있다. 최대한 식물이 스트레스를 받지 않는 환경을 만들어주는 것이 식물을 잘 키우는 비결이다.
2. 정원이나 밭을 조성할 경우 또는 집 안에서 식물을 키우기로 결심했을 경우에는 유전적으로 질병이나 해충에 내성이 있는 종류를 선택하도록 한다.
3. 공기의 흐름이 원활하고 빛이 잘 드는 장소에 식물을 심는다.
4. 물을 적당량 준다.
5. 식물이 극심한 추위나 더위에 노출되지 않도록 신경 쓴다.
6. 토양을 적절하게 개선하고 영양을 올바르게 공급한다.

농약은 필요할 때만 사용할 것

식물 질병에 맞서는 차선의 방어는 안전하면서도 독성이 최대한 낮은 유기농약을 구비하는 것이다. 때로는 실내에서 기르는 식물, 옥외에서 기르는 화단 식물, 채소, 조경수에 농약을 뿌려야 할 때도 있다.

유기농 재배 시 사용해도 안전함을 인증받은 농약의 종류는 매우 많다. 유기농약을 사용하면 상대적으로는 사람과 환경에 안전하다. 수백 년간 애용해온 약제도 있고, 새로 개발된 약제도 있다. 미국 제품의 경우 OMRI Organic Materials Review Institute, 미국 유기농자재 평가원 인증 마크를 확인하자.

유기농 원예에 사용할 수 있는 농약은 땅이나 식물에서 자연적으로 발생한 물질을 가공한 약제를 사용하는 것이다. 이 같은 농약은 현대 기술로 인공 합성한 원료로 제조된 농약보다는 인간과 생물권에 독성이 덜하다. 또한 환경에 무해한 성분으로 신속히 분해된다. 하지만 모든 농약은 어린이나 애완동물의 호기심을 자극하지 않는 안전한 장소에 보관해야 한다.

어떤 종류의 농약을 사용하든 특히 실내 식물에 살포할 때는 약을 살포하는 사람뿐만 아니라 가족, 애완동물, 이웃의 안전이 우선이다. 어패류가 약에 중독될 수 있으므로 유기농약이라 하더라도 물가에서 사용하지 않도록 한다. 또한 생물계는 '밝은 면'과 '어두운 면'의 양면성을 지니고 있다. 예를 들어, 마이코라이자균 또는 그 밖의 익충은 식물을 더 잘 자라게 해주는 생물이다. 반면에 병원성 진균이나 해로운 곤충은 식물에 문제를 일으킨다. 유기농약을 현명하게 사용하고 식물을 나쁜 적들로부터 보호하는 한편 이로운 진균과 곤충은 보호해야 한다.

라벨을 읽고 지시에 따라 라벨에 적힌 식물에만 농약을 사용한다. 바람이 약제를 원하지 않는 곳으로 옮기지 않도록 잠잠한 날씨에 살포한다. 과일이 익어 수확할 때가 되었으면, 먼저 수확한 후에 작업을 실시한다. 작업 시에는 옷을 잘 갖추어 입고 긴 바지와 소매가 긴 윗옷, 장갑, 보안경 및 마스크를 착용하도록 한다. 용액을 혼합하기 전에 노즐이 막히지 않았는지, 약통은 청결한지 등 장비를 점검한다. 그리고 필요한 만큼의 양만 혼합한다. 많이 사용한다고 효과가 더 좋은 것은 아니므로 적정량을 정확하게 계산해서 지시에 따른다. 남은 용액은 라벨에서 지시하는 대로 처리한다.

라벨에 특별히 명시되어 있지 않으면, 이른 아침에 분무 작업을 실시하여 낮 동안 약제가 잎에서 증발할 시간을 준다. 이렇게 하면 낮에 온도가 상승한 후에 활동을 시작하는 익충을 보호할 수도 있다. 잎, 가지, 줄기 모든 부분에 꼼꼼히 약제를 분사한

장미 *Rosa*는 하루 종일 햇빛을 받아야 하고,
수분이 적당해야 하며, 공기의 흐름이 원활해야 한다.
장미가 원하는 조건이 다 갖추어지면 질병에 걸릴 확률이 낮아진다.

장미속의 주요 진균병인 검은무늬병, 흰가루병,
녹병을 일으키는 진균도 이 넝쿨장미 '도르트문트'와 같은
내병성 품종은 건드리지 못한다.

질병에 강한 장미를 한 가지 더 소개하자면
'토너먼트 오브 로즈Tournament of Roses'라는 품종이다.
그랜디플로라grandiflora(장미 계열 중 하나로 꽃이 크고 한 줄기에 여러 송이의 꽃이
달리며 수세가 강하다) 계열의 향이 가벼운 이 품종은
장미의 품종 개량을 장려하고 매년 우수한 품종을 선정하는
'미국의 장미 품종 대회All-America Rose Selection' 수상작이다.

> **장비**

집 안이나 정원에 소량 사용할 때는 수동 분사 장치가 달린 소형 분무기를 사용한다.

정원이나 밭에 좀 더 많은 양을 분사하려면 3~7/들이 압축식 분무기를 사용한다.

실외에서 대량 분사 작업을 실시할 경우에는 분무 호스를 연결하는 배부식背部式(등에 메는 분무기)을 사용한다.

다. 작업을 완료했으면 샤워를 하고 새 옷으로 갈아입는다.

적어도 일주일에 한 번은 정원이나 밭, 실내 식물을 꼼꼼히 살피자. 식물의 건강 상태를 점검하고 아름다움을 감상하는 기회이자, 삶의 풍요로움도 만끽할 수 있을 것이다.

안전지침

1. 모든 농약은 **어린이와 애완동물이 닿지 않는 곳**에 보관한다.

2. **라벨을 신중히 읽는다.** 라벨에 표시된 식물 종류에만 사용한다. 예를 들어, 라벨에 "관상용 식물"이라고 표시되어 있으면 식용 식물에는 사용하면 안 된다.

3. **라벨의 지시사항에 따른다.** '다다익선'은 농약에는 해당하지 않는다. 화학농약의 대다수는 병충해를 방제하는 한편 일부 식물에 해를 입힌다. 이때 식물이 입는 피해를 '약해(농약 피해)'라고 한다. 반드시 라벨을 읽고 제조사의 지시에 따른다. 과도한 양의 활성 성분을 식물에 살포하거나 라벨에서 지시하지 않은 식물에 적용하면 식물을 돕는 것이 아니라 해치는 행동이다.
제품의 용기에 부착된 라벨 중에는 떼어낼 수 있는 스티커로 된 종류가 있는데, 이것을 떼어내면 그 아래 라벨에는 제품 성분과 용도, 대상, 사용 시기와 사용량이 작은 글씨로 표시되어 있다. 어떤 스티커 라벨은 긴 설명서로 펼쳐지기도 한다. 꼼꼼히 읽고 지시사항에 따른다.

4. **독성이 가장 낮은 제품을 우선 선택한다.** 라벨에 적힌 표시 문구를 확인한다. 미국산의 경우, 이 경고 문구는 연방 살충제, 살진균제, 쥐약 법안(Federal Insecticide, Fungicide and Rodenticide Act, FIFRA)에 의거한다. 시중에서 판매되는 모든 농약은 농약 등록 기관인 미국 환경청(EPA)에 등록하고 독성이 신체에 전이되는 방식(흡입, 섭취, 피부 접촉, 눈 자극, 피부 자극)에 대한 검사를 완료했다. '독성 분류 4(Toxicity Category IV)'는 검사 결과 제품에 독성이 없으므로 경고 문구가 표시되어 있지 않다. 이 분류에는 베이킹 소다 분무제 및 살충비누가 속하는데, 가장 독성이 낮고 안전한 종류다. '독성 분류 3'에 속하는 농약에는 '주의(CAUTION)' 표시, '독성 분류 2'에 속하는 제품에는 '경고(WARNING)' 표시를 해야 한다. 그리고 '독성 분류 1'에 속하는 제품에는 '위험(DANGER)' 또는 '위험-독극물(DANGER-POISON)' 문구와 해골과 뼈를 교차시킨 그림을 표시해야 한다. 라벨에 이 표시가 있으면 독성이 가장 높은 제품이다. 또한 이러한 제품들은 허가를 받은 사람만 취급할 수 있다.

5. **보호 장구와 의복을 착용한다.** 보안경, 마스크, 소매가 긴 윗옷, 긴 바지, 신발을 착용한다. 표시 문구가 적힌 제품을 취급한 후에는 의복을 세탁한다.

Growing Conditions
생육 환경

8

생육 환경이란?

생육 환경이란 식물의 삶에 영향을 미치는 환경적 요소다. 이 장에서는 환경적 요소인 빛, 물, 온도, 토양 성분에 대해 다루고자 한다.

햇빛은 당연히 없어서는 안 된다. 모든 녹색 식물은 햇빛으로부터 광합성을 하여 양분을 생산한다. 비료와 무기양분을 '식물 먹이'라 일컫고 있지만 이것은 잘못된 개념이다. 사실 당질이 식물의 먹이이며 식물은 태양 에너지, 물, 이산화탄소에서 당질을 만들어낸

다. 따라서 식물이 햇빛을 충분히 받지 못하면 영양 부족이 되고 심지어 죽게 되는 것이다.

햇빛과 마찬가지로 물도 식물에 반드시 필요한 요소다. 우리 몸의 혈관에 혈액이 흐르듯이 식물의 잎맥에는 물이 흐른다. 물은 양분과 무기양분을 전 세포에 운반한다. 뿌리는 물을 흡수하고, 물은 줄기를 타고 이동하며, 잎을 통해서 공기 중에 증산된다. 잎을 통해 물이 증산됨으로써 펌프 효과가 나 다시 식물의 몸을 통하여 물이 이동한다. 이 펌프가 멈추면 식물의 상태는 나빠지고, 곧이어 생명을 위협하는 문제가 발생할 수 있다.

흔히 작물을 재배할 때는 온도에 신경을 많이 쓴다. 추운 겨울이 식물에는 고비임을 잘 알기 때문이다. 이에 따라 미국 농무부 Department of Agriculture, USDA는 '겨울철 내한성 지도 winter hardiness zone map'를 제작했으며, 미국 종묘상에서 판매되는 거의 모든 식물의 라벨에는 USDA 지도에 따른 지역을 표시하여 식물의 재배 가능 지역을 알려준다. 예를 들어, 식물 라벨에 "Zone 9~11"이 표시되어 있으면, 이 식물은 1~8번 지역에서는 동해凍害를 입을 것이라는 뜻이다. 단, 이 지도는 다른 온도 요인은 반영하지 않는다. 즉, 내열성이나 식물의 개화 및 결실을 위한 겨울철 최저 기온 등은 알 수 없다.

건강한 토양은 하나의 소우주다. 이곳에는 수백만 종의 세균과 진균, 유기물질이 식물과 함께 생태계를 이루고 있다. 이 미세한 동식물들은 무기양분을 보관하고, 해충과 질병을 일으키는 병원체와 싸우며 물을 보존한다. 여러분이 식물을 가꾸고 있는 토양이 건강하고 비옥하다면, 여러분은 식물이 건강하고 행복하게 살 수 있는 가장 기본적인 요건을 충족시킨 것이다.

캘리포니아의 추운 겨울은 아보카도 *Persea*의 생육 환경을 악화시킨다.

복숭아 나무 *Prunus persica*에 과일이 너무 많이 열려 가지가 부러졌다. 과일 솎아내기를 하지 않았기 때문이다.

생육 환경은 어떤 영향을 미치는가?

생육 환경을 갖추는 것은 식물 건강을 지키는 가장 기본적인 원칙이다. 식물 문제의 80%는 생육 환경이 좋지 않기 때문에 발생한다.

생육 환경이 부적절하여 발생하는 식물의 문제는 '질병', '병충해'라 하지 않고 '장해'라고 한다. 장해는 몇 가지 중요한 요소, 즉 빛, 물, 온도, 영양분 등이 너무 많거나 적어서 발생한다. 또한 장해는 솎아내기나 시든 꽃 따내기를 하지 않거나 부적절한 시기에 가지치기를 하는 등 관리가 부실하여 발생하기도 한다. 반면에 질병은 진균, 세균, 바이러스 등의 병원체에 의해서 발생한다.

해충은 식물을 해치는 생물로, 곤충, 응애, 선충류, 설치류, 사슴 등이 속한다.

식물의 증상만 보고는 이것이 장해인지, 병해인지, 아니면 충해인지 분간하기 어려울 때가 있다. 잎이 노랗게 변하는 증상만 해도 질소가 부족하기 때문일 수도 있고(장해), 뿌리가 썩었기 때문일 수도 있으며(병해), 진딧물 때문일 수도 있다(충해). 정확히 진단하기 위해서는 정밀한 조사가 필요하다. 따라서 이 책의 '제1부'를 보고 흐름도에 따라 증상을 판별하는 작업이 선행되어야 한다. 흐름도를 보고 일치하는 증상을 따라가면서 해당하지 않는 요소들을 하나씩 제거해나감으로써 최종적으로 정확한 원인과 진단에 이르도록 한다.

해결법

예방 ➡ 233쪽에서 시작

예방은 장해와 병충해로 인한 여러 가지 문제에서 가장 오랫동안 벗어날 수 있는 가장 확실한 방법이다. 애초에 문제가 발생하지 않도록 예방하는 방법은 매우 많다. 잘 예방하면 문제가 재발하는 일도 없다. 화단이나 화분에 식물을 심는 단계부터 예방법을 적용해야 한다. 또한 관리 일정을 짜서 지속적으로 예방에 힘써야 한다.

재배 환경 ➡ 246쪽에서 시작

재배 환경이란 일반적으로 식물 활동에 영향을 미치는 요소들을 말한다. 부적절한 시기에 가지치기(전정剪定)하여 꽃봉오리를 모두 따냈다면 그해에 꽃이 피지 않을 것이다. 사과나무의 과일을 솎아내지 않았다면(적과摘果) 가지가 부러질 수도 있다. 또한 꽃봉오리 솎아내기 작업(적화摘化)을 하지 않았다면 식물에서는 큰 꽃이 몇 송이 피지 않고 작은 꽃이 매우 많이 필 것이다. 이것들은 해충이나 질병 때문이 아니라 모두 관리 문제며, 원예를 하면서 우리가 흔히 겪는 문제들이다.

빛 조건 ➡ 255쪽에서 시작

모든 식물은 제각기 최적 광요구도가 있다. 식물에 빛을 제한하거나 더 들이는 방법을 소개한다.

물 관리 ➡ 256쪽에서 시작

물을 너무 많이 주거나 너무 적게 주어도 식물 활동에 큰 영향을 미칠 수 있으며, 두 경우 모두 식물의 생명을 위협한다. 식물이 원하는 만큼 물을 적절히 관리하는 것은 매우 중요하다.

온도 조절 ➡ 262쪽에서 시작

온도 조건 역시 식물 건강에 중요하다. 온도가 너무 내려가면 식물이 어는데, 이것은 매우 심각한 문제이며, 그 밖에 경미한 온도 장해도 여러 가지가 있다.

토양 및 영양 관리 ➡ 265쪽에서 시작

영양 결핍은 식물을 키우다 보면 한 번쯤은 겪게 되는 매우 흔한 장해다. 토양을 건강하게 관리하는 것이 식물의 건강을 유지시키는 중요한 해결책이다.

예 방 법

예방법을 가장 먼저 소개하는 이유는 가능하면 이 방법을 적용해야 병해충이 건강한 식물에 침범하지 않기 때문이다. 또한 예방은 노력과 비용도 훨씬 적게 든다. 예방법을 익힘으로써 우리의 소중한 자연 자원에 미치는 환경적 영향에 대해서도 공부할 수 있다.

식물을 알맞은 장소에 배치한다 | 아무리 건강한 식물이라도 잘못된 장소에 배치하면 스트레스를 받게 되고, 그로 인해 병충해에 대한 이병성이 높아진다. 물, 햇빛, 온도, 토양 영양의 불균형은 반드시 식물에 문제를 일으킨다.

식물을 구입할 때 라벨과 포장을 세심히 살피고, 관련 책이나 잡지, 인터넷에서 식물이 필요로 하는 물, 일조량, 온도, 토양 조건을 익혀서 식물에게 필요한 환경을 맞추어주고, 장소에 알맞지 않은 식물은 옮긴다. 다음 방식을 들 수 있다.

- 비슷한 환경을 요하는 식물끼리 같은 화단에 심거나 이웃하여 배치한다.
- 건전하지 못한 식물은 가능하다면 식물이나 뿌리 계통의 손상을 최대한 피하면서 더 적합한 장소로 옮긴다.
- 테라스나 실내에 있는 화분은 미기후가 더 적합한 장소로 옮긴다.

내병성 품종을 고른다 | 널리 재배하는 채소나 관상식물 중에는 유전적으로 병해충에 저항력이 있도록 개발된 품종이 있다. 이러한 품종을 재배하면 확실히 병해충 걱정을 덜 수 있다. 장미속 *Rosa*의 경우, 잎에 발생하는 진균병인 검은무늬병이나 흰가루병, 녹병에 내병성이 있도록 개량된 품종이 있다. 옥수수 *Zea mays* 중 어떤 품종은 다른 종보다 껍질이 낟알을 더 단단히 싸고 있어서 큰담배나방 애벌레가 침입하지 못한다. 또 토마토 *Lycopersicon esculentum* 중에서도 진딧물에 강한 품종이 있다. 해충과 질병 유기체는 선호하는 기주 식물이 있어서 이에 대한 지식을 쌓으면 예방이 가능하다. 예를 들어, 가루이는 하이비스커스는 좋아하지만 고추 *Capsicum*는 기피한다.

병해충에 내병성이 있는 품종을 알고 싶으면 '농업개량보급소 Cooperative Extension Service'나 지역 '마스터 가드너 Master Gardener' 단체(우리나라에서는 농촌진흥청이나 농업기술센터-옮긴이)에 문의한다. 산지식은 매우 값진 재산이다. 판매자가 제공하는 카탈로그를 살펴보거나 인터넷을 찾아보고, 식물, 알뿌리, 덩이뿌리, 종자를 구입할 때는 반드시 포장지의 라벨을 읽자.

- 강낭콩 *Phaseolus vulgaris* 종자 구입 시 포장 겉면을 보면 "모자이크병과 사탕무 바이러스병에 내병성이 강한 슬렌더렛 Slenderette"이라고 적힌 것이 있다. '슬렌더렛'은 품종명이다.
- 어떤 포장 겉면에는 "슬렌더렛 강낭콩, BCMV"라고 적혀 있다. BCMV란 콩작물에 흔히 발생하는 모자이크바이러스 bean common mosaic virus에 내병성이 있다는 뜻이다.
- 채소 종자 포장지에 표시된 글자를 보면 어떤 내병성이 있는지 알 수 있는데, 'N'은 선충류 nematode에, 'TMV'는 담배모자이크바이러스 tobacco mosaic virus에, 'F'는 푸사리움 fusarium 진균에, 그리고 'V'는 버티실리움 verticillium 진균에 저항력이 있는 종자라는 뜻이다.

사슴 피해를 최소화하는 식물도 있다. 카탈로그에서 식물이나 종자에 대해 병해충

내병성에 대한 언급이 없으면 그 식물이나 종자는 실제로 병해충에 저항력이 없는 품종일 가능성이 높다. 인터넷을 검색해보면 해당 정보가 무수히 많으므로, 가장 적합한 품종과 판매처를 확인한다.

해충에 감염되거나 병세가 심각하여 이미 죽었거나 죽어가는 식물을 없애야 한다면, 그 자리에는 내병성이 있는 식물을 심어야 한다. 병에 걸려 식물을 뽑아 없앤 자리에 동일한 품종을 다시 심으면 안 된다. 완전히 다른 종류의 식물을 심거나 이전 식물에 걸렸던 병해충에 내병성이 있는 식물을 심는다.

병에 걸리지 않은 종자, 식물, 알뿌리를 심는다 | 알뿌리, 덩이뿌리, 둥근줄기(구경球莖), 땅속줄기를 면밀히 검사한다. 갈색 점무늬, 곰팡이 또는 수축된 조직이 없는지 관찰한다. 반점무늬나 곰팡이가 없는 것을 확인하고 구입한다. 구입하고자 하는 식물의 잎·줄기·꽃에 변색된 부분, 뒤틀린 조직, 시들음, 기타 문제가 없는지 확인한다. 건강하고 흠이 전혀 없는 식물만 구입한다. 슈퍼마켓에서 판매하는 59센트짜리 기획상품은 매우 저렴하므로 때로는 유혹을 뿌리치기 어렵다. 그러나 슈퍼마켓에는 보통 그 식물의 건강을 관리하는

식물을 구입하기 전에 꽃, 줄기, 잎, 뿌리에 문제가 없는지 검사한다. 이 팬지 *Viola*는 상태가 양호하다.

사람이나 관리 방법이 없다는 점을 일러두고 싶다. 기획상품으로 가게 앞에 내놓고 파는 식물들은 심각한 문제를 안고 있을 가능성이 많아 나중에는 구입비용보다 치료비용이 더 커질 수도 있다.

격리시킨다 | 일부 해충이나 질병은 첫눈에 발견되지 않는다. 점박이응애와 일부 세균들이 그렇다. 또한 병든 식물은 감염 초기 단계에서는 증상이 전혀 없다. 식물을 새로

샀거나 선물로 받았을 때 식물의 건강 상태가 조금이라도 의심되면 그 식물을 격리시켜놓는다. 해충이나 질병이 없음을 확신할 때까지 기존의 식물과 분리하여 기른다.

식물을 격리시킬 때는 모든 식물에서 멀리 떨어뜨려놓아야 한다. 연관성이 없는 부류일지라도 그 식물과 가까이 두어서는 안 된다. 곤충 매개 식물 바이러스는 유전자 장벽을 뛰어넘어 다른 종에 속한 여러 식물도 감염시킨다. 격리 식물을 손질한 후에는 공구를 청결히 하고 손을 씻는다.

단종재배가 아닌 다종재배를 한다 | 같은 종류나 유사한 종류의 식물을 바로 이웃하여 끼리끼리 심으면 질병이 매우 빨리 전염된다. 옥수수밭이나 사과*Malus* 과수원, 잔디밭을 생각하면 된다. 이는 단종재배다. 즉, 한 종류의 식물을 대량 밀집하여 재배하므로, 이들 모두가 동일한 병해충에 이병성을 가진다. 동일한 식물을 심은 화분을 가까이 놓는 것 역시 단종재배 환경이다. 비행기 안의 어떤 한 사람이 전염성 질병으로 아프면 비행기에 탄 사람 모두가 그 질병에 감염되는 것과 같다.

그러나 다종재배는 병충해의 확산을 저지한다. 꽃, 허브, 채소를 정원 전체에 섞어 심어서 이웃하는 식물이 각각 다른 종류면 질병(진균, 세균 및 바이러스) 및 해충(곤충, 응애, 선충) 확산이 매우 감소된다.

채소밭에 꽃과 허브를 심으면 병해충 방제 시 효과가 빠르다. 펜넬*Foeniculum*과 딜*Anethum*은 익충을 끌어들여 병해충 방제에 도움이 된다. 톱풀*Achillea*, 코스모스, 루드베키아 역시 심어놓으면 익충이 많이 모여들며, 천수국*Tagetes*은 뿌리혹선충을 구제한다. 라벤더*Lavandula*, 로즈마리*Rosmarinus*, 백리향*Thymus*, 세이지*Salvia*를 심으면 사슴이 접근하지 못한다.

용기 재배가 바로 다종재배를 쉽게 한다. 용기(화분) 안에 색상, 질감, 모양이 다른 여러 종류의 식물을 잘 어울리도록 심는다. 그리고 유연관계가 없는 부류의 다른 식물이 서로 가까이 있도록 용기를 배치한다.

돌려 짓는다 | 동일한 식물 또는 동일한 종류의 식물을 계속해서 같은 자리에 심지 않는다. 한해살이 식물, 채소 및 알뿌리 식물은 심었던 자리에 다시 심지 않아야 진균, 세균, 곤충 및 선충 같은 해충이 일으키는 토양 전염성 병해를 예방할 수 있다.

- **채소** 밭을 가꾸어본 사람들은 작물을 다음 해에 같은 자리에 심지 않는다는 사실을 경험으로 안다. 예를 들면, 토마토를 경작하는 사람들은 토마토를 3년 동안 매년 다른 장소에 심는다. 4년째 되는 해에는 다시 처음 토마토를 심었던 자리에 심는다. 이러한 농법을 '3년 윤작'이라고 하는데 무기한 이 방식으로 돌려짓기를 한다.

3년 윤작의 예

	1년째	2년째	3년째	4년째
장소 A	1군	2군	3군	1년째 반복
장소 B	3군	1군	2군	1년째 반복
장소 C	2군	3군	1군	1년째 반복

1군 가짓과 : 토마토, 감자, 단고추, 고추, 가지, 토마틸로 등
2군 뿌리채소 : 당근, 양파, 고구마, 비트 등
3군 배추과 : 양배추, 브로콜리, 콜리플라워, 브뤼셀스프라우트, 콜라비, 케일 등

돌려짓기를 계획한다면 다종재배를 염두에 둔다. 화단이나 화분에 식물을 심을 때는 한 곳에는 다른 종류의 식물을 심는다. 예를 들면, 토마토 사이에는 천수국을 심고, 다음 해에 토마토를 옮겨 심을 때 천수국도 같이 옮겨 심는다.

- **한해살이 식물** 페튜니아, 천수국, 봉선화 등 한 해만 사는 식물을 한해살이 식물이라고 한다. 채소와 마찬가지로 매년 동일한 종류를 동일한 장소에 심지 않는다. 채소 돌려짓기와 비슷하게 돌려짓기 계획을 짠다.

- **봄 또는 여름 알뿌리 식물** 알뿌리 식물 중 일부 종류는 매 철마다 파내어 다시 심을 때까지 보관해야 한다. 채소나 한해살이 식물과 마찬가지로 심는 장소를 돌린다.

튤립 *Tulipa*, 나팔수선 *Narcissus* 또는 크로커스와 같은 봄 알뿌리 화초는 여름에 꽃과 잎이 다 지고 나면 알뿌리가 밀집하여 더 이상 꽃이 잘 피지 않는다. 이때 알뿌리를 파낸다. 글라디올러스, 달리아, 베고니아와 같은 여름 알뿌리 또는 덩이뿌리 화초는 얼기 전인 가을에 파낸다. 두 알뿌리 종류 모두 다시 심을 때는 다른 곳에 심는다.

■ **다년초, 교목, 관목** 다년초多年草, 교목, 관목과 같은 식물은 한번 심으면 한해살이 채소처럼 돌려짓기를 할 수 없다. 그러나 만약 식물이 뿌리를 침범하는 진균, 선충 또는 곤충에 피해를 입어서 파냈다면, 그 자리에 동일한 종을 다시 심으면 안 된다. 어떤 진균과 선충은 몇 년간 살아 있으므로 본래의 식물을 죽인 병해충에 저항성이 있는 식물로 대체한다. 만약 식물을 없앤 자리에 반드시 같은 식물을 심고 싶으면 5년은 기다리자.

사진과 같이 향나무 *Juniperus*의 일부 가지가 괴사한 증상은 푸사리움 *Fusarium*균에 감염되었기 때문인데, 이는 식물의 생명을 위협하는 심각한 진균 감염이다. 이 관목 자리에는 푸사리움균에 저항력이 있는 식물로 대체하여 심어야 한다.

적절한 시기에 심는다 | 곤충은 바이러스성 질병과 세균성 질병을 전염시키는 주 매개체다. 그러나 곤충의 수는 계절에 따라 늘거나 준다. 곤충은 일반적으로 봄에서 여름으로 넘어가는 시기에 증가하고 여름에서 가을로 넘어가는 시기에 감소한다. 따라서 곤충이 식물에 영향을 미치는 시기를 파악해서 심는 방법도 있다. 예를 들면, 완두 Pisum 는 이른 봄에 심어야 진딧물류의 개체수가 증가하는 따뜻한 계절이 오기 전에 콩이 여문다. 이렇게 하면 진딧물이 완두콩에 옮기는 바이러스병도 피할 수 있다.

정확한 시기는 지역의 기후, 그 지역에 많은 해충의 종류, 그리고 기르고자 하는 식물의 종류에 따라 다르다. 인터넷이나 농업개량보급소, 지역 마스터 가드너 단체를 통하면 해당 지역과 해충의 종류에 대한 정보를 얻을 수 있다.

이로운 생물을 모은다 | 이로운 동물을 정원이나 밭으로 모으려면 이러한 동물들이 먹이나 쉴 곳으로 선호하는 식물을 기르면 된다. 수반水盤(새들이 미역 감는 그릇)이나 화분 받침대와 같은 얕은 용기에 물도 담아놓는다. 식물은 다음 종류를 기른다.

- 미나리과 Apiaceae : 당근, 고수, 딜, 페널, 파슬리 등
- 꿀풀과 Lamiaceae : 개박하, 백리향, 로즈마리, 히솝, 레몬밤 등
- 국화과 Asteraceae : 코스모스, 톱풀, 수레국 등

거미와 새 역시 효율적인 곤충 및 기타 해충 포식자다. 우리가 다니는 길에 거미줄이 쳐져 있다면 성가시겠지만 거미를 죽이지는 말자. 거미는 그저 할 일을 했을 뿐이고, 거미가 하는 일 중에는 곤충을 최대한 많이 잡아먹는 일도 있다. 새는 특정 시간에만 곤충을 잡아먹는 종류와 하루 종일 곤충만 잡아먹는 종류가 있다. 또한 달팽이와 민달팽이를 별미로 삼는 새도 있다. 물과 쉴 곳을 제공하여 새 종류는 가리지 말고

정원이나 밭으로 끌어들이도록 하자. 우리의 귀중한 동맹군이다.

익충으로 구제 효과를 높이고 싶으면 가까운 가든 센터garden center(우리나라로 치면 '종합원예점'인데, 책에서 알려주는 정보는 미국 정황에 근거했으므로 이하 가든 센터로 표기함-옮긴이)에 가거나 우편 주문으로 이들을 구매할 수 있다. 판매자에게 병충해 증상, 기주 식물, 환경 조건 등을 알려주어 어떤 종이 가장 이로운지 상담 후 구입한다.

- 칠성풀잠자리, 무당벌레류, 사마귀, 꽃노린재류는 수많은 해충을 사냥하고 죽이며 먹이로도 삼는 익충이다.
- 포식기생충은 다른 곤충의 몸속에 산란한다. 이를테면 알벌 Trichogramma 은 털벌레에, 온실가루이좀벌 Encarsia formosa 은 가루이에, 진디벌류는 진딧물의 몸속에 알을 낳는다.
- 곤충병원성 선충은 일생 동안 혹은 일부 시기를 흙 속에 살면서 곤충을 구제해준다.
- 포식성 응애는 잎응애와 시클라멘먼지응애를 사냥한다. 이리응애류(Phytoseiulus, Amblyseius, Metaseiulus 등)를 판매한다.

가든 센터에서 카드가 한 장 든 봉투를 구입하여 업체에 우편을 보내면 업체에서는 200여 개의 알이나 번데기를 배송한다. 알 또는 번데기 대부분은 해충이 가장 번성한 곳에 살포하고 나머지는 밭이나 화단 전체에 뿌린다. 사마귀 알은 가든 센터에서 쉽게 구할 수 있다. 알은 부화할 때까지(4~6주) 실내에 보관한 후, 애벌레가 태어나면 실외로 가져간다. 무당벌레 성충도 구할 수 있다. 이들은 이른 저녁에 풀어놓아야 이웃집 밭으로 날아가지 않고 풀어놓은 자리에 서식한다.

통풍을 시킨다 | 위치가 창틀이나 테라스든, 마당이든 식물이 서로 다닥다닥 붙어 있고 잎이 빽빽하면 병과 해충에 취약해진다. 식물 사이사이에 공간을 두어 공기의 흐

름이 원활하도록 배치하자.

가지나 잎이 무성한 식물은 가지치기하여 빛과 바람이 잘 들게 한다. 이렇게 하면 비가 온 후에 잎이 잘 마르므로 진균에 감염될 확률이 낮아진다. 또한 해충이 포식자에게 노출되어 구제가 수월하다.

■ **식물 간격을 충분히 떨어뜨린다** 식물 사이에 바람이 잘 들도록 배치한다. 화분에 든 식물은 실내든 실외든 진균병과 곤충의 피해를 피하려면 공기의 흐름이 원활해야 한다. 실내 식물은 선풍기 등으로 잎과 꽃 주변에 공기가 잘 흐르도록 관리한다.

■ **나무는 중앙이 개방되도록 가지치기한다** 장미, 과일나무, 알뿌리 식물은 가지치기나 솎아내기를 하여 잎에 공기와 햇빛이 충분히 들고 공기 순환과 건조가 원활하도록 한다. 보통 과일나무와 장미속 등의 나무는 가지를 발판 구조가 되도록 쳐내고 위에서 보면 펼친 우산이나 마티니 잔 모양이 되는 것이 좋다. 즉, 중앙이 완전히 개방된 구조다.

만병초, 영산홍 등의 진달래속이나 기타 관상목 등 관부를 둥글게 다듬으면 보기 좋은 식물은 전체적으로 수관에 빈 곳이 안 보이도록 주의하면서 밀집한 가지를 원줄기에서 잘라내는 것이 좋다.

■ **주위 식물을 가지치기한다** 주변 식물의 가지를 쳐서 대상 식물에 공간을 더 많이 줌으로써 그 식물의 미기후에 햇빛과 공기를 더 제공한다. 이렇게 하면 그늘은 줄어들고 공기 순환은 더 원활해지며 해충은 포식자에게 노출된다.

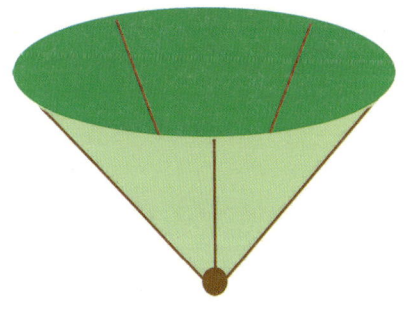

장미속 및 과일나무는 중앙이
빛과 공기에 노출되도록 가지치기를 한다.
주 가지는 원뿔형이 되도록 다듬는다.

나무의 가지치기 방법에는 솎아내기와 절단이 있다.
솎아내기는 그림 A와 같고, 절단은 그림 B와 같다.

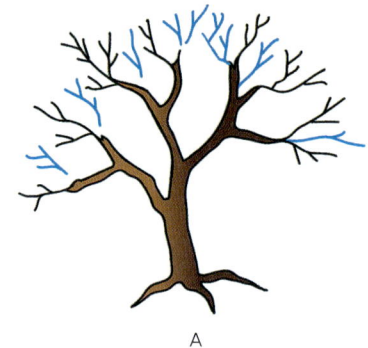

A. 밀집한 나뭇가지를 선택적으로 솎아내는 방법이다.
파란색 가지를 잘라낸다.

B. 절단은 불가피한 경우에 하는 가지치다.
나무의 모든 가지를 절단하는 방법으로,
꽃봉오리를 모두 제거할 수도 있으며
나무의 원래 형상을 바꾼다.

멀치와 덧거름 | 멀치mulch란 식물 주변의 토양을 덮는 재료다. 화분의 토양을 덮는 재료를 덧거름이라고 하는데, 보통 실외용인 멀치보다 장식 효과가 있다.

멀치와 덧거름은 잡초 성장을 방지하고 습도를 유지하며 병해충을 구제한다. 물이 튀어 오르는 것도 방지할 수 있다. 식물에서 지면 또는 생육 배지에 접하는 부분은 지면에 고인 물이 튈 때 같이 따라오는 진균 포자, 세균, 이병성이 가장 높다. 멀칭을 하거나 덧거름을 깔면 낮 동안 땅속에 숨어 있다가 밤에 식물을 갉아먹으러 나오는 해충을 구제할 수도 있다. 멀칭에는 많은 재료가 사용된다.

- 생분해성 재료 : 쉽게 구할 수 있는 나무껍질, 파쇄한 코코넛 및 기타 견과류 껍질, 솔잎, 짚, 신문지, 골판지 등이 있다. 이들은 시간이 지나면 분해되어 토양에 영양분이 된다. 골판지는 기왕이면 보기 좋은 재료를 골라 덧거름으로 깐다. '뷰티 바크Beauty Bark'라고 하는 나무껍질은 제초제 처리를 한 종류가 있으므로 사용하지 않는다.
- 잔 자갈, 장식돌, 모래 : 화분 식물에 덧거름으로 깔면 곰팡이각다귀를 구제할 수 있고, 라벤더나 기타 식물 주변에 멀치로 깔면 뿌리썩음병을 방제할 수 있다.
- 풀 조각 : 살초제를 사용하지 않고 잡초 씨앗이 없는 풀이어야 한다.

잡초를 제거한다 | 잡초를 뽑으면 질병, 곤충 수, 그리고 달팽이와 민달팽이 등 기타 해충을 상당히 구제할 수 있다. 잡초는 옆의 식물과 물, 양분, 햇빛을 서로 차지하려고 경쟁한다. 또한 잡초는 여러 종류의 병, 해충의 서식지다. 곤충은 일부 바이러스성·세균성·몰리큐트성 질병에 걸린 잡초를 물고 들어와 처음에는 그 잡초를 먹이로 하여 살다가 다음에는 정원의 식물로 옮긴다. 잡초는 달팽이와 민달팽이의 은신처이기도 하다. 잡초를 억제하는 방법을 몇 가지 소개한다.

- 멀칭한다. 지독한 잡초를 제거하는 매우 효과적인 방법이다. 먼저 잡초를 지면 가까이 벤다. 잡초를 벤 구역을 종이상자를 납작하게 눌러서 덮거나 신문지를 겹겹이 덮는다. 지면에 햇빛이 조금도 닿지 않게 하는 것이다. 그리고 상자 위에 유기멀치를 한 층 깐다. 잡초가 수개월에서 1년 동안 햇빛을 전혀 받지 못하면 마침내 죽는다. 그리고 골판지는 분해되어서 비료가 된다.
- 김맨다. 잡초를 제거하고 싶은 곳에 살려두고 싶은 식물이 있으면 김매기 작업이 효과적이다. 캐나다엉겅퀴 Cirsium, 메꽃 Convolvulus, 속새 Equisetum 는 뿌리의 극히 작은 일부분만 있어도 다시 하나의 개체로 자란다. 열심히 김을 맸는데 다시 잡초가 무성한 꼴을 보면 화가 나겠지만 꾸준히 반복하면 잡초는 결국 사라진다.
- 발아 억제제를 사용한다. 옥수수 글루텐은 잡초 종자의 발아를 억제한다(다른 식물 종자의 발아도 억제한다). 이미 성장한 식물에는 영향을 미치지 않는다. 그리고 유기물이므로 썩으면 토양에 양분이 되고 질소를 공급하여 토양을 비옥하게 한다. 유전자 변형 옥수수를 밭에 사용하는 것이 꺼림칙하다면 유전자 변형이 되지 않은 옥수수 글루텐을 사용하면 된다.
- 화염제초기로 태운다. 불이 원하지 않는 곳으로 번지지 않도록 각별히 조심해야 하는 위험한 작업이다. 바람이 불지 않는 날에 작업을 실시하고, 풀더미, 잡초, 덤불이 무성하여 큰 불이 날 수 있는 장소 근처에서는 작업하지 않는다.

공구를 소독한다 | 공구로 식물에 상처를 내면서 의도하지 않게 바이러스성·세균성 질병 또는 선충을 식물에 감염시키는 경우가 있다. 식물의 일부를 잘라낼 때는 한 식물에 사용한 공구를 다른 식물에 사용하기 전에 반드시 소독한다. 병충해가 의심되나 아직 제거하지 않은 식물이 있을 때는 특히 경계한다.

병해충은 삽을 통해서도 다른 식물로 옮겨간다. 감염된 식물을 파낼 때 사용한 삽은 작업 후 깨끗이 세척한다.

- 비누와 물을 사용한다. 기본적으로 공구를 사용한 뒤에는 비누를 탄 물에 씻고 헹군 다음 알코올로 닦는다. 이렇게 하면 항균 효과가 완벽하다.
- 표백제로 소독한다. 주방용 표백제를 10배 희석한 물(표백제 1컵에 물 9컵)에 전정가위, 톱, 칼 및 기타 공구를 5분간 담근다. 표백제를 씻어내고 공구를 좋은 품질의 기름으로 닦는다. 단, 이 방법은 금속 공구를 부식시킨다.
- 가열한다. 토치로 공구를 달구고 충분히 식으면 다시 사용한다. 이 방법은 금속 공구를 부식시키지 않는다.

가지치는 법을 올바로 익힌다 | 가지치기는 매우 어려운 작업이다. 조경 전문가는 가지치기, 즉 전정법을 배우기 위하여 실제 몇 년을 교육받는다. 가지치기를 하고자 하는 식물에 적합한 기법을 설명한 좋은 책을 골라서 참고한다. 가지치기하는 시기는 꽃이나 과일 생성과도 관련이 있으므로 중요하다. 그러나 일명 '4D 규칙'과 '나무를 보호하는 가지치기 3대 규칙'(247쪽 참고)을 지켜 가지치기를 하면 무난하다(미관과 건강의 기본 조건을 지키는 것이다).

장소를 옮긴다 | 이미 조성되어 있는 정원이나 밭을 가꾸고 있다면 식물을 더 좋은 장소로 옮기기는 어려울 것이다. 그래도 식물에 문제가 생겼을 때는 원예 관련 책을 참고하여 그 식물에게 필요한 처방이 무엇인지 찾아본다. 식물 이동이 불가능하면 그 장소의 미기후를 식물에 적합하게 개선하려는 노력이 필요하다. 약간의 창의력만 발휘하면 된다.

- 식물에 햇빛이 너무 강하게 들어서 화상을 입고 있다면 그늘을 만들어준다. 옆에 작은 울타리를 세우거나 나무를 심어서 뜨거운 오후에 빛이 분산되도록 한다.
- 바람과 빛을 더 들이고 싶으면 주변 식물의 가지를 쳐서 그늘을 줄이고 공기가 더 많이 흐르도록 한다.
- 물이 너무 많이 모이면 배수로를 개선하거나 유거수流去水가 식물에서 흘러 나가도록 수로의 방향을 조정한다.
- 물이 너무 적게 모이면 유거수가 식물 쪽으로 흐르도록 수로를 조정하거나 물 주는 시간과 양을 늘린다.
- 산성 토양이 필요한 식물(블루베리, 진달래, 치자나무 등)은 황, 커피가루나 특정 식물용으로 제작된 산성비료로 토양을 산성화한다.

재배 환경

정상 과정

제1부의 진단

장	제목	쪽	진단
2	잎	38	노화
2	잎	41	생리 장해 잎반점병
2	잎	52	고사
3	꽃	77	노화
3	꽃	92	에틸렌
3	꽃	92	수분 후 시들음

■ 잎의 노화(38쪽)와 고사枯死(말라 죽음)(52쪽) 가을이 와서 잎의 색이 변하고 낙엽이 지는 것은 잎이 생을 다했으며 나무의 성장도 정지했음을 나타내는 현상임은 잘 알려진 상식이다. 이

★ 4D 규칙

다음에 해당하는 가지는 반드시 잘라낸다.

1. **죽은 것**Dead 이미 죽었거나 죽어가고 있는 증상이 확실한 가지는 친다.
2. **다친 것**Damaged 손상되거나 부러진 가지는 친다.
3. **병든 것**Diseased 궤양병, 혹병, 세균 또는 진균 감염, 곤충 침입 등의 병충해를 입은 가지는 친다.
4. **잘못 난 것**Deranged 물을 세심히 관찰해서 가지가 안쪽으로 나는 등 보기 좋지 않은 방향으로 났으면 친다.

이 원칙대로 가지치기를 한 후 식물을 보고 모양, 크기, 결실 또는 미관상의 이유로 가지치기가 더 필요한지 판단한다.

★ 나무를 보호하는 가지치기 3대 규칙

다음 '3대 규칙'을 지키면 무분별한 가지치기를 피할 수 있다.

1. **마디 바로 위에서 자른다. 그루터기는 절대 남기지 않는다.** 마디는 눈이 위치한 곳이다. 마디 바로 아래나 마디 중간을 자르면 그루터기를 남기게 되고, 그 줄기(마디 사이)에서는 새 가지가 자라지 않는다. 이런 줄기는 병충해를 입고 썩게 된다. 그루터기는 각종 질병을 맞이하는 대문과 같다.
2. **식물의 원줄기에서 멀리 떨어져서 난 눈의 마디를 자른다.** 마디를 자른 눈에서 난 새 가지는 식물 원줄기에서 멀리 나무로 한가운데가 개방되고 공기와 햇빛이 잘 닿게 된다. 또한 병해충도 방지할 수 있다.
3. **원줄기와 같은 수준으로 바짝 자르지 않는다.** 가지가 원줄기 또는 더 큰 가지와 만나는 지점은 보통 살이 약간 더 부풀었는데 이 부분을 가지밑살이라고 한다. 가지밑살은 특수한 조직이어서 가지를 잘랐을 경우 재빨리 회복되고 상처를 덮는다. 가지밑살은 반드시 보호한다.

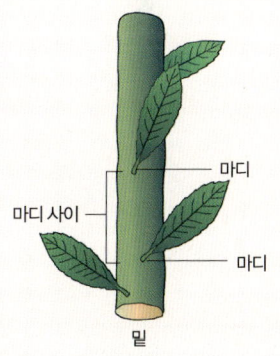

어떻게 치료할까? 247

는 정상이다. 상록수 잎도 영원히 녹색을 유지하지는 않는다. 모든 잎에는 수명이 있다. 소나무 *Pinus*, 측백나무 *Thuja*, 영산홍, 그 외 상록수 잎은 그해의 일정한 시기가 되면 떨어진다. 지극히 정상적인 현상이다.

■ **생리 장해 잎반점병(41쪽)** 한 해 중 특정 시기에 어떤 식물의 잎에서는 잎반점병 진균에 감염된 것처럼 보이는 점무늬가 발생한다. 홍가시나무, 체리라우렐 *Prunus laurocerasus*, 그리고 일부 진달래속 품종은 가을과 겨울에 어두운 적자주색에서 자흑색에 이르는 반점이 생긴다. 이는 질병이 아니라 환경 변화 때문이며, 가장 큰 요인은 온도 하강이다. 특히 대책이 필요하지는 않다.

■ **꽃의 노화(77쪽), 에틸렌(92쪽), 수분 후 시들음(92쪽) 현상** 대부분의 꽃은 잎보다 수명이 짧다. 꽃이 노화하면 꽃잎은 시들고 땅에 떨어지는데, 특히 수분受粉이 성공적으로 이루어지면 꽃은 시들기 시작한다. 노화 과정은 진균병이나 세균병 증상과 비슷한데, 두꺼운 꽃잎이 갈색으로 변하고 얼룩덜룩하게 되는 증상이 병충해와 매우 유사하다. 막 개화한 꽃이 정상인지 확인하자(이들에게서도 같은 증상이 발견되면 9장으로 간다). 오래된 꽃에서만 이러한 증상이 발견된다면 이것은 병충해가 아니라 정상적인 노화 과정이다. 따라서 특히 대책을 취할 필요는 없다.

팔라놉시스속 및 기타 여러 난 종류의 꽃은 수분이 성공하면 서서히 시들기 시작하는데 떨어지지는 않는다. 사과가 익을 때 발생하는 에틸렌 가스 역시 난을 시들게 한다. 꽃이 시드는 원인이 수분이면 한 꽃차례에 한두 송이만 시든다. 에틸렌 가스가 원인이면 꽃차례에 핀 꽃 모두가 시든다. 수분을 시키지 않으려면 벌이 접근하지 못하도록 창문을 닫거나 통기구를 막는다. 에틸렌 가스로 인한 시들음을 방지하려면 과일이 익어가는 식물에서 난을 멀리 떼어놓는다.

생육 환경 불량

제1부의 진단

장	제목	쪽	진단
4	과일	115	동녹병
4	과일	128	환경 스트레스
6	뿌리	188	생육 환경 불량
6	뿌리	198	생육 환경 불량, 과밀, 양분 결핍

■ **동녹병(115쪽)** 과일 표면에 코르크 질감의 반점이 생긴 것을 동녹병이라고 한다. 이는 환경적 요인으로 생기는데, 과일 표면에 물기가 오랫동안 남아 있는 것 등이 원인이 된다. 이 병을 방지하려면 과일이 젖지 않도록 물을 식물 위에서 주지 말고 토양에 준다(256, 257쪽 참고). 또한 과일이 빛과 바람에 노출되도록 가지를 쳐서 비가 온 후 빨리 마르도록 한다(240, 241쪽 참고).

■ **환경 스트레스(128쪽)** 수분이 부족하면 과일이 건조하고 질기다. 물을 충분히 주지 않으면 식물의 모양이 좋지 않고 성장이 느리며, 과일의 질도 매우 좋지 않다. 이 문제를 예방하려

사진과 같이 사과에 코르크 질감의 조직이 생기는 병을 동녹병이라고 한다.

당근 사이에 간격을 충분히 두지 않아 당근들이 과밀하여 보기 흉하게 자랐다.

면 식물에 물을 충분히 준다.

■ **과밀과 양분 결핍을 포함한 생육 환경 불량(188쪽, 198쪽)** 감자 등의 뿌리채소가 성장하는 시기에 토양의 온도가 너무 낮거나 오랫동안 너무 젖어 있으면 이들에 회색 또는 검은색의 구멍이 생긴다. 물 빠짐에 신경 쓰고 토양을 충분히 말린다(258쪽 참고). 작고 발육이 덜 되어 색이 연한 뿌리는 환경이 좋지 않다는 표시다. 과밀을 방지하려면 식물 사이에 공간을 충분히 두거나 솎아내기를 실시한다. 또한 무기양분도 적절한지 검사한다(265, 266쪽 참고).

물리적 원인에 의한 손상

제1부의 진단

장	제목	쪽	진단
1	식물 전체	23	물리적 원인에 의한 손상
1	식물 전체	27	풍해
1	식물 전체	28	환상박피
2	잎	39	물리적 원인에 의한 손상(뿌리 계통)
2	잎	52	물리적 원인에 의한 손상(가지 부러짐)
4	과일	117	물리적 원인에 의한 손상(우박)
5	줄기	144, 154	잔디깎기 기계, 제초기
6	뿌리	185	물리적 원인에 의한 손상 후 질병 감염

■ **물리적 원인에 의한 식물 뿌리 계통의 손상(23쪽, 39쪽)** 공사 작업을 하는 동안 뿌리 주변을 헤집거나, 땅을 다지거나, 식물 주변을 파낸 것이 원인이다. 손상을 입은 식물은 공사가 끝난 후 몇 달 뒤 죽을 수도 있다. 그러나 뿌리 계통의 일부만 손상을 입었다면, 식물은 회복을 하고 새 뿌리 계통이 자라 손상된 부분을 대체할 것이다. 최근에 공사 작업을 수행했는데 식물의 상태가 안 좋아지고 아직 죽지는 않았다면, 비료와 물을 듬뿍 주어 새 뿌리가 자라도록 한다.

■ **풍해(27쪽)** 몇 가지 요인으로 발생한다. 지하수가 지표 가까이에서 통과하여 나무의 뿌리

가 깊이 뻗지 않았거나, 너무 작은 화분에 심은 것이 원인일 수 있다. 또한 뿌리가 나무를 감지하지 못하고 헛돌며 자랐거나, 진균이나 설치류의 피해를 받은 것도 원인이 될 수 있다. 원인이 무엇이든 쓰러진 나무는 살릴 수 없다. 그러나 새 나무를 심을 때는 먼젓번 나무가 죽은 원인을 시정하여 두 번째 시도에서는 나무가 죽는 일이 없도록 한다.

- **환상박피(28쪽)** 밧줄, 철사, 빨랫줄이나 실을 교목 또는 관목 줄기에 너무 세게 감아놓아 양분이나 물을 공급하는 경로를 막은 경우에 일어난다. 조인 부분 위의 잎과 가지는 발육이 저지되고 색이 옅어지며 병약해진다. 차단이 일어나는 부분 아래의 성장은 정상이다. 치료법은 간단하다. 줄기를 묶은 장애물을 없애면 나무는 다시 건강하게 회복된다.

- **가지가 부러진 경우(52쪽)** 부러진 부분 위에 난 잎은 시들고 색이 변하여 죽는다. 부러진 부분 아래에서는 성장이 정상이다. 부러진 가지는 되돌릴 수 없으므로 가지치기로 깔끔히 정돈한다.

- **우박을 동반한 폭풍(117쪽)** 발육하는 과일에 지워지지 않는 상처를 남긴다. 우박에 의해 상해가 난 조직은 회복되지 않는다. 이 문제에는 어떤 병해충도 개입하지 않았으며, 전적으로 환경이 원인이다. 우박이 정기적으로 떨어지는 지역에 살고 있으면 우박을 동반한 폭풍이 지나간 후에 식물을 심는 것이 좋다.

- **잔디깍기 기계, 제초기, 기타 장비에 의한 손상(144, 154쪽)** 교목 및 관목은 장비에 손상되기도 한다. 이 피해를 받은 줄기는 껍질이 깎여나가거나 뿌리가 지표면 밖이나 지표면 가까이 드러난다. 상처 난 식물에는 진균과 세균이 쉽게 침범하므로 식물 주변에 경계를 쳐서 장비가 건드리지 않도록 한다.

- **물리적 원인에 의한 손상 후 질병 감염(185쪽)** 뿌리 및 뿌리채소가 삽, 괭이, 기타 공구 등 물리적 원인에 의한 손상을 입으면 검은색으로 변하고 물렁물렁해지며 썩는다. 상처 부위로는 진균과 세균이 침범하여 식물을 감염시킨다. 이에 대한 대책은 공구를 땅속에서 사용할 때 식물이 다치지 않도록 조심하는 것이다.

농약 피해

제1부의 진단

장	제목	쪽	진단
1	식물 전체	28	제초제 피해
2	잎	48, 66	제초제 피해
3	꽃	75, 78	농약 피해
3	꽃	86, 87	제초제 피해
5	줄기	160	제초제 피해

■ **농약 피해** 식물 전체, 잎, 꽃, 또는 줄기에서 발생할 수 있다. 농약 피해를 입으면 다양한 증상이 나타나는데, 손상된 조직은 회복되지 않는다. 새순이 돋아날 수도 있지만 다음 해 생육기가 되어야 정상으로 회복이 가능하다. 제초제(살초제)는 사용하지 않는 것이 좋다. 그래도 약을 사용해야 한다면, 바람이 불지 않는 날에 사용하여 살포하는 약이 재배하는 식물로 분산되는 것을 피하도록 한다. 이웃이 제초제를 사용하려고 한다면, 바람이 부는 날에는 사용을 자제해달라고 부탁한다.

황과 구리 성분이 든 제초제 종류 역시 식물에 피해를 줄 수 있다. 식물에 해를 끼치지 않으려면 라벨을 읽고 지시에 따른다.

제초제 피해를 입어서 이미 갈색으로 변하여 죽은 민들레 *Taraxacum* 잎은 다시 살아나지 않는다. 그러나 새 잎이 나서 식물 자체는 회복된다.

관리 부실

제1부의 진단

장	제목	쪽	진단
1	식물 전체	25	뿌리가 화분에 꽉 참
3	꽃	88	꽃봉오리 솎기(적화) 생략
3	꽃	95	시든 꽃 따내기 생략
3	꽃	96	가지치기 시기 부적절
4	과일	126	수분 불량
4	과일	128	과다 결실
5	줄기	157	지나친 과일 무게, 대설, 강풍, 가지 부실, 곰, 어린이

■ **뿌리가 화분에 꽉 참(25쪽)** 화분에 심은 식물이 화분 용량 이상으로 자라면 자주 시들므로 물을 규칙적으로 주어야 한다. 한 가지 대책은 더 큰 화분으로 분갈이를 해서 더 많은 흙에 물을 주는 것이다. 또 다른 대책은 식물을 화분에서 들어내어 뿌리를 겉에서 2.5cm 자르고, 분형근(화분 모양으로 둥글게 퍼진 뿌리-옮긴이)의 전면과 바닥에 찬 흙을 제거한 다음 다시 화분에 넣고 새 분토로 채우는 것이다. 이 방법을 이용하면 나무나 떨기나무를 같은 화분에서 오랜 기간 감상할 수 있다.

■ **꽃봉오리 솎기 생략, 시든 꽃 따내기 생략, 가지치기 시기 부적절(88, 95, 96쪽)** 꽃봉오리 솎기의 목적은 식물이 작고 많은 꽃에 에너지를 분산하는 대신 큰 꽃 한 송이에 집중하도록 유도하는 것이다. 장미나 달리아의 꽃 크기가 마음에 들지 않으면 꽃봉오리가 작을 때 솎기 작업을 실시한다. 시든 꽃 따내기를 하면 식물이 종자를 만드는 데 모든 에너지를 쏟는 것을 막을 수 있다. 종자가 생성되기 시작하면 대다수의 식물은 개화를 완전히 멈춘다. 수수꽃다리속 *Syringa* 같은 일부 떨기나무는 시든 꽃을 따내지 않으면 한 해 걸러 꽃이 핀다. 한 해 중 가지치는 시기가 부적절하면 꽃이 피는 가지를 모두 잘라버려 식물이 전혀 개화하지 못할 수도 있다. 수수꽃다리속, 개나리속, 고광나무속 *Philadelphus* 등은 봄에 꽃이 핀 후 초여름에 가지치기를 해야 한다. 과일나무와 포도속 *Vitis* 등의 다른 식물은 휴면기에 들어가는 겨울에 가

지치기를 한다. 사계절 개화하는 장미와 같은 식물은 생육기에 꽃을 따낼 때 가지치기를 실시한다. 특정 식물의 전정법을 구체적으로 알려주는 원예 서적을 참고하는 것도 좋다. 집에 있는 식물을 가지치기할 때는 모두 같은 시기에 하지 말고 각 식물이 필요한 시기에 맞추어 해준다.

- **수분 불량(126쪽)** 종자가 거의 생성되지 않아 기형 과일로 성장한다. 수분(受粉)이 되지 않았다는 것은 종자가 만들어지지 않았다는 것이며, 즉 과일이 열리지 않는다는 뜻이다. 수분이 제대로 이루어지지 않아서 일부 종자만 발달할 경우, 씨방이 충분히 형성되지 않고, 과일은 기형이 된다. 과일이 한쪽 끝(씨가 발달한 쪽)은 정상이고 다른 한쪽 끝(씨가 발달하지 않은 쪽)은 오그라든 모양이 될 수 있다. 이 문제는 보통 날씨와 관련이 있는데, 벌은 맑고 따뜻한 날에는 활동이 활발하고 춥고 습한 날에는 활동이 더디기 때문이다.

푸른과수원벌은 매우 효율적인 과일나무 꽃가루매개자다.
이 벌은 북아메리카에만 분포하는 애꽃벌류로, 군집 생활 또는
벌집 생활을 하지 않는다.

푸른과수원벌용 벌집은 가든 센터에서 쉽게 구할 수 있고
정원에 간편하게 설치할 수 있다.

날씨가 아니면 벌의 수가 너무 적어도 이러한 문제를 초래할 수 있다. 벌떼 실종 괴현상 colony collapse disorder, CCD으로 인해 벌의 개체수가 줄어들고 있다. 푸른과수원벌과 애꽃벌류는 수많은 과실을 탄생시키는 매우 효율적인 꽃가루매개자. 가든 센터에서는 대부분 이들과 그 밖의 토종벌의 서식을 유도하는 벌집을 판매한다.

옥수수와 같이 바람을 매개로 수분이 이루어지는 과실은 올바로 수분되지 않으면 이삭의 일부만 알이 찬다. 낟알 대부분이 없고 이삭은 매우 작다. 옥수수를 한 줄로 길게 심지 말고 옥수수끼리 인접하게 짧은 열로 여러 줄 블록 단위로 심으면 수분이 훨씬 잘 된다.

■ **결실이 너무 많이 이루어지는 경우(128쪽)** 과일이 왜소하다. 과일의 굵기가 손가락 만한 소과실일 때 솎아낸다. 한 가지에 소과실 몇 개만 남기고 모두 솎아낸다.

■ **지나친 과일 무게, 대설, 강풍, 가지 부실, 곰, 어린이(157쪽)** 이들로 인해 가지가 부러질 수 있다. 곰과 이웃집 어린이가 마당의 사과나무에 접근하지 못하도록 울타리를 친다. 가지치기를 할 때는 주 가지가 튼튼한 골격지가 되어 과실과 쌓인 눈의 무게를 지탱하고 바람을 이길 수 있도록 실시한다(242쪽 참고).

빛 조 건 해 결

제1부의 진단

장	제목	쪽	진단
2	잎	38	빛이 너무 셈
2	잎	46	일소
3	꽃	74	일소
3	꽃	94, 97, 98	지나친 그늘
4	과일	112, 113	일소
5	줄기	150, 158	일소
6	뿌리	181	햇빛에 노출

6	뿌리	181	일소
6	뿌리	197	추대
6	뿌리	198	낮 길이
7	씨	218	일조량 부족

- **빛이 너무 셈, 일소, 햇빛 노출** 낮에 햇빛이 강할 때 빛이 걸러서 비춰지도록 나무를 심어 음지식물shade plants에 그늘을 만들어준다. 식물의 키보다 큰 격자 울타리 역시 직사광선을 차단하는 효과를 낼 수 있다. 뿌리가 햇빛에 노출되었거나 일소 증상이 있을 때는 식물을 더 깊이 심는다.
- **지나친 그늘(94, 97, 98쪽), 일조량 부족(218쪽)** 양지식물을 더 좋은 장소로 옮길 수 없으면 햇빛을 차단하는 물건을 치우는 등 식물 주변 환경을 개선해서 빛을 좀 더 들인다. 식물을 가리는 큰 가지는 자른다.

빛 조건과 관련하여 발생하는 모든 문제는 예방이 최고의 치료다.

식물을 알맞은 장소에 배치한다 ➡ 233쪽에서 시작

적절한 시기에 식물을 심는다. 낮 길이와 추대 형성에 대한 대책이다 ➡ 238쪽에서 시작

물 관 리 해 결

물을 어떻게 관리하느냐에 따라 정원이나 밭 가꾸기의 성공과 실패가 결정되므로 효율적인 물 관리는 기본이면서도 중요하다. 토양에 물이 너무 많으면 뿌리는 질식해 죽거나 뿌리썩음병으로 고생할 것이다. 반면에 물이 너무 적으면 식물은 가뭄으로 죽을 것이다. 물을 보충하는 방법에 따라서도 이상 증세, 병해충을 불러일으킬 수 있다.

물을 올바르게 준다 | 식물에 물을 줄 때는 뿌리 주변에 주고 잎에는 닿지 않게 한다. 진균이나 세균, 잎선충이 기주를 감염시키려면 식물 표면에 항상 수분막이 있어야 한다. 식물이 젖지 않게 물을 주는 방법은 다음과 같다.

- 다공성 호스soaker hose를 깐다. 이 호스는 물이 호스 벽을 투과하므로 물을 보내면 호스 전체에서 물이 새어 나온다. 멀치 아래에 깔면 미관상 깔끔하다.
- 직접 물을 줄 때는 잎 위에서 주지 말고 뿌리에 직접 주는 방법을 쓴다. 호스에 살수기를 연결하거나 주둥이가 좁고 긴 물뿌리개를 사용하여 잎 아래에 물을 준다.
- 채소밭은 고랑을 판다. 고랑 한쪽 끝에 호스를 놓아 물을 틀면 고랑에 물이 천천히 흐르도록 한다.
- 공중 분사 노즐을 사용하지 않는 '점적관수' 장치를 설치한다. 대대적인 보수공사를 하더라도 이 장치를 설치하는 방법이 가장 좋고, 아니면 기존의 식물을 망가뜨리지 않고 지하에 일부 매몰하는 방법도 있다.
- 화분에는 끝이 좁은 물뿌리개나 호스를 사용하여 식물 아랫부분의 생육 배지 위에 직접 물을 준다.

물을 적당히 준다 | 식물에 딸려온 꼬리표를 읽거나 이 책의 참고문헌에 수록된 자료를 조사하여 식물이 필요로 하는 알맞은 물의 양을 익힌다. 여러 유용한 원예 관련 서적에서는 각 식물에게 필요한 물의 양을 알려준다.

토양이 마를 때까지 기다린다 | 흙이 너무 오랫동안 젖어 있으면 안 된다. 화단의 흙이든 화분의 흙이든 마찬가지다. 일명 물곰팡이라고 하는 뿌리썩음병 진균 종류는 축축한 흙에서 번식한다. 수생균 중 피토프토라속 *Phyophthora* 과 피티움속 *Pythium* 종이 가장 흔

히 발생한다. 문제를 해결하기 위해서 균의 이름까지 알 필요는 없지만, 심하게 젖은 토양은 식물에 스트레스를 주고 치명적인 병원체에 대한 이병성을 유발한다. 대부분의 식물은 이러한 상태를 견디지 못하는 반면, 수중 식물(물, 습지에서 자생하는 식물)은 상관없다.

물곰팡이 및 기타 진균은 항상 흙 속에 서식한다. 이들은 살기 위해서 기주 식물을 공격할 필요가 없으므로 절대병원체가 아니다. 그러나 식물을 감염할 기회가 생기면 감염시킨다. 모든 뿌리썩음병 진균은 치명적이다. 작은 실생은 물론 다 자란 나무도 거뜬히 죽일 수 있다.

물 빠짐을 검사한다 | 흙이 너무 오랫동안 젖어 있는 것 같으면 주변에 구덩이를 하나 판다. 식물과 가까운 장소에 구덩이를 파되, 뿌리를 자를 정도로 가까이 파지는 않는다. 구덩이에 물을 채우고 물이 다 빠지는 시간을 잰다. 물이 빠지는 데 한 시간 이상 걸리면 토양의 물 빠짐 상태를 개선해야 한다.

물 빠짐 상태를 개선한다 | 아래 물 빠짐 상태를 개선하는 방법을 참고하여 가장 적합한 해결책을 적용한다.

- 젖은 토양에 구덩이를 판다. 식물의 뿌리를 자르지 않도록 조심한다. 진흙, 바위, 기타 단단한 물체가 물 빠짐을 막고 있지 않은지 조사한다. 만약 그렇다면, 그 층을 뚫어서 물 빠짐 구멍을 만들고, 층을 뚫을 수 없다면 다른 방법을 선택한다.
- 배수로를 파서 식물 주변에 고인 물을 흘려보낸다. 도랑, 배수로, 배출 펌프를 여러 곳에 설치해야 한다면 기술자나 조경 전문가에게 문의한다. 습지 관리법 및 배수 방법은 지방 자치 단체 규정을 따른다. 이 방법에 적용해야 하는 규정을 잘 익힌다.

- 재배상을 높여 식물을 심는다. 소단, 화분, 화단, 테라스 등은 모두 원래의 토양 높이보다 높게 만든 것이므로 재배상이 높은 것이다. 재배상이 젖은 토양 위에 있으면 물 빠짐이 좋고 젖은 토양에서 발생하는 문제를 예방할 수 있다.
- 화분은 화분 받침대에 물이 가득 찬 채로 방치하면 안 된다. 화분 바로 밑에 지지대를 놓아서 화분 받침대의 고인 물에 잠기지 않도록 하여 다음 물을 주기 전까지 흙이 마르도록 한다.

식물이 젖어 있으면 작업하지 않는다 | 식물이 젖어 있는 상태에서는 세균, 잎선충, 일부 진균에 이병성이 가장 높다. 대부분의 병원균은 살기 위해서 습기가 필요하며, 물이나 빗물에 같이 흘러서, 또는 흙탕물에 같이 튀어서 이 식물에서 저 식물로 이동한다. 세균, 잎선충, 다수의 진균이 기주를 감염시키려면 식물 표면에 항상 수분막이 있어야 한다. 식물이 젖어 있을 때는 정원이나 밭을 가로지르지 말고 실내 식물도 물을 준 후 잎이 젖은 상태에서는 원예를 하지 않도록 한다.

수분 부족

제1부의 진단

장	제목	쪽	진단
1	식물 전체	22	건조
2	잎	37	건조
2	잎	37	잎뎀
2	잎	39	소반
2	잎	47, 48, 50	수분 부족
2	잎	50	수분 부족으로 인한 조직 괴사
2	잎	50	수분 부족으로 인한 조직 손상
3	꽃	77, 92, 94, 97, 98	수분 부족
6	뿌리	199	건조

물을 올바르게 준다 ➡ 257쪽에서 시작

물을 적당히 준다 ➡ 257쪽에서 시작

물 주는 시간 또는 양을 늘린다 | 빗물 홈통의 경로를 물 보충이 필요한 식물로 향하도록 조정한다. 자갈 수로를 만들면 물 흐름을 조정할 뿐 아니라 보기에도 좋다. 빗물 통이나 연못 등 집수 장치를 설치해놓으면 나중에 물을 보충할 때 매우 유용하다.

화분의 식물은 더 빨리 건조해진다. 뿌리가 화분에 가득 차서 화분 밖으로 나오기 시작하면 특히 그렇다. 이런 경우에는 더 큰 화분으로 분갈이를 하고 흙을 더욱 많이 넣어서 물을 오랫동안 머금을 수 있도록 한다.

물을 많이 주었는데도 식물이 회복되지 않으면 물이 모자라기 때문이 아니다. 뿌리나 줄기를 점검하여 문제를 발견했으면 제1부의 흐름도로 다시 돌아가서 진단한다.

이식 쇼크

제1부의 진단

장	제목	쪽	진단
1	식물 전체	22	이식 쇼크
3	꽃	93	이식 쇼크

식물을 옮기거나 분갈이를 할 때는 물과 영양분을 듬뿍 준다. 물을 올바로 주는 방법과 유기비료 주는 법에 관해서는 각각 257, 258쪽과 270쪽을 참고한다.

불규칙적인 물 주기

제1부의 진단

장	제목	쪽	진단
2	잎	64	공중습도 부족
2	잎	65	불규칙적인 물 주기

4	과일	123	생장 균열
5	줄기	158	불규칙적인 물 주기
6	뿌리	189	불규칙적인 물 주기
6	뿌리	197	수분 불균일

물 관리에 관한 도움말은 256, 257쪽을 참고한다.

식물에 물을 불규칙적으로 주면 물을 주지 않을 때는 가뭄으로 시들고 물을 주면 다시 회복한다. 이렇게 되면 식물의 생육이 불균일해져 잎이 구부러지고 주름지며, 과일에는 균열이 생기고 뿌리는 기형이 된다.

발육이 활발한 기관은 부드럽고 세포는 분열과 확산을 활발히 진행한다. 건조하면 세포는 딱딱해진다. 물을 다시 주면 새 세포는 분열과 확산을 시작하지만 경화된 세포는 그러지 못한다. 경화된 부분은 경직되고 부드러운 부분은 계속 부피가 커져 결국 식물 전체가 기형이 된다. 토마토 또는 체리 *Prunus avium* 등의 과일은 다 발육되어 껍질이 경화된 후에 갑자기 폭우가 내리면 다시 커지면서 결국 터진다. 식물이 시들면 안 된다. 생육기에는 물을 적절히 주어서 가뭄을 피해야 한다. 폭우를 막지는 못하지만 언제 올지 안다면 미리 수확을 하는 지혜를 발휘할 수 있다.

수분 과잉

제1부의 진단

장	제목	쪽	진단
1	식물 전체	26	지나친 물 주기
2	잎	38	지나친 물 주기
2	잎	63	부종
3	꽃	98	지나친 물 주기
4	과일	123	지나친 물 주기
7	씨	218	지나친 물 주기

토양이 마를 때까지 기다린다 ➡ 257쪽에서 시작

물을 적당히 준다 ➡ 257쪽에서 시작

물 빠짐 상태를 개선한다 ➡ 258쪽에서 시작

온 도 조 건 해 결

식물은 온도에 여러 가지 영향을 받는다. 겨울에는 당연히 식물이 얼 수 있고, 심각하게 손상되거나 아예 죽을 수도 있다. 온도가 너무 높으면(약 29.4℃ 이상) 광합성이 느려지거나 심지어 정지될 수도 있다. 그리고 밤에도 따뜻한 기온이 계속되면 식물은 낮에 생산한 연료(광합성을 통하여)보다 더 많은 연료를 소모해(호흡을 통하여) 결국 아사餓死하게 된다. 미니 장미$_{Rosa}$와 같은 온대 식물을 실내 식물로 키우면 죽는 이유가 이 때문이다.

추위

제1부의 진단

장	제목	쪽	진단
1	식물 전체	26	동해
2	잎	39	겨울철 건조해
2	잎	52	동해
3	꽃	77, 99	서리 피해
3	꽃	86	관생
3	꽃	90	볼링
3	꽃	96	동해
4	과일	106	푸른바탕병
4	과일	107, 116	동해
5	줄기	158	상열
7	씨	219	서늘한 날씨

온도로 인해 발생하는 식물의 문제 중 대부분은 추위 때문이다. 어떤 식물은 동해에 강하고(내한성) 어떤 종류는 추위에 약하다(비내한성). 내한성의 유무는 오로지 식물이 영하로 떨어지는 겨울에 견디는 능력이 있는가를 기준으로 판정한다. 다른 악조건(가뭄 등)의 정도는 고려하지 않는다.

■ **동해, 서리해, 감귤류 동해, 상열(26, 77, 96, 99, 107, 116, 158쪽)** 재배 식물에 비해 재배 지역이 너무 추우면 식물에 북쪽을 등지는 벽을 설치해서 겨울철에 보호한다. 남쪽을 바라보는 벽면은 열을 흡수하고 빛을 반사해서 난방 효과를 줄 수 있다.

겨울이 시작되기 전에 생육을 정지해야 하므로 늦여름에는 비료를 주지 않는다. 연약하고 물이 많은 새 줄기는 한겨울에 동해와 서리 피해를 입기 쉽다.

추운 겨울철의 공기는 물처럼 높은 곳에서 낮은 곳으로 흐른다. 찬 공기는 낮은 곳에 고였다가 벽을 타고 올라 '서리 주머니'를 만든다. 서리 주머니가 생성되는 지대에는 비내한성 식물을 심지 않는다.

■ **겨울철 건조해(39쪽)** 침엽·활엽상록수에는 겨울철에 물을 보충해준다. 겨우내 잎이 떨어지지 않는 식물은 토양이 얼어서 뿌리가 물을 흡수하지 못하면 건조해진다. 이때 햇빛이 강하고 바람이 불면 식물은 위험해진다. 식물 주위에 보호막을 치면 바람과 햇빛을 가리는 데 상당한 도움이 된다. 막덮기용 천이 효과가 크다.

■ **푸른바탕병(106쪽)** 토마토의 푸른바탕병은 과일의 꼭지 부분이 그대로 초록색인 현상인데, 온도가 너무 낮을 때 발생한다. 겨울이 가고 이른 생육기에 토양에 검은 비닐을 덮어 열을 흡수하여 토양을 데운다.

■ **관생(86쪽)** 온도가 매우 낮으나 영하로 떨어지지는 않는 봄철에 일부 식물에서는 관생貫生이 발생한다. 관생이란 꽃에서 씨 대신에 이상한 초록색 둥근 조직이 생성되어 기이하게 자라는 현상이다. 그리고 날이 따뜻해지면 그곳에서 꽃이 다시 자란다. 관생에는 인내심밖에 치료법이 없다.

- **볼링**Balling**(90쪽)** 서늘하고 습한 날에는 장미가 꽃봉오리인 상태에서 바깥쪽 꽃잎이 갈색으로 물러 썩는 현상이 생기는데, 이를 볼링이라고 한다. 봄이 서늘하고 긴 지역에 주로 발생하는 병해로, 이런 지역에 살고 있다면 꽃잎 수가 적은 장미를 심는다.
- **서늘한 날씨(219쪽)** 토마토, 가지 Solanum melongena, 고추, 강낭콩 등의 호온성 식물은 봄이 완연하여 서리의 위험이 없고 토양이 따뜻해지면 심는다.

더위

제1부의 진단

장	제목	쪽	진단
2	잎	36	황 피해
3	꽃	95	추대
3	꽃	95	부적절한 온도 조건
3	꽃	96	부적절한 식재 시기
3	꽃	97	온난한 겨울
6	뿌리	176	고온 장해 또는 한해
6	뿌리	176, 185	고온 및 수분 불균일

- **황 피해(36쪽)** 더운 날에 황을 시비하면 잎이 검은색으로 변한다. 이 증상은 황 피해다. 회복되지 않는 피해를 입지는 않지만 증상을 보이는 기간 동안은 광합성에 지장이 생기고 생산력이 떨어진다. 때가 되면 식물은 다시 자란다. 온도가 매우 높을 것으로 예상되는 한여름에는 황을 시비하지 않는다.
- **추대(95쪽)** 날이 너무 더우면 추대(抽薹, 꽃대가 너무 일찍 나옴) 현상이 발생한다. 양배추 Brassica, 상추 Lactuca, 시금치 Spinacia 와 같은 두해살이 식물과 일부 관상용 속씨식물에 특히 문제가 된다. 대부분 식물의 추대는 열이 원인이다. 감광성 식물(빛의 길이에 따라 발육과 분화 속도가 달라지는 식물)의 경우, 낮이 길고 밤이 짧은 여름에 이 현상이 촉진된다. 추대에 내성이 있는 식물을 선택하고 식재 시기를 올바로 익힌다. 식물 라벨, 종자 포장지, 카탈로그 설

명을 읽거나, 인터넷에서 특정 식물 또는 품종에 대한 정보를 찾는다.

■ **부적절한 온도 및 식재 시기, 온난한 겨울(95, 96, 97쪽)** 사과, 배 _{Pyrus}, 복숭아 등의 나무와 튤립, 나팔수선 등 봄에 꽃이 피는 알뿌리 식물은 겨울이 너무 따뜻하면 이듬해 봄에 꽃이 피지 않는다. 이 식물들에게는 겨울이 어느 정도 추워야 한다. 온난한 겨울 기후에 적응한 품종도 있으므로 사는 지역에 알맞은 품종을 고르도록 한다.

봄에 꽃이 피는 알뿌리 식물은 추워지기 6주~2개월 전, 아직 공중습도가 높은 가을에 심어서 뿌리가 잘 발달되도록 한다. 늦겨울에 부랴부랴 심으면 뿌리가 성장할 시간이 없어 이듬해 봄에 꽃이 잘 피지 않을 것이다.

■ **고온 장해 또는 한해, 고온 및 수분 불균일(176, 185쪽)** 양파 $_{Allium}$ 및 비트 $_{Beta}$는 날씨가 너무 덥고 물을 불규칙적으로 주면 손상될 수 있다. 비트는 어둡고 밝은 색의 원형 고리 무늬(과녁판 무늬)가 교대로 생성되면서 성장한다. 양파는 회색 외피가 생성된다. 이러한 피해를 피하려면 수확 시기가 한여름의 열기가 시작되기 전 또는 한풀 꺾인 후가 되도록 심는다.

토 양 및 영 양 관 리 해 결

건강하고 생물학적으로 활발한 토양은 성공적인 정원과 밭에 반드시 필요한 구성 요소이므로 토양 관리에 대한 도움말을 주고자 한다. 토양이 건강할수록 식물은 스트레스를 덜 받는다. 스트레스를 받은 식물은 병충해에 대한 이병성이 높아진다. 건강한 토양으로 가꾸어 식물에 수분과 영양 스트레스를 줄여주면 식물은 곤충이나 질병, 영양 장애를 겪지 않는다. 또한 땅속에 풍부한 생태계 환경을 조성하면 다양한 종이 경쟁적 상호작용을 하여 병해충을 차단할 수 있다.

토양에 퇴비나 멀치 등의 질병이 없는 죽은 식물을 공급하자. 토양 속의 분해 생물이 흙을 살아 있는 생태계로 만든다. 토양의 먹이사슬 밑바닥을 이루는 구성원은 유기 식물 물질을 분해하는 세균과 진균 분해자다. 이 분해자들은 곤충병원성 선충 등 더 큰 다세포 미생물의 먹이가 되고, 이 선충들은 곤충, 연형동물 등 더 큰 생물의 먹이가 된다.

이런 식으로 작은 생명체는 더 큰 생명체의 먹이가 된다. 이 생물들은 궁극적으로 식물이 햇빛으로부터 얻은 에너지를 활용하는데, 식물이 살아 있을 때 만든 에너지는 죽은 조직에도 남아 있다. 건강한 토양에 존재하는 엄청난 수의 생명체는 병원체와 해충에 대항하여 이 에너지를 쟁탈하기 위하여 치열하게 싸운다. 죽은 식물을 토양에 많이 공급하면 비료를 따로 보충할 필요가 없다.

퇴비를 사용한다 | 식물 주변에 구덩이를 파서 퇴비를 직접 넣고 화단에도 넣는다. 잘 만들어진 퇴비는 생물학적으로 풍부한 이로운 진균과 세균의 천국으로, 열심히 질병 매개체를 물리치고 정원에 얼씬하지 못하게 수비한다. 집에서 퇴비를 직접 만들어서 음식물 쓰레기와 밭에서 나온 쓰레기를 검은색 보약으로 환생시키자. 마이코라이자균을 포함한 유기질 퇴비를 구입해서 섞어도 된다. 마이코라이자균이 이루는 균근은 식물의 뿌리와 공생관계를 형성하는 진균이다. 이들은 식물의 건강을 유지하는 데 큰 도움이 되는 협력자다.

퇴비를 만든다 | 퇴비를 만드는 법은 쉽다. 훌륭한 재활용 산물인 퇴비는 식물이 자랄 때 섭취했던 영양분을 땅에 다시 되돌려준다.

퇴비를 쌓아놓는 대신에 퇴비통에 저장해도 된다. 퇴비통은 가든 센터에서 쉽게 구할 수 있다. 오랫동안 널리 행해온 한 가지 요령은 통 세 개를 사용하는 방법이다. 퇴비를 만들어서 통 A에 쌓는다. 부피가 반으로 줄면 그것을 통 B로 퍼 옮기고 통 A에는 새 퇴비를 다시 쌓는다. 통 B의 부피가 다시 반으로 줄면 그것을 통 C로 옮긴다.

★ 간단한 퇴비 제작 방법

1. 음식물 쓰레기와 밭에서 나온 낙엽 등을 모아서 더미로 쌓아놓고 분해시킨다. 퇴비로 만드는 재료는 반드시 병원체나 해충이 없어야 한다. 또한 잡초 씨와 화학물질도 없어야 한다.

2. 재료의 2/3는 '갈색'이고 1/3은 '초록색'이어야 한다. 갈색 물질은 갈색 낙엽, 지푸라기, 파쇄한 종이 및 종이 상자 조각, 잘라낸 나뭇가지, 가공하지 않은 나무의 톱밥, 마른 솔잎 그리고 그 밖의 유사한 재료들이 포함된 것이다. 초록색 물질은 동물성 재료가 포함되지 않은 것이다. 즉, 녹색 잎, 풀조각, 기타 유사한 물질이다. 이 비율은 손 또는 양동이나 삽으로 측정한다. 비율은 지켜야 한다. 이것들로 더미를 쌓은 후에는 질 좋은 흙을 이 양의 1/3만큼 더한다.

3. 갈색 물질, 초록색 물질, 흙이 쌓인 더미를 한데 섞는다. 옛날 방식으로 퇴비를 만들 때는 세 가지 성분을 분명히 분리하여 층층으로 쌓았다. 그러나 오늘날 연구에서는 섞는 것이 더 효과가 좋은 것으로 밝혀졌다.

4. 외바퀴손수레에 더미를 한가득 만들었으면 닭똥거름 약 18kg을 더한다.

5. 일주일에 한 번 분해를 촉진하기 위하여 삽 또는 쇠스랑으로 더미를 뒤집는다.

세균, 진균, 그리고 닭똥거름은 식물성 재료를 소화하여 엄청나게 질 좋고, 버슬버슬하며 칙칙한 색의 퇴비로 변신시킨다. 밭과 정원에 아낌없이 준다. 물론 효과를 보기까지는 시간이 걸린다. 퇴비가 되는 동안 더미는 열을 발산한다는 사실을 알아둔다.

서늘하고 습한 지역이면, 더미를 방수천으로 덮고 잠시 잊고 산다. 따뜻하고 습한 계절이 오면 몇 주 뒤 잘 숙성된 퇴비를 얻을 수 있다. 매우 건조한 지역에서는 더미에 물을 수시로 준다.

통 C로 옮긴 퇴비는 정원이나 밭에 뿌려도 된다. 이 방법을 쓰면 퇴비를 꾸준히 만들어낼 수 있다.

화분에는 분토를 사용한다 | 마당의 흙은 밀도가 높기 때문에 화분에 넣으면 매우 무거워진다. 분토는 펄라이트, 질석, 기타 공기와 수분을 포함하는 재료를 인공 혼합한 퇴비다.

일부 식물은 특수한 혼합토를 필요로 한다. 어떤 난蘭 종류는 나무껍질을 섞은 흙에서 잘 자라고 선인장은 모래자갈을 많이 혼합하면 더 잘 자란다.

멀칭한다 | 멀치는 식물 주변 지면을 덮는 일종의 덮개다. 정원, 화단, 화분에 유기질 재료로 멀칭하면 서서히 분해되어 토양에 비료가 된다. 예를 들어, 분쇄 수피樹皮(잘게 쪼갠 나무껍질)는 유기질 멀치고 검은 플라스틱은 합성 멀치다.

멀치로는 유기질 재료, 즉 분쇄 수피, 코코넛 섬유, 견과 껍질, 솔잎, 짚, 신문지, 종이상자 등을 사용하는 것이 좋다. 이들은 서서히 분해되어 토양에 양분이 되기 때문이다. 질 좋은 멀치는 병해충이 토양과 식물을 오가지 못하게 가로막는다. 잡초 번식을 방지하고 토양의 수분을 보존하는 역할도 한다.

토양을 소독한다 | 이 방법은 최후의 수단으로 사용한다. 토양을 소독하면 해충도 그렇지만 이로운 진균과 세균도 죽어버린다. 상황에 따라 조절하면서 다음 단계에 따라 토양 소독을 실시한다.

■ **파종용 토양 소독** 모잘록병은 피티움속 *Pythium*, 리족토니아속 *Rhizoctonia* 또는 피토프토라속 *Phytophthora*이 병원균인 진균병으로, 유묘幼苗를 하룻밤 사이에 모두 쓰러뜨린다. 씨를 멸균 처리한 토양에 심어 문제를 미연에 방지한다. 토양은 배수가 잘 되어야 한다.

살균토를 사용하려면 파종용 살균 혼합토를 구입한다. 화분용으로 인공 혼합한 토양은 펄라이트와 질석 같은 요소를 함유하고 있어서 기공 공간이 있고 물을 유지할 수 있다. 분토에는 이 같은 혼합토가 정원 흙보다 훨씬 좋다.

구매한 혼합토가 더 이상 무균 상태가 아니라고 생각되면(봉지를 잠깐 개봉한 채로 둔 등의 이유로) 토양을 직접 소독한다. 압력솥이 있으면 이 작업이 쉽다. 약 $1l$ 들이 통에 흙을 채운다. 뚜껑을 살짝 덮고 약 6.8kg의 압력하에서 15분간 가열한다. 가열하는 동안은 보스턴 갈색 빵 냄새가 난다. 시간이 다 되면 식힌 후 깨끗한 화분에 넣고 식물을 심는다.(참고 : 정원이나 밭의 흙은 분토용으로 쓰기에는 밀도가 너무 높으므로 이 방법으로 살균하지 않는다.)

■ **정원 토양 소독** 정원이나 밭에 심는 식물이 토양 진균병에 걸렸을 때 토양을 살균하려면 흙을 햇볕에 가열하면 좋다. 여름철 뙤약볕이 내리쬘 때 토양을 비닐로 덮어놓으면 태양열이 흙을 가열하면서 병해충을 죽여 소독 효과가 가장 뛰어나다. 태양열 소독은 다음과 같이 실시한다.

1. 죽은 식물과 병해충에 감염된 뿌리, 흙을 최대한 제거한다.
2. 흙을 골라서 구덩이를 메우고 지표면을 깨끗한 비닐로 덮는다.
3. 비닐 가장자리에 무거운 물건을 얹어 고정시킨다.
4. 4~6주간 태양열에 노출시킨 후 다시 그 자리에 식재할 수 있다. 배수가 잘 되어야 하고, 식재할 때는 퇴비를 준다.

토양의 pH를 조절한다 | pH는 토양을 포함하여 물질의 산성과 염기성을 측정하는 단위다. pH의 중간값은 7.0이다. pH를 바꾸면 무사마귀병(195쪽), 더뎅이병(115, 123, 125쪽), 검은별무늬병(149쪽), 점무늬병(183쪽) 등 진균병을 방제할 수 있으며, 특정 식물이 요하는 정도에 따라 일부러 pH를 변화시켜주어야 할 때도 있다. pH 교정은 모든 토양에 실시할 필요는 없고, 블루베리 Vaccinium, 나무딸기 Rubus idaeus, 진달래, 배추과 Brassicaceae 채소, 양파 또는 감자 Solanum tuberosum를 재배할 곳에만 실시한다. 그리고 돌려짓기 농작을 할 계획이면 식재할 때마다 생육기 초기에 pH를 조절한다. pH를 조절하면 한 해의 생육기 동안은 그 수치가 유지된다.

pH를 조절하기 전에 토양을 검사한다. 구하기 편한 대로 약식 pH 검사 키트나 전자 pH 측정기를 사용한다. 두 기구 다 포장에 적혀 있는 대로 따라 하면 사용하기 쉽다.

- **토양에 산성을 더하려면** 블루베리, 진달래, 동백나무, 치자 등은 산성(pH 수치가 낮은) 토양이어야 한다. 커피가루를 뿌리면 매우 간편하고 빠르게 토양을 산성으로 바꿀 수 있다. 이때 유기물질도 같이 첨가한다. 감자 더뎅이병 진균을 퇴치할 때, 블루베리의 생육 환경을 개선하고자 할 때는 황 또는 황산알루미늄을 사용하여 토양의 pH를 5.0~5.5까지 확실히 낮춘다(토양을 산성화할 커피가루의 양이 부족할 경우). 목표 pH에 도달할 때까지 토양을 계속 검사한다. 황, 황산알루미늄 모두 가든 센터에서 구매할 수 있다.

- **토양에 염기성을 더하려면** 나무딸기에는 염기성(pH 수치가 높은) 토양, 즉 pH6.0~6.5가 적합하다. 양배추 등 배추과의 무사마귀병 진균 구제에는 pH7.2 정도로 염기성이 더 강해야 한다. 염기성 토양을 좋아하는 식물을 키우는 곳에는 백운석질 석회를 첨가한다. 백운석질 석회는 pH를 높일 뿐 아니라 필수 영양소인 칼슘과 마그네슘도 공급한다.

꼭 써야 한다면 유기비료를 사용한다 | 풍부한 퇴비로 질을 개선하고 유기비료(혈분, 골분, 해조류)를 보충하여 토양에 정성을 들이는 것도 좋지만, 무엇보다도 키우고자 하는 식물에 적합해야 한다. 급하게 영양을 보충해야겠다고 판단될 때는 생선 현탄액 등과 같은 유기질 액비를 엽면시비하면 잎에서 영양을 신속히 흡수한다.

유기비료와 합성비료는 모두 세 가지 영양소로 구성되어 있으며 겉봉 앞면에 숫자 세 개로 표기한다. 24-8-16, 20-20-20 등의 방식인데, 첫 번째 숫자는 질소$_N$, 두 번째 숫자는 인$_P$, 세 번째 숫자는 칼륨$_K$의 비율을 나타낸다.

질소 함량이 높은 비료는 식물의 생육을 촉진시키고 때로는 개화와 결실을 억제한다. 따라서 잔디에는 좋고 토마토에는 나쁘다. 인과 칼륨 함량이 높은 비료는 개화와 결실을 촉진시킨다.

유기비료는 시간이 지나면서 토양 속 분해 생물의 먹이가 되고 서서히 양분을 배출한다. 이는 질소 공급에 특히 좋은데, 질소는 물기둥에서 이동성이 높아 지하수로 매우 빨리 빠져나가기 때문이다. 합성비료는 질소가 너무 빨리 배출된다.

제1부의 진단

장	제목	쪽	진단
1	식물 전체	22	염해
1	식물 전체	29	철 또는 망간 결핍
1	식물 전체	29	질소 또는 마그네슘 결핍
2	잎	37	염해
2	잎	38, 49	철 또는 망간 결핍
2	잎	38, 49	질소 또는 마그네슘 결핍
3	꽃	93, 97	질소 과잉
3	꽃	94, 97	영양 부족
4	과일	113	배꼽썩음병
4	과일	118	고두병
4	과일	128	영양 부족
6	뿌리	176	칼륨 결핍
6	뿌리	185	비트 붕소 결핍
6	뿌리	190	캐비티스폿
6	뿌리	196	거칠고 돌이 많거나 너무 다져진 흙
7	씨	210	망간 결핍
7	씨	218	인 결핍
7	씨	219	pH 불균형

위 진단은 모두 265쪽의 토양 관리법을 참고한다.

- **염해(22, 37쪽)** 비료에 염분이 너무 많거나, 길에 뿌린 제설염이 흘러들어오거나, 관개시설에 염분이 축적되면 그 영향으로 식물의 물이 토양으로 빠져나가고, 물을 충분히 주어도 식물은 항상 물이 모자란 듯한 증상을 나타내게 된다. 이때는 토양에 물을 흠뻑 주어 염분이 씻겨나가도록 한다.

- **철 또는 망간 결핍(29, 38, 49쪽)** 철과 망간은 식물에 중요한 무기양분이다. 질소 결핍과 달

리 철 및 망간 결핍은 가지 끝에 막 새로 나와 성장이 활발한 어린잎에서 증상이 나타난다. 잎맥은 보통 초록색인데 그 나머지가 노란색으로 변해서 잎에 마치 줄무늬가 생긴 듯하다. 토양의 pH가 7.5 이상이면 이 영양소가 결핍된다. 토양이 염기성으로 갈수록 철과 망간 흡수가 어려워진다.

황 또는 커피가루를 식물 주위에 뿌려서 토양을 산성화시킨다(pH를 낮춘다)(269쪽 참고). 황산알루미늄 역시 토양을 산성화하는 데 좋다. 이 처치를 하면 식물은 토양에 함유되어 있는 철과 망간을 잘 흡수할 것이다. 토양에 킬레이트화된 철이 함유된 유기비료를 넣는 방법도 있다.

■ **질소 또는 마그네슘 결핍(29, 38, 49쪽)** 질소는 식물에 가장 중요한 무기양분 중 하나이자 토양 속에서 적정량을 가장 유지하기 어려운 영양소다. 물기둥에서 이동성이 높아 지하수로 쉽게 빠져나가기 때문이다. 식물 체내에서도 이동성이 높기 때문에 질소가 부족하면 식물은 가지 처음에 난 오래된 잎에서 질소를 빼앗아 가지 끝의 어리고 성장이 활발한 잎에 공급한다. 그러면 가지 처음에 난 잎은 질소 부족으로 노란색으로 변하나 떨어지지는 않는다. 이 문제를 해결하려면 질소가 풍부한 질 좋은 유기비료를 시비해야 한다. 몇 주 내에 노란색 잎은 다시 초록색으로 되돌아갈 것이다.

또 다른 중요한 무기양분인 마그네슘 역시 질소와 비슷해서 물속으로 쉽게 빠져나가는데, 체내에 마그네슘이 부족하면 오래된 잎에서 새 잎으로 이동하므로 오래된 잎은 노란색으로 변한다. 백운석은 마그네슘과 칼슘이 매우 풍부한 자원이어서 비료 성분으로 널리 사용된다.

■ **질소 과잉(93, 97쪽)** 질소는 기본적으로 잎과 줄기의 생육을 촉진한다. 개화와 결실이 억제될 수도 있다. 토마토 등의 일부 식물에 질소가 많으면 꽃이 피고 과일이 열리는 대신 끝없이 줄기와 잎이 무성하게 뻗어나간다. 시비를 하기 전에 비료 포장 앞면에 표시된 세 개의 숫자를 확인한다. 첫 번째 숫자는 질소의 비율이다. 만약 식물에서 꽃과 과일을 기대한다면 질소 함량이 높은 비료를 주면 안 된다.

- **영양 부족(94, 97쪽)** 영양이 부족하면 다양한 증상을 수반하는데, 꽃이 정상 크기보다 작거나, 개수가 적거나, 색이 좋지 않거나, 심지어 꽃이 피지 않기도 한다. 토양을 건강하고 생물학적으로 풍부하게 관리하면(265, 266쪽 참고) 이 문제는 개선될 것이다.
- **배꼽썩음병 및 고두병(113, 118쪽)** 이 증상은 진균병과 매우 흡사하지만 원인은 진균이 아니다. 배꼽썩음병과 고두병은 과일 내부에 칼슘이 적정량 있지 않을 때 발생한다. 칼슘이 토양에 적정량 함유되어 있어도 불규칙하게 물을 주거나 물 빠짐이 원활하지 못하거나, 질소가 풍부한 비료를 시비했거나, 토양 내 염분이 많으면 식물은 칼슘을 흡수하지 못한다. 올바른 물 주기와 물 빠짐 개선은 258쪽을, 염해는 271쪽을 참고한다. 그리고 질소 함량이 높은 비료는 주지 않는다.
- **칼륨 결핍(176쪽)** 칼륨이 부족하면 식물은 생육이 더뎌진다. 잎 가장자리는 노란색으로 변하고 갈색 반점이 생기며, 잎은 갈색으로 변하여 결국 죽는다. 유기비료 포장 앞면에 표기된 숫자 중 세 번째 숫자(왼쪽에서 오른쪽으로 읽었을 때)가 칼륨의 비율이다. 질 좋은 비료 또는 녹사綠砂(해록석)를 식물 주변에 뿌린다.
- **붕소 결핍(185쪽)** 이 미세 영양소가 부족하면 식물은 궤양, 쪼개짐이 발생하는 것을 시작으로 잎과 과일이 변형되고 뒤틀어지는 증상에 이르기까지 여러 병징을 보인다. 붕소가 결핍되면 비트에서는 검고 딱딱한 목질의 얼룩이 뿌리살 안쪽에서부터 발생한다. 붕사를 뿌리면 좋다.
- **캐비티스폿(190쪽)** 물과 비료를 너무 많이 주면 감자는 비정상적으로 생육이 빨라지고, 감자 내부에 빈 곳이 생긴다. 그리고 식물은 가뭄을 겪게 된다. 캐비티스폿은 감자가 건조한 환경에서 자란 후에 대량의 물을 먹게 되어도 발생한다. 감자에 꾸준히 규칙적으로 물을 주어 이 문제를 예방한다.
- **거칠고 돌이 많거나 너무 다져진 흙(196쪽)** 토양에 이와 같은 장애물이 많으면 당근은 갈라진다. 돌을 치우고 흙을 고르고 비료도 준다.

- **인 결핍(218쪽)** 식물에서 뿌리가 자라고 꽃이 피며 과일이 열리게 하려면 인이 있어야 한다. 인이 부족하면 식물의 생육이 더뎌지고 잎맥이 자주색으로 변하며, 잎은 자줏빛을 띠게 된다. 이 무기양분을 보충하는 데는 골분이 유기 자원으로 뛰어나다. 비료 포장 앞면에 표기된 숫자 중 두 번째 숫자를 확인한다. 이 숫자가 비료에 함유된 인의 비율이다.
- **pH 불균형(219쪽)** 일부 식물은 특정 pH의 토양에서 자라야 한다. 산성 토양에서 재배하는 식물은 산앵두나무속, 진달래속, 동백나무속, 치자속 등이며, 토양 pH 수치가 5.0~5.5여야 한다. 나무딸기 등의 다른 식물은 그보다 염기성이 더 강한 pH 6.0~6.5 정도에서 잘 자란다. 269쪽을 참고한다.

Fungi
진균

9

진 균 이 란 ?

진균은 거의 모든 재배 식물에 귀중한 공생 생물이기도 하지만, 식물 질병의 가장 흔한 원인이기도 하다. 진균은 언제 어디에나 있으며 버섯, 효모, 곰팡이, 흰곰팡이 등이 진균의 형태다. 예전에는 진균도 식물 계통의 일부로 분류했으나, 지금은 식물이나 동물 계통에서 분리되어 진균계라는 독립 계통으로 분류한다.

유용한 진균으로는 효모가 있다. 효모는 빵, 맥주, 와인을 만들 때 사용되는 중요한 친구다. 식용 버섯은 재배하기도 하고 자연에서 수확하기도 한다. 부생균은 죽은 동식물을 분해하는 진균이다. 사람, 동물, 식물에게 질병을 일으키는 해로운 진균을 병원균 또는 병원체라고 한다. 이 진균들도 번식을 위하여 영양분을 재활용한다. 다른 중요한 진균은 항생 물질을 생산하는 종류들이다. 최초로 발견된 것은 페니실린으로, 페니실리움 *Penicillium*이라는 곰팡이에서 얻은 물질이다. 페니실린을 발견한 이후 곰팡이에서 수많은 항생제가 계속 개발되었다. 항생물질을 사용한 의술로 수많은 생명을 구했다.

진균이 하는 일은?

진균이 식물과 구분되는 특징은, 보통 식물은 햇빛으로부터 영양소를 스스로 생산하지만 진균은 외부에서 흡수하여 살아간다는 점이다. 드문 예외도 있으나 동물은 먹이를 섭취하여 영양소를 얻으므로 동물과도 구분된다.

대부분의 진균은 동물이나 식물이 죽으면 조직을 분해하고 흡수함으로써 살아가는 분해자다. 이들은 먹이를 몸 밖에서 소화하므로 부생균이라고도 불린다. 즉, 진균은 죽은 조직을 분해하는 소화효소를 몸 밖으로 분비한 후 그로부터 추출되는 영양소를 흡수한다.

진균의 몸체는 균사라고 하는 아주 미세하고 가느다란 실로 구성되어 있다. 토양 속에서 균사가 거미줄을 치는 방식이라고 생각하면 된다. 대신 이 줄은 살아 있는 생명체로 균사체라고 한다. 육안으로는 균사체를 볼 수 없다. 우리가 눈으로 보고 진균이라고 판단하는 부분은 표면에 드러난 일부에 불과하다. 우리가 먹기 위해서 채취하는 버섯이나 잔디밭에서 자라는 버섯은 포자를 생산할 목적으로 생겨난 생식 구조물이다.

생식 포자는 색상이 다양하며 크기는 현미경으로 볼 수 있는 정도다. 이들은 바람이나 물에 의해서 퍼진다. 어떤 진균의 포자는 물속을 스스로 헤엄쳐서 이동하고, 어떤 포자는 우리가 마시는 공기를 타고 이리저리 떠다닌다. 빵을 한 조각 잘라서 아무데나 놔두면 곧 빵에서는 페니실리움이라는 곰팡이가 서식하기 시작한다. 빵에서 핀 파란 솜 같은 곰팡이는 포자 덩어리다.

진균의 이로움

진균은 분해와 흡수를 통하여 영양분을 얻으므로 식물의 중요한 동료다. 이들은 식물 뿌리 바깥이나 속에 살면서 균근 협력mycorrhizal association을 한다. 'myco'란 진균을 뜻하고 'rhizal'이란 뿌리를 뜻한다. 이 관계로 활발한 생명 활동이 이루어지고 토양은 건강해진다. 진균은 식물에서 당질과 기타 영양소를 흡수한다. 그리고 토양에서는 물과 무기양분을 흡수하여 식물에 제공한다. 이 균근 협력은 서로에게 이로운 공생 관계다. 균근을 형성하는 진균은 정원이나 밭에서 매우 중요하다. 따라서 무분별하게 살균제를 사용하면 안 된다.

진균의 해로움

진균은 소화효소를 분해하는 능력으로 살아 있는 조직까지도 서슴없이 분해한다. 죽은 조직만 분해하면 부생균이지만, 살아 있는 조직을 분해할 때 이들은 기생균과 병원균이 된다. 그리고 기생균의 대부분은 식물 병원균이다. 포자는 균사를 생성하고 이는 산 조직을 침략한다. 균사는 기주 식물에서 균사체로 자라 기주의 세포를 해체하고 양분을 흡수한다. 식물의 조직 내에서 생성된 균사체는 보통 진균이 번식을 시작하거나 식물이 진균 침해에 반응할 때 비로소 눈에 드러난다.

방 제 법

공기 전염성 진균 ➡ 280쪽에서 시작

공기 전염성 진균은 우리 몸, 집 안 식물, 바깥 화단의 식물, 텃밭, 정원 등 어디에나 존재한다.

그중 일부는 병원체다. 공기 전염성 병원체는 제1부에서 진단하는 바와 같이 엄청나게 많은 질병을 일으킨다. 실제 진균은 식물을 침범하는 병원체의 가장 큰 비율을 차지하며, 잎·꽃·과일·줄기에 문제를 일으키는 원인이다. 잎·꽃·과일이 진균병에 걸려도 생명이 위독해지지는 않지만, 이들 진균은 식물의 건강을 심각하게 침해할 수 있다. 줄기가 공기 전염성 진균에 감염되면 식물의 생명이 위태로워질 수 있다.

토양 전염성 진균 ➡ 292쪽에서 시작

토양 전염성 진균은 식물의 뿌리를 맹습하는 병원체로, 두 번째로 많이 발견되는 진균이다. 이 병해는 땅 위 식물에서 병징이 나타날 때까지 보통 주인은 알아차리지 못한다. 토양 전염성 진균에 감염되면 식물은 죽을 수도 있다.

그을음병균 ➡ 296쪽에서 시작

그을음병은 공기 중 포자에 의해서 발생할 수도 있으나 방제법은 공기 전염성 진균 감염에 대한 방제법과 다르다. 그을음병균은 기생물도 아니고 병원체도 아니다. 이는

복숭아가 곰팡이에 완전히 정복당했다.
부생균은 살아 있는 식물에는 질병을 일으키지 않는다.

잎에 생긴 거무스름한 반점은 진균 병원체가 만들어낸 병반이다.
이 진균은 살아 있는 조직을 파괴하고 있다.

가울테리아 스할론 *Gaultheria shallon*의 잎은
15가지 잎반점병 진균에 감염되기 쉽다.
사진의 병징을 보이는 감염은 치명적이지는 않으나 식물이 약해진다.

진딧물, 깍지벌레류, 가루깍지벌레 등의 곤충이 분비하는 달콤한 분비물을 섭취한다. 이 진균을 없애기 위한 해결책은 곤충을 구제하는 것이다. 진균 자체를 없애려는 것보다 곤충을 없앨 때 효과가 더 빠르기 때문에 그을음병균 구제는 방법이 좀 다르다.

목재부후균 ➡ 302쪽에서 시작

목재부후균은 살아 있는 나무 속에서 번식하는데, 이 진균에 감염된 나무는 안에서부터 죽어간다. 나무줄기나 밑동 측면에서 버섯이 자라기 시작하면 그제야 나무에 문제가 생겼음을 알게 된다.

뿌리썩음병 진균은 뿌리를 죽인다.
뿌리는 회색으로 변한 다음 죽을 때 검은색으로 변하고 물렁해진다.
사진과 같은 진균 감염은 식물 전체를 죽일 수 있다.

나무에 꼬인 진딧물이 분비하는 분비물로 인해
동백나무의 잎에 그을음병이 발생하여 검게 변했다.
곰팡이는 쉽게 씻겨나가지만 일시적이며,
곤충을 구제함으로써 영구적인 대책을 취해야 한다.

튤립 *Tulipa* 알뿌리는 저장 중에
공기 전염성 진균 포자에 의해 곰팡이가 필 수 있다.
질병에 걸린 알뿌리를 심으면 이 병이 온 정원에 전염된다.

저장 중인 알뿌리, 덩이줄기, 둥근줄기, 땅속줄기에 핀 곰팡이 ➡ 303쪽에서 시작

식물의 살이 많은 부분이 땅속에서 뻗는 종류는 저장 중이나 땅에서 재배하는 중에 파란색, 분홍색, 노란색 또는 흰색 곰팡이가 필 수 있다. 저장 중 곰팡이가 핀 알뿌리는 이 장에서 논하고 땅에서 재배 중일 때 핀 곰팡이에 대한 것은 토양 전염성 진균에 관해 논하는 292, 293쪽을 참고한다.

공기 전염성 진균 방제

식물을 해치는 가장 흔한 진균은 공기로 전염된다. 공기 중으로 퍼진 포자에 감염된 식물 병해가 아래와 같이 엄청나게 많은 데서 알 수 있듯이, 진균은 매우 성공적인 번식 수단을 택했다.

장미$_{Rosa}$의 시간에 따른 진균 감염 병징을 보면 공기 전염성 진균이 활동하는 전형적인 예를 알 수 있다(283쪽 사진 참고). 장미 잎이 디플로카르폰 로사이$_{Diplocarpon\ rosae}$라는 진균에 감염되면, 잎 내부에서 균사체가 자람에 따라 잎에서는 자흑색 반점이 생긴다. 반점은 점점 커지고 어떤 것은 가장자리가 노란색을 띠기도 한다. 균사체가 자라면서 반점 중앙에 포자를 생산하기 시작하고, 포자는 퍼져서 건강한 잎을 감염시킨다. 진균은 죽어서 땅에 떨어진 잎에서 포자를 계속 생산한다. 이 포자는 빗물이나 스프링클러 물방울 등에 튀어서 옆 장미나무의 잎에 붙고 감염 주기는 계속 반복된다.

제1부의 진단

장	제목	쪽	진단
2	잎	36	떡병
2	잎	42	검은무늬병
2	잎	42, 44, 63	녹병
2	잎	42, 47, 60, 65	잎반점병
2	잎	42, 65	흰가루병
2	잎	52	청고병

장	제목	쪽	진단
2	잎	45, 49, 60	진균병
2	잎	51	갈색썩음병
2	잎	52	궤양
2	잎	52	보트리티스균(잿빛곰팡이)
2	잎	65	잎오갈병
3	꽃	74, 76, 90, 132	보트리티스균(잿빛곰팡이)
3	꽃	74, 84	흰가루병
3	꽃	75, 129	탄저병
3	꽃	76, 89	동백꽃썩음병
3	꽃	76, 90, 131, 132	갈색썩음병
4	과일	107, 111	흰가루병
4	과일	109, 115	구멍병
4	과일	110, 126	붉은별무늬병(적성병)
4	과일	112	보트리티스균(잿빛곰팡이)
4	과일	112	흰곰팡이병
4	과일	114	검은점병
4	과일	114	탄저병
4	과일	114, 130	검은썩음병
4	과일	115, 123, 125	더뎅이병
4	과일	117	역병
4	과일	117	갈색썩음병
4	과일	118	탄저병
4	과일	129	검은썩음병, 미이라병, 갈색썩음병
5	줄기	142	시들음병(위조병)
5	줄기	143	붉은가지마름병, 혹병
5	줄기	143, 148	갈색썩음병, 궤양병, 유티파 가지마름병
5	줄기	143, 149	줄기마름병
5	줄기	143, 153	보트리티스균(잿빛곰팡이)
5	줄기	144	페이퍼리 바크병
5	줄기	146, 165	깜부기병
5	줄기	146, 165	검은혹병
5	줄기	148	줄기반점병
5	줄기	149	줄기마름병
5	줄기	149	검은별무늬병

장	제목	쪽	진단
5	줄기	149	시카모르단풍 그을음껍질병
5	줄기	150, 157	궤양병
5	줄기	150, 157	녹병
5	줄기	164	붉은별무늬병
5	줄기	166	흑병
6	뿌리	181	탄저병
6	뿌리	182	역병
6	뿌리	183	점무늬병
7	씨	210	깜부기병

생육 환경 개선

진균 감염은 예방이 가장 효과 좋은 치료법이다. 잘 예방하면 진균병이 모든 식물에 전염되는 것을 막을 수 있고 식물의 2차 감염도 예방할 수 있다. 다음 권장사항 중에서 상황에 맞는 방법을 선택하도록 한다. 이 단계는 화학농약을 사용하기 전에 실시해야 한다.

위생처리한다 | 식물의 건강을 지킬 수 있는 가장 중요한 단계 중 하나다. 식물병리학에서 정의하는 위생처리란 병해충에 감염된 대상 식물을 모두 제거하는 조치다. 진균 감염을 방제하는 다른 단계를 취하기 전에는 반드시 위생처리 과정을 거쳐야 한다. 감염된 조직은 포자의 원천이다. 포자는 건강한 조직을 감염시키고 정원이나 밭, 화단으로 퍼져나간다. 위생처리를 먼저 실시하면 식물의 건강한 부위로는 전염되지 않을 것이다.

■ **감염된 식물을 제거하여 처분한다** 잎이나 가지를 잘라낸 후에는 모조리 처분한다. 퇴비 더미에 버리고자 할 때에는 퇴비가 71℃ 이상으로 뜨거운 상태여야만 한다. 그리고 시에서 수거하는 음식물 쓰레기에도 버리면 안 된다. 법적으로 허용된 소각장이 있거나 안전하게 소각

할 장소가 있으면 감염된 식물들을 소각하도록 한다. 그렇지 않으면 매립용 쓰레기로 처분한다.

멀칭한다 | 268쪽을 참고한다. 멀치란 식물 주변의 지면을 덮는 재료다. 화분의 식물을 덮는 재료를 덧거름이라고 하는데, 보통 실외용인 멀치보다 장식 효과가 있다.

멀칭을 하거나 덧거름을 깔면 흙탕물이 튀지 않는다. 식물에서 지면 또는 생육 배지에 접하는 부분은 지면에 고인 물이 튈 때 같이 따라오는 진균 포자에 대한 이병성이 가장 높으므로, 멀칭과 덧거름 깔기는 매우 중요한 단계다. 멀치와 덧거름은 잡초를 방지하고 수분을 유지하며 병해충을 구제할 수도 있다.

통풍을 시킨다 | 240쪽을 참고한다. 위치가 창틀이나 테라스든, 마당이든 식물이 서로 다닥다닥 붙어 있고 잎이 빽빽하면 진균병 발생 확률이 높아진다. 따라서 나무는 중앙의 원줄기가 보이도록 가지를 치고 식물 사이에 적당히 공간을 둔다. 주변 식물의 가지를 친다.

식물을 알맞은 장소에 배치한다 | 233쪽을 참고한다. 아무리 건강한 식물이라도 잘못된 장소에 배치하면 식물은 스트레스를 받게 되고, 그로 인해 병충해에 대한 이병성이 높아진다. 식물을 구입할 때 라벨과 포장을 세심히 살피고 관련 책이

자흑색 가장자리

검은색 진균 구조가
솟아 있으며 이곳에서
포자가 생산된다.

장미의 검은무늬병은 잎과
줄기에 감염되는 진균병이다.

어떻게 치료할까? **283**

아이비제라니움 *Pelargonium*은 공중걸이나 일반 화분에 잘 어울리는 식물이다. 이 잎은 진균병의 한 종류인 보트리티스, 즉 잿빛곰팡이병에 걸렸다. 이 잎은 식물에서 잘라 제거해야 한다.

나 잡지, 인터넷에서 식물이 필요로 하는 물, 일조량, 온도, 토양 조건을 익혀서 식물에게 필요한 환경을 맞추어준다.

내병성 품종을 고른다 | 234쪽을 참고한다. 널리 재배하는 채소나 관상식물 중에는 유전적으로 진균병에 저항력이 있도록 개발된 품종이 있다. 장미의 경우, 검은무늬병이나 흰가루병, 녹병 등의 진균병에 내성이 있는 개량종이 있다. 질병에 내성이 있는 식물을 심으면 각종 진균병 때문에 골치 아플 일은 없을 것이다.

물 관리를 한다 | 256쪽을 참고한다. 물을 어떻게 관리하느냐에 따라 정원이나 밭 가꾸기의 성공과 실패가 결정된다. 토양에 물이 너무 많으면 뿌리는 뿌리썩음병 진균에 감염되기 쉽고, 물이 너무 적으면 식물은 가뭄으로 죽을 것이다. 물을 보충하는 방법에 따라서도 정원이나 화분에 진균병을 부를 수 있다.

물을 줄 때는 잎이 젖지 않게 한다. 잎 위에서 물을 주지 말고 뿌리에 직접 준다. 진균이 기주를 감염시키려면 보통 식물 표면에 수분막이 있어야 한다. 다공성 호스와 주둥이가 좁고 긴 물뿌리개로 잎 아래 뿌리 쪽에 물을 준다.

단종재배가 아닌 다종재배를 한다 | 236쪽을 참고한다. 다종재배는 병충해의 확산을 저지한다. 꽃, 허브, 채소를 마당이나 밭 전체에 섞어서 이웃하는 식물이 각각 다른 종류면 진균병의 확산이 매우 감소된다.

꼭 써야 한다면 유기 살균제를 사용한다

실내 또는 실외 식물의 진균병을 방제하기 위하여 농약을 써야 할 경우도 있다. 유기농 재배 시 사용해도 안전함을 인증받은 농약의 종류는 매우 많다. 유기농약을 사용하면 상대적으로는 사람과 환경에 안전하다. 수백 년간 애용해온 약제도 있고, 새로 개발된 약제도 있다. 미국 제품의 경우 OMRI 인증 마크를 확인하자.

농약 사용 시 권장사항

농약을 쓰기 전에는 반드시 생육 환경을 개선하는 일이 선행되어야 한다(282, 283쪽 참고). 환경을 먼저 평가하고 기르고자 하는 식물이 환경에 적합한지 판단한다. 표시 문구(주의, 경고, 위험)가 있는 제품은 필요할 때만 사용한다. 농약은 시기를 정해놓고 사용하지 말고 식물을 그때그때 관찰해서 필요한 경우에만 사용한다. 여기서 소개하는 농약은 최소 독성에서 최고 독성까지 분류해놓았으나, 모두 유기농 재배 시 사용 승인을 받은 것이다.

다음에 소개하는 농약 중 여섯 번째 종류까지는 방지 차원에서 사용하는 것이고 진균에 감염된 식물을 치유하는 기능은 없다. 그러나 일곱 번째 석회황합제는 치유 기능을 한다. 먼저 위생처리를 한 후(282, 283쪽 참고) 이 농약들을 사용하면 진균 병해를 완전히 방제할 수 있다.

베이킹 소다 분무제

표시 문구 없음

- **베이킹 소다란?** 1846년 두 명의 제빵사가 탄산나트륨과 이산화탄소를 결합하여 베이킹 소다를 발명했다. 오늘날 베이킹 소다에는 탄산수소칼륨 $KHCO_3$과 탄산수소나트륨 $NaHCO_3$ 등 두 종류가 있다. 둘 다 천연무기질이다. 나트륨의 형태는 자연에서 쉽게 찾을 수 있으며 광천수에 많이 함유되어 있다. 탄산수소칼륨은 자연에서 거의 찾기 어려우며 탄산칼륨, 이산화탄소, 물을 결합하여 생산한다.

- **기능** 이 두 종류의 중탄산염은 진균병으로부터 식물을 보호한다. 진균에 감염된 식물을 치료하지는 못하므로, 예방책으로 사용한다. 연구에 따르면 탄산수소칼륨과 탄산수소나트륨은 진균 세포벽을 파괴한다고 한다. 정확한 작용은 알려지지 않았다.

- **부작용은 없는지?** 베이킹 소다는 사람, 기타 포유류, 곤충, 수중 생물에 부작용을 일으키지 않는다. 일부 식물은 잎이 타는 등 민감한 반응을 보일 수 있다. 식물에 적합한지 확인하려면 약을 뿌리기 전에 잎의 일부에만 분사해보고 하루 내지 이틀 지켜본다. 베이킹 소다를 분무하고 나면 잎에 흰색 잔여물이 남는다.

가능하면 탄산수소칼륨을 사용하도록 한다. 칼륨은 식물의 주 영양소일 뿐만 아니라, 비료도 되기 때문이다. 탄산수소나트륨은 토양에 나트륨 농도를 증가시킬 수 있어 식물이 문제를 일으킬 수도 있다.

- **사용법** 가든 센터에서 기성제품을 판매한다. 집에서 스스로 만들려면 다음 방법을 따른다.

- **베이킹 소다 분무제 제작법**

물 3.7 *l*

베이킹 소다(탄산수소칼륨 또는 탄산수소나트륨) 1큰술

식물성 기름 2.5큰술

액상 비누(세제 안 됨) 1작은술

베이킹 소다, 기름, 비누를 물에 섞는다. 분무기에 넣고 뿌린다.

실내외 모두 사용 가능하다. 잎, 과일, 줄기 모든 면에 고루 뿌리도록 한다. 증상을 발견하자마자 실시하고 그 후에 2주에 한 번씩 분무하여 새순을 보호한다. 비에 씻겨나가면 다시 분무한다.

퇴비차

표시 문구 없음

■ **퇴비차란?** 퇴비차는 숙성된 퇴비를 물에 적신 후 공기를 주입하고 여과하여 이로운 세균과 진균이 풍부한 액상 거름을 만든 것이다. 당밀 등 영양분을 첨가하여 최고의 약을 만든다. 또한 퇴비를 물에 담글 때는 반드시 공기를 주입해야 한다. 수족관 호스를 물에 넣어 공기방울이 나오도록 하고 계속 섞어준다. 공기를 주입하지 않고 퇴비를 물에서 반죽하면 혐기성 산물(추출물)이 만들어진다. 혐기성 산물은 공기를 주입하여 제조한 것보다 훨씬 효과가 적다. 또한 이 추출물에는 혐기성 병원균이 포함되는 경우가 있어 오히려 식물에 병을 일으킬 수도 있다.

■ **기능** 퇴비차는 진균 감염 부위를 서서히 줄여주는데, 퇴비 속 미생물이 병원 진균과 싸우기 때문이나. 또한 식물에 유기 영양을 공급해주는 거름이기도 하다. 예방은 가능하나 진균에 감염된 식물을 치유하지는 못한다.

■ **부작용은 없는지?** 호기성 퇴비차는 부작용이 없다. 그러나 혐기성 퇴비차는 식물에 해로운 미생물이 생길 수 있다.

■ **사용법** 공기를 주입하고 여과한 신선한 퇴비차를 잎, 줄기, 과일 또는 식물 주변 멀치나 토양에 분무한다. 퇴비차는 만든 날에 바로 사용한다. 실내에서 사용해도 안전하나 냄새가 좋지 않을 수 있으므로 한번 분사해보고 판단하길 바란다. 가든 센터에서 기성제품을 판매하기도 한다. 퇴비차를 안전하게 사용하려면 공기를 쏘인 것인지, 신선한 것인지 확인한다. 반

드시 구매한 날, 제조한 날에 바로 사용해야 한다. 비에 씻겨 내려가면 다시 분무한다.

세균성 살균제

표시 문구 주의

- **세균성 살균제란?** 식물의 진균병을 예방하기 위하여 세균의 일종인 바실루스 수브틸리스 *Bacillus subtilis* QST713를 자연 번식시키는 비교적 최신 약제다. 화학제는 아니며 살아 있는 세균 배양 약제다.
- **기능** 세균성 살균제는 질병을 일으키는 진균 병원체를 죽인다. 세균이 식물에서 양분과 성장 공간을 차지하기 위하여 진균과 싸우는 것이다. 이들은 진균 세포벽에 달라붙어서 거대한 식민지를 형성하고 마침내 진균을 죽인다. 이 세균은 이미 감염된 부위를 치료하지는 못하지만 훌륭한 예방 수단이 된다.
- **부작용은 없는지?** 세균성 살균제는 인간, 조류鳥類, 어류, 기타 수중 생물에 부작용이 없다. 가끔 이 약제에 반응을 나타내는 사람이 있으므로, 흡입 또는 피부 접촉을 방지하기 위하여 보호 의복과 마스크를 착용하도록 한다. 일반적으로 정원에 사용하는 약제지만 실내 식물에 사용해도 안전하다.

영어로 팬지오키드pansy orchid라고도 하는 밀토니옵시스Miltoniopsis는 많은 이들이 좋아하는 화초로, 밝은 그늘, 시원한 온도, 높은 습도에서 키워야 한다.
이 식물에는 바실루스 수브틸리스를 사용해도 안전하다.

■ **사용법** 라벨의 지시사항에 따른다. 분무기에 든 기성제품과 라벨의 지시에 따라 물에 희석해서 사용하는 원액으로 판매된다. 약제를 잎, 꽃, 과일, 줄기에 직접 분무한다. 필요할 때마다 약 2주에 한 번씩 새순을 보호하기 위하여 다시 뿌린다. 비에 씻겨 내려갔을 때도 다시 분무한다. 이 약제는 살아 있는 미생물임을 명심한다. 따라서 다른 화학제와 혼합하면 세균이 죽는다.

님 기름

표시 문구 **주의**

■ **님 기름이란?** 님 Neem 기름은 인도에서만 나는 님나무 *Azadirachta indica* 라는 상록수의 씨에서 추출한 기름으로, 냉간 가압 공정으로 씨를 으깨어 추출한 것이다. 님나무는 멀구슬나무 *Melia azedarach* 와 유연관계가 있는 종이다.

■ **기능** 님 기름은 진균 포자의 생성을 억제하고 진균 감염을 예방한다. 따라서 예방책이지 치료용은 아니다.

■ **부작용은 없는지?** 님 씨와 멀구슬나무 씨 모두 독성이 있다. 님 기름은 생분해가 매우 빠르다. 안전성과 환경 영향 검사는 완료되지 않았으나, 일부 검사에서는 포유류, 벌레, 무당벌레, 꿀벌에는 무해한 것으로 나왔다. 그러나 라벨에는 물가에서는 사용하지 말라고 표기해 놓았다. 또한 벌이 활발히 먹이를 얻고 있을 때 사용해서는 안 된다. EPA에서는 실내에서 사용해도 안전하다고 명시한다. 냄새는 약간 불쾌할 수 있다.

■ **사용법** 라벨의 지시사항에 따른다. 님 기름 자체는 물과 섞이지 않으나 시중에 판매되는 제품은 계면활성제가 함유되어 있어 물과 잘 섞인다. 님 기름 제품을 물에 혼합하여 식물이 생육기일 때 1~2주에 한 번씩 분무한다.

황

표시 문구 주의

■ **황이란?** 황은 땅에서 나는 노란색 광물로, 산소, 질소, 철과 같은 천연 원소다. 고대 그리스와 로마에서는 곡식에 곰팡이병이 생기면 황을 사용하여 방제했다. 현재 알려진 농약 중에서 가장 오래된 종류다.

■ **기능** 황은 진균 포자의 생성을 막는다. 시험 결과 황은 식물의 각종 진균병을 방제했다. 진균병을 치료할 수는 없어도 합성 살균제만큼 진균 병원체의 확산을 효과적으로 저지한다.

■ **부작용은 없는지?** 황은 사람 등 일부 포유류에 독성을 나타내므로 눈과 폐에 들어가거나 피부에 접촉하지 않도록 보호 장구를 착용하도록 한다. 천식 또는 과민증이 있는 사람은 황에 반응을 보일 수 있다. EPA에서는 황을 실내에서 사용해도 안전한 것으로 간주한다. 황은 익충과 어류를 죽일 수 있으므로 익충의 활동이 뜸할 때(즉, 날이 선선할 때) 사용하고, 연못, 하천, 호수 주변에서는 사용하지 않도록 한다.

황은 너무 더운 날에 사용하거나 기름 성분이 든 물질을 식물에 뿌린 직후에 사용할 경우 식물을 해할 수도 있다. 온도가 26.6℃ 이상일 때는 황을 사용하면 안 된다. 그리고 원예용 기름을 식물에 뿌렸을 경우에는 해당 달을 포함하여 다음 달까지 황을 사용하면 안 된다. 또한 황을 정기적으로 사용하면 토양에 축적되어 토양이 산성으로 변한다.

■ **사용법** 라벨의 지시사항에 따른다. 황은 분무기에 든 기성제품과 라벨의 지시에 따라 물에 희석해서 사용하는 원액과 분말로 판매된다. 식물의 땅 위 모든 부분에 골고루 살포한다. 2차 감염을 막으려면 포자가 확산되기 전에 황을 뿌려야 한다. 황은 식물 표면에서 씻겨 내려가므로 1~2주 간격으로 살포해야 한다.

구리

표시 문구 **주의**

- **구리란?** 구리는 땅에서 나는 천연 광물로, 200년 이상 사용된 살균제다. 수산화구리 및 황산구리는 식물을 보호하는 데 사용되는 구리의 두 가지 형태다.

- **기능** 구리는 천연물질이면서도 매우 효과적인 살균제다. 황과 마찬가지로 진균 포자의 확산을 방지한다. 따라서 예방 수단이며 치료 수단은 되지 못한다. 구리 화합물은 합성 살균제만큼이나 식물의 진균 방제에 효과적이다. 진균을 퇴치하는 몇 안 되는 농약 중 하나다.

- **부작용은 없는지?** 구리는 사람에게 어느 정도 독성이 있어 눈과 피부 염증을 일으킨다. 다량 섭취하면 유독하다. 적합한 보호 장구(보안경, 마스크, 장갑, 긴팔 윗옷, 긴 바지)를 착용한다. 구리는 수중 무척추동물, 어류, 양서류에 매우 유독하므로 물 가까이에서는 사용하지 않도록 한다. 조류에 끼치는 영향에 대해서는 알려진 바가 없다. 구리를 살포한 후 젖은 채로 너무 오래 방치하면 식물에 해로울 수 있다. 유기농 인증 지침에 따라 가장 늦게는 과일과 채소를 수확하기 하루 전에 구리를 사용할 수 있다. 구리 살균제를 사용할 경우에 구리와 황을 교대로 사용하면 좋다. 이렇게 하면 광물질이 토양에 축적되는 것을 방지할 수 있다.

- **사용법** 라벨의 지시사항에 따른다. 구리 화합물은 분무기에 든 기성제품, 물에 희석해서 사용하는 분말과 그대로 살포하는 분말로 판매된다. 분말을 물에 혼합하고 전착제를 첨가한다. 일부 기성제품에는 전착제가 이미 첨가되어 있고 어떤 제품은 첨가되어 있지 않으므로 라벨을 확인한다. 용액은 분무기에, 분말은 살분기에 넣는다. 감염 징후를 처음 발견했을 때 사용하면 감염 확산을 예방할 수 있다. 잎이 빨리 마르도록 아침 일찍 살포한다.

석회황합제

표시 문구 **위험**

- **석회황합제란?** 석회황합제는 수산화칼슘에 황을 첨가하여 끓인 약제다. 1845년부터 살균

제로 사용되어 왔으며, 1800년대 후반과 1900년대 초반에 굉장히 널리 사용되었다.

- **기능** 석회황합제는 이미 생성된 진균 포자를 죽인다. 황이 석회와 혼합되면 성분이 바뀐다. 이 화합물에서 황은 식물 조직을 침투하여 진균을 박멸하는 동시에 식물을 보호한다. 다시 말하면 석회황합제는 예방제이자 치료제인 것이다.
- **부작용은 없는지?** 석회황합제는 포유류에 유독하다. 즉, 성인과 어린이, 애완동물까지 위험하다는 뜻이다. 심각한 눈 손상과 피부 자극을 일으킬 수 있으므로 적합한 보호 장구(보안경, 마스크, 장갑 등)를 착용해야 한다. 이 약제를 살포할 때는 애완동물과 어린이가 접근하지 않도록 한다. 석회황합제는 황 한 가지만 살포할 때보다 식물에 더욱 심각한 상처를 입힐 수 있다. 온도가 29.4℃ 미만일 때만 사용해야 하며, 실내 식물에는 사용하지 않는다. 또한 나무와 페인트를 변색시키므로 집 안이나 차고에 보관하면 안 된다.
- **사용법** 라벨의 지시사항에 따른다. 이 약제는 물에 희석시켜 분사하는 원액이다. 낙엽수 및 관목, 상록수에는 새순이 나오기 전, 즉 식물이 휴면기일 때 분무한다. 휴면기는 늦겨울 또는 초봄이다. 이른 봄 눈이 초록색으로 변하기 시작할 때인 생육기 초기에 아주 적은 농도로 분무해도 된다. 휴면기가 끝나면 눈이 녹색으로 변하므로 이때는 약제를 정상 농도로 분무하면 절대 안 된다.

토양 전염성 진균 방제

땅속으로 난 식물 부분을 공격하는 병원 진균은 정원이나 밭에서 두 번째로 많이 발견되는 진균이다. 진균의 종류는 매우 다양한데, 종에 따라 물곰팡이류, 버섯류, 점균류(점액처럼 흐르는 균류)가 있다. 이들의 공통점은 토양 환경에서 번식한다는 것이다. 진균이 땅속에 있으므로 가장 효과적인 구제법은 생육 환경을 관리하는 것이다. 농약을 이용한 방제는 효과가 없다.

제1부의 진단

장	제목	쪽	진단
1	식물 전체	23	푸사리움균, 버티실리움균
1	식물 전체	23	보트리티스균(잿빛곰팡이)
1	식물 전체	24	아밀라리아 뿌리썩음병
1	식물 전체	24	흰곰팡이병
1	식물 전체	26	모잘록병
2	잎	52	청고병
3	꽃	87	푸사리움 황화병
4	과일	112, 163	흰곰팡이병
5	줄기	151, 168	아밀라리아 뿌리썩음병
5	줄기	153, 162	역병, 관부썩음병
5	줄기	153	흰곰팡이병
5	줄기	162	줄기썩음병
6	뿌리	176, 180	뿌리썩음병
6	뿌리	178, 184, 186, 202	시들음병
6	뿌리	178, 199	분홍빛뿌리썩음병
6	뿌리	180	은무늬병
6	뿌리	180	검은무늬썩음병
6	뿌리	182, 184, 201	비늘줄기썩음병, 무름병, 뿌리썩음병
6	뿌리	183	더뎅이병
6	뿌리	187, 196	감자바이러스병
6	뿌리	195	무사마귀병
6	뿌리	201	관부썩음병
6	씨	211	모잘록병

생 육 환 경 개 선

토양 전염성 진균병은 치료법이 없다. 그러나 생육 환경을 변화시키면 감염의 진행을 중단시킬 수 있으며 인근 식물로 확산되는 것을 방지할 수 있다. 또한 병의 재발도 방지할 수 있다. 이 처방에도 반드시 거쳐야 하는 단계가 있는데, 바로 살균이다. 나머지는 가장 심각한 토양 전염성 진균부터 순서대로 처리하면 된다. 다음 해결책 중에서 상황에 가장 적합한 것을 선택하여 적용한다.

위생처리한다 | 식물병리학에서 정의하는 위생처리란 병해충에 감염된 대상 식물을 모두 제거하는 조치다. 이 단계는 뿌리 진균 감염의 확산을 중단하고 식물을 지키기 위해서 매우 중요하다. 감염된 조직은 포자의 원천이다. 토양 전염성 진균은 식물을 죽이므로, 다른 식물로 확산되지 않도록 반드시 막아야 한다.

- **감염된 식물을 제거하여 처분한다** 땅속 부위가 뿌리썩음병이나 기타 진균병으로 죽어가는 식물은 뽑아서 없애야 한다. 진균의 일부 종류는 흙 속에서도 살 수 있고 이미 죽었거나 죽어가는 뿌리 안에서도 몇 년씩 살 수 있으므로 뿌리를 최대한 제거한다. 또한 죽었거나 죽어가는 식물 주변의 흙은 발견한 즉시 최대한 많이 파낸다. 감염된 식물이나 흙을 퇴비 더미에 섞으면 안 된다. 그리고 시에서 수거하는 음식물 쓰레기에도 버리면 안 된다. 법적으로 허용된 소각장이 있거나 안전하게 소각할 장소가 있으면 감염된 식물들을 소각하도록 한다. 그렇지 않으면 매립용 쓰레기로 처분한다.

- **죽은 식물의 자리에는 내병성 있는 식물을 심는다** 피토프토라, 버티실리움, 푸사리움, 아밀라리아, 양배추 무사마귀병, 감자 더뎅이병, 분홍빛뿌리썩음병 등의 토양 서식 진균병에 유전적으로 내병성 있는 식물이 많이 있다. 감염된 식물을 파낸 자리에 동일한 종류의 식물을 다시 심으면 안 된다. 진균병에 내병성이 있는 완전히 다른 종류를 심는다.

- **병에 걸리지 않은 종자와 식물을 심는다** 알뿌리, 덩이뿌리, 둥근줄기, 땅속줄기를 면밀히 검사한다. 갈색 점무늬, 곰팡이 또는 수축된 조직이 없는지 관찰한다. 반점 무늬나 곰팡이가 피지 않은 것을 확인하고 구입한다. 구입하고자 하는 식물의 잎·줄기·꽃에 변색된 부분, 뒤틀린 조직, 시들음, 기타 문제가 없는지 확인한다. 건강하고 흠이 전혀 없는 식물만 구입한다.

물 관리를 한다 ➡ 256쪽 참고

- **토양이 마를 때까지 기다린다** 흙이 너무 오랫동안 젖어 있으면 안 된다. 화단의 흙이든 화분의 흙이든 마찬가지다. 일명 물곰팡이라고 하는 뿌리썩음병 진균 종류는 축축한 흙에서 번식한다. 수생균 중 피토프토라속 *Phytophthora*과 피티움속 *Phthium* 종이 가장 흔히 발생한다. 문제를 해결하기 위해서 균의 이름까지 알 필요는 없지만, 심하게 젖은 토양은 식물에 스트레스를 주고 치명적인 병원체에 대한 이병성을 유발한다.

- **물을 적당히 준다** 식물에 딸려온 꼬리표를 읽거나 이 책의 '참고문헌'에 수록된 자료를 조사하여 특정 식물이 필요로 하는 알맞은 물의 양을 익힌다. 여러 유용한 원예 관련 서적에서는 각 식물에게 필요한 물의 양을 알려준다.

- **물 빠짐을 검사한다** 흙이 너무 오랫동안 젖어 있는 것 같으면 주변에 구덩이를 하나 판다. 가까운 장소에 구덩이를 파되, 뿌리를 자를 정도로 가까이 파지는 않는다. 구덩이에 물을 채우고 물이 다 빠지는 시간을 잰다. 물 빠지는 데 한 시간 이상이 걸리면 토양의 물 빠짐 상태를 개선해야 한다.

- **물 빠짐 상태를 개선한다** 258쪽을 참고하여 물 빠짐 상태를 개선하는 방법 중 가장 적합한 해결책을 적용한다.

토양 관리를 한다 ➡ 265쪽 참고

건강하고 생물학적으로 활발한 토양은 진균병을 방제하는 데 반드시 필요한 요건이다. 토양이 건강할수록 식물은 스트레스를 덜 받는다. 또한 땅 밑에 풍부하고 다양한 생태계를 조성함으로써 해로운 진균 구제에 도움이 되는 경쟁적 상호작용을 유도한다. 토양에 퇴비나 멀치 등의 질병이 없는 죽은 식물을 공급하자.

- **퇴비를 사용한다** 잘 만들어진 퇴비는 생물학적으로 풍부한 이로운 진균과 세균의 천국으로, 열심히 질병 매개체를 물리치고 정원에 얼씬하지 못하게 수비한다.

■ 토양의 pH를 조절한다

돌려 짓는다 ➡ 237쪽 참고

동일한 식물 또는 동일한 종류의 식물을 계속해서 같은 자리에 심지 않는다. 한해살이 식물, 채소 및 알뿌리 식물은 심었던 자리에 다시 심지 않아야 토양 전염성 진균이 유발하는 병을 예방할 수 있다.

단종재배가 아닌 다종재배를 한다 ➡ 236쪽 참고

뿌리 영역에서는 식물 종류에 따라 환경을 개척하는 방식이 다르다. 어떤 뿌리는 깊이 뻗고, 어떤 것은 얕게 뻗는다. 따라서 여러 식물을 한데 심을 경우 단종재배(한 곳에서 한 종류의 식물만 재배)보다 다종재배(한 곳에서 여러 종류의 식물을 재배)를 하면 뿌리가 훨씬 더 자유롭게 뻗는다. 예를 들어, 단일재배로 토마토만 한데 심으면 뿌리 영역이 겹친다. 이들은 토양 환경에서 완전히 똑같은 적소지위를 누리려 하는 것이다. 뿌리들은 자원을 서로 차지하기 위해 경쟁하느라 발육이 더뎌지고 스트레스를 받아 병에 걸리기 쉽다. 따라서 강낭콩과 천수국 등 다른 작물 사이사이에 토마토를 심어서 다종재배를 한다. 또한 뿌리 계통이 충분히 발달해서 가능한 자원을 획득할 수 있도록 식물에 충분한 공간을 준다.

미국 남서부의 인디언들은 다종재배를 널리 행했다. 예로부터 옥수수, 콩, 호박을 섞어 심어서 생산적인 농경체계를 이루었다.

그을음병 방제

그을음병은 잎과 과일에 검은색 그을음이 앉는 증상인데, 쉽게 문질러 없어진다.

검은색 그을음은 진균이지만 병원체는 아니다. 이 진균은 질병을 일으키지는 않으며 식물의 생명을 위협하지도 않는다. 그러나 잎 표면에 너무 많이 생기면 햇빛을 차단하여 식물이 광합성으로 양분을 생산하는 능력이 현저히 떨어진다. 또한 보기에도 좋지 않다.

제1부의 진단

장	제목	쪽	진단
2	잎	36	그을음병
4	과일	107, 113	그을음병

그을음병은 곤충(주로 진딧물, 깍지벌레류, 가루깍지벌레, 나무이류 등)이 해당 식물 또는 인근 식물에 번식할 때 생긴다. 이 곤충들은 찌르고 빠는 입 구조로 잎맥을 뚫고 당질이 든 수액을 빨아먹는다. 먹고 나면 이들은 '감로'라고 하는 달달한 똥을 엄청나게 배설하는데, 이 배설물은 비처럼 식물 곳곳에 떨어진다. 차를 단풍나무나 자작나무 밑에 대놓으면 진딧물 배설물이 잔뜩 떨어져 차 표면이 끈적끈적했던 경험이 있을 것이다. 이와 마찬가지로 동백나무가 단풍나무 밑에 자리 잡고 있어도 잎은 곧 진딧물 똥으로 끈적끈적해진다. 검은 그을음병균은 이 끈끈하고 달달한 배설물을 먹고 번식한다.

생육 환경 개선

다음에 소개하는 해결책은 안전하고 비교적 간단하기 때문에 곤충을 찾아내지 않고 바로 각각 시도한 후에 효과가 있는지 지켜보도록 한다. 거듭 강조하지만 농약은 꼭 필요한 경우가 아니면 사용하지 않는다. 해충을 식별하고 구제하는 방법에 관해서는 10장에서 더 자세히 다룬다.

식물을 씻는다 | 그을음병이 앉은 잎과 과일을 닦거나 씻는다. 식물에 호스로 물을 뿌려서 감로를 씻어내면 그을음병균은 먹이가 없어서 더 이상 번식하지 못한다. 이 작업은 이른 아침에 실시하여 식물이 마를 시간을 준다. 젖은 잎은 다른 진균병에 걸릴 수 있기 때문이다. 식물을 씻는 처방은 일시적인 해결책이며 궁극적으로는 곤충을 구제해야 한다.

이로운 생물을 모은다 | 321쪽을 참고한다. 진딧물과 가루깍지벌레를 구제하는 방법이다. 딜, 펜넬 또는 메밀류를 심어서 이로운 포식자를 정원이나 밭에 끌어들인다. 이 식물들은 기생봉, 꽃등에, 무당벌레에 꿀을 제공하고, 이 곤충들은 진딧물과 가루깍지벌레를 포식한다. 또는 풀잠자리 등 익충의 알을 구입해서 정원에 푼다. 그러면 유충이 나와서 해충들을 게걸스레 잡아먹는다.

곤충 사이에서 개미를 찾는다 | 진딧물 또는 깍지벌레류 군집에서 개미를 찾아본다. 개미 중에는 '목동' 역할을 하는 종류가 있는데, 이들은 '소'를 몰 듯이 해충(진딧물, 깍지벌레류 등)을 몰고 다니며 그들이 분비하는 감로를 먹는다. 이 개미들은 해충을 이 식물에서 저 식물로 옮긴다. 개미를 발견했으면 줄기에 끈끈이 장애물을 설치하여(325, 326쪽 참고) 개미가 줄기를 오르지 못하게 막는다.

원인 곤충을 구제한다 | 이 방법을 다음 순서대로 실시한다.

- **물 분사로 곤충을 떨어뜨린다** 물을 강하게 뿜어서 진딧물과 가루깍지벌레를 식물에서 날려버린다. 식물을 씻는 처방은 보통 일시적일 뿐이다.
- **질소 함량이 높은 비료 사용을 중단한다** 토양이나 잎에 질소 함량이 높으면 진딧물의 번식이 증가한다.

꼭 써야 한다면 유기농약을 사용한다

그을음병과 관련된 곤충을 구제할 때 농약을 써야겠다고 생각되면 227쪽의 안전 지침을 숙지한다.

농약 사용 시 권장사항

농약을 쓰기 전에 반드시 생육 환경을 개선하는 일이 선행되어야 한다(293쪽 참고). 환경을 먼저 평가하고 기르고자 하는 식물이 환경에 적합한지 판단한다. 표시 문구(주의, 경고, 위험)가 있는 제품은 필요할 때만 사용한다. 농약은 시기를 정해놓고 사용하지 말고 식물을 그때그때 관찰해서 필요한 경우에만 사용한다. 여기서 소개하는 농약은 최소 독성에서 최고 독성까지 분류해놓았으나, 모두 유기농 재배 시 사용승인을 받은 것이다.

이 동백나무 잎에서 퍼지고 있는 거무스름한 곰팡이는 물로 씻어냄으로써 쉽게 없앨 수 있다. 곤충 구제도 병행해야 한다. 이들의 달콤한 분비물이 곰팡이의 먹이다.

살충비누 | 진딧물, 깍지벌레류, 가루깍지벌레, 나무이류에 뿌린다. 이들 곤충의 식별에 관해서는 310쪽부터 참고한다.

표시 문구 **없음**

- **살충비누란?** 화학적으로 설명하자면, 비누는 산(식물성 또는 동물성 기름 모두 지방산으로 구성된다)과 염기(칼륨, 수산화나트륨 또는 가성소다)를 결합한 염이다. 산과 염기의 결합 반응으로 염이 생성되는데, 이 염을 비누라고 부르는 것이다. 시중에서 판매되는 살충비누에는 활성 성분, 즉 "지방산칼륨염"이 표기되어 있는데, 이것이 곧 비누다.

- **기능** 물에 비누를 희석하여 곤충에 직접 분사하면 곤충은 바로 죽는다. 비누가 곤충을 보호하는 큐티클에 침투하여 세포를 파괴시키기 때문이다. 그러나 비누는 잔여 활성도가 없어 비누가 마르면 효능이 없어진다.

- **부작용은 없는지?** 살충비누는 광범위한 살충제이자 살비제라서 잘못 뿌리면 무당벌레, 꿀벌, 칠성풀잠자리, 기타 익충을 모두 죽인다. 그러므로 죽이고자 하는 곤충에만 뿌리고 이로운 생물은 보호한다. 비누는 포유류나 조류에 유독하지 않고 토양에서 빠르게 분해된다. 수중 생물 또는 생태계에 무해하다.

- **사용법** 살충비누는 대부분의 가든 센터에서 분무기에 든 제품을 구입할 수 있다. 물에 희석해서 압축식 분무기에 넣어 사용하는 원액도 판매한다.

살충비누를 직접 만들고 싶다면 우선 비누를 준비한다. 이때 주의해야 할 것은 우리가 흔히 비누라고 하는 제품들, 즉 주방용 세제 등은 실제로 세제(합성 비누)이므로 식물에는 해롭다. 순수 카스틸 비누액과 같은 제품을 준비하도록 한다. 시간과 의향이 있으면 원하는 성분을 골라서 취향에 맞는 비누를 만들어볼 수도 있다. 인터넷에 살충비누 제조법이 많이 소개되어 있다.

비누액 1큰술을 물 1l에 희석하여 분무기에 담고 해충에 흠뻑 분사한다.

님 기름 ➡ 289쪽에서 시작

피레트린

표시 문구 **주의**

■ **피레트린이란?** 피레트린 pyrethrin은 화단국의 여러해살이 종류인 제충국 *Chrysanthemum cinerariifolium*을 말려서 만든 천연 식물 살충제·살비제다. 이 종은 예전에 피레트룸 *Pyrethrum*속에 속했는데, 제충국으로 만든 천연 살충제는 제충국의 옛 속 이름을 따서 '피레트룸'이라 한다. 꽃을 따서 말린 후 갈아서 가루로 만든다. 이 가루에서 추출한 활성 성분을 '피레트린'이라 한다. 피레트린은 몇 가지 화학 성분을 혼합한 것으로, 광범위한 신경 독으로 작용하여 곤충과 응애를 모두 구제한다. 효소를 분비하는 일부 곤충은 천연 농약을 무독화하고 이 약에 마비된 후에는 스스로 회복한다. 따라서 이 천연 농약의 합성 약제가 나왔는데, 이를 '피레스로이드 pyrethroid'라 한다. 피레스로이드는 천연 약제보다 포유류에는 독성이 덜하고 곤충에는 더 강하다.

■ **기능** 곤충이 피레트린과 접촉하면 몸이 마비된다. 잎과 줄기에 뿌리면 며칠간 효능이 남아 있어 해충과 더불어 익충도 죽인다.

■ **부작용은 없는지?** 피레트린은 포유류에 약간의 독성이 있고, 피레스로이드는 덜하다. 피레스로이드는 실내나 음식 주위에서 사용해도 안전한 살충제다. 하지만 천식 또는 건초열이 있는 사람은 과민증을 보일 수 있으므로 주의해야 한다. 또 피레스로이드는 무당벌레까지 죽이지만 꿀벌에는 무해하다. 피레트린은 어류나 기타 수중 생물에 유해하다.

천연 약제의 효능을 높이는 첨가제가 함유된 제품은 조심한다. 상승제로 첨가하는 피페로닐 부톡시드 piperonyl butoxide가 있는데, 이것은 자체에 독성이 있어 다른 화합물과 결합하면 화합물만 사용할 때보다 더 독성을 띠게 된다. 이 약제를 사용할 때는 의복을 적절하게 갖추어 입고 안전 장비를 착용하도록 한다.

- **사용법** 라벨을 읽고 지시에 따른다. 피레트린은 액상 분무제로 많이 사용한다. 가든 센터에서 분무기에 든 제품을 구입할 수 있으며, 물에 희석해서 분무기에 넣어 사용하는 원액도 판매한다. 잎의 앞면과 뒷면에 골고루 분사한다.

목재부후균 방제

아밀라리아, 참나무 시들음병 원균, 밤나무 줄기마름병 원균, 네덜란드 느릅나무병 원균, 영지버섯속 등의 구멍장이균류 또는 심부병균은 관목과 교목을 죽인다. 어떤 나무에서 우산 모양이나 선반 모양의 버섯이 자라고 있는 것을 보았다면, 그 나무를 살리기에는 이미 늦었다. 나무가 죽기까지는 몇 년이 걸리겠지만, 안에서부터 썩어 결국에는 죽어서 쓰러진다. 나무가 쓰러져서 집이나 차, 개집 등이 깔리기 전에 미리 베는 것이 좋다.

진균 중 몇몇 종류가 목재부후균인데, 이들은 모두 치명적이다. 예방으로 이 진균에 감염되지 않도록 잘 관리하는 방법이 최선책이다. 나무와 떨기나무에 필요한 빛, 물, 온도, 영양을 잘 관리하여 건강하게 유지한다. 8장과 이 책 마지막에 수록된 참고 문헌을 참고한다.

제1부의 진단

장	제목	쪽	진단
5	줄기	163	심부병
5	줄기	168	구멍장이균류

- **진균이 나무 또는 떨기나무에서 자라기 시작하는 것을 목격한 경우** 식물을 즉시 뽑아서 처분해야 한다. 그 자리에는 진균에 내성이 있는 식물을 심는다. 동일한 식물을 감염된 식물을 뽑아낸 그 자리에 다시 심으면 안 된다. 그 진균병에 내병성이 있는 완전히 다른 종류를 심는다.

저장 중인 알뿌리, 덩이줄기, 둥근줄기, 땅속줄기에 핀 곰팡이

알뿌리 푸른곰팡이병, 덩이줄기·알뿌리·둥근줄기 썩음병, 그리고 진균병의 일종은 저장 중일 때 발생하기 쉽다. 이들은 모두 동일한 질병이며 식물의 저장 기관이 땅속에서 자라는 중에 감염되기도 한다. 이 병의 방제는 292, 293쪽을 참고한다.

제1부의 진단

장	제목	쪽	진단
6	뿌리	177, 202	구근부패병
6	뿌리	182	진균병
6	뿌리	183	구근진균병
6	뿌리	177, 184, 202	푸른곰팡이병
6	뿌리	187	진균병의 일종

곰팡이가 핀 알뿌리는 처분한다 | 알뿌리 보관 중에 곰팡이가 폈다면 버려야 한다. 건강한 새 알뿌리를 구해서 심는다.

보관 중 곰팡이가 피지 않도록 관리한다 | 한 해 중 적당한 시기에 알뿌리를 파낸다. 적당한 시기는 식물 꼬리표를 보거나 이 책 마지막에 수록된 참고문헌을 참고한다. 파낼

나팔수선 *Narcissus*의 알뿌리가 보관 중 진균에 심각하게 감염되어 무르고 썩어버렸다. 곰팡이가 핀 알뿌리는 모두 처분해야 한다.

때 부수거나 부딪히거나 자르지 않도록 주의한다. 알뿌리를 흔들거나 씻어서 흙을 털어내고 2주간 공기 중에 말린다.

   2주 후에 알뿌리를 비닐봉지에 넣고 황(공기 전염성 진균 방제용 농약과 동일하다. 290쪽 참고)을 1큰술 넣는다. 입구를 막고 봉지를 흔든다. 황에 과민증을 보이는 사람이 있으므로 이 작업 시에는 마스크와 고무장갑을 착용한다.

   황을 입힌 알뿌리를 종이봉지에 넣고 식물의 종류와 품종을 표기한다. 봉지를 밀봉한 다음 알뿌리를 건조하고 서늘한 곳에 저장한다. 공기가 통하지 않는 용기에 넣어 보관하면 안 된다.

Insects
곤충

10

곤충이란?

곤충은 모양, 구조, 크기가 매우 다양하다. 지구상의 다른 부류들과 달리 곤충은 알에서 태어나 성충이 될 때까지 외모가 변한다. 곤충은 관절이 있는 다리가 여섯 개 있고, 외골격은 딱딱하며, 몸은 세 부분으로 나누어지는 동물이다. 그리고 한 쌍 내지 두 쌍의 날개가 있다.

곤충은 뼈가 없는 대신 외골격이 갑옷처럼 몸을 감싸고 보호한다. 당연히 이 외골격은 다른 동물이 자라는 만큼 많이 자라지 못한다. 곤충은 유충, 즉 애벌레일 때 성장이 활발하고 주기적으로 더 이상 크지 않는 외피에서 빠져나와 새로 다시 자란다.

곤충은 종류가 어마어마하게 많다. 공중을 날아다니는 벌과 아름다운 나비에서부터 한 자리에 붙어서 꼼짝도 하지 않는 징그러운 깍지벌레까지 모두 곤충이다. 어떤 곤충은 걷고, 어떤 곤충은 헤엄치며, 어떤 곤충은 날아다닌다. 사실 이들은 무척추동물 중에서 유일하게 나는 능력을 가지고 있다. 지구상에는 곤충의 종이 가장 많다. 곤충학자들은 백만 종 이상의 곤충을 소개했으며, 총 천만 종은 될 것으로 추정하고 있다.

어른 잠자리는 곤충의 몸 구조를 대표한다.
몸은 머리, 가슴, 배 세 부분으로 이루어지고,
여섯 개의 다리와 네 장의 날개가 가슴에 붙어 있다.

곤충이 하는 일은?

어른벌레, 즉 성충과 애벌레, 즉 유충은 생김새가 완전히 다른 경우가 많다. 꾸물꾸물 기는 털벌레가 날개 달린 나비가 되고, C자형으로 굽은 굼벵이가 갖가지 색깔의 딱정벌레가 되며, 다리도 없이 꿈틀거리는 구더기가 공중을 앵앵 날아다니는 파리가 된다. 한 개체가 다른 개체로 변하는 이 과정을 '탈바꿈' 이라고 한다.

곤충의 갖춘탈바꿈은 알, 유충, 번데기, 성충의 네 단계로 이루어지고, 안갖춘탈바꿈은 알, 유충, 성충의 세 단계로 이루어진다. 곤충의 이와 같은 생활주기를 알면 여러 형태의 해충을 발견할 수 있고, 이들의 생활주기를 끊어서 해충 문제를 해결할 수 있다.

곤충이 생활주기의 어느 단계에 있든 다른 동물과 마찬가지로 먹을 것과 쉴 곳이 필요하다. 곤충은 성충이 되면 짝짓기를 하고 알도 낳아야 된다. 곤충 일생의 각 단계는 이러한 활동을 순조롭게 할 수 있도록 고안된 것이다. 정원, 밭, 집 안 화분 어디든, 곤충은 입구조, 선호하는 서식지, 기주 식물의 범위가 적합한지 아닌지에 따라 서식이 결정된다.

매미 유충은 외골격을 벗으며 성장하고, 벗겨진 외골격은 말라버린다. 매미는 뼈가 없으므로 몸이 자람에 따라 주기적으로 외골격을 벗고 나와서 새로 다시 성장해야 한다.

꽃등에는 벌이나 말벌처럼 무섭게 생겼으나, 이는 포식자를 속이기 위한 것으로, 실제는 전혀 위험하지 않은 꽃가루매개자다.

아름다운 나비가 자주천인국 *Echinacea purpurea*의 꿀을 마시면서 수분해주고 있다.

노랗고 갈색인 징그러운 혹불노린춤이다. 이들은 깍지벌레류로, 주둥이를 줄기에 찔러 수액을 빨아먹는다.

털벌레가 나방 또는 나비의 유충 단계에 있는 모습이다. 자엽자두 *Prunus cerasifera*의 잎을 먹고 있다.

털벌레는 변태가 시작되는 휴지기에 들어가면 번데기가 된다. 이 기간에는 먹거나 밖으로 나오지 않고 몸 전체는 어른 형태로 재조직된다. 때가 되면 성충은 이 번데기에서 밖으로 나온다.

곤충의 이로움

곤충은 우리에게 여러모로 큰 도움이 된다. 곤충은 작물의 수분受粉을 담당한다. 벌은 우리에게 꿀을 주고, 누에는 옷감을 준다. 또 많은 종류가 청소부 역할을 하므로 곤충은 분해 생물군, 재활용 쓰레기, 배설물, 기타 유기물에 빠져서는 안 될 매우 중요한 구성원이고 비옥한 토양의 공신이다. 또한 곤충은 새, 물고기, 기타 동물의 먹이이므로 먹이사슬에서 없어서는 안 되는 부류다.

날개가 생긴 모나크나비 성충은 번데기에서 나와 멀리 날아가고, 짝을 지어 알을 낳는다. 나비의 몸도 보통 곤충의 몸 구조와 동일하다. 잠자리처럼 몸은 머리, 가슴, 배로 구분된다.

꿀벌, 푸른과수원벌과 함께 호박벌도 적극적이고 효율적인 꽃가루매개자다. 이들의 도움이 없으면 흉작을 면치 못할 것이다.

무당벌레 성충은 진딧물을 먹고산다. 게다가 유충은 어미와는 비교되지 않을 정도로 진딧물을 마구 잡아먹는 포식자다.

우리에게 이로운 곤충의 가장 중요한 역할은 해충 구제다. 육식 곤충들은 우리가 아끼는 식물을 쑥대밭으로 만들어놓은 해충을 기꺼이 먹어치움으로써 우리의 복수를 대신한다. 풀잠자리, 무당벌레, 긴노린재류, 꽃노린재류, 꽃등에 등 여러 종류의 곤충이 맛있는 옥수수를 몰래 훔쳐 먹고 있거나 소중히 숨겨둔 창틀의 난蘭을 망치고 있는 해충을 추적해서 잡아먹는다. 포식자들 중에는 먹성 좋은 유충도 있다. 유충은 성충보다 해충을 더 많이 잡아먹는다.

해충을 잡는 또 다른 익충은 포식 기생충이다. 매우 작은 말벌 중 몇 종은 해충의 몸속에 자신의 알을 낳는다. 알이 부화하면 말벌 유충은 안에서 해충을 갉아먹는다. 유충이 성숙하면 죽은 숙주 밖으로 나와 번데기가 되고, 생활주기는 계속된다.

곤충의 해로움

곤충은 당연히 교활한 해충도 될 수 있다. 이는 수많은 동물의 기생 동물이다. 모기와 파리는 무서운 전염병을 옮기고, 흰개미는 목재 건물을 쓰러뜨린다. 그리고 너무나 많은 곤충들이 우리의 농작물을 해친다.

대부분은 각자 좋아하는 식물을 씹어 먹는다. 다른 종류는 바늘 같은 입을 식물 잎맥에 비로 찔러 넣어 수액을 빼앗아 먹는다. 이 식물 해충 중 일부는 독성이 있는 타액을 분비해서 식물을 쓰러뜨리기도 하며, 매우 지독한 질병을 옮기기도 한다(국화황화병, 세균성 시들음병 등).

분명한 사실은 정원, 밭, 집, 온실에 해충으로 인한 문제가 생겼다면, 문제를 일으키는 주범은 곤충일 가능성이 매우 높다는 것이다. 식물이 해충으로 피해를 입었다면 80%는 식물을 먹는 곤충이 원인이다.

익충과 해충 구별하기

다음을 참고하여 우리의 아군과 적군을 구별하자.

딱정벌레, 바구미과, 꿀꿀이바구미류 | 이 부류의 모든 종은 딱정벌레목 Coleoptera에 속한다. 학명에서 'coleo'는 껍질, 'ptera'는 날개를 뜻한다. 딱정벌레목의 겉날개(두 개의 앞날개)는 딱딱하고 보통 광택이 있고 색깔이 다양하며, 배를 완전히 가린다. 갖춘탈바꿈을 한다. 무당벌레는 우리에게 친숙한 딱정벌레목이며, 정원이나 밭에서 가장 이로운 곤충 중 하나다. 딱정벌레목에는 해충도 많다. 해충은 다른 곤충에 비해 잘 날지 못하며 씹는 입 대신 빠는 입이 있다.

칠성풀잠자리 성충도 무당벌레처럼 진딧물을 먹고 산다.
유충은 진딧물을 집단으로 한입에 삼킨다.

펜넬 *Foeniculum* 꽃에 앉은 이 기생 말벌은 살아 있는 털벌레 몸 안에 알을 낳는다.
알이 부화하면 유충은 털벌레의 몸속을 갉아먹으면서 자란다.

장미 *Rosa* 봉오리에 진딧물이 엄청나게 모여 있다.
이처럼 큰 군집은 식물의 건강을 심각하게 해칠 수 있다.

딱정벌레의 알에서 부화한 유충은 성충과는 모습이 완전히 다르다. 어떤 종류는 C자형으로 구부러진 흰색 애벌레로, 머리는 갈색이고 관절이 있는 세 쌍의 다리가 있다. 땅속에 살고 식물의 뿌리를 먹고산다. 어떤 종은 무당벌레 유충과 비슷하게 생겼는데, 잎을 기어 다니면서 진딧물을 잡아먹는다.

풍뎅이류는 보통 딱정벌레의 특징을 잘 나타낸다. 머리는 뭉뚝하고 둥근 모양이며, 코가 길지 않고 날개는 배 전체를 보호한다.

바구미과 및 꿀꿀이바구미속은 매우 가까운 딱정벌레 친척이지만 알에서 태어난 유충에는 세 쌍의 관절이 있는 다리가 없다. C자형인 흰색 몸통에 갈색 머리는 보통 딱정벌레 유충과 똑같지만 다리가 없는 것이 가장 뚜렷한 차이점이다.

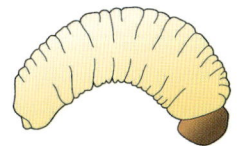

바구미과 및 꿀꿀이바구미류는 긴 주둥이가 있어서 딱정벌레와 쉽게 구별된다.

파리목의 유충인 구더기는 머리가 구분되지 않고 다리도 없는 벌레다. 구더기는 보통 희끄무레하거나 노리끼리하며, 작고 가늘다.

파리 성충의 날개는 다른 곤충들처럼 등에 납작하게 붙어 있지 않고 몸 밖으로 비스듬히 펼쳐진다. 이러한 날개 위치로 다른 곤충과 쉽게 구별된다.

파리 | 파리는 파리목 Diptera에 속하는 한 종이다. 학명에서 알 수 있듯이, 이들은 날개가 두 장밖에 없다. 이 부류에 속하는 꽃등에, 기생파리과는 익충으로, 해충의 포식자다. 해로운 파리로는 여러 종의 광대파리가 있는데, 지중해광대파리와 사과구더기 등이다. 파리목에 속하는 또 다른 성가신 해충으로는 모기가 있다. 파리목 곤충은 갖춘탈바꿈을 한다. 파리는 항공술이 매우 뛰어나다. 예를 들어, 꽃등에는 공중 이동성이 벌새와 맞먹는다. 파리의 입은 먹이를 빨아먹도록 진화했는데, 씹지는 못한다.

반시류 | 반시류는 노린재목 Hemiptera에 속하는 모든 곤충인데, 학명은 '반쪽 날개'라는 뜻이다. 영어로 모든 곤충과 기타 몸집이 작은 동물을 "bug"라고 부르는데, 엄밀히 따지면 'bug'는 노린재로, 바로 이 목에 속하는 곤충들이다. 반시류의 앞날개는 딱딱하고 딱정벌레처럼 색깔도 다양하다. 그러나 이들은 앞날개가 배의 일부만 덮고 있다. 허리노린재류, 노린재, 장님노린재류 등이 속한다. 익충으로는 침노린재류, 긴노린재류, 꽃노린재류 등이 있다. 성가신 벌레로는 빈대가 있다. 이 목의 곤충은 불완전변태를 한다. 유충은 날개만 없는 작은 성충과 비슷하다. 노린재목은 모두 찌르고 빠는 입을 가지고 있다. 허리노린재류 유충은 성충과 거의 비슷하게 생겼고, 종종 성충과 같이 먹이를 먹는 모습이 발견된다. 유충과 성충은 바늘 같은 주둥이를 식물 세포에 찔러서 내용물을 빨아먹는다.

벌, 말벌, 개미 | 이들은 벌목 Hymenoptera에 속한다. 학명은 '막膜 날개'라는 뜻이다. 막 모양의 투명하지만 튼튼한 날개가 네 장 있다. 이들은 뛰어난 비행사다. 개미는 짝짓기 비행을 위해 어린 여왕개미와 수개미에만 날개가 있다. 어른 벌과 말벌에는 모두 날개가 있다. 이 목에 해당되는 해충은 잎벌 및 목수개미 등이다. '목동' 역할을 하는 개미 종류도 해충인데, 이 종류의 개미들은 '소'를 몰 듯이 진딧물, 깍지벌레류, 가루

깍지벌레 등을 몰고 다니면서 감로를 빨아먹는다. 이로운 벌목 곤충에는 꿀벌은 물론이고 털벌레 등 곤충을 잡아먹는 수많은 작은 말벌 종류가 있다. 몸집이 더 큰 말벌은 털벌레나 거미를 먹고산다. 성가신 곤충은 단 과일을 좋아하는 말벌 종류다. 벌목 곤충은 모두 갖춘탈바꿈을 한다. 벌목의 유충은 머리가 구별되는 점 외에는 구더기와 비슷하게 생겼다. 많은 벌과 말벌의 경우, 유충은 밀랍, 종이, 진흙 또는 나무로 지은 공간 안에서 지낸다. 그 안에서 번데기가 되고 성충이 되었을 때만 나온다. 성충은 씹는 입과 빠는 입 모두 갖추고 있다. 벌목은 대부분 위협을 당했을 때 침을 찔러 자신을 보호한다. 그리고 여왕벌이 번식하여 보통 대규모 사회를 이룬다.

나비, 나방 | 이 곤충들은 나비목Lepidoptera인데, '비늘 날개'라는 뜻의 학명에서 알 수 있듯이, 나비목 곤충의 날개는 미세한 비늘로 덮여 있다. 색깔도 다양하다. 성충은 네 장의 날개가 있고 보통 우아하고 아름답다. 반면에 유충은 털벌레, 거세미, 박각시류 애벌레, 큰담배나방 애벌레, 목화씨벌레 등 농작물과 관상목에 매우 해로운 존재들이다. 나비목은 모두 갖춘탈바꿈을 한다. 애벌레, 털벌레라고 부르는 유충은 번데기나 고치로, 또는 흙 속에서 탈바꿈 기간을 거친다. 유충은 씹는 입을 가지고 있으며, 성충은 빨대 같은 입으로 꿀을 빨아먹는다.

메뚜기, 집게벌레 | 이 곤충은 메뚜기목Orthoptera에 속한다. 학명의 뜻은 '곧은 날개'다. 이 목에는 바퀴벌레, 사마귀, 귀뚜라미도 포함된다. 일부 종의 성충은 다리 네 개, 때로는 막 같은 날개가 있고, 어떤 종은 날개가 매우 작거나 아예 없는 것도 있다. 안갖춘탈바꿈을 한다. 유충은 날개 없는 작은 성충의 모습이다. 유충과 성충 모두 씹는 입을 가지고 있으며 똑같은 먹이를 먹는다. 메뚜기, 풀무치를 포함하여 이 목에 속하는 곤충들이 가장 파괴적이다.

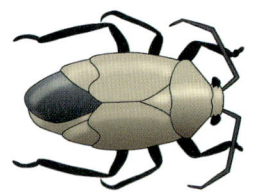

허리노린재류의 성충은
경계심이 많고 비행을 잘한다.

메뚜기 성충은 날개가 잘 발달했다.

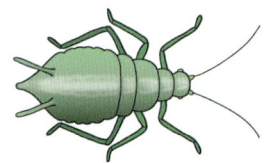

진딧물의 유충은 성충과 비슷하게 생겼으나 날개가 없다.

말벌 성충은 소풍 장소에 잘 나타나는 성가신 존재며, 익은 과일 주변에도 있다.
이들은 새가 쪼아 먹어 벌어진 과일을 먹는데, 보통 스스로는 과일을 씹어 먹지 않는다.
식물에는 해롭지 않으나, 성향이 매우 공격적이고 침은 독이 매우 강하다.

메뚜기 유충은 성충과 비슷하게 생겼으나
날개가 아직 발달하지 않았다.

털벌레는 크기와 색깔이 매우 다양하다.
털이 매우 많은 종류도 있고 없는 종류도 있다. 또 매우 밝은 색을 띠는
종류가 있는가 하면 어떤 종류는 배경색과 매우 비슷하여
눈에 잘 띄지 않는다.

총채벌레 | 총채벌레는 총채벌레목Thysanoptera에 속한다. 학명의 뜻은 '술 달린 날개'인데, 네 장의 좁은 날개 가장자리를 따라 털 비슷한 돌기가 난 것이 마치 총채(먼지떨이) 같기 때문이다. 가늘고 길게 생긴 총채벌레는 매우 작아서 육안으로는 거의 발견하기가 힘들다. 이들은 안갖춘탈바꿈을 한다. 유충은 성충과 비슷하게 생겼으나 날개가 없다. 긁고 빠는 입을 가지고 있으며, 종종 유충과 성충이 기주 식물에서 함께 먹

나비 성충은 나비와 나방의 특징을 모두 잘 갖추고 있다.
나방은 주로 밤에 활동하고, 나비는 낮에 활동한다.

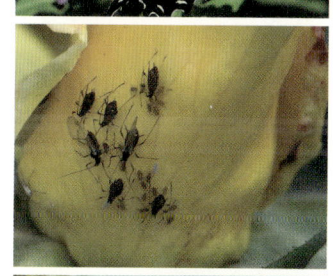

날개가 있는 진딧물 성충은 늦은 짝짓기 시기에 나타나고
다음 해에 활동할 세대들을 위하여 알을 낳는다.

미국 미시시피 강 동부지역에서만 발견되는 풍뎅이Japanese beetle가
딸기Fragaria 꽃을 우적우적 씹어 먹고 있다.
이 꽃에서 딸기는 열리지 않는다.

이 식물에는 천공충穿孔蟲이 뚫은 구멍과 이들이 분비한
배설물이 뚜렷이 남아 있다. 가해자는 식물 조직을
요새 삼아 줄기 안에 안전하게 숨어 있으므로,
농약으로는 이들을 죽일 수 없다.

어떻게 치료할까?

이를 먹는다. 총채벌레 유충은 성충과 똑같이 식물 조직의 표면을 긁어내어 먹기 때문에, 이들이 먹고 간 자리에는 은빛의 죽은 세포가 남는다. 총채벌레 성충은 날 수 있으나 힘차게 날아다니지는 못한다. 총채벌레에 따른 피해가 의심될 때는 문제의 식물 아래에 종이를 놓고 식물을 톡톡 친다. 총채벌레가 있으면 종이 위에 떨어진다.

진딧물, 매미충, 나무이류, 가루이, 깍지벌레류, 솜벌레류 | 이들 모두는 매미목 Homoptera에 속한다. 학명은 '전체 날개'라는 뜻이다. 네 장의 막 같은 날개가 있다. 매미목 곤충은 식물을 먹고살며, 몇 종은 매우 심각한 해충이다. 대부분은 곤충으로 쉽게 식별되지만, 깍지벌레류와 솜벌레류는 곤충이라기보다는 혹이나 솜뭉치 같다. 안갖춘탈바꿈을 한다.

일부 종의 유충은 성충과 비슷하게 생겼으나 날개가 없다. 유충의 생김새가 성충과 완전히 다르게 생긴 종도 있다. 이들을 '기는 벌레 crawler'라고도 한다. 매미목 유충은 찌르고 빠는 입을 가지고 있다. 성충과 마찬가지로 주둥이를 잎맥에 푹 찌르고 계속 한 자리에서 수액을 마신다. 떼 지어 자주 발생한다.

구제법

토양 위, 식물 체외에 서식하는 곤충 ➡ 318쪽에서 시작

잎, 줄기, 꽃 또는 과일의 겉을 먹는 곤충들은 식물이 감싸서 보호하고 있지 않아 상대적으로 여러 대책을 세워 쉽게 구제할 수 있다. 이 곤충들이 식물 해충으로서 가장 많이 발견되는 유형이다. 익충도 이곳에서 동일한 적소지위를 차지하고 있는데, 익충의 먹이가 바로 식물과 주인을 힘들게 하는 해충들이기 때문이다. 따라서 익충을 최대한 보호하려면 구제법을 매우 신중히 선택해야 한다. 이곳의 해충은 거의 식물의 생명을 위협하지는 않지만 농작물 수확에 많은 피해를 입히거나 꽃과 조경 외관을 망친다.

토양 위, 식물 체내에 서식하는 곤충 ➡ 341쪽에서 시작

식물 안에서 피해를 입히는 해충들은 구제가 매우 어려울 뿐 아니라 식물의 생명을 위협하기도 한다. 예를 들어, 천공충과 나무좀은 나무껍질을 뚫고 속으로 들어가 줄기를 완전히 점령하고 감염 부위 위쪽은 모조리 죽게 만든다. 과일 안의 과일벌레와 구더기는 식물을 죽이지는 않지만 농작물을 망친다. 식물의 조직 내에 있으므로 농약으로는 구제할 수 없다.

토양 내에 서식하는 곤충 ➡ 344쪽에서 시작

토양 환경의 곤충은 말 그대로 흙 속에 있는 종류도 있고 토양 속에서 자라는 식물 부위의 체내에 있는 종류도 있다. 바구미류·풍뎅이류의 유충 등 뿌리를 먹는 애벌레는 흙 속에 서식한다. 감자나방 애벌레와 철사벌레는 토양 속 식물 체내에 숨어서 식물을 방패로 삼는다. 이런 해충들에게 화학 농약은 아무 소용이 없다. 그러나 유기생물농약은 효과가 있다.

혹 안에 서식하는 곤충 ➡ 346쪽에서 시작

토양 위 식물에 생기는 혹은 곤충이 원인인 경우도 있다. 성충은 식물 내부에 알을 낳는다. 알이 부화하고 유충이 식물의 생육을 억제하는 화학물질을 분비하기 때문에 식물은 유충을 가두기 위하여 혹을 만들어낸다. 곤충이 다 자라서 날아가 버리면 속이 빈 혹이 남는다. 혹은 당장 조치를 취해야 할 정도로 심각한 병은 아니며, 식물의 생명을 위협하지 않는다.

토양 위, 식물 체외에 서식하는 곤충 구제법

제1부의 진단

장	제목	쪽	진단
2	잎	41, 43, 56	매미충
2	잎	41, 60	뭉뚝날개나방
2	잎	43	방패벌레
2	잎	43	총채벌레
2	잎	44, 61	가루깍지벌레, 솜벌레류, 솜깍지벌레류
2	잎	44, 61	깍지벌레류
2	잎	46	굴파리류
2	잎	54	잎벌 유충
2	잎	54, 58, 59	털벌레
2	잎	55, 57	바구미
2	잎	55, 58	딱정벌레
2	잎	55, 58	메뚜기
2	잎	55, 59	집게벌레
2	잎	56	가루이
2	잎	56, 65	진딧물
2	잎	57	가위벌류
2	잎	59	잎벌레류
2	잎	64	잎말이나방류
2	잎	64	나무이류
2	잎	66	깔따구
3	꽃	78	총채벌레
3	꽃	79, 83	집게벌레
3	꽃	80	거세미나방의 애벌레
3	꽃	80, 81	털벌레
3	꽃	81	거품벌레
3	꽃	81, 86	진딧물
3	꽃	82	딱정벌레
3	꽃	82	노린재, 허리노린재류, 거품벌레
3	꽃	83	개미
3	꽃	83	메뚜기

장	제목	쪽	진단
3	꽃	83	바구미, 꿀꿀이바구미류
3	꽃	85	대만 총채벌레
3	꽃	87	방패벌레
3	꽃	91	혹파리류
3	꽃	99	바구미류
3	꽃	99	거위벌레류
3	꽃	99	꽃바구미류
4	과일	106, 111	총채벌레류
4	과일	110	산호세 깍지벌레
4	과일	110	노린재
4	과일	115	장님노린재류
4	과일	119, 127, 133	바구미류
4	과일	120	목화씨벌레, 큰담배나방 애벌레, 명나방류, 파밤나방 애벌레
4	과일	122	말벌
4	과일	125	질경이둥글밑진딧물
4	과일	127	잎말이나방류 또는 명나방류 애벌레
4	과일	127	과실파리
4	과일	127	혹파리류
4	과일	134	과실파리류, 사과과실파리, 잎말이나방류
5	줄기	146, 169	깍지벌레류, 밀깍지벌레류, 굴깍지벌레류, 산호세깍지벌레
5	줄기	151, 169	솜벌레류, 솜깍지벌레류, 가루깍지벌레류, 솜진딧물
5	줄기	152, 161	솔벌레류(미송)
5	줄기	152, 161	박주가리진딧물(밀크위드진딧물)
5	줄기	154	아스파라거스딱정벌레
5	줄기	166	거품벌레
5	줄기	169	진딧물
5	줄기	169	깍지벌레류, 산호세 깍지벌레
7	씨	210	과실파리류
7	씨	212	집게벌레
7	씨	214	메뚜기, 거세미

앞의 진단 목록에서도 알 수 있듯이, 수많은 종류의 곤충이 토양 위 식물을 공격한다. 모든 식물 문제가 그렇듯이 예방이 곤충에 의한 병해 정도를 낮추는 가장 저렴하고 쉬운 방법이다. 제1부에서 흐름도에 따라 진단하여 문제가 무엇인지 알았다면, 당장 치료를 하고 싶어질 것이다. 그렇다면 8장으로 가서 예방법을 실천하길 바란다. 차후에는 곤충으로 인한 피해가 훨씬 줄 것이다.

생육 환경 개선

곤충병해 방제는 예방이 우선이다. 예방책에 관한 내용은 8장을 참고한다. 예방은 언제나 곤충의 공격에 맞서는 최선의 방법이다. 예방책은 건강한 식물에 곤충이 옮겨 붙지 않도록 미리 대비하는 방법이기도 하다. 그러므로 이 방법을 가능한 한 빨리 실천하길 바란다. 예방책을 실시한 직후에는 식물에 적합한 구제법을 찾는다. 가능하면 아래에 소개하는 방법을 차례대로 적용한다. 각 대책은 이전 대책의 결과를 토대로 실시하도록 수록했다.

예방법 식물을 알맞은 장소에 배치한다 ➡ 233쪽 참고

내병성 품종을 고른다 ➡ 234쪽 참고

식물을 검사한 후 격리시킨다 ➡ 235쪽 참고

단종재배가 아닌 다종재배를 한다 ➡ 236쪽 참고

돌려 짓는다 ➡ 237쪽 참고

적절한 시기에 식물을 심는다 ➡ 239쪽 참고

토양 관리를 한다 ➡ 265쪽 참고

잡초를 제거한다 ➡ 243쪽 참고

멀칭한다 ➡ 244쪽 참고

> 구제법

위생처리한다 | 식물을 건강하게 기르기 위해 거쳐야 하는 가장 중요한 단계 중 하나다. 식물병리학에서 정의하는 위생처리란 병해충에 감염된 대상 식물을 모두 제거하는 조치다. 감염된 조직은 해충의 원천이다.

아래 방법을 참고하여 감염된 대상 식물을 제거한 후에는 모두 처분한다. 퇴비 더미에 섞으면 안 되고, 시에서 수거하는 음식물 쓰레기에도 버리면 안 된다. 법적으로 허용된 소각장이 있거나 안전하게 소각할 장소가 있으면 감염된 식물들을 소각하도록 한다. 그렇지 않으면 매립용 쓰레기로 처분한다.

■ **감염된 잎, 줄기, 과일을 제거하여 처분한다** 곤충의 피해를 입은 잎이나 가지 등은 잘라서 없앤다. 제거한 부분은 유충이 자라서 짝짓기를 하고 알을 낳아 식물을 다시 감염시키기 전에 완전히 처분해야 한다. 목표는 해충의 생활주기를 끊어서 번식 기회를 차단하는 것이다. 예를 들면 다음과 같다.

- 진딧물, 가루이, 기타 곤충이 가장 심하게 들끓고 있는 잎은 잘라낸다. 가볍게 피해를 입은 잎은 그대로 둔다. 이들은 익충과 포식 기생충의 먹이가 된다.
- 천막벌레가 있는 가지는 이들이 성충이 되기 전에 잘라서 없앤다.

■ **잔해를 정리한다** 수확 후 계절이 끝날 즈음 정원이나 밭을 청소한다. 수많은 곤충이 생육기가 끝나고 남은 식물의 잔여물 위나 안에서 겨울을 난다. 가을에 낙엽 등 잔해를 걷어내 없애면 봄에 해충들이 성숙하기 전에 박멸할 수 있다.

이로운 생물을 모은다 | 이로운 동물을 정원이나 밭으로 모으려면 이러한 동물들이 먹이나 쉴 곳으로 선호하는 식물을 기르면 된다. 수반이나 화분받침대와 같은 얕은 용

기에 물도 담아놓는다. 식물은 다음 종류를 기른다.

- 미나리과 Apiaceae : 당근, 고수, 딜, 펜넬, 파슬리 등
- 꿀풀과 Lamiaceae : 개박하, 백리향, 로즈마리, 히솝, 레몬밤 등
- 국화과 Asteraceae : 코스모스, 톱풀, 수레국 등

거미와 새 역시 효율적인 곤충 및 기타 해충 포식자다. 우리가 다니는 길에 거미줄이 쳐져 있다면 성가시겠지만 거미를 죽이지는 말자. 거미는 그저 할 일을 했을 뿐이고, 거미가 하는 일 중에는 곤충을 최대한 많이 잡아먹는 일도 있다. 새는 특정 시간에만 곤충을 잡아먹는 종류와 하루 종일 곤충만 잡아먹는 종류가 있다. 또한 달팽이와 민달팽이를 별미로 삼는 새도 있다. 물과 쉴 곳을 제공하여 새 종류는 가리지 말고 정원이나 밭으로 끌어들이도록 하자. 새는 우리의 귀중한 동맹군이다.

익충으로 구제 효과를 높이고 싶으면 가까운 가든 센터에 가거나 우편 주문으로 이들을 구매할 수 있다(우리나라의 경우 지역 농업기술센터에 문의하거나 인터넷 검색 등을 통하여 천적판매처에서 구입한다-옮긴이). 판매자에게 병충해 증상, 기주 식물, 환경 조건 등을 알려주어 어떤 종이 가장 이로운지 상담 후 구입한다.

- 칠성풀잠자리, 무당벌레류, 사마귀, 꽃노린재류는 수많은 해충을 사냥하고 죽이며, 또 먹이로 삼는 익충이다.
- 포식기생충은 다른 곤충의 알 속에 산란한다. 이를테면 알벌 *Trichogramma* 은 털벌레에, 온실가루이좀벌 *Encarsia formosa* 은 가루이에, 진디벌류는 진딧물의 몸속에 알을 낳는다.
- 곤충병원성 선충은 일생 동안 혹은 일부 시기를 흙 속에 살면서 곤충을 구제해준다.

가든 센터에서 카드가 한 장 든 봉투를 구입하여 업체에 우편을 보내면 업체에서는 200여 개의 알이나 번데기를 배송한다. 알 또는 번데기 대부분은 해충이 가장 번성한 곳에 살포하고 나머지는 밭이나 화단 전체에 뿌린다. 사마귀 알은 가든 센터에서 쉽게 구할 수 있다. 알은 부화할 때까지(4~6주) 실내에 보관한 후, 애벌레가 태어나면 실외로 가져간다. 무당벌레 성충도 구할 수 있다. 이들은 이른 저녁에 풀어놓아야 이웃집 밭으로 날아가지 않고 풀어놓은 자리에 서식한다.

해충을 직접 없앤다

- **물을 분사한다** 파리는 가까이 가기도 전에 날아가 버렸어도 식물 전체에 살수하여 알과 유충을 땅에 떨어뜨린다. 이들은 땅 위에서 죽을 것이다. 진딧물, 가루이, 매미충 등에 효과적이다. 개체수가 줄어들 때까지 일주일에 한 번 호스를 이용하여 식물에 물을 분사한다. 잎에는 물이 닿지 않아야 하는데 이러한 조치를 취하는 것은 모순이라는 생각이 들 수도 있지만 그렇지 않다. 맑은 날 이른 아침에 물 분사를 실시하고 낮 동안 잎이 마를 시간을 준다.
- **해충을 손으로 잡는다** 어떤 사람들은 곤충이나 유충을 손으로 잡는 일을 질색한다. 그러나 어떤 곤충은 손으로 잡아야 한다. 맨손 또는 고무장갑을 끼고 잡거나 도구를 써서 잡아도 된다. 어떤 방법으로 하든 곤충을 손수 잡아 없애는 것만으로도 개체수와 식물 피해를 줄이는 데 큰 도움이 된다.

- 박각시류 애벌레, 털벌레, 기타 큰 유충을 잡을 때는 주방용 집게를 사용한다. 유충을 비눗물이 담긴 병에 넣으면 빨리 죽는다.
- 아가리가 넓은 병에 비눗물을 담고, 풍뎅이가 있는 식물 밑에 놓는다(풍뎅이가 도망가지 않도록 몰래 접근해야 한다). 그리고 풍뎅이를 쳐서 병 속으로 떨어뜨리면 빨리 죽는다. 콜로라도 감자잎벌레 등 가까이 접근할 수 있는 벌레에 효과적이다.

- 깍지벌레는 엄지손톱으로 긁어낸다. 육안으로 식별이 어려운 알이나 기는 벌레에는 부적합하다. 소독용 알코올 또는 비눗물에 적신 면으로 감염 부위를 닦으면 미세한 해충을 없앨 수 있다.
- 천공충이 식물 속에 숨어 있으면 해당 줄기나 잎맥을 날카로운 칼로 가른다. 벌레를 잡아내서 비눗물이 든 병에 떨어뜨린다.
- 얇고 잘 휘어지는 철사를 천공충 구멍에 넣어서 벌레를 걸어 밖으로 끌어낸다. 비눗물이 든 병에 넣어 죽인다.

■ **식물을 흔든다** 식물을 힘차게 흔들면 때로는 곤충을 쫓을 수 있다. 바구미류나 거위벌레류 등은 공격을 받으면 땅에 떨어져서 죽은 체한다.

- 서늘한 날, 이른 아침에 밝은 색의 페인트받이 천 또는 낡은 옷감을 식물 아래에 놓는다. 식물을 흔들면 곤충들이 수두룩하게 천 위로 떨어질 것이다. 이들을 모아서 비눗물에 넣거나 비닐봉지에 담아서 냉동실에 넣는다. 3일 후 비닐봉지를 쓰레기통에 넣는다.

■ **진공 청소기를 사용한다** 어떤 곤충은 진공청소기 호스로 빨아들여 손쉽게 구제할 수 있다. 특히 실내 식물의 가루이에 효과적이다. 식물을 건드려 벌레가 날아오르게 한 다음 진공청소기 호스를 휘둘러 바로 빨아들인다.

장애물을 설치하여 해충을 구제한다

■ **부유·터널피복** 식물에 막덮기를 하여 빛, 물, 공기는 들이되 곤충은 막는다. 이 목적으로 제작된 포(덮기 부직포 등)는 무게가 가벼운 스펀본드 폴리에스테르 spun-bonded polyester 재질이어서 매우 효과가 있다. 섬유유리 방충망, 모기장 감, 얇은 속감도 괜찮으나 다소 무겁고

덜 유연하다. 재료의 짜임에 주의해야 하는데, 짜임이 엉성하면 작은 곤충들이 들어오고, 너무 촘촘하면 공기의 흐름을 제한한다.

- 부유피복 : 파종상 또는 유묘幼苗 위에 가벼운 포를 드리운다. 헐렁하게 덮어서 식물이 자랄 공간을 충분히 둔다. 식물이 자라면 포를 밀어 올린다. 판자, 벽돌, 돌덩이 등으로 가장자리를 눌러 고정하거나, 옷걸이 등으로 U자형 핀을 만들어 흙에 포를 꽂는다. (주의 : 알, 애벌레, 월동 성충 등 흙 속에 이미 서식하고 있는 곤충은 포식자로부터 오히려 보호를 받으므로 반드시 돌려짓기를 하여 이들을 없애야 한다. 또한 결실을 원하는 작물이면 꽃이 필 때 수분이 되도록 포를 걷는다.)
- 터널피복 : 포는 동일한 재질을 사용하나, 이것을 나무, PVC 배관 또는 기타 골격 위에 덮는 방법이다. 말기 또는 접기 방충망으로 모양을 만들어서 가장자리를 이어 원뿔 또는 터널 모양으로 제작해도 된다. 골격 또는 원뿔의 크기는 다 자란 식물의 높이를 충분히 수용할 수 있어야 한다. 골격은 포를 잎과 거리를 두어 고정시키기 때문에 여러 해 동안 설치해놓아도 된다.

■ **끈끈이 줄기 싸개** 표면에서 끈끈한 물질이 나오는 종이, 비닐 또는 금속 띠를 줄기에 말면 줄기를 올라 잎에 도달하려는 곤충, 응애, 기타 해충을 잡을 수 있다. 끈끈이 줄기 싸개는 널리 판매되고 있으며 유기농 원예에 적합하다.

- 끈끈이 줄기 싸개를 줄기에 직접 닿게 감는다. 표면이 더러워지고 곤충이 많이 붙었으면 벗겨내어 새것으로 감는다.
- 비닐을 줄기에 감고 끈끈한 물질을 비닐 바깥쪽에 바른다. 끈끈이가 약해지면 덧바른다. (참고 : 껍질이 울퉁불퉁한 나무는 비닐 안쪽이 떠서 곤충이 밑으로 기어들어가 통과한다.)

- 나무띠trunk band의 뒷면은 발포재로 되어 있어 껍질이 울퉁불퉁한 나무에 압착하여 감을 수 있다. 띠에 끈끈이 제품을 바르고 필요할 때마다 새것으로 교체한다.

■ **끈끈이 카드 또는 끈끈이 판** 끈끈이 카드 또는 끈끈이 판은 노란색이다. 곤충은 노란색에 꼬이기 때문이다. 노란색 카드나 판에는 끈끈이가 칠해져 있어 곤충이 붙는다. 실내 또는 온실에서 가루이 및 기타 해충을 잡을 때 사용한다. 실외에서는 광대파리와 같이 힘차게 나는 해충을 잡을 때 사용하면 블루베리, 커런트, 앵두, 크랜베리 등 과일 안에 침입하는 광대파리 구더기를 구제할 수 있다. 실외에서 가루이와 같이 약하게 나는 해충 구제에는 덜 효과적이다. 바람이 부는 쪽으로 날아가기 때문이다. 바람이 없는 실내에서는 이들이 나는 방향을 파악해서 카드를 설치하면 된다.

끈끈이 카드는 구입해도 되고 직접 만들어도 된다. 실내용 끈끈이 카드는 두꺼운 종이나 플라스틱으로 만든다. 크기 7.5×12.5cm 이상으로 자른다. 한쪽 면을 노란색 페인트로 칠한다. 페인트가 마르면 페인트를 칠하지 않은 쪽을 버팀대에 고정한다. 페인트를 칠한 쪽에 미리 준비한 끈끈이를 바르고 카드를 식물 가까이에 설치한다. 죽은 곤충과 더러워진 부분은 긁어내고 끈끈이를 한 번 더 바른다. 잎이 카드에 붙지 않도록 잘 설치한다.

■ **종이봉투** 거세미(80쪽), 쑤시기붙이류(116쪽), 잎말이나방류 애벌레(120, 127, 134쪽), 목화씨벌레(120쪽), 큰담배나방 애벌레(120, 216쪽), 명나방류 애벌레(120, 121, 127, 133쪽), 파밤나방 애벌레(120쪽), 코들링나방 애벌레(121, 133쪽), 복숭아순나방 애벌레(121쪽) 구제에 사용한다. 배 또는 사과나무의 소과실을 종이봉투로 싸고 밀봉한다. 그러면 코들링나방 애벌레와 기타 털벌레, 거세미, 각종 과일벌레, 파밤나방·큰담배나방 애벌레, 사과과실파리 등에 의한 심각한 피해를 예방할 수 있다. 나무의 키가 너무 크면 모든 과일에 봉투를 씌우는 일이 불가능하다. 그러나 분재, 분화 나무, 울타리유인 나무 등이라면 가능하다. 비닐봉지를 씌우면 봉지 내부가 너무 뜨거워지고 과일이 숨을 쉬지 못하므로 작은 갈색 봉지를 사용하거나

저렴한 전용 천주머니를 구입한다. 이런 재질은 사과와 배의 병해충을 방제할 수 있다.

- **거세미 벽** 거세미(214쪽) 및 파밤나방(120, 216쪽) 구제에 사용한다. 판지로 유묘 그루터기 둘레에 간단히 담벼락을 만든다. 종이컵 바닥을 오려내거나 휴지심을 2.5~5cm 길이로 자른 후에 유묘가 한가운데에 오도록 바닥에 꽂는다. 유묘는 그 안에서 똑바로 서게 된다. 참치캔의 바닥을 오려내어 사용해도 된다.
- **집게벌레 덫** 집게벌레(55, 59, 79, 83, 212쪽) 구제에 사용한다. 집게벌레는 낮에는 화분 밑, 돌멩이, 멀치 등 어둡고 축축한 곳에 숨어 있다가 밤에 새 잎이나 꽃잎 등 부드러운 식물 조

작은 갈색 봉지로 사과 *Malus* 나무 과일을 감싼 모습이다. 이렇게 하면 사과과실파리와 코들링나방에 의한 피해를 방지할 수 있다.

직을 먹으러 나온다. 다른 해충을 잡아먹기 때문에 어느 정도 이로운 곤충이기도 하나, 식물을 심각하게 해칠 경우에는 개체수를 줄여야 한다.

이들을 구제하는 간단한 방법은, 신문지 한 장을 원통으로 말아서 고무밴드로 묶고, 신문지를 물에 약간 적신 다음에 땅에 놓고 밤새도록 그대로 두는 것이다. 그러면 집게벌레가 그 안에 들어가서 쉰다. 다음날 아침에 신문지를 주워서 없애면 되는데, 이때 집게벌레가 도망가지 못하도록 잘 줍는다.

■ **사과구더기 덫** 사과과실파리(134쪽)와 과실파리류 유충(210쪽) 구제에 사용한다. 6월 중순, 빨간색 공에 끈끈한 물질을 발라서 사과나무에 단다. 파리는 그 공에 붙어서 알을 낳을 시간도 없이 죽을 것이다. 호두나무에도 똑같이 해서 과실파리를 잡는다. 파리들은 산란 시기가 되면 둥글고 빨간 물체를 찾아다닌다. 이들이 빨간 공을 사과로 착각하고 착지를 하면 끈끈이 덫에 걸리는 것이다.

빨간 플라스틱 사과과실파리 덫을 구입해도 되고, 직접 만들어도 된다. 플라스틱, 고무, 나무 등으로 만든 공과 같이 사과처럼 생긴 둥근 물건이 필요하다. 그 위에 빨간 페인트를 칠한다. 고리나사를 한쪽 끝에 달고 나무에 건다. 공에 끈끈이를 바르면 다 준비된 것이다. 약 2주마다 죽은 곤충을 긁어내고 끈끈이를 새로 바른다.

■ **방충망** 방충망을 달아서 실내 화분을 보호한다. 온실이 있으면 통기구에 반드시 방충망을 달아서 벌레가 안으로 들어오지 못하게 한다.

꼭 써야 한다면 유기 살충제를 사용한다

실내 또는 실외 식물의 해충을 구제하기 위하여 농약을 써야 할 경우도 있다. 유기농 재배 시 사용해도 안전함을 인증받은 농약의 종류는 매우 많다. 유기농약을 사용하면 상대적으로는 사람과 환경에 안전하다. 수백 년간 애용해온 약제도 있고, 새로 개발된 약제도 있다. 미국 제품의 경우 OMRI 인증 마크를 확인하자.

농약 사용 시 권장사항

농약을 쓰기 전 반드시 생육 환경을 개선하는 일이 선행되어야 한다(320쪽 참고). 환경을 먼저 평가하고 기르고자 하는 식물이 환경에 적합한지 판단한다. 표시 문구(주의, 경고, 위험)가 있는 제품은 필요할 때만 사용한다. 농약은 시기를 정해놓고 사용하지 말고 식물을 그때그때 관찰하여 필요한 경우에만 사용한다. 여기서 소개하는 농약은 최소 독성에서 최고 독성까지 분류해놓았으나, 모두 유기농 재배 시 사용승인을 받은 것이다.

페로몬 덫

표시 문구 대부분 표시되어 있지 않으나, 라벨을 확인한다.

- **페로몬 덫이란?** 페로몬은 동물이 동족의 성적 감수성 또는 다른 행동을 자극하기 위하여 발산하는 화학적 신호다. 사람도 페로몬을 발산한다. 인공으로 합성한 페로몬이 많이 개발되어 곤충을 관찰, 통제하는 데 유용하게 사용되고 있다.

- **기능** 합성 페로몬은 각종 해충의 번식 주기를 교란하여 번식을 방지한다. 합성 페로몬은 동물이 짝짓기를 할 준비가 되었을 때 발산하는 매우 독특한 화학적 신호를 복제한 것으로, 수컷은 이 냄새를 아주 멀리서도 감지하여 짝짓기를 할 암컷을 찾아 덫으로 날아온다. 당연히 짝짓기는 실패하고 암컷은 수정란을 낳지 않는다. 이 방법으로 애벌레를 완전히 구제할 수 있다. 또 번식 기회를 줄임으로써 해충의 개체수도 줄인다. 곤충의 개체수가 가장 많을 때 살충제를 살포하여 효과를 극대화하려면 곤충의 수를 관찰해야 하는데, 이때도 페로몬을 사용한다.

- **부작용은 없는지?** 부작용은 보고되지 않았다. 페로몬은 인체에 무해하며 대상 동물이 아닌 생물(포유류, 조류 및 수중 생물)에는 해당되지 않고 유인하고자 하는 종에만 영향을 미친다. 예를 들어, 나비목 유충(코들링 나방, 파밤나방, 잎말이나방류 등)을 대상으로 합성한 페로몬은 나무

좀류에는 아무 효과가 없다. 나무좀류를 구제하는 데 사용하는 페로몬은 나비목 유충에는 전혀 영향을 끼치지 않는다. 앞에서 말한 모든 페로몬 종류는 꿀벌, 풀잠자리, 무당벌레에는 효과가 없다.

- **사용법** 라벨을 읽고 지시에 따른다. 페로몬은 일반 꽃집과 인터넷에서 쉽게 구할 수 있다. 제품을 구입하면 사용 설명서도 함께 동봉되어 온다. 페로몬은 덫형, 분사형, 주머니형이 있다.

  - 페로몬 덫 : 특정 곤충에 해당하는 덫을 사용한다. 나방을 구제하고자 할 때는 라벨에 나방용이라고 표기되어 있는 덫을 구입한다. 페로몬 덫 제품은 저렴하고 사용하기도 쉽다. 제품은 플라스틱 재질의 재활용 가능한 덫과 해당 곤충의 페로몬으로 구성되어 있다. 페로몬을 덫 안쪽 끈끈이 위에 놓는다. 수컷은 암컷을 찾아 덫으로 들어가다가 끈끈이에 걸려 죽는 원리다. 짝을 짓지 못했으므로 암컷은 무정란을 낳는다. 따라서 살충제를 쓰지 않고도 곤충의 개체수를 줄일 수 있다. 또한 유인된 수컷의 수를 확인하여 곤충의 수를 파악하는 데도 사용한다.
  - 페로몬 분무제 : 페로몬 분무제는 날아다니는 곤충에 사용한다. 라벨의 지시에 따라 암컷을 찾아 날아다니는 수컷을 향해 분사한다. 그러면 수컷은 방향감각을 잃고 암컷의 위치를 파악할 수 없게 되며, 이들의 짝짓기 기회가 사라지는 것이다.
  - 페로몬 주머니 : 페로몬 주머니를 식물에 매달아놓으면 '이곳에 얼씬거리지 말라'는 화학적 신호를 곤충에게 내뿜는다. 그러면 곤충은 흩어지고 식물만 남게 된다.

살충비누

표시 문구 **없음**

- **살충비누란?** 화학적으로 설명하자면, 비누는 산(식물성·동물성 기름 모두 지방산으로 구성된다)과 염기(칼륨, 수산화나트륨 또는 가성소다)를 결합한 염이다. 산과 염기의 결합 반응으로 염이

생성되는데, 이 염을 비누라고 부르는 것이다. 시중에서 판매되는 살충비누에는 활성 성분으로 "지방산칼륨염"이 표기되어 있는데, 이것이 곧 비누다.

- **기능** 물에 비누를 희석하여 곤충에 직접 분사하면 곤충은 바로 죽는다. 비누가 곤충을 보호하는 큐티클에 침투하여 세포를 파괴시키기 때문이다. 그러나 비누는 잔여 활성도가 없어 비누가 마르면 효능이 없어진다.
- **부작용은 없는지?** 살충비누는 광범위한 살충제이자 살비제라서 잘못 뿌리면 무당벌레, 꿀벌, 칠성풀잠자리, 기타 익충을 모두 죽인다. 그러므로 죽이고자 하는 곤충에만 뿌리고 이로운 생물은 보호한다. 비누는 포유류나 조류에 유독하지 않고 토양에서 빠르게 분해된다. 수중 생물 또는 생태계에 무해하다.
- **사용법** 살충비누는 대부분의 가든 센터에서 분무기에 든 제품을 구입할 수 있다. 물에 희석해서 압축식 분무기에 넣어 사용하는 원액도 판매한다.

살충비누를 직접 만들고 싶다면 우선 비누를 준비한다. 이때 주의해야 할 것은 우리가 흔히 비누라고 하는 제품, 즉 주방용 세제 등은 실제로 세제(합성 비누)이므로 식물에는 해롭다. 순수 카스틸 비누액과 같은 제품을 준비하도록 한다. 시간과 의향이 있으면 원하는 성분을 골라서 취향에 맞는 비누를 만들어볼 수도 있다. 인터넷에 살충비누 제조법이 많이 소개되어 있다.

비누액 1큰술을 물 1 l에 희석하여 분무기에 담고 곤충에 흠뻑 분사한다.

메뚜기약

메뚜기(55, 58, 83, 214쪽) 구제에 사용한다.

표시 문구 **없음**

- **메뚜기약이란?** 본래 이름은 '노제마 로쿠스테 *Nosema locustae*'로, 약제 자체가 살아 있는 미생물, 즉 단세포 동물이다.

- **기능** 노제마 로쿠스테는 메뚜기나 귀뚜라미에 감염되는 기생충으로, 이들을 병들어 죽게 한다. 미끼용 곡식의 겨 안에 이 미생물이 들어 있어, 메뚜기와 귀뚜라미가 미끼를 먹으면 암컷의 경우 품고 있던 알까지 감염된다. 이 미끼를 섭취한 어미의 알은 병든 채로 부화하게 되는 것이다. 따라서 이 약의 효능은 수년간 지속된다.
- **부작용은 없는지?** 메뚜기 및 귀뚜라미 이외의 생물에는 영향을 미치지 않는다.
- **사용법** 라벨을 읽고 지시에 따른다. 메뚜기 떼가 특히 극성인 시기에 약을 사용한다. 크기가 18mm 미만인 유충이 발견되면 약을 손으로 뿌린다.

메뚜기약으로 마당에 있는 메뚜기 떼를 박멸할 수는 있지만, 메뚜기는 워낙 이동성이 강해서 이웃 마당이나 인근 교외에서 또다시 날아 들어올 수 있다. 지역적으로 이 약을 살포하면 메뚜기 떼 박멸에 매우 효과적이다.

규조토

딱정벌레(55, 58, 82, 154쪽), 바구미류(55, 57, 83, 99, 119, 127, 133쪽), 꿀꿀이바구미류(83쪽), 집게벌레(55, 59, 79, 83, 212쪽) 구제에 사용한다.

표시 문구 **주의**

- **규조토란?** 규조토는 모래 같은 하얀 가루다. 규조토는 규조류라고 하는 미소식물에서 생성된다. 규조류는 이산화규소로 구성되어 있으며, 유리와 수정의 구성 성분과 같다. 이 조류는 민물이나 바닷물 어디에나 서식하며, 습한 토양에서도 발견된다. 오래된 바닷물이나 호수가 마르면 규조류 껍질이 퇴적하여 규조토라는 광물질로 변하는 것이다.

기어 다니는 곤충 구제에 살충용으로 표기된 규조토를 사용한다. 수영장 정화용으로 사용하는 규조토도 있는데, 곤충 구제에는 효과가 없다.

- **기능** 곤충에게 규조토는 날카로운 유리조각과도 같다. 규조토를 뿌린 표면을 곤충이 지나가면 몸에 유리조각이 박혀 결국은 죽는다. 민달팽이, 달팽이 구제에도 효과가 있다.

■ **부작용은 없는지?** 토양에 규조토를 뿌리면 달팽이를 포함하여 지표면을 기어 다니는 생물에만 영향을 미친다. 꿀벌이나 나비에는 무해하다. 포유류, 조류, 수중 생물과 같이 지표면을 기어 다니지 않는 생물에는 효과가 없다.

작업 시에는 보호 장구를 착용해야 한다. 규조토는 먼지처럼 미세한 가루이므로 입자가 공기에 날려 눈과 폐에 침입할 수 있기 때문이다. 마스크와 보안경을 착용하도록 한다. 또한 규조토는 피부에 자극을 줄 수 있으므로 장갑과 소매가 긴 윗옷, 긴 바지를 착용한다.

■ **사용법** 기어 다니는 곤충을 구제하고자 하는 장소에 규조토 가루를 살포한다. 검정포도바구미, 집게벌레와 같이 밤에는 식물의 줄기를 기어 다니고 새벽에 흙으로 돌아가 숨는 곤충에 특히 효과적이다. 규조토 가루는 날이 건조하면 가장 큰 효과를 볼 수 있다. 판자나 통을 덮어서 약제를 건조한 상태로 보관한다.

BTSD(*Bt san diego*)

딱정벌레(55, 58, 82, 154쪽), 바구미류(55, 57, 83, 99, 119, 127, 133쪽), 꿀꿀이바구미류(83쪽) 구제에 사용한다.

표시 문구 주의

■ **BTSD란?** BTSD는 딱정벌레와 그 유충을 죽이는 살아 있는 미생물제제다. Bt는 '바실루스 투린지엔시스*Bacillus thuringiensis*'의 줄임말로, 특정 곤충을 감염시켜 죽이는 기생균이다. 이 세균은 몇 가지 계통으로 나뉘는데, 그중 BTSD는 딱정벌레와 그 유충을 죽이는 종류다. 털벌레, 모기, 먹파리류에는 효과가 없다. 세균은 라벨에 표시되어 있지 않은 불활성 성분에 부유하는 상태다.

■ **기능** 식물의 잎, 줄기, 과일의 표면에 살포하면 딱정벌레 또는 그 유충이 식물을 먹고 있을 때 세균이 침투한다. 세균은 곤충의 소화기를 공격하고, 며칠 뒤 곤충은 죽는다. 보통 곤충은 죽기 훨씬 전에 먹기를 그만둔다. 라벨을 읽고 포장에 든 Bt 종류가 무엇인지 알아야 한

다. BTK*Bt kurstaki*는 털벌레를 죽이고, BTI*Bt israelensis*는 고인 물에 서식하는 모기 유충을 죽인다.

■ **부작용은 없는지?** 현재까지 부작용은 알려지지 않았다. 이 세균은 특정 기주에만 작용하도록 강하게 특화되어 있어서 대상이 아닌 생물에는 효능을 발휘하지 않는다. 그러나 약제에 포함된 불활성 성분이 때로는 과민증을 일으키므로 주의 문구를 표시한다. 검사에 따르면 세균 자체는 각종 익충을 포함하여 포유류, 조류, 기타 대상이 아닌 동물에는 무해하다.

■ **사용법** 라벨을 읽고 지시에 따른다. BTSD는 딱정벌레 구제용인데 구하기는 매우 어렵지만 어렵게 찾은 보람이 있는 약제다. 분무제, 원액, 분말로 판매된다. 제품 내 세균은 살아 있으므로 구리, 표백제, 비누 등과 혼합하면 이들이 죽는다. 포장에 지시되어 있는 온도에 따라 보관하고 너무 높은 온도에 보관하지 않는다.

BTK(*Bt kurstaki*)

털벌레(54, 58, 59, 80, 81쪽), 거세미(80, 214쪽), 쑤시기붙이류(116쪽), 잎말이나방류 애벌레(120, 127, 134쪽), 목화씨벌레(120쪽), 명나방류 애벌레(120, 127, 133쪽), 파밤나방 애벌레(120쪽), 큰담배나방 애벌레(120, 216쪽) 구제에 사용한다.

표시 문구 **주의**

■ **BTK란?** BTK는 털벌레를 죽이는 살아 있는 미생물제제다. Bt는 '바실루스 투린지엔시스'의 줄임말로, 특정 곤충을 감염시켜 죽이는 기생균이다.

세균은 라벨에 표시되어 있지 않은 불활성 성분에 부유하는 상태다. 이 세균은 몇 가지 계통으로 나뉘는데, 그중 BTK는 모든 종류(나방과 나비)의 털벌레를 죽이는 종류다. 딱정벌레, 모기, 먹파리류에는 효과가 없다. BTSD는 딱정벌레를 죽이고, BTI는 고인 물에 서식하는 모기 유충을 죽인다.

■ **기능** 식물의 잎, 줄기, 과일의 표면에 살포하면 털벌레가 식물을 먹고 있을 때 세균이 침투

한다. 세균은 곤충의 소화기를 공격하고, 며칠 뒤 곤충은 죽는다. 보통 털벌레는 죽기 훨씬 전에 먹기를 그만둔다.

- **부작용은 없는지?** 현재까지 부작용은 알려지지 않았다. 이 세균은 특정 기주에만 작용하도록 강하게 특화되어 있어서 대상이 아닌 생물에는 효능을 발휘하지 않는다. 그러나 약제에 포함된 불활성 성분이 때로는 과민증을 일으키기 때문에 주의 문구를 표시한다.

털벌레는 나비와 나방의 유충인데, 씹는 입으로 식물의 잎, 과일, 줄기를 먹고산다. 나비 및 나방 성충은 빠는 입을 가지고 있으며, 꿀을 먹고산다. BTK는 나비와 나방 유충뿐 아니라 성충에도 효과적이다.

- **사용법** 라벨을 읽고 지시에 따른다. BTK는 가든 센터에서 분무제로 쉽게 구할 수 있다. 원액과 분말로도 판매한다.

털벌레가 식물 속에 안전하게 숨어 있다면 BTK를 구멍 안까지 주입할 수 없으므로 효과가 없다. 그러나 여러 이병성 해충은 알을 식물 표면에 낳는다. 해충이 알을 낳기 전 BTK를 살포하였다면, 새로 부화한 털벌레는 식물을 먹을 때 약도 같이 먹게 되어 죽는다.

제품 내 세균은 살아 있으므로 구리, 표백제, 비누 등과 혼합하면 이들이 죽는다. 포장에 지시되어 있는 온도에 따라 보관하고 너무 높은 온도에 보관하지 않는다.

백각병균

풍뎅이류(25, 192, 193쪽) 구제에 사용한다.

표시 문구 주의

- **백각병이란?** 백각병은 풍뎅이와 그 유사 종류에 감염되는 세균성 질병이다. 병원균은 바실루스 포필리에 *Bacillus popilliae*와 바실루스 렌티모르부스 *B. lentimorbus*다. 이 세균들을 실험실에서 상업적으로 배양하여 정원용품점과 인터넷에서 포장 단위로 판매한다.
- **기능** 풍뎅이류의 유충은 머리가 갈색인 흰색 애벌레인데, 토양 속에 살면서 식물의 뿌리를

갉아먹는다. 이 유충에 의한 잔디 피해가 특히 심각하다. 세균이 있으면 유충은 먹이를 먹을 때 세균도 같이 섭취하고, 백각병에 걸려서 죽는다.

- **부작용은 없는지?** 풍뎅이와 기타 비슷한 종류 이외에 포유류, 조류, 기타 동물에게는 부작용이 없다. 백각병은 다른 딱정벌레와 꿀벌, 나비에는 발병하지 않는다.
- **사용법** 라벨을 읽고 지시에 따른다. 백각병 세균은 분말제 또는 알갱이 형태로 판매된다. 분말은 약 120cm마다 1작은술씩 뿌리면 총 약 232m^{2}에 283g이 든다. 알갱이 형태는 전착제를 써서 약 232m^{2}에 1.8kg씩 살포한다.

안타깝게도 풍뎅이류의 성충은 이동성이 매우 강하여 마당의 유충을 전멸한다 해도 이웃의 풍뎅이가 마당으로 다시 날아 들어와 꽃을 뜯어 먹을 수 있다. 그러나 지역적으로 이 약을 살포하면 매우 효과적이다. 풍뎅이류의 성충이 인근 지역에서 다시 날아 들어오겠지만 이웃과 협력한다면 딱정벌레 피해는 크게 줄어들 것이다.

님 기름

표시 문구 **주의**

- **님 기름이란?** 님 기름은 인도에서만 나는 님나무 *Azadirachta indica* 라는 상록수의 씨에서 추출한 기름으로, 냉간 가압 공정으로 씨를 으깨어 추출한 것이다. 님나무는 멀구슬나무 *Melia azedarach* 와 유연관계가 있는 종이다.
- **기능** 씹거나 찌르고 빠는 입을 가진 곤충은 식물을 해친다. 이러한 종류의 곤충이 님 기름을 섭취하면 많은 장애를 안게 된다. 어떤 종류는 탈피하지 못해서 발육이 되지 않는다. 산란을 하지 못하게 되는 종류도 있고, 먹지 못하여 굶어 죽는 종류도 있다. 님 기름의 냄새를 맡고 달아나는 곤충도 있다. 그러나 이 모든 효과는 개체수가 줄어드는 결과가 나타나기까지 시간이 걸리므로 인내심이 필요하다.
- **부작용은 없는지?** 님 씨와 멀구슬나무 씨 모두 독성이 있다. 님 기름은 생분해가 매우 빠르

다. 안전성과 환경 영향 검사는 완료되지 않았으나 일부 검사에서는 님 기름이 포유류, 벌레, 무당벌레, 꿀벌에는 무해한 것으로 나왔다. 그러나 라벨에는 물가에서는 사용하지 말라고 표기해놓았다. 또한 벌이 활발히 먹이를 얻고 있을 때 사용해서는 안 된다. EPA에서는 실내에서 사용해도 안전하다고 명시한다. 냄새는 약간 불쾌할 수 있다.

■ **사용법** 라벨의 지시사항에 따른다. 님 기름 자체는 물과 섞이지 않으나 시중에 판매되는 제품은 계면활성제가 함유되어 있어 물과 잘 섞인다. 님 기름 제품을 물에 혼합하여 식물이 생육기일 때 1~2주에 한 번씩 분무한다.

원예용 기름, 기계유유제

표시 문구 **주의**

■ **원예용 기름, 기계유유제란?** 미국에서는 호티컬처럴 오일 horticultural oil, 도먼트 오일 dormant oil, 슈피리어 오일 superior oil로 판매되는데, 모두 식물성 기름 또는 광물성 기름으로 제조한다. '도먼트 dormant'나 '슈피리어 superior'는 사용 시기를 뜻하는 이름이지 등급을 나타내는 뜻은 아니다. 도먼트 오일은 겨울철 식물의 잎이 다 떨어진 후에 살포한다. 슈피리어 오일은 겨울에 살포해도 되고, 녹색 잎이 나는 생육기에 살포해도 된다. 포장에 "Horticultural Oil"만 표기되어 있으면 사용 시기를 별도로 명시하지 않았는지 읽어보아야 한다.

식물성 기름으로 제조한 제품을 권장하지만 구하기 어려울 것이다. 인터넷에서 찾거나 인근 가든 센터에 문의해본다. 대부분의 가든 센터에서는 호티컬처럴 오일을 몇 가지 판매하고 있는데, 그중 유기농 원예에 사용해도 좋은 OMRI 인증을 받은 제품을 찾아본다.

■ **기능** 곤충, 응애에 기름막이 덮이면 성충뿐 아니라 알까지 질식하여 죽는다. 겨울철 식물이 활발하게 생육하지 않는 휴면기에 살포하면 효과적이다. 낮은 농도로 희석하면 생육기에 사용해도 괜찮다.

■ **부작용은 없는지?** 삼키거나 피부에 스며들면 위험하다. 피부에 지속적으로 접촉하면 사람

에 따라 과민증을 일으킬 수 있다. 눈 자극을 약하게 일으킬 수도 있다. 분무를 마시지 않도록 주의한다. 약제를 취급할 때는 보호 의복, 보안경, 마스크를 착용한다. 살포 시에는 애완동물과 어린이가 접근하지 않도록 한다.

기름은 어류에 유해하므로 물을 향해서 바로 분사하지 않도록 한다. 실내나 온실에서 사용해도 안전하다.

식물 중 일부는 특히 온도가 높을 때 기름에 민감한 반응을 보인다. 식물에 소량 분사하여 며칠 지켜보고 내성이 있으면 살포한다. 단풍나무 *Acer*, 히코리 *Carya*, 흑호두 *Juglans nigra*, 스모크트리 *Cotinus*, 삼나무 *Cryptomeria*는 민감한 것으로 알려져 있다. 잎이 옅은 노란색으로 변하는 증상을 보인다.

푸른가문비나무 *Picea pungens*에 살포하면 나무가 초록빛으로 변한다. 식물을 해치지는 않지만 미관을 변화시킬 수 있다. 푸른가문비나무의 파란빛은 잎 표면에 밀랍 성분이 입혀져 있기 때문인데, 기름이 표면막을 침투하면 파란색 막이 투명해지면서 녹색 잎이 드러나는 것이다. 2~3년이 지나면 나무는 다시 파란빛을 띠게 된다.

기름과 황이 만나면 녹색 잎에 해로우며 잎이 황 피해를 입어 손상될 수 있으므로 생육기에 황을 살포한 날이 있으면 그날로부터 한 달 전후에는 원예용 기름을 사용하지 않는다.

■ **사용법** 라벨을 읽고 지시에 따른다. 원예용 기름은 가든 센터에서 유화제와 혼합한 기성제품을 판매하며, 물에 섞어서 사용하면 된다. 유화제가 첨가된 원예용 기름을 라벨에서 지시하는 대로 물과 혼합하여 분사한다. 약제는 접촉해야만 효능을 발휘하므로 식물 전체에 골고루 분사한다. 곤충, 응애, 기타 알이 기름으로 덮여야 죽는다. 라벨에 겨울철 휴면기 살포용으로 농도를 더 짙게 제조하는 방법과 생육기에 농도를 더 옅게 제조하는 방법도 표시되어 있다.

대두유 또는 목화씨 기름 등 식물성 기름에 비누나 기타 유화제를 첨가하여 원예용 기름을 직접 제조할 수도 있다. 세제가 아닌 순수 비누를 사용해야 한다. 반드시 식물의 일부분에 분사해보고 내성이 있는지 확인한다. 더 넓은 곳에 살포하기 전에 며칠 기다린다. 식물성 기름 1컵에 비누액 1큰술을 첨가하여 원액을 만든다. 물 3.7 l 에 원액 1큰술을 넣고 희석하여 생육기에 살포할 수 있다. 그리고 물 3.7 l 에 원액 반 컵을 넣으면 동면기에 살포할 수 있다. 원예용 기름은 낮 온도가 29.4℃ 미만이고 밤 온도가 영상일 때만 살포해야 한다. 건조 스트레스를 겪고 있는 식물에는 어떤 종류의 기름도 살포해서는 안 된다. 기름을 살포할 때는 실내 식물은 물론이고 식물이 물을 충분히 먹은 상태여야 한다.

황

표시 문구 **주의**

- **황이란?** 황은 땅에서 나는 노란색 광물로, 산소, 질소, 철과 같은 천연 원소다. 고대 그리스와 로마에서는 곡식에 곰팡이병이 생기면 황을 사용하여 방제했다. 현재 알려진 약제 중에서 가장 오래된 종류다.
- **기능** 황은 곤충의 대사를 저해한다. 황을 살포하면 익충까지 포함하여 수많은 곤충을 죽일 수 있다. 특히 총채벌레, 나무이류, 진딧물에 효과가 있다.
- **부작용은 없는지?** 황은 사람 등 일부 포유류에 독성을 나타내므로 눈과 폐에 들어가거나 피부에 접촉하지 않도록 보호 장구를 착용하도록 한다. 천식 또는 과민증이 있는 사람은 황에 반응을 보일 수 있다. EPA는 황을 실내에서 사용해도 안전한 것으로 간주한다. 황은 익충과 어류를 죽일 수 있으므로, 익충의 활동이 뜸할 때(즉, 날이 선선할 때) 사용하고, 연못, 하천, 호수 주변에서는 사용하지 않도록 한다.

황은 너무 더운 날에 사용하거나 기름 성분이 든 물질을 식물에 뿌린 직후에 사용할 경우 식물을 해할 수도 있다. 온도가 26.6℃ 이상일 때는 황을 사용하면 안 된다. 그리고 원예용 기름을 식물에 뿌렸을 경우에는 해당 달을 포함하여 다음 달까지 황을 사용하면 안 된다. 또한 황을 정기적으로 사용하면 토양에 축적되어 토양이 산성으로 변한다.

- **사용법** 라벨의 지시사항에 따른다. 황은 분무기에 든 기성제품과 라벨의 지시에 따라 물에 희석해서 사용하는 원액과 분말로 판매된다. 식물의 땅 위 모든 부분에 골고루 살포한다. 2차 피해를 막으려면 알이 부화하기 전에 황을 뿌려야 한다. 황은 식물 표면에서 씻겨 내려가므로 1~2주 간격으로 살포해야 한다.

피레트린

표시 문구 **주의**

- **피레트린이란?** 피레트린 pyrethrin 은 화단국의 여러해살이 종류인 제충국 Chrysanthemum cinerariifolium 을 말려서 만든 천연 식물 살충제·살비제다. 이 종은 예전에 피레트룸속 Pyrethrum 에 속했는데, 제충국으로 만든 천연 살충제는 제충국의 옛 속 이름을 따서 '피레트룸'이라 한다. 꽃을 따서 말린 후 갈아서 가루로 만든다. 이 가루에서 추출한 활성 성분을 '피레트린'이라 한다. 피레트린은 몇 가지 화학 성분을 혼합한 것으로, 광범위한 신경 독으로 작용하여 곤충과 응애를 모두 구제한다. 효소를 분비하는 일부 곤충은 천연 농약을 무독화하고 이 약에 마비된 후에는 스스로 회복한다. 따라서 이 천연 농약의 합성 약제가 나왔는데, 이를 '피레스로이드 pyrethroid'라 한다. 피레스로이드는 천연 약제보다 포유류에는 독성이 덜하고 곤충에는 더 강하다.
- **기능** 곤충이 피레트린과 접촉하면 몸이 마비된다. 잎과 줄기에 뿌리면 며칠간 효능이 남아 있어 해충과 더불어 익충도 죽인다.
- **부작용은 없는지?** 피레트린은 포유류에 약간의 독성이 있고, 피레스로이드는 덜하다. 피레스로이드는 실내나 음식 주위에서 사용해도 안전한 살충제다. 하지만 천식 또는 건초열이 있는 사람은 과민증을 보일 수 있으므로 주의해야 한다. 또 피레스로이드는 무당벌레까지 죽이지만 꿀벌에는 무해하다. 피레트린은 어류나 기타 수중 생물에 유해하다.
천연 약제의 효능을 높이는 첨가제가 함유된 제품은 조심한다. 상승제로 첨가하는 피페로닐 부톡시드piperonyl butoxide가 있는데, 이것은 자체에 독성이 있어 다른 화합물과 결합하면 화합물만 사용할 때보다 더 독성을 띠게 된다. 이 약제를 사용할 때는 의복을 적절하게 갖추어 입고 안전 장비를 착용하도록 한다.

■ **사용법** 라벨을 읽고 지시에 따른다. 피레트린은 액상 분무제로 많이 사용한다. 가든 센터에서 분무기에 든 제품을 구입할 수 있으며, 물에 희석해서 분무기에 넣어 사용하는 원액도 판매한다. 잎의 앞면과 뒷면에 골고루 분사한다.

토양 위, 식물 체내에 서식하는 곤충 구제법

제1부의 진단

장	제목	쪽	진단
1	식물 전체	25, 27	천공충, 나무좀
2	잎	39, 51	천공충
2	잎	46, 60	뭉뚝날개나방
2	잎	46	굴파리류
2	잎	64	잎말이나방류
4	과일	109, 134	애배잎벌류
4	과일	116	쑤시기붙이류
4	과일	120	잎말이나방류
4	과일	120	목화씨벌레, 큰담배나방 · 파밤나방 애벌레
4	과일	120, 121, 133	명나방류
4	과일	121	복숭아순나방 애벌레
4	과일	121, 133	코들링나방 애벌레
4	과일	127	잎말이나방류 또는 명나방류
4	과일	127	과실파리류 유충
4	과일	127	혹파리류
4	과일	134	과실파리류, 사과과실파리, 잎말이나방류
5	줄기	142	복숭아뿔나방, 복숭아순나방
5	줄기	142	사과하늘소류

장	제목	쪽	진단
5	줄기	142	하늘소류, 나뭇가지띠하늘소
5	줄기	145, 155	호리비단벌레류
5	줄기	145, 156	잎말이나방류, 복숭아순나방, 뿔나방류
5	줄기	150	천공충
5	줄기	155	보석딱정벌레, 유리나방류·명나방류 애벌레, 목수개미, 나무좀류
5	줄기	156	나무좀
5	줄기	156, 161	밤나방류
5	줄기	161	흰소나무바구미
5	줄기	210	과실파리류
7	씨	212	흰구더기
7	씨	213	코들링나방 애벌레, 잎말이나방류 애벌레
7	씨	213	잎벌레류, 바구미류
7	씨	215	잎말이나방류 애벌레
7	씨	215	명나방류 애벌레
7	씨	216	큰담배나방 애벌레
7	씨	216	밑빠진벌레
7	씨	216	파밤나방

위의 진단 목록에서도 알 수 있듯이 수많은 종류의 곤충이 토양 위 식물 체내에서 살아간다. 그러나 한 가지 구제법(곤충병원성 선충)을 제외하고, 이처럼 식물을 뚫고 들어가 사는 곤충에 대한 모든 해결책은 곤충이 식물 밖에 있을 때 또는 식물 속으로 들어가려고 할 때 실시해야 한다. 따라서 구제법은 318쪽부터 시작하는 토양 위 식물 체외에 서식하는 곤충 구제법과 동일하다. 구제법을 적용하기 전에 반드시 생육 환경을 개선하는 일이 선행되어야 한다. 식물 내 곤충 구제에 농약을 써야 할 경우에는 227쪽의 안전 지침을 먼저 읽는다.

곤충병원성 선충

표시 문구 없음

■ **곤충병원성 선충이란?** 선충은 원형의 미생물인데, 육안으로는 보이지 않으나 지구상 어디에나 존재한다. 어떤 선충은 뿌리 또는 잎을 파괴하는 해충이지만, 어떤 선충은 세균과 진균, 해충을 먹고산다. 이 중 토양 서식 곤충을 공격하는 2종을 상업적으로 배양하여 집에서 기를 수 있도록 판매하고 있다. 스테이네르네마 카르포캅사이 *Steinernema carpocapsae*는 지표면 가까이에 서식하는 선충이고, 헤테로랍디티스 박테리오포라 *Heterorhabditis bacteriophora*는 더 깊은 곳에 서식하는 선충이다. 이 두 종류의 곤충병원성 선충은 토양 위나 토양 속에 서식하는 200종의 해충을 박멸할 수 있다.

■ **기능** 이 선충들은 일생의 일부 기간 동안 성충이나 유충을 먹고산다. 천공충도 일시적으로 구제한다. 풍뎅이 유충, 고자리파리, 바구미류는 이 선충에 희생되는 엄청난 종류의 곤충 중 일부일 뿐이다. 선충은 토양 속 수분막을 헤엄쳐서 희생양들을 찾아다닌다. 그리고 곤충의 입 등 몸에서 자연적으로 열린 곳을 통하여 몸속으로 들어간다. 곤충의 몸속에 도착하면 선충은 숙주의 장에서 세균을 퍼뜨린다.

세균에 감염되면 곤충은 2~4일 안에 죽는다. 이 동안 선충은 곤충을 먹고, 시체가 된 후에도 안에서 계속 먹고 자란다. 죽은 곤충의 영양분을 다 먹고 나면 수많은 새 선충이 숙주에서 기어 나와 더 많은 희생양을 찾아다닌다.

■ **부작용은 없는지?** 척추동물(포유류, 조류, 파충류, 양서류, 어류 등) 또는 식물에는 무해하다. 토양 위나 토양 속에서 일생의 일부만 나는 곤충(꿀벌 등)은 피해를 입지 않는다.

■ **사용법** 라벨의 지시사항에 따른다. 구입 시 선충은 살아 있으므로 죽이지 않도록 주의한다. 포장 안에는 감염된 유충이 보존 매체(습한 이탄, 질석, 겔 등)에 보관되어 있다. 사용하기 전에는 냉동 보관해야 한다. 일반적으로 해충이 서식하는 장소를 잘 알 때 사용한다. 포식자가 그렇듯 이 선충도 자신의 임무를 잘 수행하기 위해서는 먹이가 많은 곳에서 살아야 한다.

보존된 유충을 보존 매체와 함께 물에 넣어서 지정한 장소에 뿌린다. 선충은 토양이 따뜻하고 습하며 먹이가 풍부할 경우 5년간은 살아 있다.

해충이 파놓은 굴에 선충을 직접 주입해도 된다. 선충은 천공충을 죽이긴 하지만 식물 체내에서는 살아남지 못한다. 식물이 다시 피해를 입으면 약제를 재살포한다.

토양 내에 서식하는 곤충 구제법

제1부의 진단

장	제목	쪽	진단
1	식물 전체	25	바구미류, 풍뎅이 유충
6	뿌리	191	철사벌레
6	뿌리	191	밤나방류 애벌레, 감자나방 애벌레
6	뿌리	192	바구미류 · 잎벌레류 유충, 고구마바구미 유충
6	뿌리	192	바구미류, 잎벌레류, 풍뎅이류 유충
6	뿌리	192	수선화꽃등에
6	뿌리	192	꽃파리류, 무고자리파리 · 고자리파리 유충, 당근파리
6	뿌리	193	철사벌레, 잎벌레류, 바구미류, 풍뎅이류 유충
6	뿌리	194, 203	뿌리진딧물
6	뿌리	194, 203	가루깍지벌레류
7	씨	211	잎벌레류, 옥수수씨딱정벌레, 굼벵이
7	씨	211	철사벌레

토양 환경에 서식하는 곤충의 유충 또는 성충은 뿌리 또는 토양 속 저장 기관을 갉아먹으면서 굴을 파고 들어가거나, 관부에서 영양분을 빨아먹는다. 이러한 해충들은 보통 성충 단계에서는 땅 위에서 살아가므로 321쪽 구제법부터 적용하는 것이 좋다. 땅속 해충을 구제하는 방법은 많지 않으나 매우 효과적이다. 모든 식물 문제가 그렇듯이 곤충에 의한 병해 정도를 낮추는 가장 저렴하고 쉬운 방법은 예방이다. 제1부에

서 흐름도에 따라 진단하여 문제가 무엇인지 알았다면, 당장 치료를 하고 싶어질 것이다. 그렇다면 8장으로 가서 예방법을 실천하길 바란다. 차후에는 곤충으로 인한 피해가 훨씬 줄 것이다.

생육 환경 개선

생육 환경 개선에 관한 도움말은 8장에 모두 수록되어 있다. 예방은 언제나 곤충의 공격에 맞서는 최선의 방법이다. 예방책은 곤충이 건전한 식물에 옮겨 붙지 못하게 막는 방법이기도 하다. 그러므로 이 방법을 가능한한 빨리 실천하길 바란다.

예방법 장애물을 설치한다 ➡ 324쪽 참고

내병성 품종을 고른다 ➡ 234쪽 참고

돌려 짓는다 ➡ 237쪽 참고

구제법

위생처리한다 | 321쪽을 참고하여 성충이나 유충이 아직 안에 있을 때 식물의 병부를 제거한다.

꼭 써야 한다면 유기 살충제를 사용한다

식물의 토양 환경에 서식하는 곤충 구제에 농약을 써야 할 경우에는 227쪽의 안전 지침을 읽고 사용한다.

농약 사용 시 권장사항

약품을 쓰기 전에 반드시 생육 환경을 개선하는 일이 선행되어야 한다. 환경을 먼저 평가하고 기르고자 하는 식물이 환경에 적합한지 판단한다. 표시 문구가 있는 제품은 필요할 때만 사용한다. 농약은 시기를 정해놓고 사용하지 말고 식물을 그때그때 관찰해서 필요한 경우에만 사용한다. 아래 소개하는 약제들은 모두 유기농 재배 시 사용승인을 받은 것이다.

곤충병원성 선충 ➡ 343쪽 참고

피레트린 ➡ 340쪽 참고

혹 안에 서식하는 곤충 구제법

제1부의 진단

장	제목	쪽	진단
2	잎	62	잎혹진딧물류
2	잎	62	혹벌류의 충영
2	잎	63	벌레혹
5	줄기	152, 159	솔벌레류
5	줄기	168	혹벌류의 충영

식물 혹의 대부분은 곤충이나 응애 때문인데, 이들이 화학물질을 분비하면 식물은 혹 구조물을 만들어내고, 곤충들은 그 안에서 산다. 어떤 혹 안에는 유충만 들어 있고, 어떤 혹 안에는 성충과 유충이 다 같이 모여 산다. 곤충이 혹 안에 있는 한 손을 쓸 수가 없다.

그러나 다행히도 곤충 때문에 혹을 만들어낸 식물은 심각한 상태가 아니며, 혹이 만들어진 부분을 잘라 없애면 쉽게 방제할 수 있다. 혹은 발견하자마자 안의 해충이 성숙해지기 전에 잘라 없앤다. 혹이 말랐거나 혹 표면에 구멍이 났으면 해충은 이미 성숙해서 안식처를 버린 후다. 혹벌류나 기타 해충으로 인해 장미 *Rosa*, 참나무 *Quercus*

등에 혹이 난 가지는 자르는 것이 좋다.

　가지치기를 해도 구제가 안 되면 유기농약 요법을 써야 한다. 살충비누(330쪽 참고)를 쓰면 혹을 완전히 다 만들기 전에 곤충을 구제할 수 있다. 이미 다 만들어진 혹은 봄에 생육기가 시작될 때 제거하여 살충비누를 분사한다.

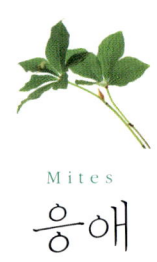

Mites
응애

11

응애란?

응애 Acari는 주형류(거미류)로 알려진 동물의 한 계통이다. 즉, 이들은 다리가 여덟 개인 거미나 진드기와 가까운 부류다. 응애는 다리가 여섯 개가 아니므로 곤충이 아니다. 응애는 어디에나 서식하는데, 대부분 너무 작아서 눈에 잘 띄지 않는다.

과학자들은 지금까지 4만 8000여 종의 응애에 이름을 붙였으며, 실제 지구상에는 50만여 종이 있을 것으로 추정된다. 무척추동물 중에서는 곤충 다음으로 종류가 다양하다. 실제로 침엽수림에 가서 낙엽이 떨어진 흙을 약 1m² 파보면 응애 왕국을 발견할 수 있다. 그 토양을 현미경으로 관찰하면 약 50과에 속하는 200여 종의 응애를 100만 마리도 더 볼 수 있다.

응애는 지구상에서 가장 오래된 동물 중 하나로, 고생물학자는 4억만 년 전의 잎응애를 발견한 바 있다. 기원전 1550년 이집트의 파피루스 문서에서는 응애로 인한 병해의 방제법을 논하고 있으며, 고대 그리스 학자들은 응애를 연구하기도 했다. 이명

법을 창안한 린네Linnaeus는 1758년 서양 과학문헌에 응애를 최초로 소개했는데, 그것은 가루응애 *Acarius siro* 였다.

응애의 대부분은 육안으로는 잘 보이지 않으며 우리 삶에서 마주치는 일 없이 거의 숨어 산다. 그러나 우리와 일상을 같이하는 응애도 있는데, 이는 유럽집먼지진드기 *Dermatophagoides pteronyssinus*로 따뜻하고 습한 침대보가 서식지다.

현미경으로 보면 사진과 같이 거미처럼 다리가 여덟 개인 빨간 잎응애를 발견할 수 있다.

육안으로는 발견하기 어려운 점박이응애 두 마리가 크로톤 *Codiaeum* 잎 뒷면에서 달아나고 있다.

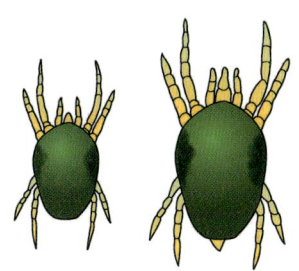

점박이응애 중 몸집이 작은 왼쪽은 수컷이고, 몸집이 큰 오른쪽은 암컷이다.

응애가 하는 일은?

응애는 주요 생태계 어디에나 존재하며, 북극, 열대 지방, 온대 지방, 사막, 우림, 물속(민물과 바닷물 모두)에서도 산다. 지하 10m 깊이의 단단한 광물질 토양과 수심 5,000m의 깊은 바다 협곡에서도 응애가 발견되었다. 이들이 살지 못하는 곳은 거의 없다. 뜨거운 온천과 파충류의 살갗 밑에서도 살고 있으며, 심지어 우리 머리카락의 모낭에서도 산다. 대부분 토양에 많이 서식하고 있는데, 식물, 진균, 세균, 기타 동물에 기생하는 종류도 많다.

이처럼 응애가 생존에 성공한 비결로는 종의 다양성과 다양한 생태학적 지위에 적응하는 능력, 엄청난 알의 개수, 짧은 생애, 놀라운 이동 구조를 들 수 있다.

암컷 응애는 14~30일을 사는데, 알은 100개 이상 낳는다. 응애 중에는 수정란을 낳기 위해 수컷을 찾아야 하는 종류도 있고, 수컷 없이 처녀생식을 하는, 즉 암컷이 짝짓기를 하지 않고 자손을 퍼뜨릴 수 있는 종류도 있다.

응애는 찌르고 빠는 입을 가지고 있어 식물의 세포벽을 뚫고 내용물을 빨아먹는다. 정원, 집 안, 온실에서 자라는 식물을 공격하는 응애로는 잎응애, 점박이응애, 시클라멘먼지응애 등이 있는데, 잎, 줄기, 과일 표면에 서식한다. 혹응애류, 녹응애류 등은 잎과 과일의 조직 안에 서식한다.

응애의 이로움

어떤 종은 낙엽, 썩은 목재, 미생물, 세균, 진균, 기타 배설물을 먹고산다. 어떤 종은 더 큰 미소동물에 기생한다. 따라서 응애는 비옥한 유기 토양을 가꾸어주는 큰 일꾼이다. 또한 일부 기생 응애는 식물을 해치는 응애를 사냥해서 먹이로 삼는다. 이러한 응애 종류는 유용한 생물학적 방제 자원이며 이들을 원예용으로 배양하는 업체도 있다.

응애의 해로움

응애 중에는 한 조직에서 다른 조직으로 질병을 옮겨 과민증을 일으키는 해충 종류도 있다. 먼지진드기는 우리가 사는 집 안에서 우리 몸의 각질 파편을 먹고산다. 이들은 물지는 않지만 건초열, 천식, 접촉 피부염을 일으킨다. 또 다른 종류도 있다. 옴진드기와 털진드기는 사람의 피부를 찔러서 피를 빨아먹어 심한 가려움증을 유발한다. 귀진드기 및 기타 여러 종은 개와 고양이를 괴롭히며, 어떤 종은 닭 및 기타 조류에 기생한다. 바로아 *Varoa*라는 응애는 양봉꿀벌 *Apis mellifera*에 붙어서 벌과 양봉인을 괴롭힌다.

구제법

토양 위, 식물 체외에 서식하는 응애 ➡ 352쪽에서 시작

식물 체외에서 세포를 뚫고 내용물을 빨아먹는 응애는 세포 껍질을 남긴다. 잎응애 피해를 입은 곳은 세포벽만 남아 색이 밝고, 빛에 비추어보면 흰색 또는 노란색 점이 미세하게 찍혀 있다. 잎응애는 정원에 흔한 해충으로, 주기적으로 실외 식물에 꼬이는데 때로는 실내 식물도 공격한다. 종종 식물 표면에 줄을 치며, 특히 건조하고 먼지가 많은 환경일 때 들끓는다.

시클라멘먼지응애에는 독침이 있어 침해를 당한 식물은 비틀어지고 위축되며 색이 변한다. 시클라멘먼지응애는 딸기나무도 좋아하지만 주로 온실 식물을 공격한다. 시클라멘 외에도 많은 식물에서 서식한다.

토양 위, 식물 체내에 서식하는 응애 ➡ 362쪽에서 시작

혹응애류와 녹응애류는 실외 식물의 잎과 과일 조직 안으로 들어가 산다. 기주 식물 속에 숨어서 식물 조직의 보호를 받고 있으므로 구제책을 세우기가 어렵다.

알뿌리 내에 서식하는 응애 ➡ 364쪽에서 시작

알뿌리응애는 알뿌리, 둥근줄기, 덩이줄기 등 식물 부위 중 살이 많은 땅속 부분에 서식하는 응애로, 땅속뿐 아니라 저장 중일 때도 침범한다. 구제는 위 두 방법과 다른 방법으로 실시한다.

토양 위, 식물 체외에 서식하는 응애 구제법

제1부의 진단

장	제목	쪽	진단
2	잎	43	잎응애
2	잎	66	응애
3	꽃	85	시클라멘먼지응애

생육 환경 개선

화학적 구제에 의지하기 전에 이 단계를 거치도록 한다. 응애는 징후를 잘 살펴서 생육 환경을 변화시켜주면 제거할 수 있다. 다음에 소개하는 구제법 중에서 상황에 가장 적합한 것을 실시한다. 구제법은 애초에 식물에 접근하지 못하도록 조치하는 예방책을 우선으로 한다. 다음에 구제책을 소개한다.

예방법

새 식물은 격리시킨다 | 점박이응애 및 시클라멘먼지응애는 화단 식물, 딸기, 실내 식물을 통하여 정원, 집 안, 온실로 퍼진다. 식물을 사기 전에 식물을 자세히 검사한다. 잎을 뒤집어서 미세한 줄이나 노란색 또는 흰색 점무늬가 없는지 살핀다. 생장점이 뒤틀리거나, 변색되거나, 새순이 왜소하지는 않은지 검사한다. 건강해 보이는 식물만

구입한다.

응애의 대부분은 육안으로 잘 식별되지 않으며, 감염 초기에는 식물에 증상이 나타나지 않을 수도 있다. 식물을 새로 사거나 선물로 받았을 때 식물의 건강 상태가 조금이라도 의심되면 격리해놓는다. 해충이나 질병이 없음을 확신할 때까지 기존 식물과 분리하여 기른다.

식물을 격리시킬 때는 모든 식물에서 멀리 떨어뜨려놓아야 한다. 연관성이 없는 부류일지라도 그 식물과 가까이 두어서는 안 된다. 응애 매개 식물병은 유전자 장벽을 뛰어넘어 여러 이종 식물도 감염시킨다. 격리 식물을 손질한 후에는 공구를 청결히 하고 손을 씻는다.

구제법

위생처리한다 | 식물을 건강하게 기르기 위해서 거쳐야 하는 가장 중요한 단계 중 하나다. 식물병리학에서 정의하는 위생처리란 병해충에 감염된 대상 식물을 모두 제거하는 조치다. 감염 부위는 진균 포자, 선충의 유충, 세균, 곤충, 응애의 원천이다.

- **응애 피해를 입은 잎, 줄기, 과일을 제거하여 처분한다** 응애의 피해를 입은 잎이나 가지 등은 잘라서 없앤다. 제거한 부분은 유충이 자라서 짝짓기를 하고 알을 낳아 식물을 다시 감염시키기 전에 완전히 처분해야 한다. 목표는 해충의 생활주기를 끊어서 번식 기회를 차단하는 것이다. 피해 부위를 퇴비 더미에 섞으면 안 되고, 시에서 수거하는 음식물 쓰레기에도 버리면 안 된다. 법적으로 허용된 소각장이 있거나 안전하게 소각할 장소가 있으면 감염된 식물들을 소각하도록 한다. 그렇지 않으면 매립용 쓰레기로 처분한다.

- **시클라멘먼지응애에는 뜨거운 물을 붓는다** 시클라멘먼지응애(85쪽)에는 온수 요법이 좋다. 감히 버리지 못하는 귀중한 다년생 식물 또는 실내 식물에만 적용할 것을 권한다. 피해가 심한 곳은 잘라내고 더러운 부분은 씻어낸다. 식물을 46°C로 유지되는 뜨거운 물에 7분간 담근

다. 문헌에 따라 43.3℃에서 15~30분간 담그는 방법부터 49.0℃에서 10분간 담그는 방법까지 다양하다. 물이 더 뜨거우면 담그는 시간을 줄여도 응애를 죽일 수 있다. 그러나 너무 뜨거운 물은 식물이 죽고, 충분히 뜨겁지 않으면 응애가 죽지 않으므로 주의해야 한다.

원예점에서는 이 목적으로 온수기를 설치한다. 집에서는 큰 냄비에 물을 담아 가스레인지에 끓이면 된다. 전기 버너는 물이 끓으면 자동으로 꺼지고 온도가 변동되므로 사용하지 않도록 한다. 온도계(디지털 방식이면 더 좋다)를 넣어서 계속 천천히 젓는다.

혹응애류Bladder gall mite는 앵두나무Prunus 잎 조직 안에서 살고 있다.
식물은 이들의 독침에 대한 반응으로 사진과 같이
길고 기괴한 모양을 만들어내는데, 이곳에는 응애가 잔뜩 붙어 있다.

장미Rosa 잎이 잎응애 줄로 덮였다.
줄 위와 잎에 빽빽하게 붙어 있는 빨간색 작은 점은 모두 잎응애다.

배나무Pyrus 잎 속에 혹응애류Blister mite가 침입하면 잎이 뒤틀리고 죽는다.

해충을 제거한다

- **물 분사로 응애를 떨어뜨린다** 호스로 물을 강하게 분사하여 응애(43, 60쪽)를 날려버린다. 응애 개체수가 줄어들 때까지 일주일에 한 번 식물에 호스로 물을 분사한다. 잎에는 물이 닿지 않아야 하는데 이러한 조치를 취하는 것은 모순이라는 생각이 들 수도 있지만 그렇지 않다. 맑은 날 이른 아침에 물 분사를 실시하고 낮 동안 잎이 마를 시간을 준다.
- **식물을 씻는다** 시클라멘먼지응애(85쪽)를 구제하려면 피해가 심한 곳은 잘라내고 식물을 물로 살살 씻는다.

이로운 생물을 모은다

이로운 응애와 곤충을 정원이나 밭으로 모으려면 이러한 동물들이 먹이나 쉴 곳으로 선호하는 식물을 기르면 된다. 수반이나 화분 받침대와 같은 얕은 용기에 물도 담아놓는다. 식물은 다음 종류를 기른다.

- 미나리과 Apiaceae : 당근, 고수, 딜, 펜넬, 파슬리 등
- 꿀풀과 Lamiaceae : 개박하, 백리향, 로즈마리, 히솝, 레몬밤 등
- 국화과 Asteraceae : 코스모스, 톱풀, 수레국 등

익충으로 구제 효과를 높이고 싶으면 가까운 가든 센터에 가거나 우편 주문으로 이들을 구매할 수 있다. 판매자에게 병충해 증상, 기주 식물, 환경 조건 등을 알려주어 어떤 종이 가장 이로운지 상담 후 구입한다.

- 포식성 응애는 잎응애와 시클라멘먼지응애를 잡아먹는다. 이리응애류(*Phytoseiulus*, *Amblyseius*, *Metaseiulus* 등)를 판매한다.
- 칠성풀잠자리, 무당벌레류, 사마귀, 꽃노린재류는 수많은 해충을 사냥하고 죽이며, 또

먹이로 삼는 익충이다.

꼭 써야 한다면 유기 살비제를 사용한다

실내 또는 실외 식물에서 응애를 구제하기 위하여 농약을 써야 할 경우도 있다. 유기농 재배 시 사용해도 안전함을 인증받은 농약의 종류는 매우 많다. 유기농약을 사용하면 상대적으로는 사람과 환경에 안전하다. 수백 년간 애용해온 약제도 있고, 새로 개발된 약제도 있다. 미국 제품의 경우 OMRI 인증 마크를 확인하자. 곤충을 죽이는 살충제는 응애를 죽이지 못한다. 제품을 살 때 반드시 포장에 "살비제miticide"라고 표시되어 있는지 확인한다. 살비제는 응애 구제용 약제이며, 살충제는 곤충 구제용이다.

농약 사용 시 권장사항

농약을 쓰기 전에 반드시 생육 환경을 개선하는 일이 선행되어야 한다(352쪽 참고). 환경을 먼저 평가하고 기르고자 하는 식물이 환경에 적합한지 판단한다. 표시 문구(주의, 경고, 위험)가 있는 제품은 필요할 때만 사용한다. 농약은 시기를 정해놓고 사용하지 말고 식물을 그때그때 관찰하여 필요한 경우에만 사용한다. 여기서 소개하는 농약은 최소 독성에서 최고 독성까지 분류해놓았으나, 모두 유기농 재배 시 사용승인을 받은 것이다.

살충비누

표시 문구 **없음**

- **살충비누란?** 화학적으로 설명하자면, 비누는 산(식물성 또는 동물성 기름, 모두 지방산으로 구성된다)과 염기(칼륨, 수산화나트륨 또는 가성소다)를 결합한 염이다. 산과 염기의 결합 반응으로 염이 생성되는데, 이 염을 비누라고 부르는 것이다. 시중에서 판매되는 살충비누에는 활성 성

분, 즉 "지방산칼륨염"이 표기되어 있는데, 이것이 곧 비누다.

■ **기능** 살충비누는 응애에도 효능을 발휘한다. 물에 비누를 희석하여 응애에 직접 분사하면 바로 죽는다. 비누가 해충을 보호하는 큐티클에 침투하여 세포를 파괴시키기 때문이다. 그러나 비누는 잔여 활성도가 없어 비누가 마르면 효능이 없어진다.

■ **부작용은 없는지?** 살충비누는 광범위한 살충제이자 살비제라서 잘못 뿌리면 무당벌레, 꿀벌, 칠성풀잠자리, 기타 익충을 모두 죽인다. 그러므로 죽이고자 하는 해충에만 뿌리고 이로운 생물은 보호한다. 비누는 포유류나 조류에 유독하지 않고 토양에서 빠르게 분해된다. 수중 생물 또는 생태계에 무해하다.

■ **사용법** 살충비누는 대부분의 가든 센터에서 분무기에 든 제품을 구입할 수 있다. 물에 희석해서 압축식 분무기에 넣어 사용하는 원액도 판매한다.

살충비누를 직접 만들고 싶다면 우선 비누를 준비한다. 이때 주의할 것은 우리가 흔히 비누라고 하는 제품, 즉 주방용 세제 등은 실제로 세제(합성 비누)이므로 식물에는 해롭다. 순수 카스틸 비누액과 같은 제품을 준비하도록 한다. 시간과 의향이 있으면 원하는 성분을 골라서 취향에 맞는 비누를 만들어볼 수도 있다. 인터넷에 살충비누 제조법이 많이 소개되어 있다. 비누액 1큰술을 물 1 l 에 희석하여 분무기에 담고 해충에 흠뻑 분사한다.

님 기름

표시 문구 주의

■ **님 기름이란?** 님 기름은 인도에서만 나는 님나무 *Azadirachta indica* 라는 상록수의 씨에서 추출한 기름으로, 냉간 가압 공정으로 씨를 으깨어 추출한 것이다. 님은 멀구슬나무 *Melia azedarach* 와 유연관계가 있는 종이다.

■ **기능** 님 기름을 뒤집어쓴 응애는 탈피와 산란을 못 할 뿐만 아니라, 먹이도 먹을 수 없으며, 알도 부화하지 못한다. 효과가 나타나기까지는 시간이 걸리므로 인내심이 필요하다.

■ **부작용은 없는지?** 님 씨와 멀구슬나무 씨 모두 독성이 있다. 님 기름은 생분해가 매우 빠르다. 안전성과 환경 영향 검사는 완료되지 않았으나, 일부 검사에서는 포유류, 벌레, 무당벌레, 꿀벌에는 무해한 것으로 나왔다. 그러나 라벨에는 물가에서는 사용하지 말라고 표기해놓았다. 또한 벌이 활발히 먹이를 얻고 있을 때 사용해서는 안 된다. EPA에서는 실내에서 사용해도 안전하다고 명시한다. 냄새는 약간 불쾌할 수 있다.

■ **사용법** 라벨의 지시사항에 따른다. 님 기름 자체는 물과 섞이지 않으나 시중에 판매되는 제품은 계면활성제가 함유되어 있어 물과 잘 섞인다. 님 기름 제품을 물에 혼합하여 식물이 생육기일 때 1~2주마다 한 번씩 분무한다.

원예용 기름, 기계유유제

표시 문구 **주의**

■ **원예용 기름, 기계유유제란?** 미국에서는 호티컬처럴 오일horticultural oil, 도먼트 오일dormant oil, 슈피리어 오일superior oil로 판매되는데, 모두 식물성 기름 또는 광물성 기름으로 제조한다. '도먼트dormant'나 '슈피리어superior'는 사용 시기를 뜻하는 이름이지 등급을 나타내는 뜻은 아니다. 도먼트 오일은 겨울철 식물의 잎이 다 떨어진 후 살포한다. 슈피리어 오일은 겨울에 살포해도 되고, 녹색 잎이 나는 생육기에 살포해도 된다. 포장에 "Horticultural Oil"만 표기되어 있으면 사용 시기를 별도로 명시하지 않았는지 읽어보아야 한다.

식물성 기름으로 제조한 제품을 권장하지만, 구하기 어려울 것이다. 인터넷에서 찾거나 인근 가든 센터에 문의해본다. 대부분의 가든 센터에서는 호티컬처럴 오일을 몇 가지 판매하고 있는데, 그중 유기농 원예에 사용해도 좋은 OMRI 인증을 받은 제품을 찾아본다.

■ **기능** 곤충, 응애에 기름막이 덮이면 성충뿐 아니라 알까지 질식하여 죽는다. 겨울철 식물이 활발하게 생육하지 않는 휴면기에 살포하면 효과적이다. 낮은 농도로 희석하면 생육기에 사용해도 괜찮다.

■ **부작용은 없는지?** 삼키거나 피부에 스며들면 위험하다. 피부에 지속적으로 접촉하면 사람에 따라 과민증을 일으킬 수 있다. 눈 자극을 약하게 일으킬 수도 있다. 분무를 마시지 않도록 주의한다. 약제를 취급할 때는 보호 의복, 보안경, 마스크를 착용한다. 살포 시에는 애완동물과 어린이가 접근하지 않도록 한다.

기름은 어류에 유해하므로 물을 향해서 바로 분사하지 않도록 한다. 실내나 온실에서 사용해도 안전하다.

식물 중 일부는 특히 온도가 높을 때 기름에 민감한 반응을 보인다. 식물에 소량 분사하여 며칠 지켜보고 내성이 있으면 살포한다. 단풍나무 Acer, 히코리 Carya, 흑호두 Juglans nigra, 스모크트리 Cotinus, 삼나무 Cryptomeria 는 민감한 것으로 알려져 있다. 잎이 옅은 노란색으로 변하는 증상을 보인다.

푸른가문비나무 Picea pungens 에 살포하면 나무가 초록빛으로 변한다. 식물을 해치지는 않지만 미관을 변화시킬 수 있다. 푸른가문비나무의 파란빛은 잎 표면에 밀랍 성분이 입혀져 있기 때문인데, 기름이 표면막을 침투하면 파란색 막이 투명해지면서 녹색 잎이 드러나는 것이다. 2~3년이 지나면 나무는 다시 파란빛을 띠게 된다.

기름과 황이 만나면 녹색 잎에 해로우며 잎이 황 피해를 입어 손상될 수 있으므로 생육기에 황을 살포한 날이 있으면 그날로부터 한 달 전후에는 원예용 기름을 사용하지 않는다.

■ **사용법** 라벨을 읽고 지시에 따른다. 원예용 기름은 가든 센터에서 유화제와 혼합한 기성제품을 판매하는데, 물에 섞어서 사용하면 된다. 유화제가 첨가된 원예용 기름을 라벨에서 지시하는 대로 물과 혼합하여 분사한다. 약제는 접촉해야만 효능을 발휘하므로 식물 전체에 골고루 분사한다. 곤충, 응애, 기타 알이 기름으로 덮여야 죽는다. 라벨에 겨울철 휴면기 살포용으로 농도를 더 짙게 제조하는 방법과 생육기에 농도를 더 옅게 제조하는 방법도 표시되어 있다.

대두유 또는 목화씨 기름 등 식물성 기름에 비누나 기타 유화제를 첨가하여 원예용 기름을 직접 제조할 수도 있다. 세제가 아닌 순수 비누를 사용해야 한다. 반드시 식물의 일부분에 분사해보고 내성이 있는지 확인한다. 더 넓은 곳에 살포하기 전에 며칠 기다린다. 식물성 기름 1컵에 비누액 1큰술을 첨가하여 원액을 만든다. 물 3.7 l에 원액 1큰술을 넣고 희석하여 생육기에 살포할 수 있다. 그리고 물 3.7 l에 원액 반 컵을 넣으면 동면기에 살포할 수 있다.

원예용 기름은 낮에 온도가 29.4°C 미만이고 밤 온도가 영상일 때만 살포해야 한다. 건조 스트레스를 겪고 있는 식물에는 어떤 종류의 기름도 살포해서는 안 된다. 기름을 살포할 때는 실내 식물은 물론이고 식물이 물을 충분히 먹은 상태여야 한다.

황

표시 문구 주의

- **황이란?** 황은 땅에서 나는 노란색 광물로, 산소, 질소, 철과 같은 천연 원소다. 고대 그리스와 로마에서는 곡식에 곰팡이병이 생기면 황을 사용하여 방제했다. 현재 알려진 농약 중에서 가장 오래된 종류다.

- **기능** 황은 응애의 대사를 저해하여 알, 유충, 성충까지 죽인다. 온도와 상대습도가 높은 날, 즉 따뜻하고 습한 날에 살포하면 더욱 효과적이다.

- **부작용은 없는지?** 황은 사람 등 일부 포유류에 독성을 나타내므로 눈과 폐에 들어가거나 피부에 접촉하지 않도록 보호 장구를 착용하도록 한다. 천식 또는 과민증이 있는 사람은 황에 반응을 보일 수 있다. EPA에서는 황을 실내에서도 사용해도 안전한 것으로 간주한다. 황은 익충과 어류를 죽일 수 있으므로, 익충의 활동이 뜸할 때(즉, 날이 선선할 때) 사용하고, 연못, 하천, 호수 주변에서는 사용하지 않도록 한다.

황은 너무 더운 날에 사용하거나 기름 성분이 든 물질을 식물에 뿌린 직후에 사용할 경우 식물을 해할 수도 있다. 온도가 26.6°C 이상일 때는 황을 사용하면 안 된다. 그리고 원예용 기름을 식물에 뿌렸을 경우에는 해당 달을 포함하여 다음 달까지 황을 사용하면 안 된다. 또한 황을 정기적으로 사용하면 토양에 축적되어 토양이 산성으로 변한다.

■ **사용법** 라벨의 지시사항에 따른다. 황은 분무기에 든 기성제품과 라벨의 지시에 따라 물에 희석해서 사용하는 원액과 분말로 판매된다. 식물의 땅 위 모든 부분에 골고루 살포한다. 황은 식물 표면에서 씻겨 내려가므로 2차 피해를 막으려면 1~2주마다 살포해야 한다.

피레트린

표시 문구 **주의**

■ **피레트린이란?** 피레트린 pyrethrin 은 화단국의 여러해살이 종류인 제충국 Chrysanthemum cinerariifolium 을 말려서 만든 천연 식물 살충제·살비제다. 이 종은 예전에 피레트룸 Pyrethrum 속에 속했는데, 제충국으로 만든 천연 살충제는 제충국의 옛 속 이름을 따서 '피레트룸'이라 한다.

꽃을 따서 말린 후 갈아서 가루로 만든다. 이 가루에서 추출한 활성 성분을 '피레트린'이라 한다. 피레트린은 몇 가지 화학 성분을 혼합한 것으로, 광범위한 신경 독으로 작용하여 곤충과 응애를 모두 구제한다. 이 천연 농약의 합성 약제는 '피레스로이드 pyrethroid'라 한다. 피레스로이드는 천연 약제보다 포유류에는 독성이 덜하고 곤충에는 더 강하다.

■ **기능** 응애가 피레트린과 접촉하면 몸이 마비된다. 잎과 줄기에 뿌리면 며칠간 효능이 남아 있어 해충과 더불어 익충도 죽인다.

■ **부작용은 없는지?** 피레트린은 포유류에 약간의 독성이 있고, 피레스로이드는 덜하다. 피레스로이드는 실내나 음식 주위에서 사용해도 안전한 살충제다. 하지만 천식 또는 건초열이 있는 사람은 과민증을 보일 수 있으므로 주의해야 한다. 또 피레스로이드는 무당벌레까지 죽이지만 꿀벌에는 무해하다. 피레트린은 어류나 기타 수중 생물에 유해하다.

천연 약제의 효능을 높이는 첨가제가 함유된 제품은 조심한다. 상승제로 첨가하는 피페로닐 부톡시드 piperonyl butoxide가 있는데, 이것은 자체에 독성이 있어 다른 화합물과 결합하면 화합물만 사용할 때보다 더 독성을 띠게 된다. 이 약제를 사용할 때는 의복을 적절하게 갖추어 입고 안전 장비를 착용하도록 한다.

■ **사용법** 라벨을 읽고 지시에 따른다. 피레트린은 액상 분무제로 많이 사용한다. 가든 센터에서 분무기에 든 제품을 구입할 수 있으며, 물에 희석해서 분무기에 넣어 사용하는 원액도 판매한다. 잎의 앞면과 뒷면에 골고루 분사한다.

토양 위, 식물 체내에 서식하는 응애 구제법

제1부의 진단

장	제목	쪽	진단
2	잎	45, 62, 63	혹응애류
4	과일	110	혹응애류

단풍나무*Acer* 잎에 이상한 모양으로 자란 조직 안에는 혹응애류bladder gall mite가 서식한다.

블랙베리*Rubus* 과일 조직 안에 혹응애류redberry mite가 있으면 소핵과 일부가 계속 빨간색이고 더 익지 않는다.

생육 환경 개선

모든 병충해 방제와 마찬가지로 이 경우도 예방이 최선의 방어다. 응애가 식물 조직에 들어간 후에는 구제법이 거의 없다. 식물 조직이 이들의 방패이기 때문이다. 단 한 가지 구제법만이 효과가 있다.

위생처리한다 | 식물을 건강하게 기르기 위해서 거쳐야 하는 가장 중요한 단계 중 하나다. 식물병리학에서 정의하는 위생처리란 병해충에 감염된 대상 식물을 모두 제거하는 조치다. 감염 부위는 진균 포자, 선충의 유충, 세균, 곤충, 응애의 원천이다.

- **응애 피해를 입은 잎, 줄기, 과일을 제거하여 처분한다** 응애의 피해를 입은 잎이나 가지 등은 잘라서 없앤다. 제거한 부분은 유충이 자라서 짝짓기를 하고 알을 낳아 식물을 다시 공격하기 전에 완전히 처분해야 한다. 목표는 해충의 생활주기를 끊어서 번식 기회를 차단하는 것이다. 피해 부위를 퇴비 더미에 섞으면 안 되고, 시에서 수거하는 음식물 쓰레기에도 버리면 안 된다. 법적으로 허용된 소각장이 있거나 안전하게 소각할 장소가 있으면 감염된 식물들을 소각하도록 한다. 그렇지 않으면 매립용 쓰레기로 처분한다.

꼭 써야 한다면 유기 살비제를 사용한다

실내 또는 실외 식물에서 응애를 구제하기 위하여 농약을 써야 할 경우에는 227쪽의 안전 지침을 읽기 바란다. 응애는 곤충이 아님을 명심한다. 곤충을 죽이는 살충제는 응애를 죽이지 못한다. 제품을 살 때 포장에 반드시 "살비제miticide"라고 표시되어 있는지 확인한다. 살비제는 응애 구제용 약제며, 살충제는 곤충 구제용이다.

농약 사용 시 권장사항

토양 위 식물 체내에 서식하는 응애 구제에 다음 약제 중 한 가지를 사용한다. 두 가지 모두 유기농 재배 시 사용승인을 받았다.

원예용 기름, 기계유유제 | 358쪽을 참고한다. 원예용 기름을 잘만 사용하면 토양 위 식물 체내에 서식하는 응애도 박멸할 수 있다. 암컷 응애와 알은 교목이나 관목의 껍질에서 생긴 균열 및 껍질 사이에서 겨울을 난다. 기름을 나무껍질에 흠뻑 뿌려서 응애와 알까지 구제한다. 이 방법으로 겨울을 나는 응애의 개체수를 조금씩 줄여나가면 다음 해 봄에는 응애 피해를 확실히 줄일 수 있다.

황 | 360쪽을 참고한다. 황은 이미 식물의 조직 안으로 안전하게 피신한 응애를 죽이지는 못한다. 그러나 식물 표면에서 정착할 자리를 찾고 있는 어린 응애들은 구제할 수 있다.

알뿌리 내에 서식하는 응애 구제법

제1부의 진단

장	제목	쪽	진단
6	뿌리	200	뿌리응애

응애가 없는 알뿌리를 심는다 | 알뿌리와 덩이뿌리는 구매 시에 해충이 없음을 보장하는 믿고 살 수 있는 곳에서 구입한다. 알뿌리, 덩이뿌리, 둥근줄기, 땅속줄기 식물을 구입 시에는 꼼꼼히 검사해서 살이 통통하고 단단하며 반점이나 변색되고 거친 부위가 없는 것을 고른다. 뿌리응애는 너무 작아서 육안으로는 거의 보이지 않는다(매우 작은 흰 모래알처럼 생겼다). 그러나 뿌리응애 피해를 입은 알뿌리는 무르고 검은 부위가 있거나 반점이 있다.

저장 시 알뿌리를 보호한다 | 알뿌리를 저장할 때는 황을 뿌려서 응애 및 진균병으로부터 보호한다.

- 한 해 중 적당한 시기에 알뿌리를 땅에서 파낸다. 부수거나 부딪히거나 자르지 않도록 주의한다.
- 봄 알뿌리(튤립, 나팔수선, 크로커스)는 초여름에 잎이 노랗게 변해서 죽으면 캐낸다. 봄 알뿌리를 매년 파낼 필요는 없고 알뿌리가 너무 밀집하여 꽃이 잘 피지 않을 때 실시한다.
- 여름 알뿌리(칸나, 베고니아, 달리아)는 겨울 추위가 극심한 지역인 경우 가을에 파낸다.
- 알뿌리를 흔들거나 씻어서 흙을 털어내고 2주간 공기 중에 말린다.
- 충분히 말린 후 비닐봉지에 넣고 황을 조금 넣은 다음 입구를 막고 흔든다. 황에 과민증을 보이는 사람이 있으므로 이 작업 시에는 마스크와 고무장갑을 착용한다. 360쪽을 참고한다.
- 황을 입힌 알뿌리를 종이봉지에 넣고 식물의 종류와 품종을 표기한다. 원한다면 질석을 넣어도 된다. 봉지를 밀봉한다.
- 알뿌리를 건조하고 서늘한 곳에 저장한다. 공기가 통하지 않는 용기에 넣고 보관하면 안 된다.

건강하고 응애가 없는 나팔수선 *Narcissus* 알뿌리는 단단하고 갈색 껍질 안은 희다. 그리고 아래에는 뿌리가 많이 나 있다.

응애 피해를 입은 나팔수선 알뿌리는 흐물흐물하고 갈색 껍질 안쪽이 검다. 그리고 밑에는 뿌리가 없다.

현미경 사진은 뿌리응애가 검게 썩은 나팔수선 알뿌리 조직에 서식하는 모습이다.

Bacteria
세균

12

세균이란?

세균은 보통 단세포로 이루어진 매우 작은 미생물이다. 일반적으로 크기는 0.01mm 정도다. 전자현미경을 사용하면 망상 구조로 된 세균의 세포벽을 관찰할 수 있다. 그 망상 구조 안에는 단일 염색체가 든 세포질이 있다. 염색체는 핵으로 둘러싸여 있지 않은 DNA 다발이다. 이러한 독특한 구조 때문에 식물계, 동물계, 진균계에 속하지 않고 원핵생물계라는 독립된 계통으로 분류된다.

세균의 세포는 둥근 모양부터 막대 모양, 나선 모양 또는 촘촘한 코일 모양까지 형태가 아주 다양하다. 세균의 형태에 따라 액체에서 이동하는 방식이 다르므로 다른 조직에 침투하거나 포식자로부터 탈출하는 방법까지 달라진다.

세균은 지구상 언제 어디에나 존재하며, 보통 다른 생물이 살기 어려운 장소에도 생존이 가능한 생물이다. 바다 맨 밑바닥의 화산 분화구나 지구의 깊은 암석 안뿐만 아니라, 방사능 폐기물에도 존재한다. 또한 다른 생물의 개체 안에서도 살아간다. 사

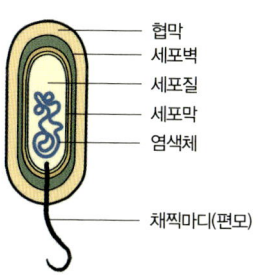

세균은 세포벽으로 둘러싸인 단세포 미생물이다.
염색체는 하나뿐이고, 이를 포함하는 핵은 없다.

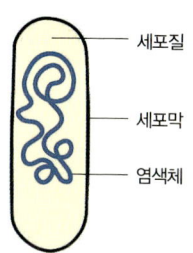

몰리큐트는 보통 세균의 여러 특징과 일치하나 세포벽이 없다.
세균과는 달리 몰리큐트는 모두 기생 동물이다.

실 우리 몸에는 사람의 세포 수보다 세균의 세포 수가 더 많다. 세균의 전체 종의 수는 알려지지 않았다. 오직 1,600종만 알려졌을 뿐이다. 지구상에 존재하는 세균의 총 수는 상상하지 못할 정도다. 토양을 1작은술만 떠도 그 안에는 4억 마리의 세균이 들어 있다. 세균은 지구 생체량의 어마어마한 비율을 차지한다.

몰리큐트는 세균과 유사한 종류다. 세균과 공통점이 많으나 이들은 세포벽이 없고, 세포는 세포막으로만 둘러싸여 있다. 몰리큐트는 모두 기생한다. 즉, 이들은 동물과 식물에 질병을 일으키는 부류다. 식물에 질병을 일으키는 몰리큐트는 1967년에 발견되었다. 원래는 미코플라스마 유사균mycoplasma-like organism, MLO으로 분류했으며, 옛 문헌을 참조하면 아마 이 용어가 등장할 것이다. 몰리큐트에 의한 식물 질병은 대부분은 매미충, 때로는 나무이류가 전염시킨다.

세균이 하는 일은?

세균은 분해 생물계에서 매우 중요한 구성원이다. 대부분의 종은 부생균, 즉 죽은 동식물을 분해하여 동식물을 구성하던 영양분을 재활용·재사용한다. 부생균은 유기 물질을 소화함으로써 에너지를 얻는다. 이들은 소화효소를 바깥에 분비하여 음식물을 일종의 '죽'으로 만들어 먹는다. 식물처럼 에너지를 광합성으로 얻는 종류도 있고, 해구 세균처럼 무기화학반응으로 얻는 종류도 있다. 세균은 동물이든 식물이든 살아 있는 숙주에서 에너지를 얻을 때는 기생 활동을 하게 되며, 숙주의 세포를 소화하기 시작한다. 이 중 극히 일부가 식물 기생균이지만, 몇 종은 심각하고 때로는 치명적인 식물 질병을 일으킨다. 토양, 바람을 동반한 비, 곤충 등으로 전염된다.

세균의 중요한 특징은 엄청난 번식 속도다. 대부분은 분열, 즉 한 세포가 두 개의 딸세포로 분리되는 간단한 과정으로 번식한다. 온도와 습도가 알맞게 갖추어지면 세균은 20분 만에 개체수가 두 배로 늘어난다. 그러나 다행히도 환경 조건이 완벽해지는 경우는 극히 드물며, 개체수가 증가할수록 세균의 성장 속도는 느려지고 이들의 노폐물이 계속 쌓인다. 그러나 단 한 가지 이처럼 효율적인 증식 수단 때문에 기생균은 치명적인 것이다. 세균에 감염되는 순간 숙주의 방어벽이 맥없이 무너진다.

세균의 이로움

'바실루스'속의 두 종, 바실루스 투린지엔시스 *Bacillus thuringiensis*(매우 중요한 살충제)와 바실루스 수브틸리스 *B. subtilis*(최근에 개발된 살균제)는 정원이나 밭에서 곤충과 진균이 일으키는 질병 방제를 돕는 매우 유용한 지원군이다.

부생 세균은 이로운 미생물이다. 정원이나 밭에서 나온 식물 쓰레기로 퇴비를 만들 때 이들은 매우 중요한 역할을 한다. 퇴비는 환경을 생물학적으로 활성화시키고 토양을 비옥하게 하며, 기생 진균과 세균을 쫓아낸다. '리조비움속 *Rhizobium*'이라는 특이한 세균 종류는 공기 중의 질소를 붙잡아서 식물이 이용할 수 있는 형태로 '고정'한다. 질소는 식물에 중요한 다량영양소다. 질소는 모든 아미노산의 필수 성분이고, 아미노산은 단백질의 구성요소기 때문이다. 리조비움균은 강낭콩, 완두 등의 콩과 Fabaceae 식물과 특별한 공생관계를 이루어 이들의 뿌리에 달린 분홍빛의 둥근 혹 안에 산다.

발효빵, 요구르트, 치즈, 김치, 피클을 만들 때 우리는 세균을 이용한다. 그리고 스트렙토미세스 그리세우스 Streptomyces griseus는 항생제인 스트렙토마이신의 원료다. 이콜라이 E. coli균 중에 우리 장 속에 공생하는 대장균이 없으면 우리는 살지 못한다. 기름 유출물 제거에 사용하는 세균도 있다.

유전공학자는 한 생물에서 다른 생물로 유전자를 전이할 때 세균을 이용한다. 가장 널리 이용하는 세균은 아그로박테리움 투메파시엔스 Agrobacterium tumefaciens 인데, 근두암종을 일으키는 세균이다. 영양 배지에서 배양이 가능한 유전자 변형 대장균을 탄생시킬 때 이 균을 사용한다. 사람으로부터 생산되는 인슐린 유전자를 대장균으로 전이하면 인슐린을 대량 생산할 수 있으며, 이렇게 생산된 인슐린은 매우 유용하게 사용되고 있다. 의약품에서는 이 기술이 유용하나, 다른 용도, 즉 유전자 변형 작물 중 하나인 옥수수 Zea mays 가 인간에게 이로운가에 대해서는 논란이 많다.

세균의 해로움

이 생물의 해로운 점은 동식물에 질병을 유발하는 능력이다. 세균은 매우 빨리 증식하고, 세균 감염은 공격적이고 확산이 빠르다. 더욱이 세균은 구제가 어렵고 치명적인 종류가 많다. 이에 대해서는 항생제가 인간에게 도움이 되고 있으며, 식물도 기업적 재배 시에는 항생제를 사용한다. 그러나 식물에 항생제를 사용하는 것은 상당히 좋지 않다. 이는 세균에 항생제 내성을 키워 오히려 세균의 감염 능력을 더 키워주는 결과를 낳는다.

구제법

약 200종의 세균이 식물을 감염시키고, 많은 요인에 의해 질병은 확산된다. 습도, 비, 식물 키 높이 위에서 물 주기, 곤충, 식물 자체에 난 상처 등이 감염 요인이다. 세균은 보통 습기가 있어야 한다. 따라서 식물병리학자는 항상 '건조하면 세균은 죽는다'는 점을 강조한다. 잎을 항상 건조하게 유지하고 식물이 젖어 있는 상태에서는 작업을 하지 않는다는 두 가지 사항만 지켜도 세균 감염을 피할 수 있다.

매미충은 쐐기 모양 곤충으로, 찌르고 빠는 입으로 식물의 수액을 먹고산다. 국화황화병 등 몰리큐트에 의한 식물 질병의 주요 매개자다.

체리 *Prunus* 잎이
프소이도모나스 시링가이 *Pseudomonas syringae*
세균 감염으로 시들었다.

수수꽃다리 *Syringa* 잎에 침입한 세균이
큰 잎맥을 소화하지 못하여 잎에 둥근 반점이 생겼다.

공기 전염성 세균 ➡ 372쪽에서 시작

이 부류는 바람을 동반한 비, 땅에서 튄 물방울, 식물 키 높이 위에서 물 주기, 곤충 등의 원인으로 토양 위에서 전파되는 병원균이다. 배나무의 화상병이 대표적인 예다. 봄에 배나무의 화상병이 걸린 부위에서는 달고 끈끈한 수액을 분비하여 벌꿀을 끌어들인다. 이 수액에는 수백만 마리의 세균이 들어 있다. 수액과 세균은 벌의 발과 입에 붙는다. 벌이 배꽃에 가서 꿀과 꽃가루를 모을 때 이 세균을 꽃에 옮기는 것이다. 세균은 곧 꽃을 감염시키고 이어서 나무에도 세균이 확산된다. 이런 방식으로 곤충은 직접 세균의 감염 주기에 개입하지는 않지만 세균의 이동 수단이 된다.

토양 전염성 세균 ➡ 377쪽에서 시작

토양 전염성 병원균은 토양 속에서 몇 년간이나 살아 있다. 이들은 상처나 곤충을 통하여 기회감염성으로 활동한다. 상처 부위나 곤충이 없으면 뿌리를 직접 공격하기도 한다.

곤충 전염성 세균 ➡ 378쪽에서 시작

곤충감염성 세균 대부분과 모든 몰리큐트는 병원균을 이 식물에서 저 식물로 옮기는 매개곤충의 몸속에 살고 있다. 이들 매개곤충은 병에 감염된 식물(대부분 잡초)을 먹는데, 곤충이 병든 식물의 수액을 빨 때 병원균이 곤충의 몸속으로 들어간다. 병원균은 곤충의 몸속에서 얼마간 자라고 증식하여 침샘까지 퍼지고, 그러면 곤충이 다음 식물의 수액을 빨아먹을 때 침 속 병원균이 건강한 식물로 이동하게 되는 것이다.

공기 전염성 세균 구제법

제1부의 진단

장	제목	쪽	진단
1	식물 전체	21	세균
2	잎	41	세균성 잎반점병
2	잎	51	화상병
2	잎	51, 60	세균
3	꽃	91	화상병
4	과일	114	세균성 반점병
4	과일	117	세균성 마름병
4	과일	118, 131	세균성 점무늬병
5	줄기	143	라일락 불마름병, 화상병
5	줄기	148	세균성 마름병
7	씨	210	세균성 마름병

식물이 세균에 감염되면 치료할 방법이 없다. 따라서 예방이 매우 중요하다. 세균이 모든 식물로 확산되는 것을 막을 수는 있기 때문이다. 제1부에서 흐름도에 따라 진단하여 문제가 무엇인지도 알았다면, 당장 치료를 하고 싶어질 것이다. 그렇다면 8장으로 가서 식물에 세균으로 인한 문제가 지속되지 않도록 예방법을 실천하길 바란다.

자두 *Prunus*에 작은 반점이 많이 생겼는데,
이는 세균성 반점병의 특징이다.
예방책을 실시하면 이 병의 발생률을 줄일 수는 있으나,
이미 병든 부위를 예전으로 되돌리는 방법은 없다.

생육 환경 개선

세균성 질병 방제는 예방이 우선이다. 예방책에 관한 내용은 8장을 참고한다. 예방은 언제나 세균의 공격에 맞서는 최선의 방법이다. 예방책은 건강한 식물에 세균이 확산되지 않도록 미리 대비하는 방법이기도 하다. 그러므로 이 방법을 가능한 한 빨리 실천하길 바란다. 예방책을 실시한 직후에는 식물에 적합한 구제법을 찾는다.

예방법 내병성 품종을 고른다 ➡ 234쪽 참고

병에 걸리지 않은 종자, 식물, 알뿌리를 심는다 ➡ 235쪽 참고

토양을 관리한다 ➡ 265쪽 참고

멀칭한다 ➡ 268쪽 참고

식물이 겨울을 잘 날 수 있도록 준비한다 | 늦여름부터는 시비, 가지치기를 하지 말고 물 주는 것도 중지하여 식물이 겨울철에 잘 견딜 수 있도록 강화시킨다. 부드럽고 수액이 풍부한 새순은 방어벽이 충분히 발달하지 않았으므로 세균성 질병에 걸리기 쉽다. 또 추운 날에는 잘 갈라져서 세균이 그곳으로 침투할 수 있다.

구제법

위생처리한다 | 식물병리학에서 정의하는 위생처리란 병해충에 감염된 대상 식물을 모두 제거하는 조치다. 이는 식물을 건강하게 기르기 위해서 거쳐야 하는 가장 중요한 단계 중 하나다. 감염 부위는 세균의 원천이다.

다음 방법을 참고하여 감염된 대상 식물을 제거한 후에는 모두 처분한다. 퇴비 더미에 섞으면 안 되고, 시에서 수거하는 음식물 쓰레기에도 버리면 안 된다. 법적으로 허용된 소각장이 있거나 안전하게 소각할 장소가 있으면 감염된 식물들을 소각하도

록 한다. 그렇지 않으면 매립용 쓰레기로 처분한다.

- **식물 전체를 뽑아서 없앤다** 초본 식물이면 이 방법을 써야 한다. 어떤 세균은 토양 속과 이미 죽었거나 죽어가는 뿌리 안에서도 몇 년간이나 살 수 있으므로 뿌리 계통을 가능한 한 많이 없앤다. 이미 죽었거나 죽어가는 식물과 바로 접촉하는 토양도 파내어 처분한다. 화분 식물인 경우에는 식물과 함께 흙도 모두 버리고 화분을 다시 사용하기 전에 표백제로 소독한다.
- **목본 식물은 감염된 가지를 잘라 없앤다** 병든 식물은 감염원이 되며 질병을 인근 이병성 식물에 전부 전염시킨다. 줄기 또는 큰 가지가 세균에 감염되었으면 육안으로 확인되는 병부의 30cm 아래에서 자른다. 과일나무와 같은 목본 식물은 이렇게 큰 가지를 잘라내도 살아남는다. 가지치기를 한 후에는 공구를 소독한다.
- **잔해를 정리한다** 수확 후 식물의 한 해 주기가 끝나면 정원이나 밭을 청소한다. 수많은 세균이 생육기가 끝나고 남은 식물의 잔여물 위아래에서 월동한다. 이런 것들을 가을에 모아서 없애면 봄에 세균이 식물에 침범하기 전에 박멸할 수 있다.

공구를 소독한다 | 공구로 식물에 상처를 내면서 의도하지 않게 세균성 질병을 식물에 전염시키는 경우가 있다. 식물의 일부를 잘라낼 때는 한 식물에 사용한 공구를 다음 식물에 사용하기 전에 반드시 소독한다. 병충해가 의심되나 아직 제거하지 않은 식물이 있을 때는 특히 경계한다.

병해충은 삽을 통해서도 이 식물에서 저 식물로 옮겨간다. 감염된 식물을 파낼 때 사용한 삽은 작업 후 깨끗이 세척한다.

- 비누와 물을 사용한다. 기본적으로 공구를 사용한 뒤에는 비누를 탄 물에 씻고 헹군 다음 알코올로 닦는다. 항균 효과가 완벽하다.
- 표백제로 소독한다. 주방용 표백제를 10배 희석한 물(표백제 1컵에 물 9컵)에 전정가위, 톱,

칼 및 기타 공구를 5분간 담근다. 표백제를 씻어내고 공구를 품질 좋은 기름으로 닦는다. 단, 이 방법은 금속 공구를 부식시킨다.
- 가열한다. 토치로 공구를 달군다. 그리고 충분히 식으면 다시 사용한다. 이 방법은 금속 공구를 부식시키지 않는다.

물을 관리한다 | 세균 박멸에 대해서 식물병리학자가 늘 강조하는 '건조하면 세균은 죽는다'는 말을 절대 잊지 말자.

■ **알맞은 물 주기 방법** 뿌리 주변이나 식물에 물을 주되, 잎에 물을 바로 주지 않는다. 세균이 기주를 감염시키려면 식물 표면에 항상 수분막이 있어야 한다. 식물이 젖지 않게 물을 주는 방법은 다음과 같다.

- 다공성 호스를 깐다. 이 호스는 물이 호스 벽을 투과하므로 물을 보내면 호스 전체에서 물이 새어 나온다. 멀치 아래에 깔면 미관상 깔끔하다.
- 직접 물을 줄 때는 잎 위에서 주지 말고 뿌리에 직접 주는 방법을 쓴다. 호스에 살수기를 연결하거나 주둥이가 좁고 긴 물뿌리개를 사용하여 잎 아래에 물을 준다.
- 채소밭은 고랑을 판다. 고랑 한쪽 끝에 호스를 놓아 물을 틀면 고랑에 물이 천천히 흐르도록 한다.
- 공중 분사 노즐을 사용하지 않는 점적관수 장치를 설치한다. 대대적인 보수공사를 하더라도 이 장치를 설치하는 방법이 가장 좋고, 아니면 기존의 식물을 망가뜨리지 않고 지하에 일부 매몰하는 방법도 있다.
- 화분에는 끝이 좁은 물뿌리개나 호스를 사용하여 식물 아랫부분의 생육 배지 위에 직접 물을 준다.

- **토양이 마를 때까지 기다린다** 흙이 너무 오랫동안 젖어 있으면 안 된다. 화단의 흙이든 화분의 흙이든 마찬가지다.

꼭 써야 한다면 유기농약을 사용한다

실내 또는 실외 식물의 진균병을 방제하기 위하여 농약을 써야 할 경우도 있다. 유기농 재배 시 사용해도 안전함을 인증받은 농약의 종류는 매우 많다. 유기농약을 사용하면 상대적으로는 사람과 환경에 안전하다. 수백 년간 애용해온 약제도 있고, 새로 개발된 약제도 있다. 미국 제품의 경우 OMRI 인증 마크를 확인하자.

농약 사용 시 권장사항

세균 또는 몰리큐트에 효과가 있는 농약은 그리 많지 않다. 한 가지 권장하는 종류는 구리가 함유된 화합물이다. 모든 식물 병충해에 그렇듯이 약제를 사용하기 전에 생육 환경을 개선하는 일이 선행되어야 한다(373쪽 참고). 또한 농약을 주기적으로 사용하지 않도록 한다. 여기서 소개하는 농약은 유기농 재배 시 사용승인을 받은 것이다.

구리

표시 문구 **주의**

- **구리란?** 구리는 땅에서 나는 천연 광물로, 200년 이상 사용된 살균제다. 수산화구리 및 황산구리는 식물을 보호하는 데 사용되는 구리의 두 가지 형태다.
- **기능** 구리는 천연 물질이면서도 매우 효과적인 살균제로, 세균을 죽이는 몇 안 되는 약제 중 하나다.
- **부작용은 없는지?** 구리는 사람에게 어느 정도 독성이 있다. 눈과 피부 염증을 일으키며, 다량 섭취하면 유독하다. 적합한 보호 장구(보안경, 마스크, 장갑, 긴팔 윗옷, 긴 바지)를 착용한다.

구리는 수중 무척추동물, 어류, 양서류에 매우 유독하므로 물 가까이에서는 사용하지 않도록 한다. 조류에 끼치는 영향에 대해서는 알려진 바가 없다. 구리를 살포한 후 젖은 채로 너무 오래 방치하면 식물에 해로울 수 있다. 구리는 유기농 인증 지침에 따라 가장 늦게는 과일과 채소 수확 하루 전에 사용할 수 있다.

■ **사용법** 라벨의 지시사항에 따른다. 구리 화합물은 분무기에 든 기성제품, 물에 희석해서 사용하는 분말과 그대로 살포하는 분말로 판매된다. 분말을 물에 혼합하고 전착제를 첨가한다. 일부 기성제품에는 전착제가 이미 첨가되어 있고 어떤 제품은 첨가되어 있지 않으므로 라벨을 확인한다. 용액은 분무기에, 분말은 살분기에 넣는다. 감염 징후를 처음 발견했을 때 사용하면 감염 확산을 예방할 수 있다. 잎이 빨리 마르도록 아침 일찍 살포한다.

토 양 전 염 성 세 균 구 제 법

제1부의 진단

장	제목	쪽	진단
1	식물 전체	27	근두암종병
5	줄기	146	근두암종병
5	줄기	163	점액 유출
5	줄기	165	줄기혹병
6	뿌리	177, 187, 188, 200	감자둘레썩음병
6	뿌리	182	무름병
6	뿌리	201	세균성 무름병
6	뿌리	203	근두암종병, 뿌리혹병

식물이 세균에 감염되면 치료할 방법이 없다. 따라서 예방이 매우 중요하다. 세균이 모든 식물로 확산되는 것을 막을 수 있기 때문이다. 8장으로 가서 식물에 세균으로 인한 문제가 지속되지 않도록 예방법을 실천하길 바란다.

생육 환경 개선

토양 전염성 세균을 물리치는 단 한 가지 방법은 예방이다. 예방책은 건강한 식물에 세균이 확산되지 않도록 미리 대비하는 방법이기도 하다. 그러므로 이 방법을 가능한 한 빨리 실천하길 바란다.

내병성 품종을 고른다 ➡ 234쪽 참고

병에 걸리지 않은 종자와 식물을 심는다 ➡ 235쪽 참고

위생처리한다 ➡ 373쪽 참고

돌려 짓는다 ➡ 237쪽 참고

상처를 내지 않는다 | 김맬 때, 잔디를 깎을 때, 제초기 작업을 할 때 식물에 상처를 내지 않도록 조심한다. 작은 상처라도 특히 토양 근처에 난 부위는 세균이 침입하는 경로가 된다.

공구를 소독한다 ➡ 374쪽 참고

곤충 전염성 세균 구제법

제1부의 진단

장	제목	쪽	진단
2	잎	51	화상병
3	꽃	84, 85	국화황화병
3	꽃	91	화상병
4	과일	129	풋마름병
5	줄기	159	대화
5	줄기	163	점액 유출
6	뿌리	198	국화황화병

식물이 곤충 전염성 세균에 감염되면 치료할 방법이 없다. 따라서 예방이 매우 중요하다. 세균이 모든 식물로 확산되는 것을 막을 수는 있기 때문이다. 식물의 증상에 대하여 제1부의 흐름도를 따라 여기까지 이르게 되었으면, 식물은 곤충이 전염시키는 질병에 감염된 것이다. 이 문제에 대한 대책은 곤충을 구제하는 것이다. 8장으로 가서 식물에 세균으로 인한 문제가 지속되지 않도록 예방법을 실천하길 바란다.

생육 환경 개선

세균을 물리치는 최선의 방법은 예방이다. 예방책은 건강한 식물에 세균이 확산되지 않도록 미리 대비하는 방법이기도 하다. 그러므로 이 방법을 가능한 한 빨리 실천하길 바란다.

내병성 품종을 고른다 ➡ 234쪽 참고

병에 걸리지 않은 종자와 식물을 심는다 ➡ 235쪽 참고

곤충 개체군을 관리한다 ➡ 321쪽 참고

감자 *Solanum tuberosum*가 세균성 무름병에 감염되었다. 이 병을 치유하는 방법은 예방하는 길밖에 없다.

금잔화가 시들고 관생貫生 증상(식물의 선단부에 원래는 생기지 않는 조직이 생겨남, 사진에서는 오른쪽 꽃 - 옮긴이)을 보이고 있다. 이는 국화황화병의 전형적인 병징이다. 식물에 치명적인 이 병은 몰리큐트가 유발하고 매미충 등 곤충에 의해 전염된다.

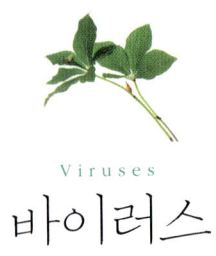

Viruses
바이러스

13

바이러스란?

바이러스를 보려면 반드시 전자현미경을 사용해야 한다. 바이러스는 단백질로 보호된 유전 정보 분자다.

바이러스는 지구상의 여타 생물과 상당히 다르므로 과학자들 사이에서는 바이러스를 생물로 분류하는 것 자체에도 논란이 있었다. 바이러스는 세포가 없으며, 살아 있는 생명체라면 모두 행하는 대사 과정도 없다. 그리고 나머지 생물과 달리 번식하는 단 한 가지 방법은 다른 개체의 살아 있는 세포에 침입하는 것이다. 다시 말하면, 이 생명체는 다른 이의 대사 장치를 빼앗아 숙주에게 자신, 즉 바이러스 입자를 증식시키라고 강요해서 번식한다.

바이러스는 웬만한 극한의 환경에서도 살아남는다. 담배모자이크바이러스와 같은 종은 결정화되어 보석 원석과 같이 지층에 수년간 묻혀도 살아 있는 세포를 침입할 능력을 그대로 가지고 있다. AIDS 바이러스는 숙주의 살아 있는 세포 안에서만 생존한다.

지금까지 알려진 2,000여 종의 바이러스는 모두 기생 생물이고, 모든 종은 살아 있는 생물에 억지로 침입하여 질병을 일으킨다. 바이러스는 사람에게 수많은 질병을 일으킨다. 흔한 감기에서부터 독감, 소아마비, 천연두, 광견병, AIDS 등은 모두 바이러스성 질병이다. 다른 바이러스 종은 포유류, 조류, 곤충, 식물, 세균, 진균을 공격한다. 어떤 바이러스는 종의 장벽을 뛰어넘어 수십 가지의 다른 종에 똑같은 병을 유발한다. 조류독감이 사람과 새 모두에게 발병하는 것과 같다. 그러나 식물에 침입하는 바이러스는 사람에게는 전염되지 않는다.

일부 과학자는 바이러스가 숙주의 세포에 침입하기 전까지는 살아 있지 않다고 본다. 또 다른 일부 과학자는 바이러스를 생명체로 간주하여 생물학적 개체에 적용하는 분류 계통에 속하되 독자적인 범위로 구분한다.

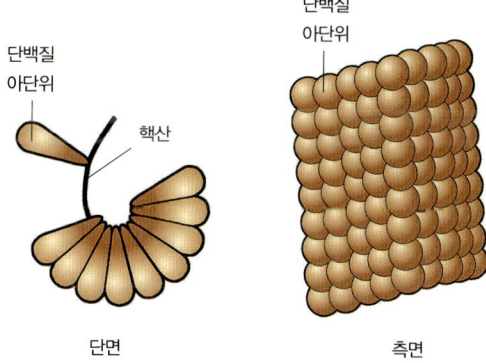

바이러스는 극도로 작은 미생물이고 구조도 간단하다. 바이러스의 몸은 핵산 분자, 유전 정보, 그리고 이들을 보호하는 단백질 막으로 구성되어 있다.

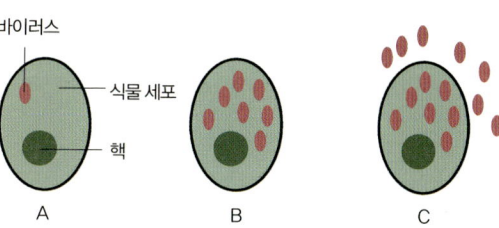

바이러스의 생활주기는 다음과 같다.
A. 바이러스 입자는 식물의 세포를 최초로 감염시킨다.
B. 바이러스는 숙주 세포에게 바이러스 입자를 증식시킬 것을 지시한다. C. 바이러스 입자는 세포에서 빠져나와 숙주의 다른 세포에 침입한다.

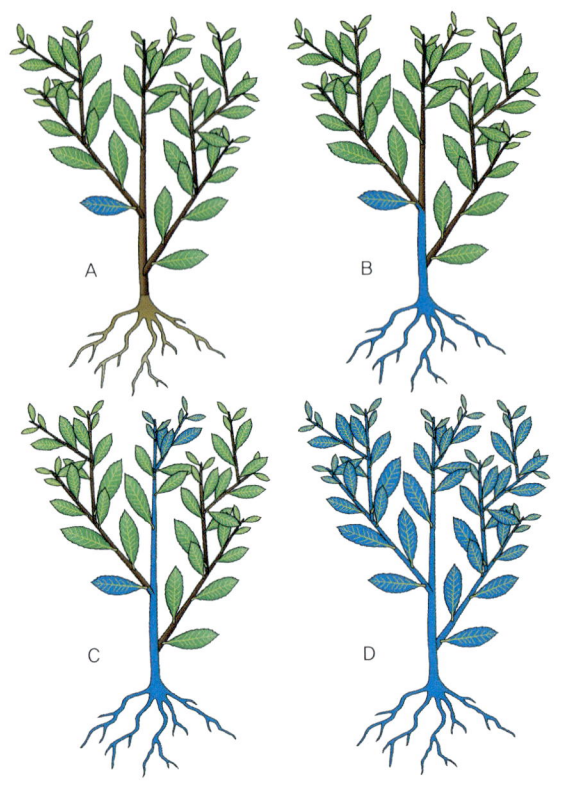

바이러스 감염은 보통 식물 전 부위로 확산된다.
A. 파란색 잎은 최초 감염 부위다. B. 감염 부위는 뿌리 계통으로 신속히 이동한다. C. 다음으로 원줄기의 위쪽으로 감염이 확산된다.
D. 식물의 전 부위가 바이러스에 감염된다.

바이러스가 하는 일은?

바이러스 내에 있는 핵단백질이라고 하는 유정 정보 분자는 DNA deoxyribonucleic acid, 디옥시리보핵산 또는 RNA ribonucleic acid, 리보핵산 토막이다. DNA 또는 RNA에는 바이러스 입자 증식이라는 명령이 들어 있다. 대부분의 식물 바이러스에는 RNA밖에 없다. 바이러스는 기주 식물을 다음과 같이 여러 경로로 침입한다.

- 감염된 이웃 식물과 뿌리 계통을 공유할 때
- 감염된 식물의 화분으로 수정되었을 때
- 겨우살이, 새삼 등 건강한 기주에 기생하는 식물에 의하여 감염
- 기주 내에서 저절로 발생하는 경우는 드물며, 대부분 공구 때문에 난 상처, 곤충, 선충 등으로 전염

식물 세포 내에 침입하면 바이러스는 기주 세포의 유전 정보를 조작하여 정상 과정을 흐트리고 바이러스 입자를 증식시키도록 명령한다. 바이러스는 세포처럼 분열을 하지 않고 생식 구조도 없다. 기주 식물의 세포에서 만들어진 새 바이러스 입자는 식물 내 다른 세포에 이주하여 감염을 확산시킨다. 바이러스 감염은 2~5일 내에 최초 감염 지점에서 체관부로 확산된다. 바이러스가 체관부로 이동하면 식물 전 부위를 빠르게 감염시킨다. 바이러스 감염은 이처럼 침투성으로 식물 전체로 퍼진다.

바이러스 구제법

제1부의 진단

장	제목	쪽	진단
1	식물 전체	28	바이러스병
2	잎	48, 66	바이러스병
3	꽃	75, 78	바이러스병
3	꽃	86	진균 감염에 의한 로제트 현상(double blossom)
4	과일	106, 111, 126	모자이크바이러스병
4	과일	125	스토니 피트 바이러스병
4	과일	128	크럼블리베리 바이러스병
5	줄기	160	빗자루병
6	뿌리	198	사탕무 바이러스병

바이러스 감염은 증상이 매우 다양하며 다른 증상과 구분하기가 힘들다. 치료법은 없다. 화학 성분의 항바이러스 분사제도 없다. 언제나 그렇듯이 가장 오래 지속되는 해결책은 예방이다. 제1부의 흐름도에 따라 바이러스병에 걸린 것으로 나왔으나 식물이 매우 값지고 귀중한 것이라면, 연구소에 대상 식물의 샘플을 보내어 다시 한 번 진단을 요청한다. 연구소에서 진단을 확인해주면 조직배양소에 식물 복제를 요청하는 방법이 있다. 이 방법에 대해서는 다음에 제시하는 해결책 중 네 번째(389쪽)에서 자세히 설명한다.

장미 *Rosa*의 가지를 친 전정기구가 제대로 소독되어 있지 않았다면 장미가 바이러스에 감염되었을 가능성이 있다.
전정가위는 병든 식물에서 건강한 식물로 바이러스를 전염시키는 매개체다.

모자이크바이러스에 감염되면 사진의
콩 *Phaseolus* 잎과 같이 잎에 흰색 조직의 반점이 생긴다.

감염된 콩잎이 과일도 감염시켰다.
모자이크바이러스에 감염되면
잎과 똑같이 과일에도 흰색 반점이 생긴다.

감염된 식물을 처분한다 | 이 방법으로 나머지 식물을 구할 수 있다. 감염된 식물을 토양에서 제거한 후 소각하거나 쓰레기장에 버린다. 퇴비로 사용하거나 시에서 수거하는 음식물 쓰레기에 버리면 안 된다. 돌려짓기(237쪽 참고)의 원리로, 연관성이 없는 새 식물을 그 자리에 심는다. 이렇게 하면 바이러스는 새 식물에 침입하지 못한다. 화분 식물인 경우에는 식물, 흙, 화분을 모두 버린다.

감염된 식물을 관리한다 | 당장은 차마 버리기 아까운 식물이 바이러스에 감염되었다면, 다음 순서대로 실시한다.

1. 식물을 격리시킨다. 감염된 식물이 건강한 식물과 완전히 다른 종류라 하더라도 나머지 모든 식물로부터 아주 멀리 떨어뜨려 놓아야 한다. 바이러스는 유전자 장벽을 뛰어넘어 여러 이종 식물도 감염시키는 경우가 많다. 역설이지만, 이 방법을 실시하면 다른 식물은 보호할 수 있다. 격리시킨 식물에서 작업한 후에는 공구를 깨끗이 세척하고 손을 씻는다.
2. 공구를 소독한다. 공구로 식물에 상처를 내면서 의도하지 않게 세균성 질병을 식물에 감염시키는 경우가 있다. 식물의 일부를 잘라낼 때는 한 식물에 사용한 공구를 다른 식물에 사용하기 전에 반드시 소독한다. 병충해가 의심되나 아직 제거하지 않은 식물이 있을 때는 특히 경계한다.

병해충은 삽을 통해서도 이 식물에서 저 식물로 옮겨간다. 감염된 식물을 파낼 때 사용한 삽은 작업 후 깨끗이 세척한다.

- 비누와 물을 사용한다. 기본적으로 공구를 사용한 뒤에는 비누를 탄 물에 씻고 헹군 다

음 알코올로 닦는다. 항균 효과가 완벽하다.

- 표백제로 소독한다. 주방용 표백제를 10배 희석한 물(표백제 1컵에 물 9컵)에 전정가위, 톱, 칼 및 기타 공구를 5분간 담근다. 표백제를 씻어내고 공구를 품질 좋은 기름으로 닦는다. 단, 이 방법은 금속 공구를 부식시킨다.
- 가열한다. 토치로 공구를 달구고 충분히 식으면 다시 사용한다. 이 방법은 금속 공구를 부식시키지 않는다.

2차 바이러스 감염을 예방한다 | 식물을 처분한 후 또는 그렇지 않더라도 2차 바이러스 감염을 위한 예방책을 실시해야 한다. 공구, 곤충, 선충, 병든 식물에서 작업하는 것 모두 바이러스성 질병이 전염되는 요인이다. 바이러스 입자를 옮기는 각 개체를 매개체라고 한다. 매개체를 구제하거나 매개체가 식물에 닿고 감염시키는 능력을 파괴하

바이러스 감염을 확산시키는 매개체로는 공구, 곤충, 선충, 부주의 등이 있다.
이 사과나무 *Malus*는 각종 바이러스에 복합 감염되었다.

장미가 젖어 있을 때 작업하면 이 하이브리드 티hybrid tea장미
(장미 계열 중 하나로 한 줄기에 한 송이의 큰 꽃이 피고 사계절 감상할 수 있다 - 옮긴이)
사진과 같이 바이러스 감염이 확산될 수 있다.

는 조치만이 식물이 바이러스에 감염되지 않는 길이다.

- **병에 걸리지 않은 종자와 식물을 심는다** 알뿌리, 덩이뿌리, 둥근줄기, 땅속줄기를 면밀히 검사한다. 갈색 점무늬나 곰팡이 또는 수축된 조직이 없는지 관찰한다. 반점 무늬나 곰팡이가 피지 않은 것을 확인하고 구입한다. 구입하고자 하는 식물의 잎, 줄기, 꽃에 변색된 부분, 뒤틀린 조직, 시들음, 기타 문제가 없는지 확인한다. 건강하고 흠이 전혀 없는 식물만 구입한다. 슈퍼마켓에서 판매하는 59센트짜리 기획상품은 매우 저렴하므로 때로는 유혹을 뿌리치기 어렵다. 그러나 슈퍼마켓에는 보통 그 식물의 건강을 관리하는 사람이나 관리 방법이 없다는 점을 일러두고 싶다. 기획상품으로 가게 앞에 내놓고 파는 식물들은 심각한 문제를 안고 있을 가능성이 많아 나중에는 구입비용보다 치료비용이 더 커질 수도 있다.

- **내병성 품종을 고른다** 치명적인 바이러스에 감염되어 이미 죽었거나 죽어가는 식물을 없애야 한다면, 그 자리에는 내병성이 있는 식물을 심어야 한다. 병에 걸려 식물을 뽑아 없앤 자리에 동일한 품종을 다시 심으면 안 된다. 완전히 다른 종류의 식물, 인기 작물 중에서는 개량 품종, 유전적으로 바이러스에 내병성이 있는 관상식물을 심는다. 병해충에 내병성이 있는 품종을 알고 싶으면 농업개량보급소나 지역 마스터 가드너 단체에 문의한다. 산지식은 매우 값진 재산이다. 판매자가 제공하는 카탈로그를 살펴보거나 인터넷을 찾아보고, 식물, 알뿌리, 덩이뿌리, 종자를 구입할 때는 반드시 포장지의 라벨을 읽자.

- 강낭콩 Phaseolus vulgaris 종자 구입 시 포장 겉면을 보면 "모자이크병과 사탕무 바이러스병에 특히 저항성이 있는 슬렌더렛Slenderette"이라고 적힌 것들이 있다. '슬렌더렛'은 품종명이다.
- 어떤 포장 겉면에는 "슬렌더렛 강낭콩, BCMV"라고 적혀 있다. BCMV란 콩작물에 흔히 발생하는 모자이크바이러스bean common mosaic virus에 저항력이 강하다는 뜻이다.
- 채소 종자 포장지에 표시된 글자를 보면 내병성에 대해 알 수 있는데, 'N'은 선충류nem-

atode에, 'TMV'는 담배모자이크바이러스tobacco mosaic virus에, 'F'는 푸사리움fusarium 진균에, 그리고 'V'는 버티실리움verticillium 진균에 내병성이 있는 종자라는 뜻이다.

옥수수 Zea mays 중 어떤 품종은 다른 종보다 껍질이 낟알을 더 단단히 싸고 있어서 큰담배나방 애벌레가 침입하지 못한다. 또 토마토Lycopersicon esculentum 중에서도 진딧물에 강한 품종이 있다. 해충과 질병 유기체는 선호 기주 식물이 있어서 이에 대한 지식을 쌓으면 예방이 가능하다. 예를 들어, 가루이는 하이비스커스를 좋아하지만 고추Capsicum는 기피한다. 카탈로그에서 식물이나 종자에 대해 병해충 저항성에 대한 언급이 없으면 그 식물이나 종자는 실제로 병해충에 저항력이 없는 품종일 가능성이 높다.

- **적절한 시기에 심는다** 곤충은 바이러스성 질병을 전염시키는 주 매개체다. 그러나 곤충의 수는 계절에 따라 늘거나 준다. 곤충은 일반적으로 봄에서 여름으로 넘어가는 시기에 증가하고 여름에서 가을로 넘어가는 시기에 감소한다. 따라서 곤충이 식물에 영향을 미치는 시기를 파악해서 심는 방법도 있다. 예를 들면, 완두Pisum는 이른 봄에 심어야 진딧물류Pea aphid의 개체수가 증가하는 따뜻한 계절이 오기 전에 콩이 여문다. 이렇게 하면 진딧물이 완두콩에 옮기는 바이러스병도 피할 수 있다.

정확한 시기는 지역의 기후, 그 지역에 많은 해충의 종류와 기르고자 하는 식물의 종류에 따라 다르다. 역시 인터넷이나 농업개량보급소, 지역 마스터 가드너 단체를 통하면 해당 지역과 해충의 종류에 대한 정보를 얻을 수 있다.

- **공구를 소독한다** 공구로 식물에 상처를 내면서 의도하지 않게 세균성 질병을 식물에 감염시키는 경우가 있다. 식물의 일부를 잘라낼 때는 한 식물에 사용한 공구를 다른 식물에 사용하기 전에 반드시 소독한다. 병충해가 의심되나 아직 제거하지 않은 식물이 있을 때는 특히 경계한다.

병해충은 삽을 통해서도 이 식물에서 저 식물로 옮겨간다. 감염된 식물을 파낼 때 사용한 삽은 작업 후 깨끗이 세척한다.

- 비누와 물을 사용한다. 기본적으로 공구를 사용한 뒤에는 비누를 탄 물에 씻고 헹군 다음 알코올로 닦는다. 항균 효과가 완벽히다.
- 표백제로 소독한다. 주방용 표백제를 10배 희석한 물(표백제 1컵에 물 9컵)에 전정가위, 톱, 칼 및 기타 공구를 5분간 담근다. 표백제를 씻어내고 공구를 품질 좋은 기름으로 닦는다. 단, 이 방법은 금속 공구를 부식시킨다.
- 가열한다. 토치로 공구를 달구고 충분히 식으면 다시 사용한다. 이 방법은 금속 공구를 부식시키지 않는다.

■ **손을 자주 씻는다** 일부 바이러스는 접촉을 통해서 전염된다. 가장 흔한 바이러스성 질병 중 하나인 담배모자이크바이러스는 손가락을 통해서 쉽게 전염되고 기주 식물의 종류도 광범위하다. 바이러스에 감염된 담뱃잎으로 제작된 궐련, 엽궐련, 기타 담배 제품을 만지면 담배모자이크바이러스 입자가 손가락에 전이된다. 그 후 식물의 잎 한 장을 건드리기만 해도 담배모자이크바이러스 입자는 그 식물로 전이되고 식물은 바이러스에 감염된다. 담배 제품을 사용한 후에는 식물에서 작업하기 전에 반드시 손을 씻도록 한다.

■ **식물이 젖어 있으면 작업하지 않는다** 식물이 젖어 있는 상태에서는 바이러스가 매우 빨리 전이된다. 그러므로 식물이 말라 있을 때 정원일이나 밭일을 한다. 실내외 식물 모두 말라 있을 때만 접촉한다.

해충을 구제한다 ➡ 321쪽 참고

조직배양을 통한 무성번식을 한다 | 바이러스는 기주 식물을 완전히 죽이지는 않으나 식

물을 치료하는 방법은 없다. 바이러스에 감염된 어떤 식물은 제 기능을 하지 못하면서도 몇 년간 생명을 가늘게 유지한다. 이 상태의 식물은 때로는 방치되기도 한다. 이를테면 세계 각지의 수집 소장된 난 중에는 오돈토글로섬 윤문 바이러스 또는 심비디움 모자이크 바이러스에 감염된 식물이 매우 많다. 치료는 불가능하더라도 값진 식물은 조직배양을 통하여 바이러스의 유전 정보를 배제한 무성번식 개체로 복제될 수 있다. 한번 감염된 식물은 개선되지 않으나 조직배양소에서 복제된 식물은 바이러스가 전혀 없는 상태에서 다시 자랄 수 있다.

Nematodes
선충

14

선충이란?

선충은 지렁이처럼 생긴 미생물이다. 대부분 투명하고 육안으로는 발견되지 않는다. 몸은 보통 꼼장어 같고 매끈하다. 이동할 때는 뱀이나 뱀장어처럼 몸 끝에서 끝까지 곡선으로 몸을 휘면서 움직인다. 아주 미소한 동물이지만 소화기관을 완전히 갖추고 있으며 신경체계도 간단히 구성되어 있다. 선충은 지구상의 다세포 동물 중 개체 수가 가장 많은 부류다. 북극의 극한대 지방과 적도 지방, 만년설이 쌓인 산꼭대기와 심해에서도 선충류를 발견할 수 있다. 약 2만 종이 토양과 물속(민물·바닷물)에서 산다. 이들은 세균, 진균, 식물, 그리고 여건이 되면 동물에도 기생한다.

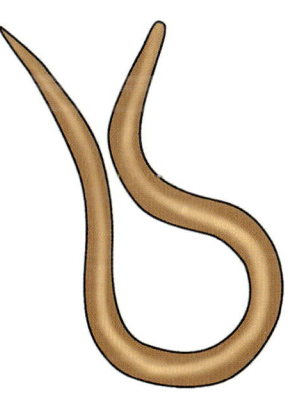

현미경으로 볼 수 있는 지렁이 같은 생김새의 동물인 선충은 어디에나 존재한다. 수천 종의 선충 중 극히 일부만이 식물 기생 종류다.

어떻게 치료할까? 391

선충이 하는 일은?

선충은 토양 생태계에서 매우 중요한 구성원이다. 세균과 진균이 먹이 대상이므로, 먹이를 분해해서 토양으로 영양분을 환원시켜주는 역할을 한다.

일반 동물처럼 선충도 보통 암컷과 수컷이 있다. 성충은 상대 성을 찾아 짝짓기를 하고, 암컷은 유정란을 낳는다. 그러나 식물기생선충류 중 일부는 수컷이 없다. 이 종류는 모든 선충이 암컷이며, 수정하지 않고 새로운 개체로 자랄 수 있는 알을 낳을 능력이 있다(처녀생식). 선충의 생애주기는 2~4주다.

선충의 이로움

특정 곤충에 기생하는 선충을 이용하면 해충을 구제할 수 있다. 200종의 토양 서식 애벌레나 구더기 등을 박멸할 때 선충을 이용한다. 그 밖에 식물기생선충의 포식자 역할을 하는 곤충병원성 선충류도 있다.

선충의 해로움

많은 종류가 동물기생선충이다. 사람, 쥐, 돼지에서 발생하는 선모충증이라는 질병은 선충이 원인이다. 사람에게 질병을 일으키는 또 다른 선충으로는 구충, 요충, 편충 등이 있다.

몇백 종의 선충은 식물 질병을 유발한다. 식물기생선충은 보통 바늘 같은 입, 즉 문침吻針을 갖고 있어 식물의 세포를 찔러 독을 주입하고 용해된 영양분을 식물에서 빨아들인다. 선충의 문침으로 주입된 독은 유해하며 부풀음, 뒤틀림 등의 조직 변형을 일으키고 심하면 식물이 죽는다.

식물기생선충은 정원이나 밭에 큰 피해를 초래할 수 있으며, 한번 확산되면 구제하기가 대단히 어렵다. 이를테면 뿌리혹선충의 기주 식물은 2,000여 종에 달한다. 선충이 침입하면 식물이 왜소해지거나, 잎이 노란색으로 변하거나, 꽃이 거의 피지 않거나, 과일 불량 등의 증상을 보이며, 이 외에도 식물의 병징은 다양하다. 잎선충 역시 심각한 해를 입히고, 주로 국화, 딸기 *Fragaria*, 달리아가 피해를 입는다.

일부 식물기생선충은 식물의 표면을 공격하고(외부기생충), 어떤 종은 식물 조직에 서식한다(내부기생충). 두 종류 중 식물 안팎을 자유롭게 오가는 종류도 있고, 상주(식물에 붙어서 움직이지 않는)하는 종류도 있다.

거의 모든 기생선충은 일생의 일부를 토양에서 보낸다. 알과 수컷 성충은 토양에서 발견된다. 기생충이 되기 전인 유충은 전 기간 또는 일부 기간을 토양에서 보내기도 한다. 결국 습기, 통기, 온도 등의 토양 환경이 선충의 번식, 생존 및 확산의 중요한 조건이다. 대부분의 선충은 땅속 15~30cm 깊이에서만 서식한다. 원래 토양 선충은 이동이 느리지만, 삽, 괭이, 장화 등의 수단으로 흙과 함께 묻어 다른 장소로 이동할 경우에는 확산이 빨라진다. 선충 자체의 능력만으로 수막을 헤엄쳐서 다른 장소로 이동해야 한다. 토양에서 빗물이 튀거나 잎 위에서 물을 줄 때 같이 튀어 잎으로 옮겨가기도 한다.

잎선충류 *Aphelenchoides* 는 토양으로 이동하는 일이 거의 없다. 이들은 침입한 식물의 체내에서 살아간다. 식물이 젖어 있으면 선충은 식물 줄기에 묻은 수막을 헤엄쳐서 올라간다. 젖은 식물이 옆 식물과 접촉하면 선충은 이웃하는 식물로 이동할 수 있다.

암컷 뿌리혹선충 *Meloidogyne* 는 상주내부기생충이나, 수컷은 성충만 상주한다. 암컷과 수컷 모두 식물을 공격하면 식물의 세포가 커져서 뿌리에서 혹이 난 것처럼 부푸는 증상이 생긴다.

선충 구제법

제1부의 진단

장	제목	쪽	진단
1	식물 전체	21	뿌리혹선충
2	잎	47	잎선충
5	줄기	160	플록스선충
6	뿌리	186, 196, 198	선충류
6	뿌리	203	뿌리혹선충

식물기생선충 구제는 먼저 선충이 모든 식물로 확산되는 것을 막고, 다음으로 선충이 최초로 침입한 식물에서 선충을 박멸하는 순서로 실시한다. 선충을 구제하는 유기농약이 있으나(401쪽 참고), 모든 식물 병충해에 적용하는 예방책인 생육 환경을 바꾸는 일이 가장 우선시되어야 한다.

생육 환경 개선

선충이 존재하는지 확인한다 | 뿌리 계통이든 잎이든, 선충이 침입하면 식물의 토양 윗부분에서 증상이 나타나는데, 이는 바이러스 감염을 포함한 기타 식물의 병해 증상과 흡사하다. 선충이 은신하고 있는 것으로 짐작되는 식물을 파괴하기 전에 현미경 검사를 통해 진단해보아야 한다. 선충은 현미경으로 쉽게 발견된다. 현미경 대물렌즈 배율은 최소 10배율(×10)로 한다. 학생들이 집에서 사용하는 교육용 현미경으로도 잘 보인다. 인근 학교, 대학교에 현미경이 구비되어 있으니 실험실을 잠깐 빌려도 된다.

선충은 문침이라고 하는 바늘 같은 입으로 식물을 감염시키는데, 문침은 현미경으로 볼 수 있다. 문침이 없는 선충은 식물기생충이 아니다. 마스터 가드너 또는 농업개량보급소에 샘플을 가져가서 확인해도 된다. 이 단계를 뛰어넘어도 상관없지만, 실제

뿌리혹선충은 여러 식물을 감염시킬 수 있는데, 이에 감염된 식물은 선충의 이름처럼 뿌리 계통에 혹 같은 부픔 증상이 나타난다.

어떤 선충은 먹이로 삼는 뿌리 조직을 파고들어 가는데, 이 때문에 부위가 부풀게 된다.

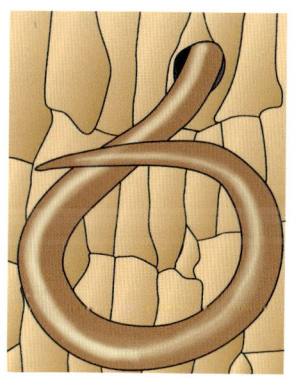

식물기생선충의 머리를 현미경으로 관찰하면 바늘 같은 문침이 있다. 이것으로 식물 세포를 찔러서 먹는다.

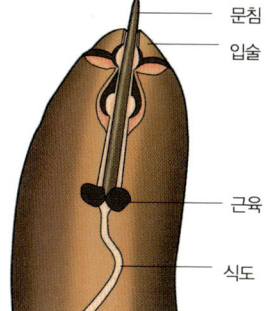

로 선충이 없는 식물을 파괴할 수도 있으므로 권장한다.

위생처리한다 | 식물을 건강하게 기르기 위해서 거쳐야 하는 가장 중요한 단계 중 하나다. 식물병리학에서 정의하는 위생처리란 병해충에 감염된 대상 식물을 모두 제거하는 조치다. 감염 부위는 선충의 유충, 진균 포자, 세균, 곤충, 응애의 원천이다.

- **감염된 식물을 제거하여 처분한다** 선충으로 인한 질병에 걸려서 죽어가는 뿌리나 잎 등은 잘라서 없앤다. 피해 부위를 퇴비 더미에 섞으면 안 된다. 어떤 선충은 토양 속, 그리고 이미 죽었거나 죽어가는 뿌리 또는 잎에서도 몇 년간이나 살 수 있으므로 뿌리 계통을 가능한 한 많이 없앤다. 이미 죽었거나 죽어가는 식물과 바로 접촉하는 토양도 파내어 처분한다. 화분 식물인 경우에는 식물과 함께 흙도 모두 버리고 화분을 다시 사용하기 전에 표백제로 소독한다.
- **죽은 식물의 자리에는 내병성이 있는 식물을 심는다** 감염된 식물을 파낸 자리에 동일한 종류의 식물을 다시 심어서는 안 된다. 선충에 내병성이 있는 완전히 다른 종류를 심는다. 라벨이나 카탈로그에서 식물 이름 다음에 'N'이 표기되어 있으면 그 식물은 선충류 nematode 에 내병성이 있다는 뜻이다.

공구를 소독한다 | 선충은 더러운 삽이나 전정가위에 묻어서 쉽게 이동한다. 공구로 식물에 상처를 내면서 의도하지 않게 바이러스, 세균성 질병 또는 선충을 식물에 감염시키는 경우가 있다. 식물의 일부를 잘라낼 때는 한 식물에 사용한 공구를 다른 식물에 사용하기 전에 반드시 소독한다. 병충해가 의심되나 아직 제거하지 않은 식물이 있을 때는 특히 경계한다. 병해충은 삽을 통해서도 이 식물에서 저 식물로 옮겨간다. 감염된 식물을 파낼 때 사용한 삽은 작업 후에 깨끗이 세척한다.

- 비누와 물을 사용한다. 기본적으로 공구를 사용한 뒤에는 비누를 탄 물에 씻고 헹군 다

음 알코올로 닦는다. 항균 효과가 완벽하다.
- 표백제로 소독한다. 주방용 표백제를 10배 희석한 물(표백제 1컵에 물 9컵)에 전정가위, 톱, 칼 및 기타 공구를 5분간 담근다. 표백제를 씻어내고 공구를 품질 좋은 기름으로 닦는다. 단, 이 방법은 금속 공구를 부식시킨다.
- 가열한다. 토치로 공구를 달구고 충분히 식으면 다시 사용한다. 이 방법은 금속 공구를 부식시키지 않는다.

토양을 소독한다 | 정원이나 밭의 토양 소독과 같은 태양열 소독 외에는 한계가 있다. 토양을 소독하면 해충뿐만 아니라 이로운 진균과 세균도 죽어버린다. 토양을 소독하면 뿌리혹선충 구제에는 도움이 되나 잎선충에는 효과가 없다. 태양열 소독은 다음과 같이 실시한다.

1. 죽은 식물과 병해충에 감염된 뿌리, 흙은 최대한 제거한다.
2. 흙을 골라서 구덩이를 메우고 지표면을 깨끗한 비닐로 덮는다.
3. 비닐 가장자리에 무거운 물건을 얹어 고정시킨다.
4. 4~6주간 태양열에 노출시킨 후 다시 그 자리에 식재할 수 있다. 배수가 잘 되어야 하고, 식재할 때는 퇴비를 준다.

토양을 관리한다 | 265쪽 참고

천수국을 피복작물로 심는다 | 피복작물이란 작물이 아직 푸르고 신선할 때 베어 엎을 목적으로 심는 작물을 말한다. 천수국 *Tagetes* 은 식물 전체에서 풍기는 매우 진한 향으로 선충 구제에 특효를 발휘하는 식물로 유명하다. 천수국 씨를 주변에 뿌린 후, 충분히

자라면 벤다. 그러면 천수국이 토양 화학성분으로 분해 흡수되면서 선충을 죽인다.

내병성 품종을 고른다 | 널리 재배하는 채소나 관상식물 중에는 병해충에 유전적으로 내병성을 가지도록 개발된 품종이 있다. 또 병충해 유발 생물은 선호 기주 식물이 있어서 이에 대한 지식을 쌓으면 예방이 가능하다. 예를 들어, 가루이는 무궁화속을 좋아하지만 고추 Capsicum는 기피한다. 병해충에 저항력이 있는 식물을 키우면 확실히 병해충 걱정을 덜 수 있다.

병해충에 내병성이 있는 품종을 알고 싶으면 농업개량보급소나 지역 마스터 가드너 단체(우리나라에서는 농촌진흥청이나 농업기술센터-옮긴이)에 문의한다. 산지식은 매우 값진 재산이다. 판매자가 제공하는 카탈로그를 살펴보거나 인터넷을 찾아보고, 식물, 알뿌리, 덩이뿌리, 종자를 구입할 때는 포장지의 라벨을 반드시 읽자.

- 채소 종자 포장지에 표시된 글자를 보면 내병성에 대해 알 수 있는데, 'N'은 선충류에, 'TMV'는 담배모자이크바이러스 tobacco mosaic virus에, 'F'는 푸사리움 fusarium 진균에, 그리고 'V'는 버티실리움 verticillium 진균에 내병성이 있는 종자라는 뜻이다.

카탈로그에 식물이나 종자에 대해 병충해 내병성에 대한 언급이 없으면 그 식물이나 종자는 실제로 병해충에 저항력이 없는 품종일 가능성이 높다. 인터넷을 검색해보면 해당 정보가 무수히 많으므로 가장 적합한 변종과 판매처를 확인한다.

돌려 짓는다 | 동일한 식물 또는 동일한 종류의 식물을 계속해서 같은 자리에 심지 않는다. 한해살이 식물, 채소 및 알뿌리 식물은 심었던 자리에 다시 심지 않아야 진균, 세균, 곤충 및 선충 같은 해충이 일으키는 토양 전염성 병해를 예방할 수 있다. 선충

이 서식하는 토양에 이병성이 있는 식물은 3년간 심지 않는다.

- **채소** 밭을 가꾸어본 사람들은 작물을 다음 해에 같은 자리에 심지 않는다는 사실을 경험으로 안다. 예를 들면, 토마토 Lycopersicon esculentum를 경작하는 사람들은 토마토를 3년 동안 매년 다른 장소에 심는다. 4년째 되는 해에는 다시 처음 토마토를 심었던 자리에 심는다. 이러한 농법을 '3년 윤작'이라고 하는데 무기한 이 방식으로 돌려짓기를 한다.

  돌려짓기를 계획한다면 다종재배를 염두에 둔다. 화단이나 화분에 식물을 심을 때는 한 곳에는 다른 종류의 식물을 심는다. 예를 들면, 토마토 사이에는 천수국을 심고, 다음 해에 토마토를 옮겨 심을 때 천수국도 같이 옮겨 심는다.

- **한해살이 식물** 페튜니아, 천수국, 봉선화 등 한 해만 사는 식물을 한해살이 식물이라고 한다. 채소와 마찬가지로 동일한 종류를 동일한 장소에 매년 심지 않는다. 채소 윤작과 비슷하게 돌려짓기 계획을 짠다.

- **봄 또는 여름 알뿌리 식물** 알뿌리 식물 중 일부 종류는 매 철마다 파내어 다시 심을 때까지 보관해야 한다. 채소나 한해살이 식물과 마찬가지로 심는 장소를 돌린다. 튤립 Tulipa, 나팔수선 Narcissus 또는 크로커스와 같은 봄 알뿌리 화초는 여름에 꽃과 잎이 다 지고 나면 알뿌리가 밀집하여 더 이상 꽃이 잘 피지 않는다. 이때 알뿌리를 파낸다. 글라디올러스, 달리아, 베고니아와 같은 여름 알뿌리 또는 덩이뿌리 화초는 얼기 전인 가을에 파낸다. 두 알뿌리 종류 모두 다시 심을 때는 다른 곳에 심는다.

- **여러해살이 식물, 교목, 관목** 여러해살이 식물, 교목, 관목과 같은 식물은 한번 심으면 한해살이 채소처럼 돌려짓기를 할 수 없다. 그러나 만약 식물이 뿌리를 침범하는 진균, 선충 또는 곤충에 피해를 입어서 파냈다면, 그 자리에 동일한 종을 다시 심으면 안 된다. 어떤 진균과 선충은 몇 년간 살아 있으므로 본래의 식물을 죽인 병해충에 내병성 있는 식물로 대체한다. 만약 식물을 없앤 자리에 반드시 같은 식물을 심고 싶으면 5년은 기다리자.

단종재배가 아닌 다종재배를 한다 | 236쪽을 참고한다. 다종재배는 병충해 확산을 저지한다. 꽃, 허브, 채소를 정원 전체에 섞어 심어서 이웃하는 식물이 각각 다른 종류면, 질병(진균, 세균 및 바이러스) 및 해충(곤충, 응애, 선충) 확산이 매우 감소된다.

채소밭에 꽃과 허브를 심으면 병해충 방제 시 효과가 빠르다. 펜넬 *Foeniculum*과 딜 *Anethum*은 익충을 끌어들여 병해충 방제에 도움이 된다. 톱풀 *Achillea*, 코스모스, 루드베키아 역시 심어놓으면 익충이 많이 모여들며, 천수국은 뿌리혹선충을 구제한다.

멀칭한다 | 멀치란 식물 주변의 토양을 덮는 재료다. 화분의 토양을 덮는 재료는 덧거름이라고 하는데, 보통 실외용인 멀치보다 장식 효과가 있다.

멀치와 덧거름은 잡초 성장을 방지하고 수분을 유지하며 병해충을 구제한다. 물이 튀어 오르는 것도 방지할 수 있다. 식물에서 지면 또는 생육 배지에 접하는 부분은 지면에 고인 물이 될 때 같이 따라오는 진균 포자, 세균 및 선충 감염에 대한 이병성이 가장 높다. 멀칭을 하거나 덧거름을 깔면 낮 동안 땅속에 숨어 있다가 밤에 식물을 갉아먹으러 나오는 해충을 구제할 수도 있다. 멀칭에는 많은 재료가 사용된다.

- 생분해성 재료 : 쉽게 구할 수 있는 나무껍질, 파쇄한 코코넛 및 기타 견과류 껍질, 솔잎, 짚, 신문지, 골판지 등이 있다. 이들은 시간이 지나면 분해되어 토양에 영양분이 된다. 골판지는 기왕이면 보기 좋은 재료로 덧거름을 한다. '뷰티 바크 Beauty Bark' 라고 하는 나무껍질은 제초제 처리를 한 종류가 있으므로 사용하지 않는다.
- 잔 자갈, 장식돌, 모래 : 화분 식물에 덧거름으로 깔면 곰팡이각다귀를 구제할 수 있고, 라벤더 *Lavandula*나 기타 식물 주변에 멀치로 깔면 뿌리썩음병을 방제할 수 있다.
- 풀 조각 : 살초제를 사용하지 않은 풀이어야 하며, 또한 잡초 씨앗이 없는 풀이어야 한다.

물 관리를 한다 ➡ 256, 257쪽 참고

꼭 써야 한다면 유기농약을 사용한다

실내 또는 실외 식물의 선충을 구제하기 위하여 농약을 써야 할 경우도 있다. 유기농 재배 시 사용해도 안전함을 인증받은 농약의 종류는 매우 많다. 유기농약을 사용하면 상대적으로는 사람과 환경에 안전하다. 수백 년간 애용해온 약제도 있고, 새로 개발된 약제도 있다. 미국 제품의 경우 OMRI 인증 마크를 확인하자. 아래에 OMRI 인증을 받은 선충 구제용 유기농약인 생물학적 살선충제를 소개한다.

농약 사용 시 권장사항

농약을 사용하기 전에 반드시 생육 환경을 개선하는 일이 우선되어야 한다(394쪽 참고). 환경과 기르는 식물이 적합한지 평가하고 식물을 면밀히 관찰한다. 농약을 주기적으로 사용하지 않도록 한다.

생물학적 살선충제

표시 분구 주의

- **생물학적 살선충제란?** 미로테시움 베르루카리아 *Myrothecium verrucaria*는 진균의 한 종류로, 실험실에서 배양한 후 죽인다. 이 약제에 함유된 활성 성분은 바로 죽은 진균과 진균을 배양한 배지다. 물에 잘 녹는 DF(dry flowable, 입상수화제) 형태로 판매한다.
미로테시움 베르루카리아균이 살아 있으면 식물 질병을 일으킨다. 따라서 EPA에서는 살선충제로 사용하는 이 제품에는 살아 있는 진균을 포함하지 말 것을 요한다.
- **기능** 죽어서 건조시킨 진균 및 그 배지가 함께 작용하여 선충을 죽인다. 어느 성분 하나로는 효과를 발휘하지 않으므로 진균과 배지가 혼합되어야 한다. 정확한 작용기작은 연구 중

이다. 식물해충선충류에만 효과가 있다.

■ **부작용은 없는지?** EPA에서는 사람과 구제 대상이 아닌 생물에 유해하다는 근거를 발견하지 못했다. 곤충병원성 선충에는 효능이 없다. 그래도 이에 대한 실험이 진행 중이고, 수중생물에는 유해할 수도 있으니 물가에서는 사용하지 않도록 한다. 동물 실험 결과 약한 정도의 가역성(어느 정도가 지나면 어떤 증상이 사라지는 성질) 눈 및 피부 자극이 발생했으므로, 약제를 취급할 때는 보호 장구를 착용하도록 한다.

■ **사용법** 라벨을 읽고 지시에 따른다. 건조된 약제를 토양 속 7.5~15cm 깊이에 직접 뿌린다. 가루를 물에 섞어서 토양에 분사해도 된다. 식물의 생애주기 동안, 즉 식물을 심기 전, 심을 때, 그리고 심은 후에 언제든지 약을 뿌려도 괜찮다.

Other Pests
그 밖의 해충

15

그 밖의 해충이란?

자연을 우리 정원으로 초대할 때 우리는 큰 기쁨을 얻는다. 자연의 풍요로움을 지저귀는 새와 벌새, 나비, 꿀벌과 나누는 삶은 얼마나 멋진가. 대부분의 사람들에게 정원과 텃밭은 대자연과 소통하는 유일한 경로고, 정원을 통해서나마 자연과 교감하는 기분은 말로 표현할 수 없을 정도로 벅차다. 그러나 자연의 창조물 중에는 집에 돌아갈 때를 모르는 손님 같은 존재들이 있다. 이들은 지나치게 식도락을 즐기다가 결국 우리의 적이 되고 만다.

정원이나 밭의 해충에는 달팽이, 새, 그리고 수많은 포유류가 포함된다. 기생 식물과 물리적 원인에 의한 손상 역시 '해충'으로 분류하고, 이 장에서 다룬다.

달팽이와 민달팽이는 조개·굴·문어·오징어와 유연관계가 있는 동물이다. 이들은 모두 연체동물로, 해부학적으로나 생물학적으로 공통되는 특징이 많다. 연체동물의 하위부류인 복족강綱에는 달팽이와 유사한 동물이 모두 포함되는데, 전복, 고둥

나비 등 야생동물은 우리가 꿀이 많은 꽃
또는 기타 먹잇감을 키우고 쉴 곳을 제공하면
언제든지 찾아온다.

우리가 사랑하는 많은 야생동물 중에는
대접을 너무 오랫동안 받으려고 하여 피해를 입히는 종류도 많다.
사슴은 매우 흔한 정원 해충이다.

달팽이와 민달팽이는 연체동물에 속하는
복족강gastropod(배-다리의 뜻으로 배에 다리가 달린 연체동물)으로,
끈적끈적한 점액 위로 기어 다니면서 지나는 곳의 먹이를 먹는다.

등이 있다. 민달팽이도 복족강이다. 껍질이 없는 달팽이처럼 보이지만 실은 몸 내부에 아주 작은 껍질을 품고 있다.

새는 아름다운 벌새부터 거대한 타조까지 많은 이에게 기쁨과 고민을 동시에 안겨 주는 존재다. 깃털은 다채롭고, 목소리는 아름다우며, 애조가愛鳥家에게는 시간 가는 줄 모르는 즐거움을 준다. 또한 많은 새들은 해충을 잡아먹고 야생 환경에 이로운 역할을 한다. 그러나 일부는 과일과 씨를 먹기 때문에 해충 취급을 받게 된다.

포유류는 체온이 일정하고 깃털 대신 털이 났으며, 유선이라고 하는 특수한 분비선에서 나는 젖을 먹이는 동물을 통틀어 분류하는 말이다. 포유류는 우리를 즐겁게 해 주기도 하지만 정원의 사슴, 다람쥐, 토끼, 너구리는 해충 취급을 받기도 한다.

겨우살이와 기타 기생 식물은 영양분의 일부 또는 전부를 기주 식물로부터 빼앗아 섭취한다.

사람이 풀을 깎기 위하여 개발한 잔디깎기 기계나 제초기 등의 기계도 문제가 될 수 있다. 부적절하게 사용하면 소중한 식물의 지면 부위를 손상해 질병을 일으키는 상처를 낸다.

그 밖의 해충이 하는 일은?

달팽이와 민달팽이는 밤이나 습도가 높은 흐린 날에 은신처에서 밖으로 나온다. 맑고 더운 날에는 시원하고 습하며 어두운 장소에 숨어 지낸다. 돌멩이, 통나무, 화분 밑을 들추면 이들을 발견할 수 있다. 달팽이와 민달팽이는 풀과 돌 위로 점액 띠를 그리면서 소중히 키운 나도옥잠화, 상추 *Lactuca*, 딸기 *Fragaria*를 훔쳐 먹는다. 이들은 잎·꽃·과일에 너덜너덜한 구멍을 내면서 갉아먹고, 골판지·종이·조류藻類까지 먹는다. 밤에만 나타나서 식물에 구멍을 낸 다음 다시 숨기 때문에 이들의 활동을 보기 힘들고, 오직 피해 부위와 점액 흔적만 발견된다.

새는 대부분 환영받는 존재다. 지저귀는 소리와 익살스러운 몸짓이 좋을 뿐 아니라, 해충도 잡아먹기 때문이다. 새를 불러들이려고 많은 이들은 음식과 물, 쉴 곳을 만들어놓는다. 둥지를 틀고 새끼를 낳기 좋은 환경으로 만들어준다. 새 모이와 새집을 마련해놓으면 정원은 인간의 세계와 대자연 세계를 결합해주는 한 차원 높은 공간이 될 것이다.

그러나 과일을 먹는 새가 밭을 습격하면 단시간에 엄청난 피해를 입는다. 딱따구리와 즙빨기딱따구리는 과일은 먹지 않으나, 특이한 종류의 피해를 입힌다. 즙빨기딱따구리는 나무줄기에 바둑판 배열로 얕은 구멍을 내서 상처로부터 나오는 수액을 먹는다. 이 구멍으로 식물을 죽일 수도 있는 진균병과 해충이 침입하게 된다.

정원이나 밭을 망치는 가장 흔한 포유류는 사슴, 설치류(다람쥐, 쥐, 들쥐, 흙파는쥐, 가시도치 등), 토끼, 너구리 등이다. 이 외에도 곰, 코요테, 주머니쥐, 두더지, 심지어 퓨마, 엘크도 때로는 교외의 정원에 침입하기도 한다. 다람쥐를 제외하고는 이들이 입히는 피해가 어마어마해서 정원에 들어와서 환영받는 동물은 거의 없다.

포유류에는 촌충 같은 존재인 기생 식물 역시 문제다. 식물의 조직을 침투해서 영양분을 빨아먹는다. 지의류와 조류는 기생 식물이 아니기 때문에 식물에 문제를 일으키지는 않는다. 그러나 이 장에서 같이 다루어 많은 사람들이 이 부류에 가졌던 오해를 해소하고자 한다.

잔디깎기 기계와 제초기도 식물의 지면에 가까운 줄기를 손상하면 해충과 다름없다. 장비를 부주의하게 사용하여 나무줄기의 껍질을 날려버리면 뿌리가 드러나는데, 이렇게 개방된 상처는 병해충을 끌어들여 나무가 죽을 수도 있다. 이와 같은 장비를 사용할 때는 주의해서 식물에 상처를 내지 않도록 한다.

구제법

달팽이와 민달팽이 ➡ 410쪽에서 시작

잎 한가운데에 크고 이상한 모양으로 구멍이 너덜너덜하게 나 있는데 범인이 발견되지 않으면, 달팽이나 민달팽이를 의심해보아야 한다. 말라서 햇빛에 반사되는 점액 흔적을 발견했다면 달팽이나 민달팽이가 범인일 가능성이 높다.

달팽이와 민달팽이는 화분 속 작은 공간에 움츠리고 들어가서 숨을 수 있다. 화분 밑바닥의 물 빠짐 구멍으로 들어가는 것이다. 식물 어디든지 숨을 수 있으며 화분의 덧거름 밑에도 숨는다. 이처럼 잘 숨기 때문에 화분 식물을 사거나 선물로 받을 때 뜻하지 않게 달팽이까지 들이게 되는 경우가 있다.

새 ➡ 413쪽에서 시작

체리 *Prunus avium*는 주인이 수확하기도 전에 새가 다 먹어버리기도 한다. 새들은 포도 *Vitis*, 무화과 *Ficus*, 블루베리 *Vaccinium*, 파파야 *Carica*, 사과나무 *Malus*, 그 밖의 부리로 쫄 수 있는 달콤한 과일은 모두 먹어치운다. 어치 *Jay*는 정원의 견과류 열매를 싹쓸이한다. 그리고 어떤 새는 밭에 막 심은 씨 또는 마당에 뿌린 잔디 종자를 파먹거나 금방 싹이 튼 어린 싹을 먹기도 한다. 풀을 먹는 새도 많다. 보통은 들판의 풀로 먹이가 충분하지만, 가끔 상추나 기타 녹색 푸성귀를 먹기도 한다.

포유류 ➡ 416쪽에서 시작

포유류는 정원이나 밭에 주로 새벽, 저녁, 밤에 침입한다. 사슴·설치류·토끼는 잎·꽃·과일·견과를 먹고, 겨울에는 나무껍질을 먹는다. 굴을 파는 설치류는 뿌리와 튤립 *Tulipa*의 알뿌리와 같이 땅속의 살이 많은 저장 기관을 먹는다. 너구리는 대부분 과일을 좋아해서, 옥수수 *Zea mays*, 블루베리, 딸기가 잘 익어 수확 날짜를 잡으면,

민달팽이는 습하고 흐린 날과
부드럽고 이끼 낀 토양을 좋아하지만 주로 밤에 활동한다.
잎, 꽃, 과일에 너덜너덜하게 파먹은 자리가 있고,
점액 흔적이 남아 있다면 분명 민달팽이에 따른 피해다.

노지멜론 *Cucumis*이 들쥐의 먹이가 되었다.
들쥐는 주로 밤에 습격하는 작은 설치류다.
평행하게 패인 이빨 자국이 가해자가 들쥐임을 가리킨다.

바로 그 전날 밤에 너구리가 먼저 수확해 간다.

기생 식물 ➡ 419쪽에서 시작

참겨우살이 *Phoradendron*, 왜성겨우살이 *Arceuthobium*, 새삼 *Cuscuta*은 모두 기생 식물이다. 이들은 식물의 조직을 장악해서 영양분을 획득한다. 참겨우살이는 잎이 초록색이라서 양분의 일부는 스스로 생산한다. 왜성겨우살이와 새삼은 스스로 양분을 만들지 못하여 양분의 전량을 기주에서 얻는다. 지의류와 조류는 착생 식물이지 기생 식물은 아니다. 착생 식물은 다른 식물을 '안장'으로 사용할 뿐 기주 식물로부터 영양분을 빼앗지는 않는다. 따라서 식물에 문제를 일으키지 않는다.

잔디깎기 기계와 제초기 ➡ 419쪽에서 시작

장비로 인해 식물이 손상되면 지면 근처의 껍질이 떨어져나가고, 개방된 상처로는 진균이 감염되거나 해충이 침입할 수 있다.

지의류는 기생 식물이 아니므로 식물에 질병을 일으키지 않는다. 또한 지의류가 자라면 그곳의 공기가 매우 깨끗함을 뜻한다.

주황색 또는 노란색의 이상한 줄, 즉 새삼이 보이면 즉시 걷어내야 한다. 이 식물에서 꽃이 피고 씨가 맺히기 전에 없애는 것이 가장 바람직하다. 버릴 때 퇴비에 섞으면 안 된다.

달팽이 및 민달팽이 구제법

제1부의 진단

장	제목	쪽	진단
2	잎	54, 59	달팽이, 민달팽이
3	꽃	79, 82	달팽이, 민달팽이
4	과일	119	달팽이, 민달팽이
6	뿌리	190	달팽이, 민달팽이
7	씨	212	달팽이, 민달팽이

생육 환경 개선

숨을 곳을 제거하고 덫을 설치한다 | 달팽이와 민달팽이는 화분, 판자, 돌, 통나무, 잡초, 종이상자 아래에 숨는다. 이러한 물건들을 가능한 한 다 치운다. 몇 군데는 일부러 놔두어서 낮 동안 달팽이와 민달팽이를 모은 다음 한꺼번에 구제한다.

화분을 거꾸로 엎어놓거나 납작한 판자를 땅 위에 펴놓는다. 돌맹이 등을 사용하여 화분이나 판자를 지면에서 2.5cm 정도 띄운다. 그러면 습하고 어두운 장소가 만들어진다. 달팽이와 민달팽이는 낮 동안 이 장소에 모일 것이다. 덫을 매일 확인하여 모인 동물들을 없앤다(없애는 방법은 다음 항을 참고한다). 아니면 규조토를 덫 아래에 깔아서 해충을 죽인다(332쪽 참고).

손으로 잡는다 | 달팽이와 민달팽이가 눈에 띌 때마다 잡아낸다. 달팽이는 껍질을 잡고, 민달팽이는 주방용 집게로 잡는다. 잡은 후에는 비눗물에 떨어뜨리거나 튼튼한 종이봉지에 넣고 밟는다. 잔여물은 퇴비 더미나 쓰레기통에 버린다. 또 밤에 손전등을 들고 달팽이 사냥을 나간다.

구리 테이프 | 달팽이와 민달팽이를 구제했으면 구리 테이프를 화분, 파종기 상자, 나

무줄기에 감는다. 달팽이와 민달팽이는 구리를 넘지 못한다.

이로운 포식자를 모은다 | 마당으로 모을 수 있는 달팽이와 민달팽이의 천적은 가터뱀, 두꺼비, 두더지, 일부 딱정벌레다. 스컹크도 이 해충들을 포식하나, 별로 권상하지는 않는다. 닭, 오리나 거위 등의 포식자도 기르면 좋다. 가축을 사육할 때는 허가를 받도록 한다. 마지막으로, 포식 민달팽이를 구입한다. 그러나 포식 민달팽이를 구입하거나 풀어놓는 일이 불법인 지역이 있으므로 확인을 해야 한다(이 내용은 미국 정황에 근거한다-옮긴이). 지방 자치 단체의 규정을 따른다.

꼭 써야 한다면 유기농약을 사용한다.

식물을 해치는 달팽이와 민달팽이를 구제하기 위하여 농약을 써야 할 경우도 있다. 유기농 재배 시 사용해도 안전함을 인증받은 농약의 종류는 매우 많다. 유기농약을 사용하면 상대적으로는 사람과 환경에 안전하다. 수백 년간 애용해온 약제도 있고, 새로 개발된 약제도 있다. 미국 제품의 경우 OMRI 인증 마크를 확인하자.

농약 사용 시 권장사항

농약을 사용하기 전에 반드시 생육 환경을 개선하는 일이 우선시되어야 한다. 환경과 기르는 식물이 적합한지 평가하고 식물을 면밀히 관찰한다. 농약을 주기적으로 사용하지 않도록 한다. 여기서 소개하는 농약 두 가지는 유기농 재배 시 사용승인을 받은 것이다.

인산철

표시 문구 주의

■ **인산철이란?** 인산철은 토양에서 구할 수 있는 천연 성분이다. 광물질인 철과 인이 산소에

의해 결합된 형태로 비료로 사용된다. 유인제(미끼)가 함유되어 있어 달팽이와 민달팽이는 이것을 먹게 된다. 먹지 않고 남은 약제는 비료로 분해되어 토양의 일부로 흡수된다.

- **기능** 인산철은 살연체동물제로 달팽이와 민달팽이를 죽인다. 달팽이와 민달팽이는 이 약을 먹으면 병에 걸려 먹이를 먹지 않게 되고 며칠 뒤에 죽는다. 이들이 죽기 전에 식물 피해는 사라지는데, 더 이상 먹이를 먹지 않기 때문이다. 일반적으로 달팽이와 민달팽이는 약을 먹고 멀리 사라져 숨어서 죽기 때문에, 이 약제를 놓아둔 후 죽거나 죽어가는 달팽이나 민달팽이를 많이 발견하지 못할 수도 있다. 그러나 식물 피해가 훨씬 줄어드는 것을 눈으로 확인할 수 있다.

- **부작용은 없는지?** 약간의 눈 자극을 유발할 수 있으므로 이 약제를 취급한 후에는 손을 철저히 씻도록 한다. 애완동물, 야생동물, 기타 구제 대상이 아닌 생물에는 피해가 없으나, 수중 동물에는 효능을 발휘할 수도 있으므로 물가에 바로 살포하거나 물속에 놓지 않도록 한다.

- **사용법** 라벨을 읽고 지시에 따른다. 모든 종류의 과일, 채소, 관상식물에 사용해도 안전하다. 방제하고자 하는 식물 가까이 땅 위에 약제를 살포한다. 달팽이와 민달팽이는 약제에 유인되어 은신처에서 나와 이 약을 먹는다. 약제는 축축한 토양에 살포해야 한다. 토양이 건조할 경우에는 약제를 살포하기 전에 적신다. 단, 고인 물에 뿌리지는 않는다. 수확하는 시점까지 사용한다.

- **참고** 옛날 제품은 메타알데히드$_{metaldehyde}$를 포함하는 살연체동물제가 많은데, 이는 달팽이와 민달팽이뿐 아니라 애완동물, 야생동물, 어린이에게까지 유독하다. 옛날 제품은 사용하지 않기를 권장한다. 인산철만 사용하는 것이 여러모로 훨씬 좋다.

규조토

표시 문구 **주의**

- **규조토란?** 규조토는 모래 같은 하얀 가루다. 규조토는 규조류라고 하는 미소식물에서 생성

된다. 규조류는 이산화규소로 구성되어 있으며, 유리와 수정의 구성 성분과 같다. 이 조류는 민물이나 바닷물 어디에나 서식하며, 습한 토양에서도 발견된다. 오래된 바닷물이나 호수가 마르면 규조류 껍질이 퇴적하여 규조토라는 광물질로 변하는 것이다.

기어 다니는 곤충 구제에 살충용으로 표기된 규조토를 사용한다. 여과용으로 사용하는 규조토도 있는데, 곤충 구제에는 효과가 없다.

■ **기능** 규조토를 뿌리면 달팽이와 민달팽이가 접근하지 못하고, 접근하는 것들은 죽인다. 규조토는 날카로운 유리조각과도 같다. 규조토를 뿌린 표면을 달팽이나 민달팽이가 지나가면 몸에 유리조각이 박혀 결국은 죽는다.

■ **부작용은 없는지?** 토양에 규조토를 뿌리면 달팽이를 포함하여 지표면을 기어 다니는 생물에만 영향을 미친다. 꿀벌이나 나비에는 무해하다. 포유류, 조류, 수중 생물과 같이 지표면을 기어 다니지 않는 생물에는 효과가 없다.

작업 시에는 보호 장구를 착용해야 한다. 규조토는 먼지처럼 미세한 가루이므로 입자가 공기에 날려 눈과 폐에 침입할 수 있기 때문이다. 마스크와 보안경을 착용하도록 한다. 또한 규조토는 피부에 자극을 줄 수 있으므로 장갑과 긴팔 윗옷, 긴 바지를 착용한다.

■ **사용법** 기어 다니는 곤충을 구제하고자 하는 장소에 규조토 가루를 살포한다. 규조토 가루는 날이 건조하면 가장 큰 효과를 볼 수 있다. 판자나 통을 덮어서 약제를 건조한 상태로 보관한다.

새 구제법
제1부의 진단

장	제목	쪽	진단
2	잎	58	새
4	과일	122	새
5	줄기	155	딱따구리
5	줄기	156	즙빨기딱따구리
7	씨	214, 217	새

생육 환경 개선

방조망 | 새가 수확물을 가로채지 않도록 과일나무, 견과나무, 장과류 나무, 포도덩굴에 방조망을 친다. 검은 비닐로 제작된 방조망은 저렴하고 무게도 가벼워 이 용도에 알맞다. 단, 아래에서 접근하지 못하도록 설치해야 한다. 장과류 나무와 포도덩굴의 경우, 방조망을 바닥까지 쳐서 새가 방조망 아래로 들어가지 못하도록 조치한다. 과일나무, 견과나무는 방조망 가장자리를 바닥에서 모아 밑동에 두르고 줄이나 거멀못으로 묶는다.

막덮기 | 식물에 막덮기를 하여 빛, 물, 공기는 들이되 새는 막는다. 이 목적으로 제작된 포는 무게가 가벼운 스펀본드 폴리에스테르 재질이어서 매우 효과가 있다. 섬유유리 방충망, 모기장 감, 얇은 속감도 괜찮으나 다소 무겁고 덜 유연하다. 재료의 짜임에 주의해야 하는데, 너무 촘촘하면 공기의 흐름을 제한한다.

- 부유피복 : 파종상 또는 유묘幼苗 위에 가벼운 포를 드리운다. 헐렁하게 덮어서 식물이 자랄 공간을 충분히 둔다. 식물이 자라면 포를 밀어 올린다. 판자, 벽돌, 돌덩이 등으로 가장자리를 눌러 고정하거나, 옷걸이 등으로 U자형 핀을 만들어 흙에 포를 꽂는다.
- 터널피복 : 포는 동일한 재질을 사용하나, 이것을 나무, PVC 배관, 아니면 기타 골격 위에 덮는 방법이다. 말기 또는 접기 방충망으로 모양을 만들어서 가장자리를 이어 원뿔 또는 터널 모양으로 제작해도 된다. 골격 또는 원뿔의 크기는 다 자란 식물의 높이를 충분히 수용할 수 있어야 한다. 골격은 포를 잎과 거리를 두어 고정시키기 때문에 여러 해 동안 설치해놓아도 된다.

포장용 삼베 싸기 | 나무에서 즙빨기딱따구리(156쪽)를 발견하거나 나무줄기 또는 가

지에서 범인을 명백히 알리는 바둑판 배열의 구멍을 발견했다면, 그 부위를 포장용 삼베로 싼다. 새는 그 부분에서 먹이 먹기를 포기하고 다른 나무를 찾아갈 것이다. 그러나 즙빨기딱따구리는 구제하기가 무척 어렵다. 이들은 끈질겨서 지금껏 자기들이 먹어본 것 중 가장 맛있는 먹이를 주는 나무를 발견하면 계속 다시 찾아온다.

겁주기 : 시각적 효과 | 빛에 반사되어 반짝이는 물건을 과일나무와 밭 주변에 바람에 흔들리게 매달아놓는다. 알루미늄 프라이팬, 반짝이 줄, 못 쓰는 CD나 DVD 등 바람에 잘 흔들리고 빛을 반사하는 물건이면 무엇이든지 괜찮으며, 이렇게 하면 새 피해를 줄일 수 있다.

부엉이 모형을 나무에 올려놓아도 새를 쫓을 수 있다. 그러나 시간이 지나면 새는 한 자리에 그대로 있는 대상에 익숙해진다. 현관 지붕의 처마에 CD가 반짝이고 있는데 바로 옆에 둥지를 튼 새를 본 적이 있다. 또 모형 부엉이 머리 위에 편안히 앉아서 깃털을 다듬는 새도 보았다. 따라서 이 전략이 효과를 내려면 이틀 정도마다 설치물의 위치를 옮겨주어야 한다.

겁주기 : 청각적 효과 | 새의 천적인 매의 울음소리를 아무 때나 튼다. 이 방법을 쓰면 새들이 거의 과일에 얼씬하지 못한다. 어느 대규모 장과류 농장에 가보니 이 방법으로 큰 효과를 보고 있었다. 단, 교외 인근 지역에서는 이 소리에 이웃이 놀랄 수도 있다.

새들만 들을 수 있는 소리를 내보내는 전자 장치도 효과가 있다. 앞서 말한 두 종류의 소리 내는 장치를 가정용으로 제조 및 판매하는 회사는 많다.

포유류 구제법

제1부의 진단

장	제목	쪽	진단
1	식물 전체	25	흙파는쥐, 토끼, 기타 포유류
2	잎	57	사슴, 기타 포유류
3	꽃	80	사슴
4	과일	122	곰, 코요테, 너구리, 사슴, 어린이
4	과일	122	설치류
5	줄기	144, 145	설치류
5	줄기	144	사슴
6	뿌리	193	설치류
7	씨	214	굴 파는 동물
7	씨	214	토끼
7	씨	217	너구리, 곰, 사람
7	씨	217	다람쥐

생육 환경 개선

울타리 | 정원이나 밭에 2.5m 높이의 울타리를 치면 사슴이 접근하지 못한다. 전 구역에 다 설치하거나 보호하고 싶은 식물에만 설치한다. 울타리는 사슴이 무너뜨리지 못할 정도로만 튼튼하면 되고, 사슴이 뛰어넘지 못할 정도로 높아야 된다.

전기 울타리를 설치하면 사슴뿐 아니라 다른 덩치 큰 동물도 접근하지 못한다. 태양열로 작동하는 장치이므로 집 안으로 전기선을 연결할 필요는 없다. 전기 울타리는 1.2m 높이면 된다. 폭 0.6m의 철망을 울타리 바닥에 두르면 설치류가 접근하지 못한다. 설치류가 땅 밑으로 통과하지 못하도록 철망을 30cm 깊이로 심는다.

너구리의 경우 일반 울타리는 효과가 없다. 너구리는 울타리를 타고 넘을 줄 안다.

막덮기 ➡ 414쪽 참고

사슴이 싫어하는 식물 | 사슴이 싫어하는 식물을 심는다. 식물에서 나는 특유한 향을 싫어하기 때문인 것으로 보이는데, 로즈마리 Rosmarinus, 백리향 Thymus, 세이지 Salvia, 라벤더 Lavandula 등은 먹지 않는다. 특히 라벤더는 사슴이 근처에도 가지 않는 경우가 있다. 사슴 퇴치용 식물 목록은 인터넷이나 원예 관련 책을 참고하면 된다.

개 | 개가 짖으면 사슴, 설치류, 너구리, 기타 모든 포유류는 접근하지 못한다(단, 집 안에서 짖는 개는 아무도 겁을 먹지 않는다). 집 밖에 개를 풀어놓고 마음껏 짖게 하면 개는 충실히 여러분의 정원을 경비할 것이다.

행동 감지 스프링클러 | 사슴이 잘 나타나는 곳에 행동 감지 스프링클러를 설치한다. 사슴이 나타나면 행동 감지기가 작동하여 스프링클러가 동작한다. 갑자기 큰 소리가 나고 차가운 물이 사방에 뿌려지면 사슴은 혼비백산한다. 손님이나 아내가 다니는 장소에는 설치하지 않도록 한다. 크기가 작은 장치도 있는데 이웃의 고양이를 쫓는 데 알맞다. 너구리와 기타 포유류를 쫓기도 한다.

전자음 | 사람의 가청 주파수를 벗어난 음역대 소리를 내는 전자 장치를 정원에 설치한다. 특정 동물을 겨냥한 주파수대의 소리를 내도록 조정할 수도 있다. 사슴, 너구리, 설치류 구제 시 사용한다.

생포용 덫 | 미끼가 놓여 있고 문제의 동물이 덫에 들어오면 스프링이 닫히는 덫을 정원이나 밭에 설치한다. 덫은 동물을 죽이지는 않는다. 동물이 덫 안에 들어오면 덫을 통째로 들고 멀리 가서 놓아주면 된다. 덫은 다양한 크기로 판매된다.

농약 사용 시 권장사항

다음에서 소개하는 농약 요법은 표시 문구가 없고 신고를 하지 않아도 된다. 첫 번째 약제는 분사제이고 두 번째는 매우 위험한 무기다. 이 제품과 장치는 반드시 주의하여 사용하고 안전하게 다룬다. 227쪽의 안전 지침을 참고한다.

기피제 | 이 약제는 어린이와 애완동물이 접근하지 않는 곳에 보관한다. 가든 센터에서 기피제를 많이 판매하고 있다. 대부분 썩은 달걀 고형, 캡사이신(고추기름), 마늘이 성분이다. 맛이 매우 없으므로 동물이 먹으려고 하는 식물에 분사한다. 비가 오면 성분은 씻겨 내려간다. 게다가 너무 배가 고픈 포유류는 이 맛에 적응해버린다. 다른 제품을 번갈아가면서 분사하면 도움이 된다.

살생용 덫 | 대상을 감전시키는 전기 덫은 몸집이 작은 설치류에 알맞다. 일부 지역에서 사슴 사냥은 수렵면허가 없으면 불법이다. 다른 포유류도 함부로 죽이면 불법인 종류가 많다. 보통 쥐, 들쥐, 생쥐, 흙파는쥐는 죽여도 불법이 아니다. 너구리 또는 다람쥐 사냥은 불법인 지역이 있다. 해당 지역의 관련 법규를 확인하기 바란다.

굴 파는 동물이 걸리면 스프링이 닫혀서 죽이는 기계 덫도 효과가 좋다. 깊이 파놓은 굴을 찾아 덫을 설치하면 굴을 판 동물이 덫을 통과하려다가 걸려 죽는다. (참고 : 두더지는 식물을 먹지 않고 곤충, 벌레, 기타 지하 동물을 먹고산다. 사실 두더지는 이로운 동물이다. 그러나 두더지가 먹이를 따라가면서 굴을 파다가 뜻하지 않게 식물을 해칠 수도 있다. 반면 흙파는쥐는 식물만 먹으며 엄청난 피해를 입힌다. 두더지 문제가 있다면 곤충병원성 선충을 풀어서 두더지 먹이를 구제한다. 먹이가 없으면 두더지는 나타나지 않아 일부러 죽이지 않아도 된다.)

기생 식물 구제법

제1부의 진단

장	제목	쪽	진단
5	줄기	151, 167	왜성겨우살이
5	줄기	167	참겨우살이

생육 환경 개선

가지치기 | 참겨우살이와 왜성겨우살이는 자라는 부위의 가지를 잘라서 구제한다. 자른 가지는 잘게 쪼개거나, 퇴비로 만들거나, 쓰레기통에 버린다.

잔디깎기 기계와 제초기 피해 방지

제1부의 진단

장	제목	쪽	진단
5	줄기	144, 154	잔디깎기 기계, 제초기

생육 환경 개선

울타리 | 교목과 관목 주위에 바위, 지주 등 장애물을 놓아둔다. 기계로 작업할 때는 식물 가까이에 가지 않는다.

잔디가 없는 구역 | 교목과 관목 주위로 둥그렇게 풀을 모두 뽑고 멀치나 자갈, 조약돌, 장식 벽돌, 포장재 등을 깐다. 이렇게 하면 장비가 식물에 손상을 주지 않고 바퀴만 지나다닐 수 있는 공간이 된다.

3

What Does It Look Like?
왜 이럴까?
흔히 발생하는 질병을 사진으로 보기

Problems on whole plants
식물 전체에서 나타나는 증상

이 사진을 참고하기 전에 흐름도를 따라 진단하길 바란다. 식물의 증상이 사진과 비슷해 보여도 원인은 매우 다양하다. 흐름도를 보고 일치하는 증상을 따라가면서 해당되지 않는 요소들을 하나씩 제거해 나감으로써 최종적으로 정확한 진단에 이르도록 한다.

■ 식물 전체가 시들었다 ■
진단은 21쪽 흐름도에서 시작한다.

생육 환경

물리적 원인에 의한 손상(23쪽) 새 울타리와 주차장을 설치할 때 근처의 서양측백(*Thuja occidentalis*)의 뿌리를 건드리는 바람에 죽어버렸다.
해결 ➡ 250쪽

뿌리가 화분에 꽉 참(25쪽) 기생초(*Coreopsis grandiflora*)가 많이 자랐는데 분갈이를 해주지 않아서 흙에 함유된 물이 뿌리가 흡수하기에 모자라는 상태다.
해결 ➡ 253쪽

건조(22쪽) 이 불두화는 토양이 벌써부터 말라 있었는데 바람이 많이 불고 더운 날을 견디지 못하고 결국 죽어버렸다.
해결 ➡ 259, 260쪽

이식 쇼크(22쪽) 이 소나무(*Pinus*)는 새 자리로 이식된 후 살아남지 못했다. 옮겨 심은 후에 식물이 죽는 데는 여러 환경적 요인이 있다.
해결 ➡ 260쪽

염해(22쪽) 비료를 너무 자주 주면 토양 속에 염분이 과도하게 축적되어 이 콩(*Phaseolus*)의 유묘(幼苗)와 같이 식물이 죽어버린다.
해결 ➡ 271쪽

세균

세균(21쪽) 배(*Pyrus*)나무 가지가 수관을 따라 불규칙적으로 동시에 죽어가고 있는데, 이는 세균 감염의 전형적인 증상이다.
해결 ➡ 371쪽

곤충

천공충(25쪽) 페포호박(*Cucurbita pepo*)의 줄기를 자세히 검사했을 때 이와 같은 구멍이 나 있는 것으로 보아 천공충(穿孔蟲)이 있는 것으로 추정된다.
해결 ➡ 341, 342쪽

진균

보트리티스균(잿빛곰팡이)(23쪽) 회갈색의 솜털 같은 곰팡이가 죽은 좁은잎백일홍 줄기 조직에서 자라고 있다.
해결 ➡ 292, 293쪽

푸사리움균, 버티실리움균(23쪽) 이 서양측백의 줄기를 잘라보니 검은 줄무늬가 발견된다. 나무의 유관속계가 진균에 감염된 것이다.
해결 ➡ 292, 293쪽

■ 식물 전체가 시들지는 않았으나 잎이 부분적 또는 전체적으로 색을 잃었다 ■

진단은 26쪽 흐름도에서 시작한다.

생육 환경

동해(26쪽) 캘리포니아에서 재배되는 아보카도(*Persea*)가 겨울철 갑자기 한파가 몰아닥쳐 이와 같은 피해를 입었다.
해결 ➡ 262, 263쪽

지나친 물 주기(26쪽) 꽃기린(*Euphorbia*)의 화분이 물이 가득한 화분받침대에 오랫동안 잠겨 뿌리가 계속 젖어 있었다.
해결 ➡ 261쪽

제초제 피해(28쪽) 블랙베리(*Rubus*)의 잎이 왜소하고 모양이 변형되었다. 이는 제초제를 부주의하게 살포하여 피해를 입은 증상이다.
해결 ➡ 252쪽

철 또는 망간 결핍(29쪽) 이 명자나무(*Chaenomeles*)는 토양에 철 또는 망간이 부족하여 가지 끝의 새순이 노랗게 변했다.
해결 ➡ 271, 272쪽

풍해(27쪽) 아직 다 자라지 않은 미송(*Pseudotsuga menziesii*)이 뿌리 계통이 실하지 않아서 강풍에 넘어졌다.
해결 ➡ 250쪽

질소 또는 마그네슘 결핍(29쪽) 식물이 질소와 마그네슘을 충분히 섭취하지 못하여 가지 밑부분의 오래된 잎이 노랗게 변했다.
해결 ➡ 272쪽

곤충

천공충(27쪽) 미국 산딸나무(*Cornus florida*)의 껍질에 난 구멍은 유리나방류가 침입한 흔적이다.
해결 ➡ 341, 342쪽

바이러스

바이러스(28쪽) 붇두화 잎에 생긴 노란 무늬는 바이러스 감염의 전형적인 증상이다.
해결 ➡ 383~385쪽

세균

근두암종병(27쪽) 장미(*Rosa*)는 시들지 않았으나, 줄기 처음의 지면에 닿는 부분에서 큰 혹이 자라고 있다.
해결 ➡ 377, 378쪽

Problems on leaves and leafy vegetables

잎 및 잎채소에서 나타나는 증상

이 사진을 참고하기 전에 흐름도를 따라 진단하길 바란다. 식물의 증상이 사진과 비슷해 보여도 원인은 매우 다양하다. 흐름도를 보고 일치하는 증상을 따라가면서 해당되지 않는 요소들을 하나씩 제거해 나감으로써 최종적으로 정확한 진단에 이르도록 한다.

■ 잎 전체 색이 변했다 ■
진단은 36쪽 흐름도에서 시작한다.

생육 환경

황 피해(36쪽) 배나무(*Pyrus*) 잎의 색이 검게 변했다. 그을음이 긁어서 없어지지 않으면 더운 여름날에 황을 접촉했기 때문에 생긴 증상이다. 황이 함유된 잎이 열과 햇빛과 접촉하면 검게 변한다.
해결 ➡ 264쪽

염해(37쪽) 물을 적당히 주었는데도(따라서 토양이 항상 건조하지는 않았다) 디펜바키아가 시든 것으로 보아 비료를 너무 많이 준 것으로 보인다. 높은 농도의 비료는 염분이 과다하여 잎에서 흙으로 물이 빠져나가는 역삼투압을 초래한다. 따라서 잎이 말라 죽는다.
해결 ➡ 271쪽

소반(39쪽) 뿌리 영역에 장애가 없는데도 광단풍나무(*Acer*)의 가지 끝이 시들었다. 식물이 고열과 강풍을 겪으면 이러한 증상을 보인다. 물을 충분히 주면 예방할 수 있다.
해결 ➡ 259, 260쪽

건조(37쪽) 가울테리아 스할론(*Gaultheria shallon*)이 자라는 곳의 흙은 건조하나 토양에 염분이 많지는 않다. 극도로 건조한 환경 때문에 잎 전체가 갈변하여 죽었다.
해결 ➡ 259, 260쪽

잎뎀(37쪽) 물을 제때에 잎으로 전달하지못하여 불두화의 가지 끝 잎이 갈색으로 변했다. 가지 끝의 얇은 조직과 잎 가장자리부터 말라 죽기 시작한다.
해결 ➡ 259, 260쪽

물리적 원인에 의한 손상(39쪽) 미송(*Pseudotsuga menziesii*) 한쪽 면의 가지와 잎이 모두 갈색으로 변했다. 이는 뿌리 범위의 장애로 인해 뿌리가 손상되어 물과 영양분을 잎으로 전달하는 데 지장이 생겼기 때문이다.
해결 ➡ 250쪽

철 또는 망간 결핍(38쪽) 채진목(*Amelanchier*)의 새잎이 노란색으로 변했으나 잎맥은 그대로 녹색이면 철 또는 망간 결핍으로 추정하면 된다.
해결 ➡ 271, 272쪽

질소 또는 마그네슘 결핍(38쪽) 가지 처음에 난 잎은 오래되고 성숙한 잎이다. 이 수수꽃다리(*Syringa*)와 같이 가지 처음에 난 잎이 시들기 시작하는데 잎맥은 그대로 초록색이면 질소 또는 마그네슘 결핍으로 추정해 보아야 한다.
해결 ➡ 272쪽

빛이 너무 셈(38쪽) 수호초의 가지 끝에 난 잎(즉, 어린잎)이 완전히 노랗게 변했다. 반그늘에서 자라야 하는 식물은 환경에 따라 이와 같은 증상을 보이기도 한다.
해결 ➡ 256쪽

지나친 물 주기(38쪽) 스킨답서스(*Epipremnum*)의 화분이 물이 가득한 화분받침대에 오랫동안 방치되어서 흙이 계속 젖어 있었다. 그 결과 줄기 처음에 난 잎, 즉 오래된 잎이 노랗게 변해서 떨어지는 증상이 발생했다.
해결 ➡ 261쪽

겨울철 건조해(39쪽) 겨울철 매서운 바람이 부는 날씨에 바람을 맞는 쪽의 뿔남천(*Mahonia*) 잎이 모두 갈색으로 변했다.
해결 ➡ 263쪽

노화(38쪽) 토양이 계속 젖어 있지 않았는데도 영산홍 가지의 처음에 난 잎이 노랗게 변하여 떨어졌다. 모든 잎에는 수명이 있다. 이 영산홍은 물론이고 침엽·활엽 상록수도 늙은 잎은 낙엽이 된다.
해결 ➡ 246쪽

곤충

진균

그을음병(36쪽) 잎에 검은 그을음이 덮였는데 긁었을 때 지워지면 이는 감로에서 자라는 진균이다. 감로는 진딧물 또는 깍지벌레류가 분비하는 끈끈한 분비물이다. 사진과 같이 밀크위드(*Asclepias*)에서 생긴 양분을 포함한 감로가 진균을 키우고, 두껍게 자란 곰팡이는 광합성을 차단한다.
해결 ➡ 296쪽

천공충(39쪽) 복숭아(*Prunus persica*)의 잎이 완전히 갈색으로 변한 가지가 군데군데 발견되는데, 천공충이 나무에 침입한 것으로 보인다.
해결 ➡ 341, 342쪽

떡병(36쪽) 영산홍(*Rhododendron*)의 잎이 부풀어 오르면서 엷은 초록색으로 변했다. 이는 떡병이고 진균에 감염되었을 때 생긴다.
해결 ➡ 280쪽

■ 둥근 반점이 드문드문 퍼져 있거나 크기가 불규칙한 얼룩점이 보인다 ■

진단은 40쪽 흐름도에서 시작한다.

진균

녹병(42쪽) 장미 잎에 주황색 돌기가 나 있다. 이 돌기를 건드리면 주황색 등 여러 색의 먼지를 발산하는데, 이 가루 포자는 녹병 진균이다.
해결 ➡ 280쪽

녹병(44쪽) 접시꽃(*Alcea*) 잎 뒷면에만 돌기가 나 있다. 돌기를 건드리면 미세한 갈색 먼지 입자를 발산하는데, 이 진균 포자는 녹병을 확산시킨다.
해결 ➡ 280쪽

진균병(45쪽) 포플러(*Populus*)의 잎 자체는 변형되지 않았으나, 오목한 원형 반점이 잎 앞면에 생기고 노란색 볼록한 원형 반점이 잎 뒷면에 생겼다. 진균병에 감염된 부위는 오목한 채로 커진다.
해결 ➡ 280, 281쪽

검은무늬병(42쪽) 장미 소엽이 장미 재배 시 겪게 되는 가장 흔한 질병 중 하나인 검은무늬병의 병징을 나타내고 있다. 반점의 가장자리는 비죽비죽하다.
해결 ➡ 280쪽

잎반점병(42쪽) 드문드문 생긴 점무늬는 잎반점병 진균에 감염된 첫 번째 징후다. 이 사과나무(*Malus*) 잎은 검은별무늬병에 걸렸다.
해결 ➡ 281쪽

생육 환경

생리 장해 잎반점병(41쪽) 잎맥 너비보다 작은 둥근 반점이 퍼져 있으면 이는 병해가 아닌 원인 모를 상태에 있음을 나타낸다. 날씨와 기후가 요인이 될 수 있다. 생리 장해 잎반점병에 걸린 이 홍가시나무의 건강 상태는 이상이 없다.
해결 ➡ 246쪽

흰가루병(42쪽) 수수꽃다리(*Syringa*) 잎 표면에 흰색 가루 포자와 반점이 나타나는 증상은 흔한 진균병 중 하나인 흰가루병이다.
해결 ➡ 280쪽

왜 이럴까? 429

곤충

깍지벌레류(44쪽) 벵갈고무나무(*Ficus*)에 깍지벌레가 꼬였다. 작고 매끈한 갈색 돌기가 잎 뒷면에서 보이기 시작하면 깍지벌레가 번식하고 있는 것이다.
해결 ➡ 318, 319쪽

방패벌레(43쪽) 이 영산홍과 같이 잎의 뒷면에 검은 점무늬가 퍼져 있으면 방패벌레가 서식하고 있는 것이다.
해결 ➡ 318, 319쪽

솜벌레류(44쪽) 이 주목에는 솜벌레가 붙어살고 있다. 흰색 솜 같은 돌기가 침엽수 등 잎 뒷면에서 발견되면 당장 조치를 취해야 한다.
해결 ➡ 318, 319쪽

뭉뚝날개나방(41쪽) 이 장미 잎과 같이 패여서 섬유질이 드러난 반점이 발견되면 뭉뚝날개나방이 여기서 식사를 했음을 알리는 것이다.
해결 ➡ 318, 319, 341, 342쪽

매미충(43쪽) 이 블랙베리(*Rubus*)와 같이 잎 앞면에서 미세한 점무늬가 발견되면 잎을 뒤집어보기 바란다. 쐐기 모양의 벌레가 발견 즉시 날아가 버리고 그 자리에서 검은 점은 발견되지 않는다. 매미충이 식물 조직의 내용물을 빨아먹고 난 자리에는 밝은 색으로 텅 빈 죽은 세포가 남는다.
해결 ➡ 318, 319쪽

응애

잎응애(43쪽) 장미에 거미줄보다 미세한 줄이 쳐져 있고 그 위로 작은 벌레가 빠르게 기어 다닌다. 잎응애는 곤충이 아니고 거미와 유사한 부류다.
해결 ➡ 351, 352쪽

혹응애류(45쪽) 배나무의 어린잎 양면에는 혹응애가 번식해 있다. 잎이 자람에 따라 증세가 급격히 변한다.
해결 ➡ 362, 363쪽

매미충(41쪽) 이 인동(*Lonicera*) 잎을 자세히 보면 점무늬가 매우 작은 알갱이 무늬로 이루어져 있다. 매미충이 잎의 세포를 빨대 같은 입으로 찔러서 내용물을 빨아먹고 난 자국이다.
해결 ➡ 318, 319쪽

세균

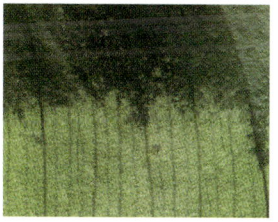

세균성 잎반점병(41쪽) 잎의 윗면이 짙은 녹색이고 종이에 기름방울이 번진 것처럼 반투명하면 세균성 잎반점병의 증상이다.
해결 ➡ 371, 372쪽

세균성 잎반점병(41쪽) 이 수수꽃다리 잎을 자세히 살펴보면 잎맥을 경계선으로 하여 감염되었음을 알 수 있다. 진균의 대부분은 잎맥도 같이 공격하나, 세균은 그렇지 않다.
해결 ➡ 371, 372쪽

세균성 잎반점병(41쪽) 수수꽃다리 잎에 난 반점이 처음에는 위 사진처럼 반투명하다가 시간이 지나면서 갈색으로 변하고 잎맥 때문에 더 퍼지지 않고 각이 지게 된다.
해결 ➡ 371, 372쪽

■ 잎의 형태가 불규칙하고 매우 큰 반점이 생겼다 ■

진단은 46쪽 흐름도에서 시작한다.

생육 환경	진균	

일소(46쪽) 영산홍 잎 한가운데에 큰 얼룩이 생겼는데, 이는 식물을 직사광선에 여러 날 노출시키면 생기는 전형적인 일소 증상이다. 강한 열과 빛에 세포가 갈색으로 괴사했다.

해결 ➡ 255, 256쪽

잎반점병(47쪽) 가울테리아 스할론 잎에 검고 크기가 불규칙한 반점이 생기고, 반점 주위 조직은 갈색으로 변했다. 이는 진균 감염을 알리는 중요한 증상이다.

해결 ➡ 280, 281쪽

잎반점병(47쪽) 진균병이 진행되면 이 가울테리아 스할론 잎과 같이 갈색 얼룩에 검은색 병반이 섞여 나타난다.

해결 ➡ 280, 281쪽

수분 부족(47쪽) 수국의 잎 끝이 완전히 갈색으로 변했다. 이는 식물이 물을 충분히 섭취하지 못했기 때문이다. 화분 식물에서 이 현상이 나타나면 뿌리가 화분에 꽉 찬 것이 원인이므로 분갈이를 해서 토양이 물을 더 많이 흡수하도록 해야 한다.

해결 ➡ 259, 260쪽

잎반점병(47쪽) 이 홍가시나무 잎의 갈색 조직을 자세히 검사하면 미세한 검은 점이 수백 개 찍혀 있다. 이는 포자를 단 진균이 죽은 잎 조직에서 자라고 있는 것이다.

해결 ➡ 280, 281쪽

잎반점병(47쪽) 불두화 잎 끝이 검게 얼룩지고, 그보다 더 넓게 갈색 얼룩이 졌다. 괴저된(대사가 이루어지지 않아 죽은) 조직은 진균 감염의 전형적인 증상이다.

해결 ➡ 280, 281쪽

곤충

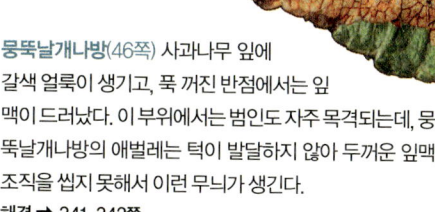

굴파리류(46쪽) 마드론(*Arbutus menziesii*) 잎에 그려진 은빛 추상화는 사실 잎굴파리 유충이 잎의 앞면과 뒷면 사이를 파들어 가면서 양분을 훔쳐 먹고 남긴 흔적이다.
해결 ➡ 318, 319, 341, 342쪽

뭉뚝날개나방(46쪽) 사과나무 잎에 갈색 얼룩이 생기고, 푹 꺼진 반점에서는 잎맥이 드러났다. 이 부위에서는 범인도 자주 목격되는데, 뭉뚝날개나방의 애벌레는 턱이 발달하지 않아 두꺼운 잎맥 조직을 씹지 못해서 이런 무늬가 생긴다.
해결 ➡ 341, 342쪽

굴파리류(46쪽) 수수꽃다리 잎에 생긴 갈색 얼룩을 손가락으로 잡고 비비면 잎의 조직이 앞뒤로 밀린다. 역시 굴파리가 이 잎에서 광합성으로 생산한 양분을 훔쳐 먹고 달아난 것이다.
해결 ➡ 318, 319, 341, 342쪽

선충

잎선충(47쪽) 소리쟁이(*Rumex*)에 심각하게 발생한 반점은 잎선충 무리가 잎을 다 갉아먹어서 생긴 것이다.
해결 ➡ 394, 395쪽

■ 잎에 줄무늬가 생기거나 반문이 퍼져 있다 ■

진단은 48쪽 흐름도에서 시작한다.

생육 환경

철 또는 망간 결핍(49쪽) 가지 끝에서 자라는 장미 소엽의 잎맥 사이가 노랗게 변하고 있으나 잎 뒷면에서 갈색 반점은 발견되지 않는다.
해결 ➡ 271, 272쪽

수분 부족(48쪽) 잎맥을 따라 선명하게 드러나는 초록색 무늬는 이 가울테리아 스할론 잎에서 마지막까지 살아남은 조직이다. 나머지 조직은 갈색으로 시들어 죽었다.
해결 ➡ 259, 260쪽

진균

진균병(49쪽) 영산홍 잎의 앞면이 잎맥 주변으로 노랗게 얼룩졌다. 잎 뒷면은 변색된 반점과 얼룩이 생겼는데, 이는 진균 감염 증상이다.
해결 ➡ 280, 281쪽

질소 또는 마그네슘 결핍(49쪽) 가지 처음에 난 영산홍 잎은 위와 같이 잎맥 사이에 노란 얼룩이 생기고 뒷면에 갈색 반점은 없다.
해결 ➡ 272쪽

제초제 피해(48쪽) 장미 잎이 가늘게 변형되고 뒤틀렸다. 이는 제초제 약해의 전형적인 증상이다. 근처 잡초를 제거하려고 제초제를 부주의하게 살포한 것 같다.
해결 ➡ 252쪽

바이러스

바이러스(48쪽) 수수꽃다리 잎에 둥글고 지그재그 모양의 미세한 선이 생겼다. 바이러스 감염으로 식물이 죽는 경우는 거의 없으나, 꽃과 잎의 모양을 불량하게 변형시킨다. 바이러스는 곤충과 전정가위로 쉽게 전염된다.
해결 ➡ 383~385쪽

■ 잎이 처지고 시들었다 ■

진단은 50쪽 흐름도에서 시작한다.

생육 환경

물리적 원인에 의한 손상(52쪽) 영산홍의 가지가 부러져 잎이 시들었다. 미세하게 부러진 가지는 쉽게 알아채지 못할 때도 있으므로, 잎이 시들었으면 그 아래 가지나 줄기를 살펴보아야 한다.
해결 ➡ 250쪽

수분 부족(50쪽) 장미는 시들었으나 색은 그대로 유지하고 있다. 식물을 화분에서 키우고 더운 날에 물을 충분히 주지 못했을 때 보이는 증상이다. 물을 충분히 주면 회복된다.
해결 ➡ 259, 260쪽

수분 부족으로 인한 조직 괴사(50쪽) 불두화 잎의 조직이 갈색으로 시들어 죽었다. 죽은 조직은 물을 주어도 회복되지 않는다.
해결 ➡ 259, 260쪽

수분 부족으로 인한 조직 손상(50쪽) 뜨거운 해와 바람으로 인해 수국이 시들고 잎 끝은 투명해졌다. 손상된 부분은 회복이 불가능하나, 초록색인 부분은 살릴 수 있다.
해결 ➡ 259, 260쪽

동해(52쪽) 밤새 갑자기 기온이 떨어져 장미의 잎과 줄기가 갈색으로 변했다.
해결 ➡ 262, 263쪽

왜 이럴까?

진균

궤양(52쪽) 장미 줄기에 움푹하게 패이고 색이 변한 병반이 생겨서 잎이 시들어 죽었다. 궤양 증상은 줄기 둘레로 확산되어 물과 양분이 잎으로 이동하는 것을 차단한다.
해결 ➡ 280, 281쪽

고사(52쪽) 자이언트측백나무의 가지 안쪽에 난 비늘잎이 갈색으로 변했다. 이는 자연스러운 현상으로, 많은 침엽수는 매년 여름 가장 안쪽 잎부터 낙엽이 진다. 오래된 잎을 떨어뜨려서 절약한 영양분과 물로 새순을 낸다.
해결 ➡ 246쪽

청고병(52쪽) 수수꽃다리 잎이 시들어 줄기를 잘라보니 목질에 이처럼 거무스름한 줄무늬가 발견되었다. 버티실리움균은 아주 흔한 토양 서식 진균으로 수많은 종류의 식물을 감염시키고 죽인다.
해결 ➡ 280, 281, 292, 293쪽

곤충

천공충(51쪽) 아스파라거스가 시들고 잎이 허약해졌으며, 톱밥 같은 물질이 바깥에 쌓인 구멍을 발견하게 되면 천공충이 안에 서식한다고 확신해도 된다.
해결 ➡ 341, 342쪽

보트리티스균(잿빛곰팡이)(52쪽) 시들어버린 좁은잎백일홍의 잎과 줄기에 생긴 갈색 병반에서 잿빛곰팡이인 보트리티스균이 자라고 있다. 진균은 건강한 조직을 계속 침범하고 식물은 서서히 죽어간다.
해결 ➡ 280, 281쪽

세균

갈색썩음병(51쪽) 체리(*Prunus avium*) 잎이 시들고, 부드러운 솜털 같은 곰팡이가 났으므로 갈색썩음병이다. 이 잎과 가지는 갈색썩음병으로 이미 죽었다.
해결 ➡ 280, 281쪽

화상병(51쪽) 체리의 잎이 시들어서 바삭바삭하고 부스러지나, 곰팡이는 피지 않았다. 이는 화상병을 일으키는 세균(*Erwinia amylovora*)에 감염되었기 때문이다. 이 병으로 식물 전체가 죽을 수도 있다.
해결 ➡ 371, 372, 378, 379쪽

세균(51쪽) 체리나무의 시들은 잎을 검사하다가 가지에서 끈적한 물질이 분비되고 있는 것을 발견했다면, 세균 감염으로 추정해도 된다.
해결 ➡ 371, 372쪽

■ 잎에 구멍이 있거나 가장자리가 씹어 먹힌 듯하다. 해충이 발견되기도 한다 ■

진단은 53쪽 흐름도에서 시작한다.

진균

진균병(60쪽) 영산홍 잎에 드문드문 난 구멍은 진균병이 발생한 자리이며, 잎의 조직이 떨어져서 구멍이 생긴 것이다. 그 자리에서 진균은 계속 잎 조직을 갉아먹으면서 양분을 흡수한다.
해결 ➡ 280, 281쪽

잎반점병(60쪽) 두꺼운 잎맥을 먹을 수 있는 해충은 몇 종류 되지 않는다. 따라서 이 산딸나무(Cornus)와 같이 잎맥 너머로 확산된 구멍과 둥근 반점은 진균병이라는 중요한 단서다.
해결 ➡ 280, 281쪽

곤충

가위벌류(57쪽) 장미 잎을 누군가가 펀치로 구멍을 뚫은 것 같다. 잎에 생긴 둥근 구멍은 가위벌이 지나간 자리다.
해결 ➡ 318, 319쪽

매미충(56쪽) 불두화 잎을 뒤집었을 때 위와 같은 쐐기 모양의 앙증맞은 곤충을 발견했다면 이는 매미충이다.
해결 ➡ 318, 319쪽

뭉뚝날개나방(60쪽) 체리 잎에 구멍과 반점이 생겼다. 반점은 패여서 잎맥이 레이스처럼 드러나 있다. 뭉뚝날개나방류는 턱이 발달하지 않아 두꺼운 잎맥을 씹지 못한다.
해결 ➡ 341, 342쪽

벌 유충(54쪽) 잎벌 애벌레가 체리 잎의 부드러운 조직을 먹고 있다. 이 벌레는 가늘고 민달팽이와 비슷하게 생겼으나 민달팽이와 달리 주름, 촉수, 눈이 없다.
해결 ➡ 318, 319쪽

가루이(56쪽) 가루이(×20)는 너무 작아서 현미경으로 관찰해야 위 사진처럼 잘 보인다. 이들은 매우 빨리 날아가므로 잡기가 어렵다.
해결 ➡ 318, 319쪽

바구미(55쪽) 잎에 구멍이 났고 곤충처럼 보이는 벌레를 발견했는데, 자세히 관찰했을 때 긴 주둥이가 있으면 바구미다.
해결 ➡ 318, 319쪽

집게벌레(55쪽) 잎의 부드러운 조직을 먹고 있는 범인을 발견했는데, 몸 끝에 집게가 있다면 이 곤충은 집게벌레다.
해결 ➡ 318, 319쪽

바구미(57쪽) 잎 가장자리가 좁고 너덜너덜하게 씹어 먹힌 것으로 보아 바구미가 이 영산홍에서 밤새 식사를 한 것이다.
해결 ➡ 318, 319쪽

집게벌레(59쪽) 이 체리라우렐나무(*Prunus*)와 같이 새잎의 부드러운 조직에 구멍이 났으면 집게벌레가 어딘가에 숨어 있는 것이다. 집게벌레는 낮에는 습하고 어두운 장소에 숨어 있다가 밤사이에 정원을 엉망으로 만들어놓는다.
해결 ➡ 318, 319쪽

가루이(56쪽) 가울테리아 스할론 잎에 흰색의 작은 벌레들이 날아간 자리에는 흰 자국이 남아 있다. 가루이는 찌르고 빠는 구기로 잎맥에서 수액을 빨아먹는다.
해결 ➡ 318, 319쪽

진딧물(56쪽) 헬레보레(*Helleborus*)에 녹색 진딧물이 꼬였다. 초록색이 아니더라도 몸이 서양배 모양이면 진딧물 종류다.
해결 ➡ 318, 319쪽

메뚜기(55쪽) 구멍난 잎에 자리 잡은 이 곤충은 뒷다리가 아주 길기 때문에 메뚜기 종류임이 분명하다. 이 메뚜기는 유충이라서 크기가 작다.
해결 ➡ 318, 319쪽

털벌레(54쪽) 지렁이처럼 생겼으나 몸이 통통한 벌레가 코랄벨스(*Heuchera*)에서 발견되었다. 몸이 매끈한 털벌레는 잎은 물론이고 씹어 먹을 수 있는 것은 무엇이든지 먹는다.
해결 ➡ 318, 319쪽

진딧물(56쪽) 서양배처럼 생긴 곤충이 아티초크(*Cynara*) 잎에 있다. 이들은 진딧물류(Black aphid)이다.
해결 ➡ 318, 319쪽

메뚜기(58쪽) 무엇인가가 가울테리아 스할론 잎을 갉아먹었다. 잎의 상태를 보면 잎맥까지 사라졌으므로, 턱이 발달한 해충 중 하나로 추정할 수 있다.
해결 ➡ 318, 319쪽

털벌레(59쪽) 브로콜리(*Brassica*)의 가장자리가 둥글고 불규칙한 모양의 구멍이 난 것으로 보아 털벌레가 있었던 것 같다. 대부분은 잎 가장자리에서 안으로 갉아먹는데, 양배추은무늬밤나방 애벌레는 먹을 곳을 가리지 않는다.
해결 ➡ 318, 319쪽

딱정벌레(58쪽) 딱정벌레가 감자(*Solanum tuberosum*) 잎을 먹는 장면이 목격되었으나, 해충이 없어도 이 같은 피해는 딱정벌레의 소행이다. 세맥은 없으나 주맥은 그대로 남아 있기 때문이다.

해결 ➡ 318, 319쪽

딱정벌레(58쪽) 포도(*Vitis*) 잎에는 잎맥이 모두 남아 있다. 딱정벌레가 잎맥 사이의 부드러운 잎살만 먹은 것이다.

해결 ➡ 318, 319쪽

세균

세균(60쪽) 아이비(*Hedera helix*) 잎이 세균에 감염되어 잎맥을 경계로 갈색 반점이 자랐다. 죽은 조직은 떨어져 나가서 잎에 구멍이 생겼다.

해결 ➡ 371, 372쪽

딱정벌레(55쪽) 자엽자두(*Prunus cerasifera*) 잎의 앞면과 뒷면 모두에서 매끈하고 딱딱한 겉날개로 몸이 덮인 벌레가 발견되었다. 생김새와 씹는 방식으로 보아 틀림없이 딱정벌레다.

해결 ➡ 318, 319쪽

잎벌레류(59쪽) 붉은바위취(× *Heucherella*) 잎에 작고 둥근 구멍이 난 상태로 보아 잎벌레(Flea beetle)가 왔다 간 것이다. 본토잎벌레는 작고 매끈한 검은 딱정벌레로, 맛있는 먹잇감을 찾아 정원을 벼룩처럼 뛰어다닌다.

해결 ➡ 318, 319쪽

기타 해충

달팽이, 민달팽이(54쪽) 식물을 먹고 있는 해충이 크고 주름이 져 있으며 촉수에 눈이 있으면 민달팽이다.
해결 ➡ 410, 411쪽

사슴, 기타 포유류(57쪽) 홍가시나무 잎의 반이 뜯어 먹혀 없는 것으로 보아 사슴 또는 이웃 소나 말이 정원에 왔다 간 것이다.
해결 ➡ 416, 417쪽

사슴, 기타 포유류(57쪽) 사슴에게 장미는 사탕과도 같다. 잎이 하나도 남지 않은 이 희생양에게는 보호 대책이 필요하다.
해결 ➡ 416, 417쪽

달팽이, 민달팽이(59쪽) 붓꽃 잎에 난 너덜너덜한 구멍 주위에는 점액 흔적이 희미하게 남아 있다. 달팽이나 민달팽이가 왔다 간 것이다.
해결 ➡ 410, 411쪽

■ 잎에서 이상한 형체의 혹이 자란다 ■

진단은 61쪽 흐름도에서 시작한다.

생육 환경

부종(63쪽) 갈색이고 질감은 코르크 같은 조직이 아이비제라니움(*Pelargonium*)에서 자라고 있다. 식물에게 물을 너무 많이 준 것이 원인이다.

해결 ➡ 261쪽

곤충

가루깍지벌레, 솜깍지벌레류(61쪽) 흰색의 솜뭉치 같은 혹이 호야에 생겼고, 호야는 침엽수가 아니므로 가루깍지벌레나 솜깍지벌레류가 서식하고 있는 것이다.

해결 ➡ 318, 319쪽

솜벌레류(61쪽) 주목에 솜벌레가 생겼다. 흰 솜방망이 같은 혹이 침엽수 잎 뒷면에 생겼으면 솜벌레류가 서식하고 있는 것이다.

해결 ➡ 318, 319쪽

진균

녹병(63쪽) 물레나물(*Hypericum*) 잎 뒷면에 여러 색상의 가루 입자가 퍼지고 있는데, 손가락으로 긁으면 없어진다.

해결 ➡ 280, 281쪽

깍지벌레(61쪽) 벤자민고무나무(*Ficus*)에 깍지벌레가 꼬였다. 작고 매끈한 갈색 돌기가 잎 뒷면에서 보이기 시작하면 깍지벌레가 번식하고 있는 것이다.

해결 ➡ 318, 319쪽

벌레혹(63쪽) 버드나무(*Salix*) 잎에 생긴 딱딱하고 둥근 혹 안에는 곤충의 유충이 들어앉아 있다. 유충이 성숙하면 혹 구멍을 뚫고 나와 날아간다.

해결 ➡ 346, 347쪽

왜 이럴까?

혹벌류의 충영(62쪽) 장미에 레이스나 이끼 또는 실뭉치처럼 자란 혹은 혹벌류(Mossyrose gall) 때문이다.
해결 ➡ 346, 347쪽

응애

혹응애류(62쪽) 이 단풍나무(*Acer*) 잎에 솟아난 젖꼭지처럼 작은 돌기는 혹응애류(Bladder gall mite)다.
해결 ➡ 362, 363쪽

혹벌류의 충영(62쪽) 장미에 붙은 가시공 모양의 혹(spiny rose gall)은 어느 곤충이 장미에 침입하여 유충이 자랄 집을 지은 것이다.
해결 ➡ 346, 347쪽

혹응애(63쪽) 다 자란 배 잎에서 혹이 자라고 있고 만지면 부드럽다. 여기서는 노란색의 불규칙한 모양으로 발견되었으나, 혹응애류의 색깔과 모양은 다양하다.
해결 ➡ 362, 363쪽

잎혹진딧물류(62쪽) 맨자니타(*Arctostaphylos*)에 이 같은 혹을 만든 범인은 진딧물이다. 잎의 일부가 위로 말리고 밝은 빨간색으로 변했다. 안에 진딧물이 서식하고 있는 것이다.
해결 ➡ 346, 347쪽

■ 잎이 변형되었다 ■

진단은 64쪽 흐름도에서 시작한다.

| 생육 환경 | 진균 |

낮은 공중습도(64쪽) 날이 건조하면 외떡잎식물의 긴 잎은 아코디언처럼 주름이 잡힌다. 공중습도가 적당해지면 새순은 매끈하게 나온다.
해결 ➡ 280, 281쪽

흰가루병(65쪽) 새순이 이 진균에 감염되면 이처럼 심하게 뒤틀린 장미 잎과 같이 병세가 특히 심각해진다.
해결 ➡ 280, 281쪽

불규칙적인 물 주기(65쪽) 불두화에 곤충이 서식하지는 않으나 물을 너무 많이 주거나 너무 적게 주는 등 불규칙적으로 주어서 주름이 잡혔다.
해결 ➡ 260, 261쪽

제초제 피해(66쪽) 바람이 부는 날에 약을 부주의하게 살포한 결과, 포도(*Vitis*)가 뒤틀리고 오그라들었다.
해결 ➡ 252쪽

왜 이럴까? 445

잎오갈병(65쪽) 변형된 복숭아 잎이 빨간색과 자주색으로 변했다. 이 증상은 잎오갈병을 일으키는 진균이 침입한 결과다.
해결 ➡ 280, 281쪽

곤충

진딧물(65쪽) 불두화 잎이 오그라들고 꼬였으며, 곤충으로 들끓고 있다. 이들은 진딧물이다.
해결 ➡ 318, 319쪽

잎반점병 (65쪽) 남천(*Nandina*)에 짙은 주황색 반점이 나고 잎이 뒤틀렸다.
해결 ➡ 280, 281쪽

나무이류(64쪽) 좀회양목(*Buxus*)의 잎 가장자리가 위로 솟은 증상은 나무이류가 원인이다.
해결 ➡ 318, 319쪽

잎말이나방류(64쪽) 한 털벌레가 장미 잎을 원통 모양으로 말면서 실로 묶고 있다.
해결 ➡ 341, 342쪽

바이러스

바이러스(66쪽) 사과나무 잎의 색이 변하고 쭈그러졌으나 가장자리가 위로 솟지는 않았다. 이 상태로 보면 나무는 바이러스에 감염된 것이다. 나무 자체는 죽지 않아도 다시 활기를 찾지는 못할 것이다. 그리고 과일도 잎과 같이 손상될 수 있다.
해결 ➡ 383~385쪽

응애

응애(66쪽) 설악눈주목(*Taxus*)의 새순에 응애가 생겨 변색되고 오그라붙으면서 뒤틀렸다.
해결 ➡ 351, 352쪽

왜 이럴까? 447

Problems on flowers, flower buds, and edible flowers

꽃, 꽃봉오리, 식용꽃에서 나타나는 증상

이 사진을 참고하기 전에 흐름도를 따라 진단하길 바란다. 식물의 증상이 사진과 비슷해 보여도 원인은 매우 다양하다. 흐름도를 보고 일치하는 증상을 따라가면서 해당되지 않는 요소들을 하나씩 제거해 나감으로써 최종적으로 정확한 진단에 이르도록 한다.

■ 꽃의 색깔이 변했다 ■
진단은 73쪽 흐름도에서 시작한다.

생육 환경

일소(74쪽) 시클라멘의 꽃잎 끝부분의 색이 날아갔다. 이는 일소 증상이다.
해결 ➡ 255, 256쪽

수분 부족(77쪽) 영산홍에 수분이 부족하여 꽃에 큰 갈색 얼룩이 생김으로써 주인의 관심이 필요함을 알리고 있다.
해결 ➡ 259, 260쪽

농약 피해(78쪽) 야생당근(*Daucus carota*)이 갈색으로 얼룩덜룩하게 변한 것은 화학적 원인 때문이다.
해결 ➡ 252쪽

농약 피해(75쪽) 영산홍에 생긴 갈색 반점이 커지지 않으므로, 꽃은 화학적 원인에 의한 피해를 입은 것으로 판단할 수 있다.
해결 ➡ 252쪽

| 진균

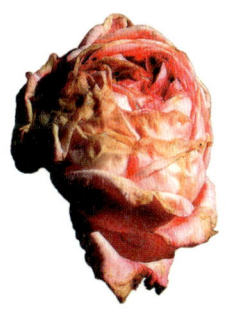

서리 피해(77쪽) 갑자기 닥친 한파에 장미(*Rosa*)가 갈색으로 변하고 있다.
해결 ➡ 262, 263쪽

보트리티스균(잿빛곰팡이)(74쪽) 팬지(*Viola*)에 회백색의 반점이 생겼다. 병반이 반투명하고 가루 입자가 없으면 흔한 진균병 중 하나에 감염된 것이다.
해결 ➡ 280, 281쪽

보트리티스균(잿빛곰팡이)(76쪽) 갈색 곰팡이 섞인 얼룩이 아이비제라니움(*Pelargonium*) 꽃에서 퍼지고 있다. 왼쪽 증상과 마찬가지로 이것도 보트리티스균에 감염된 것이다.
해결 ➡ 280, 281쪽

노화(77쪽) 맨 처음 핀 동백은 갈색으로 시들고 있으나, 가장 최근에 핀 꽃봉오리는 건강하다. 꽃에도 수명이 있기 때문이다. 식물 자체는 이상이 없다.
해결 ➡ 246쪽

흰가루병(74쪽) 으아리꽃에서 회백색의 반점이 퍼지고 있는데, 병반은 불투명하고 가루가 묻은 것 같다. 즉, 흔한 진균병 중 하나인 흰가루병에 걸린 것이다.
해결 ➡ 280, 281쪽

탄저병(75쪽) 산딸나무(*Cornus*) 꽃에 작은 자주색 점이 생겼다. 이는 진균병이다.
해결 ➡ 280, 281쪽

왜 이럴까?

동백꽃썩음병(76쪽) 동백꽃에 회갈색 곰팡이가 생겼다. 갈색 반점은 발생하지 않으나, 진균병의 특징대로 작은 점이 점점 커진다.
해결 ➡ 280, 281쪽

곤충

총채벌레(78쪽) 글라디올러스에 은백색의 얼룩덜룩한 무늬가 생겼다. 이 증상은 총채벌레가 번식하고 있음을 알려준다.
해결 ➡ 318, 319쪽

갈색썩음병(76쪽) 갈색 곰팡이로 완전히 오염된 앵두꽃이 나무에 꿋꿋이 붙어 있다. 이 진균은 주로 핵과(*Prunus*)를 침범하고 드물게 사과나무속(*Malus*)에 발생한다.
해결 ➡ 280, 281쪽

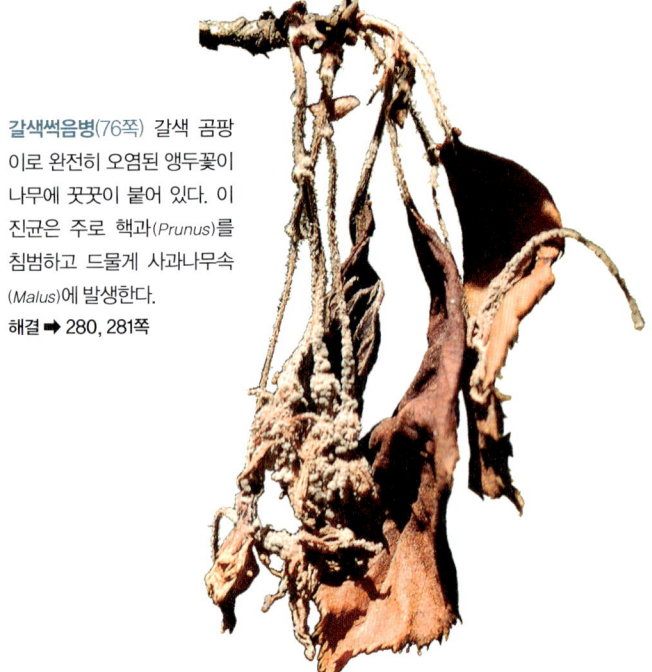

■ 꽃에 구멍이 있거나 가장자리가 씹어 먹힌 듯하며, 해충이 발견되기도 한다 ■

진단은 79쪽 흐름도에서 시작한다.

곤충

쑤시기붙이류(82쪽) 성충들이 팀블베리(*Rubus*) 꽃의 꽃가루를 몰끽하고 있다. 그래도 유충보다는 피해량이 적다. 따라서 이 딱정벌레가 산란하기 전에 구제하는 것이 현명하다.

해결 ➡ 318, 319쪽

바구미, 꿀꿀이바구미류(83쪽) 이 해충은 긴 주둥이로 꽃에 온통 구멍을 낸다. 사진의 거위벌레류(Rose curculio)는 장미(*Rosa*)의 꽃가루를 먹고 있는데, 주변의 구멍으로 보아 꽃잎을 먼저 먹은 듯하다.

해결 ➡ 318, 319쪽

진딧물(81쪽) 크기는 작고 몸은 서양배처럼 생긴 해충들이 장미 꽃봉오리에 모여 있다. 이들을 자세히 관찰하면 몸 끝에 두 개의 뿔이 나 있다.

해결 ➡ 318, 319쪽

허리노린재류(82쪽) 허리노린재가 페포 호박(*Cucurbita pepo*)을 먹고 있다. 노란색 자국은 이 해충이 먹이를 먹고 난 자리다.

해결 ➡ 318, 319쪽

개미(83쪽) 개미는 꽃을 해치는 일이 거의 없으나, 진딧물을 몰고 다니는 것이 문제다. 진딧물은 꽃의 해충이기 때문이다. 이 개미들은 사과의 당분을 먹고 있다.

해결 ➡ 318, 319쪽

메뚜기(83쪽) 메뚜기가 루드베키아(*Rudbeckia*)를 먹고 있다. 메뚜기는 긴 뒷다리로 높이 뛰어오르기 때문에 잘 들킨다.

해결 ➡ 318, 319쪽

거품벌레(81쪽) 톱풀(*Achillea*)에 거품이 묻혀 있다. 그 안에는 연한 몸집의 작은 벌레가 숨어서 식물의 수액을 빨아먹고 있다.
해결 ➡ 318, 319쪽

집게벌레(83쪽) 집게벌레를 알아보는 가장 큰 특징은 몸 끝에 난 집게다. 이 해충은 밤에 활동하고 꽃잎 중에서도 가장 부드러운 부분만 골라 먹는다. 한낮에 집게벌레가 밀크위드(*Asclepias*) 그늘에 숨어 있다.
해결 ➡ 318, 319쪽

털벌레(81쪽) 초록색의 연형동물이 장미 꽃봉오리에서 꽃받침으로 위장하고 있다. 식물을 자세히 검사하여 이와 같은 위장 적군을 찾아내야 한다.
해결 ➡ 318, 319쪽

거품벌레(82쪽) 거품벌레 성충은 여러 식물의 잎과 줄기에서 수액을 빨아먹고 산다.
해결 ➡ 318, 319쪽

집게벌레(79쪽) 페튜니아의 꽃잎 중 연한 부분에 구멍이 뚫린 것으로 보아 밤사이 집게벌레가 식사를 하고 간 것이다.
해결 ➡ 318, 319쪽

털벌레(80쪽) 꽃에서 구멍을 발견했으나 털벌레는 찾지 못했다. 하지만 검은 배설물이 장미 잎에 남아 있다.
해결 ➡ 318, 319쪽

가뢰류(82쪽) 이 해충은 천적에 독성 물질을 분비하므로 피부에 물집을 일으킨다. 사진은 사과 꽃에 앉아 있는 가뢰다.
해결 ➡ 318, 319쪽

가뢰류(82쪽) 2,500여 종의 가뢰류 중 일부는 메뚜기 알을 먹으므로 익충이다. 이 가뢰는 팀블베리 꽃에 사뿐히 앉았다.
해결 ➡ 318, 319쪽

풍뎅이류(82쪽) 미국 내에서 이 풍뎅이(Japanese beetle)는 미시시피 강 동쪽에서만 발견된다. 사진의 딸기(*Fragaria*)를 포함하여 약 200종의 식물의 잎과 꽃에 해를 입힌다.
해결 ➡ 318, 319쪽

잎벌레류(82쪽) 이 벌레(Spotted cucumber beetle)는 주로 박과(*Cucurbitaceae*) 식물의 잎과 꽃을 먹고, 다른 채소도 먹는다.
해결 ➡ 318, 319쪽

기타 해충

달팽이, 민달팽이(79쪽) 매자나무 (*Berberis*)에 남아 있는 점액 흔적은 달팽이나 민달팽이가 근처에 서식하고 있음을 알려준다.
해결 ➡ 410, 411쪽

달팽이, 민달팽이(82쪽) 매자나무에서 점액 흔적을 발견하고 나무를 자세히 검사하면 이처럼 달팽이를 발견할 수도 있다. 달팽이는 아름다운 동물이지만 꽃을 뜯어 먹는 해충이다.
해결 ➡ 410, 411쪽

사슴(80쪽) 키스투스(*Cistus*) 꽃의 꽃잎이 한 장밖에 남지 않고, 남아 있는 꽃잎의 절반도 뜯어 먹었다. 털벌레의 배설물이 없는 것으로 보아 사슴의 짓이다.
해결 ➡ 416, 417쪽

■ 꽃이 비틀어지거나 오그라들었다 ■

진단은 84쪽 흐름도에서 시작한다.

생육 환경

관생(86쪽) 작은 꽃봉오리가 금잔화 꽃 한가운데에서 자라고 있다. 꽃의 정상 발달에 장애가 생긴 듯하다.
해결 ➡ 262, 263쪽

꽃봉오리(적화) 솎기 생략(88쪽) 식물은 개화하기 위해 많은 에너지를 소비한다. 그러므로 식물에서 꽃봉오리를 솎아내지 않으면 이 플로리분다(floribunda, 장미 계열 중 하나로 큰 꽃이 송이지어 피고 수세가 강하다) 장미처럼 꽃의 크기가 작아진다.
해결 ➡ 253쪽

제초제 피해(87쪽) 장미의 꽃잎이 작게 오그라드는 현상은 제초제를 맞은 결과다.
해결 ➡ 252쪽

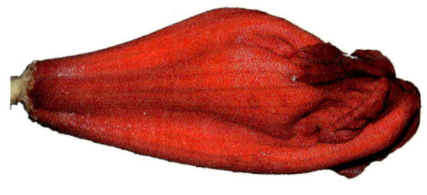

제초제 피해(86쪽) 영산홍의 꽃봉오리 끝이 갈색으로 쭈그러진 것은 제초제를 이쪽으로 잘못 분사했기 때문이다.
해결 ➡ 252쪽

왜 이럴까?

| 곤충 |

곤충대만 총채벌레(85쪽) 장미꽃이 뒤틀리고 갈색으로 시들었다. 밑에 종이를 대고 꽃을 흔들면 작은 곤충이 종이 위로 떨어진다. 총채벌레는 매우 작고 가느다란 벌레로 꽃 안에 서식한다.

해결 ➡ 318, 319쪽

방패벌레(87쪽) 영산홍 나무의 꽃이 왜소하면 식물에 장애가 있기 때문이다. 잎의 뒷면이 작고 매끈한 갈색·검은색 점으로 뒤덮여 있으면 흔히 발생하는 해충의 피해를 입은 것이다.

해결 ➡ 318, 319쪽

진딧물(86쪽) 왜소하고 뒤틀린 불두화 꽃을 따서 분리해보면 서양배처럼 생긴 곤충이 꽃 안에 들어 있는 경우가 있다. 몸 끝에 두 개의 뿔이 나 있으면 진딧물이다.

해결 ➡ 318, 319쪽

■ 꽃이 상하거나, 시들거나, 문드러진다 ■
진단은 89쪽 흐름도에서 시작한다.

생육 환경

볼링(90쪽) 날이 습해서 장미 꽃잎이 다 열리기도 전에 썩어버렸다. 바깥쪽 꽃잎부터 물렁해지고 갈색으로 변하는데, 꽃봉오리는 그대로 붙어 있다.
해결 ➡ 264쪽

에틸렌(92쪽) 호접란(Phalaenopsis)이 실내에 있으면 천연 가스나 익어가는 과일이 발산하는 에틸렌 가스에 노출될 수 있다. 에틸렌은 생육을 조절하므로 난초 자체는 건강하나 꽃이 시든다.
해결 ➡ 248쪽

수분 부족(92쪽) 이 장미처럼 새순과 꽃봉오리가 시드는 현상은 물로 인한 스트레스가 원인이기도 하다.
해결 ➡ 259, 260쪽

수분(92쪽) 이 호접란은 왼쪽 꽃 한 송이만 시들고 나머지는 건강하다. 수분이 이루어지면 호접란은 반드시 시든다.
해결 ➡ 246쪽

왜 이럴까? 457

진균

동백꽃썩음병(89쪽) 동백꽃이 갈색으로 썩어서 떨어지면 진균에 감염된 것이다.
해결 ➡ 280, 281쪽

갈색썩음병(90쪽) 희끄무레한 갈색 곰팡이가 앵두 꽃봉오리를 뒤덮었다. 이처럼 심각한 진균병은 핵과에 주로 발생하고 드물게 사과에 발생한다.
해결 ➡ 280, 281쪽

보트리티스균(잿빛곰팡이)(90쪽) 회갈색 곰팡이가 장미 꽃잎에 핀 증상은 흔한 진균에 감염된 병징이다.
해결 ➡ 280, 281쪽

곤충

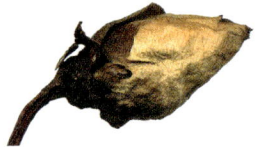

혹파리류(91쪽) 장미 꽃봉오리가 밑에서부터 검은색으로 변하고 있고, 자세히 검사하면 안에서 흰 구더기 (혹파리류 유충)를 발견할 수 있다.
해결 ➡ 318, 319쪽

세균

화상병(91쪽) 말라서 바삭해진 꽃과 꽃봉오리가 검게 변한 후에도 체리(*Prunus avium*)에 꿋꿋이 매달려 있다. 이때는 진균이 가지 전체로 확산될 수 있으며, 급기야 식물이 죽을 수도 있다. 이 세균은 배나무속(*Pyrus*), 사과나무속(*Malus*), 키도니아속(*Cydonia*), 산사나무속(*Crataegus*), 피라칸타속, 섬개야광나무속, 핵과 등 장밋과만 침입한다.
해결 ➡ 378, 379쪽

■ 꽃이 잘 피지 않거나, 아예 안 피거나, 꽃봉오리가 일찍 떨어져버린다
진단은 93쪽 흐름도에서 시작한다.

생육 환경

이식 쇼크(93쪽) 목련을 최근에 옮겨 심었는데 올해에는 꽃이 피지 않았다. 그러나 새 자리에 적응한 후에는 다시 꽃이 핀다.
해결 ➡ 260쪽

가지치기(전정) 시기 부적절(96쪽) 꽃이 전혀 피지 않은 이 으아리처럼 식물의 가지치기 시기를 잘 알고 있는지 아닌지에 따라 개화의 성공과 실패가 결정되기도 한다. 한해의 잘못된 시기에 가지치기를 실시하면 꽃눈이 모조리 잘려나갈 수도 있다.
해결 ➡ 253쪽

추대(95쪽) 이 꽃양배추(*Brassica oleracea*)는 꽃이 예정보다 일찍 핀 추대(抽薹) 현상을 보이고 있다. 환경적 요인(온도 및 일조량)으로 꽃의 발달이 촉진된 결과다.
해결 ➡ 264쪽

식재 시기 부적절(96쪽) 나팔수선(*Narcissus*) 등 인기 알뿌리 식물은 심은 후 6주간은 추워야 뿌리가 자라고 정상적으로 발육한다. 동절기를 나지 않으면 다음 해에 꽃이 피지 않는다.
해결 ➡ 265쪽

시든 꽃 따내기 생략(95쪽) 이 영산홍 꽃과 같이 꽃이 매년 피지 않고 한 해 걸러서 핀다면, 종자를 만드는 데 에너지를 너무 많이 소비하여 다음 한 해는 휴식을 취하는 것이다.
해결 ➡ 253쪽

영양 부족(94쪽) 영산홍의 잎살이 노란빛을 띠고 꽃이 골고루 피지 않은 것은 토양에 무기양분이 부족하기 때문이다.
해결 ➡ 273쪽

영양 부족(97쪽) 고광나무(*Philadelphus*)의 잎살이 노란빛을 띨 경우에는 영양 결핍이고 개화할 힘이 없다는 것이다.
해결 ➡ 273쪽

질소 과잉(93쪽) 질소가 과잉 함유된 비료로 시비하여 딸기의 잎은 무성하나 꽃이나 과일이 거의 보이지 않는다.
해결 ➡ 272쪽

질소 과잉(97쪽) 비료를 너무 많이 주거나 질소가 과잉 함유된 비료를 주면 이 토마토(*Lycpersicon esculentum*)처럼 개화에 사용될 에너지가 잎으로 간다.
해결 ➡ 272쪽

온난한 겨울(97쪽) 많은 과일나무는 겨울이 어느 정도 추워야 다음 해에 꽃이 핀다. 온난한 지역이고 지역에 알맞은 품종이 아니면 이 자두나무(*Prunus*)처럼 꽃이 피지 않을 수도 있다.
해결 ➡ 265쪽

부적절한 온도(95쪽) 식물 온도 요구량이 충족되지 않으면 이 춘란과 같이 건강해 보이지만 꽃은 거의 피지 않는 현상이 나타날 수 있다.
해결 ➡ 265쪽

서리 피해(99쪽) 갑자기 닥친 추위로 영산홍 꽃봉오리가 도중에 죽어버렸다.
해결 ➡ 262, 263쪽

지나친 그늘(94쪽) 리소도라의 키가 크고 연약하며, 잎은 옅은 초록색이고, 꽃은 거의 피지 않았다. 침엽수림이 너무 울창하여 빛이 많이 부족했기 때문이다.
해결 ➡ 255, 256쪽

지나친 그늘(97쪽) 이 로즈마리(*Rosmarinus*)는 연약하게 웃자랐다. 일조량이 더 필요하다.
해결 ➡ 255, 256쪽

왜 이럴까? 461

지나친 그늘(98쪽) 식물이 이 토마토처럼 완전 양지에서 생육되어야 하나 그늘이 많으면 식물은 연약해져서 꽃봉오리가 잘 떨어진다.
해결 ➡ 255, 256쪽

수분 과잉(98쪽) 토양이 항상 젖어 있어 고광나무가 노랗게 변하고 있다. 꽃과 꽃봉오리는 식물에서 쉽게 떨어져 버린다.
해결 ➡ 261쪽

수분 부족(98쪽) 사과 꽃봉오리가 심한 가뭄으로 말라 죽었다.
해결 ➡ 259, 260쪽

수분 부족(98쪽) 꽃봉오리가 말라 쪼그라들었으면 식물이 제때에 필요한 만큼 물을 섭취하지 못한 결과다.
해결 ➡ 259, 260쪽

수분 부족(94쪽) 큰극락조화(*Strelitzia nicolai*)의 잎이 끝에서부터 갈색으로 변하고 있고 식물의 개화가 불량하다. 이는 식물이 물을 충분히 섭취하지 못하여 나타나는 증상이다.

해결 ➡ 259, 260쪽

수분 부족(97쪽) 장미 잎 가장자리가 갈색으로 변하고 있다. 이는 물을 충분히 섭취하지 못했기 때문인데, 이 상태는 개화에도 심각한 영향을 미칠 뿐만 아니라 식물의 생명에도 지장이 생길 수 있다.

해결 ➡ 259, 260쪽

곤충

바구미류(99쪽) 과일나무의 꽃봉오리에 홈이나 둥글게 팬 상처, 먹힌 흔적이 있고 이내 떨어지면 바구미류(Plum curculio)가 나무에 침범한 것이다.

해결 ➡ 318, 319쪽

거위벌레류(99쪽) 장미 꽃봉오리가 거위벌레(Rose curculio)의 침입을 받아 구멍이 마구 뚫렸다. 이 꽃봉오리는 이내 갈색으로 변해 떨어진다.

해결 ➡ 318, 319쪽

꽃바구미(99쪽) 땃딸기속(*Fragaria*) 또는 딸기속(*Rubus*) 꽃이 갈색으로 썩어서 떨어지고, 안에 작은 구멍이 하나 있으면 바구미(Strawberry bud weevil)가 꽃봉오리 안에 알을 낳은 것이다.

해결 ➡ 318, 319쪽

Problems on fruits and vegetables

과일 및 채소에서 나타나는 증상

이 사진을 참고하기 전에 흐름도를 따라 진단하길 바란다. 식물의 증상이 사진과 비슷해 보여도 원인은 매우 다양하다. 흐름도를 보고 일치하는 증상을 따라가면서 해당되지 않는 요소들을 하나씩 제거해 나감으로써 최종적으로 정확한 진단에 이르도록 한다.

■ 과일 전체 색이 변했다 ■
진단은 106쪽 흐름도에서 시작한다.

생육 환경

푸른바탕병(106쪽) 토마토(*Lycpersicon esculentum*)의 꼭지 부분이 익지 않고 초록색으로 남아 있다. 기온이 낮으면 푸른바탕병이 발생하여 이러한 상태가 된다.
해결 ➡ 263쪽

감귤류 동해(107쪽) 갑작스러운 추위 장애를 입어 오렌지에 갈색 반점이 생겼다.
해결 ➡ 263쪽

■ 과일에 여러 크기의 반점이 생겼다 ■

진단은 108쪽 흐름도에서 시작한다.

생육 환경

일소(112쪽) 토마토가 직사광선을 심하게 받으면 과일에 흰 반점이 생기고, 점점 말라서 부스러진다.
해결 ➡ 255, 256쪽

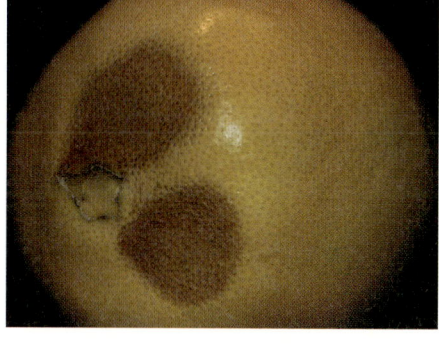

감귤류 동해(116쪽) 다 자란 귤나무 과일에 갈색 종이봉지 색상 같은 밝은 갈색 반점이 생겼다.
해결 ➡ 262, 263쪽

동녹병(115쪽) 사과(*Malus*) 표면에 코르크 같은 질감의 반점이 퍼져 있다. 과일이 너무 오랫동안 젖어 있어서 생긴 것이다.
해결 ➡ 249쪽

동녹병(115쪽) 토마토 표면에 코르크 같은 질감의 반점이 퍼지고 있다. 과일이 너무 오랫동안 젖어 있어서 생긴 것이다.
해결 ➡ 249쪽

진균

배꼽썩음병(113쪽) 토마토의 꽃자리 가장자리가 갈색으로 썩었다. 불규칙적인 물 주기는 배꼽썩음병의 원인 중 하나다.
해결 ➡ 273쪽

보트리티스균(잿빛곰팡이)(112쪽) 블랙베리(*Rubus*)에 옅은 반점이 생겼다가 회색곰팡이가 피었다.
해결 ➡ 280, 281쪽

갈색썩음병(117쪽) 복숭아(*Prunus persica*) 껍질 아래에 큰 갈색 곰팡이가 생겨서 이내 딱딱해지고 말라버렸다. 이는 흔한 진균병 중 하나다.
해결 ➡ 280, 281쪽

흰곰팡이(112쪽) 멜론(*Cucumis*)에 물집이 생긴 후 흰곰팡이가 생겼다.
해결 ➡ 280, 281, 292, 293쪽

검은썩음병(114쪽) 포도(*Vitis*)에 짙은 갈색 반점이 생기기 시작해서 점차 검은색 병반으로 확장되어 과일이 썩고 있다.
해결 ➡ 280, 281쪽

곤충

더뎅이병(115쪽) 사과에 코르크 같은 질감의 큰 반점이 생겼다. 더뎅이병은 흔한 진균병 중 하나다.
해결 ➡ 280, 281쪽

검은점병(114쪽) 작고 윤이 나는 점이 모여서 사과에 무늬를 형성하고 있다. 주근깨처럼 점이 형성된 증상은 흔한 진균병 중 하나의 특징이다.
해결 ➡ 280, 281쪽

장님노린재류(115쪽) 복숭아가 자라면서 해충이 침입한 부위의 조직이 코르크화되어 '고양이 얼굴'이 생겼다.
해결 ➡ 318, 319쪽

역병(117쪽) 토마토 표피 아래에 큰 갈색 무늬가 생겼으며, 부위는 무르고 축축하다. 이는 진균병인 역병의 전형적인 특징이다.
해결 ➡ 280, 281쪽

응애

사과나무 붉은별무늬병(110쪽) 사과 잎에 노란색 반점으로 시작하여 나중에 주황색으로 변하는 증상이 나타난다. 근처 사과도 동일한 진균병에 걸린다.
해결 ➡ 280, 281쪽

혹응애류(Redberry mite)(110쪽) 블랙베리가 검게 익지 않고 빨간색으로 남은 조직이 있다. 이곳에 작은 거미류가 서식하기 때문이다.
해결 ➡ 362, 363쪽

세균

세균성 반점병(114쪽) 복숭아에 생긴 작은 흑점이 돌기처럼 솟아올랐다. 세균 감염 증상이다.
해결 ➡ 371, 372쪽

세균성 마름병(117쪽) 호두(*Juglans*)가 세균 감염의 증상을 보이고 있다. 반투명한 반점은 말라서 갈색으로 변한다.
해결 ➡ 371, 372쪽

바이러스

세균성 점무늬병(118쪽) 가장자리가 노란 반점이 생긴 토마토는 세균성 점무늬병에 걸린 것이다.
해결 ➡ 371, 372쪽

세균성 마름병(117쪽) 오이(*Cucumis sativus*)에 생긴 반투명한 반점이 말라서 갈색으로 변했다. 전형적인 세균 감염 증상이다.
해결 ➡ 371, 372쪽

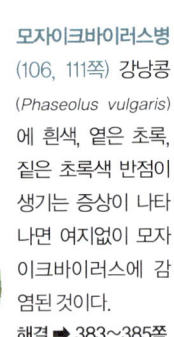

모자이크바이러스병 (106, 111쪽) 강낭콩 (*Phaseolus vulgaris*)에 흰색, 옅은 초록, 짙은 초록색 반점이 생기는 증상이 나타나면 여지없이 모자이크바이러스에 감염된 것이다.
해결 ➡ 383~385쪽

■ **과일이 아예 없거나, 과일에 구멍이 생기거나, 일부가 파먹히거나 갈라졌다** ■
진단은 119쪽 흐름도에서 시작한다.

생육 환경

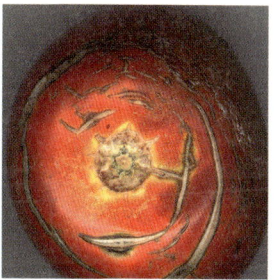

생장 균열(123쪽) 토마토의 꼭지 주위가 둥글게 균열되고 터진 부분이 말라버린 증상은 생장 균열이다.
해결 ➡ 260, 261쪽

수분 과잉(123쪽) 토마토의 균열된 부분에 수분이 남아 있다. 이 균열은 과일이 자라는 동안 식물이 물을 너무 많이 섭취해서 생긴 것이다.
해결 ➡ 261쪽

진균

더뎅이병(123쪽) 사과(Malus)에 난 균열은 갈색 코르크 같은 조직이고 과일의 세로 방향으로 발생했다. 더뎅이병이라고 하는 진균 감염의 증상이다.
해결 ➡ 280, 281쪽

곤충

바구미류(119쪽) 사과에 갈고리 모양의 구멍이 얕게 났다. 작은 곤충(Plum curculio)이 침입한 흔적이다.
해결 ➡ 318, 319쪽

목화씨벌레(120쪽) 이 토마토와 같이 초본 식물의 과일 속에 지렁이 같은 벌레가 있으면 과일벌레 종류다.
해결 ➡ 318, 319, 341, 342쪽

말벌(122쪽) 말벌은 열매살이 단 사과를 좋아한다.
해결 ➡ 318, 319쪽

큰담배나방 애벌레(120쪽) 초본 식물에 흔한 해충이다. 이 큰담배나방 애벌레는 옥수수(*Zea mays*)에 침범했다.
해결 ➡ 341, 342쪽

코들링나방 애벌레(121쪽) 사과(*Malus*)에 보기 싫은 구멍이 났고 건조한 톱밥 같은 물질로 채워져 있다. 구멍 주변은 건조하고 바삭한 검은색 또는 갈색 조직으로 변했다.
해결 ➡ 341, 342쪽

코들링나방 애벌레(121쪽) 풋사과나방 애벌레가 사과 안에 숨어 있다.
해결 ➡ 341, 342쪽

기타 해충

새(122쪽) 새는 이 사과와 같이 열매살에 뾰족하게 팬 흔적을 남긴다. 사람이 좋아하는 과일은 반드시 새도 좋아한다.
해결 ➡ 414, 415쪽

설치류(122쪽) 설치류가 사과를 먹고 남긴 흔적이다. 평행하게 패인 홈이 설치류가 범인임을 증명한다.
해결 ➡ 416, 417쪽

달팽이 또는 민달팽이(119쪽) 점액 흔적이 발견되고 구멍의 지름이 6mm 이상이면 달팽이나 민달팽이의 소행이다.
해결 ➡ 410, 411쪽

달팽이 또는 민달팽이(119쪽) 밤사이 참외(*Cucumis*)가 달팽이 또는 민달팽이로 인해 엉망이 되었다.
해결 ➡ 410, 411쪽

달팽이 또는 민달팽이(119쪽) 달팽이 또는 민달팽이가 호박(*Cucurbita*)을 훔쳐 먹었다.
해결 ➡ 410, 411쪽

■ **과일이 비틀어지거나, 왜소하거나, 오그라들었다**
진단은 124쪽 흐름도에서 시작한다.

생육 환경

환경 스트레스(128쪽) 토마토가 각종 요인에 의한 스트레스를 받고 있어서 결실이 거의 없다.
해결 ➡ 249쪽

과다 결실(128쪽) 사과나무가 너무 건강한 나머지 결실이 엄청나다. 그러나 과일은 왜소하다.
해결 ➡ 255쪽

수분 불량(126쪽) 멜론의 한쪽은 왜소하고 기형인 반면 다른 쪽은 정상이다. 수분 불량으로 씨가 충분히 발달하지 않았기 때문이다.
해결 ➡ 254쪽

영양 부족(128쪽) 사과나무에 사과가 매우 적게 열렸다. 영양분을 충분히 섭취하지 못했기 때문이다. 이렇게 열린 사과는 맛도 별로 없다.
해결 ➡ 273쪽

진균

더뎅이병(125쪽) 흉물스럽게 자란 사과 표면에 코르크 얼룩이 생겼으나 안에 곤충의 유충은 없다. 흔한 진균병에 걸린 것이다.
해결 ➡ 280, 281쪽

사과나무 붉은별무늬병(126쪽) 사과에 노란색 반점으로 생기기 시작하여 나중에 주황색으로 변하는 증상이다. 근처 잎도 동일한 진균병에 걸린다.
해결 ➡ 280, 281쪽

탄저병(129쪽) 탄저병이라는 진균병이 고추(*Capsicum*)에 발생하여 고추가 갈색으로 썩어 더 이상 형체를 알아볼 수 없다. 과일은 쪼그라들고 말라 검게 변하여 결국 떨어진다.
해결 ➡ 280, 281쪽

탄저병(129쪽) 발육이 다 된 멜론이 탄저병을 앓고 있다.
해결 ➡ 280, 281쪽

갈색썩음병(129쪽) 복숭아 두 개가 말라서 검게 변한 채로 나무에 붙어 있다. 갈색썩음병의 증상이다.
해결 ➡ 280, 281쪽

곤충

진경이둥글밑진딧물(125쪽) 사과의 모양이 일그러지고 꽃자리가 옴폭 들어갔다. 어떤 진딧물 종류에 의한 증상임이 분명하다.
해결 ➡ 318, 319쪽

광대파리(127쪽) 호두의 모양이 뒤틀리고 다리가 없는 애벌레가 가득하다. 호두는 정상으로 익으나 내부는 이처럼 해충으로 병들어 있다.
해결 ➡ 318, 319, 341, 342쪽

세균

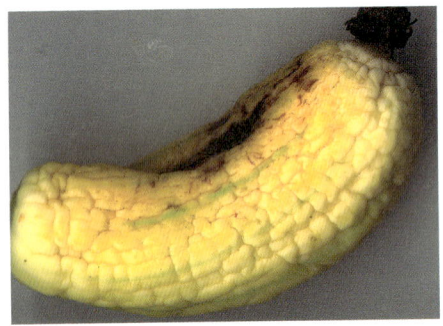

풋마름병(129쪽) 못생기게 주름진 오이가 떨어졌다. 줄기를 자르면 뿌옇고 끈적한 액이 나온다.
해결 ➡ 378, 379쪽

■ 과일이 물렁물렁하거나, 벌레 먹거나, 곰팡이가 피거나 썩었다
진단은 130쪽 흐름도에서 시작한다.

진균

검은썩음병(130쪽) 사과가 검은썩음병의 증상을 보이고 있다. 갈색으로 썩은 부위는 서서히 검은색으로 변한다.
해결 ➡ 280, 281쪽

검은썩음병(130쪽) 이 포도 역시 사과와 동일한 병을 앓고 있다. 곤충은 책임이 없다.
해결 ➡ 280, 281쪽

보트리티스균(잿빛곰팡이)(132쪽) 나무딸기(*Rubus idaeus*)에 회갈색 곰팡이가 폈다. 보트리티스균에 감염된 것이다.
해결 ➡ 280, 281쪽

갈색썩음병(131쪽) 말라 비틀어진 자두(*Prunus*) 한 쌍이 겨우내 나무에 그대로 달려 있다.
해결 ➡ 280, 281쪽

갈색썩음병(132쪽) 복숭아에서 크림색 곰팡이가 자라고 있다. 갈색썩음병이다.
해결 ➡ 280, 281쪽

곤충

사과구더기(134쪽) 다 익은 사과의 열매살은 무르고, 안에 구더기가 들어 있다.
해결 ➡ 318, 319, 341, 342쪽

코들링나방 애벌레(133쪽) 사과 한 가운데에 검게 썩은 부위에서 털벌레가 서식하고 있다. 벌레 자리에서 표면까지 굴이 이어진다.
해결 ➡ 341, 342쪽

세균

세균성 점무늬병(131쪽) 자두가 축축하고 무르다. 이는 세균성 점무늬병에 걸렸기 때문이다.
해결 ➡ 371, 372쪽

유럽 사과잎벌(134쪽) 다 자라지도 않았는데 오그라든 왼쪽 사과 소과실 안에는 구더기가 서식하고 있다. 이 과일은 결국 나무에서 떨어진다.
해결 ➡ 341, 342쪽

세균성 점무늬병(131쪽) 토마토가 축축하게 물러 썩었다. 물러진 부위는 꺼져서 구멍이 생기는데, 가장자리는 노랗다.
해결 ➡ 371, 372쪽

Problems on stems, trunks, and branches
줄기 및 가지에서 나타나는 증상

이 사진을 참고하기 전에 흐름도를 따라 진단하길 바란다. 식물의 증상이 사진과 비슷해 보여도 원인은 매우 다양하다. 흐름도를 보고 일치하는 증상을 따라가면서 해당되지 않는 요소들을 하나씩 제거해 나감으로써 최종적으로 정확한 진단에 이르도록 한다.

■ **줄기 전체 색이 변하거나, 죽어가거나 죽었다** ■
진단은 141쪽 흐름도에서 시작한다.

줄기마름병(143쪽) 궤양 증상이 장미(*Rosa*) 줄기를 완전히 감싸면서 퍼졌다.
해결 ➡ 280, 281쪽

진균

시들음병(142쪽) 향나무(*Juniperus*)의 한쪽 가지만 노랗게 변했다. 이 가지는 진균에 감염되어 병세가 진행 중이고, 곧 부러져 떨어진다.
해결 ➡ 280, 281쪽

보트리티스균(잿빛곰팡이)(143쪽) 보푸라기 같은 곰팡이가 장미 잔가지에 생겼다. 보트리티스균에 감염된 증상이다.
해결 ➡ 280, 281쪽

붉은가지마름병(143쪽) 핀의 대가리만 한 딱딱한 주홍색 돌기가 사과(*Malus*) 가지의 궤양 부위에서 솟아났다.
해결 ➡ 280, 281쪽

갈색썩음병(143쪽) 자엽자두(*Prunus cerasifera*) 잎이 죽어서 잎맥만 앙상하게 남았다. 잎이 붙은 가지에서는 끈적한 진이 나온다.
해결 ➡ 280, 281쪽

검은혹병(146쪽) 거칠고 긴 형체가 체리(*Prunus avium*) 나무에서 종양처럼 자라났다. 이 진균은 주로 눈에 잘 띈다.
해결 ➡ 280, 281쪽

페이퍼리 바크병(144쪽) 사과나무 껍질이 파편으로 갈라져 종이 테이프가 벗겨지듯 떨어져 나간다. 사과나무속(*Malus*) 및 배나무속(*Pyrus*)을 주로 공격하는 공기 전염성 진균(*Trametes versicolor*)이 원인이다.
해결 ➡ 280, 281쪽

곤충

사과하늘소류(142쪽) 이 나무딸기(*Rubus idaeus*)를 자세히 검사하면 구멍이 두 줄로 나 있다. 하늘소류 유충(cane borer)에 따른 피해다.
해결 ➡ 341, 342쪽

뿔나방류(142쪽) 복숭아 나뭇가지의 잎이 이상하게 시들은 원인을 조사하면 가지 내부에서 서식하고 있는 털벌레를 발견할 수 있을 것이다.
해결 ➡ 341, 342쪽

밀깍지벌레류(146쪽) 느티나무 가지에 작고 딱딱한 돌기가 많이 났다. 이는 밀깍지벌레류다.
해결 ➡ 318, 319쪽

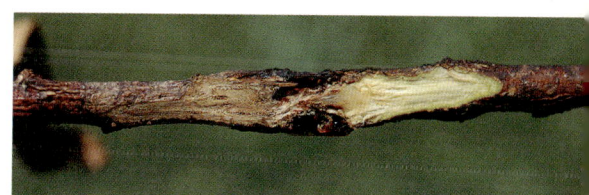

뿔나방류(145쪽) 복숭아 가지의 구멍 난 곳을 갈라보면 애벌레가 들어 있는 것을 발견할 수 있다.
해결 ➡ 341, 342쪽

세균

화상병(143쪽) 배나무의 새순이 검게 시들어 죽었다. 화상병은 아주 흔히 발생하는 진균병이다.
해결 ➡ 371, 372쪽

근두암종병(146쪽) 울퉁불퉁한 구형의 종양 같은 물질이 장미 그루터기에서 자라고 있다.
해결 ➡ 377, 378쪽

기타 해충

잔디깎기 기계(144쪽) 느릅나무(*Ulmus*) 밑동의 껍질이 날아가서 상처가 났다. 잔디깎기 기계에 치인 듯하다.
해결 ➡ 250, 419쪽

■ 줄기에 반점이 생겼다 ■

진단은 147쪽 흐름도에서 시작한다.

진균

갈색썩음병(148쪽) 체리의 잎이 모두 시들고 바로 아래 가지에는 궤양병이 생겼다. 갈색썩음병의 증상이다.
해결 ➡ 280, 281쪽

역병, 관부썩음병(153쪽) 라벤더(*Lavandula*) 아랫부분이 계피갈색으로 썩은 것으로 보아 역병 또는 관부썩음병이라는 진균병에 걸린 것이다.
해결 ➡ 292, 293쪽

보트리티스균(잿빛곰팡이)(153쪽) 보푸라기 같은 회색 곰팡이가 장미 가지에 생겼다.
해결 ➡ 280, 281쪽

줄기마름병(149쪽) 장미 가지에 짙은 갈색 반점이 생겼고, 궤양 부위 위에 난 잎은 황갈색으로 변해 말라 죽었다.
해결 ➡ 280, 281쪽

세균

세균성 마름병(148쪽) 체리의 새순이 갈흑색으로 말라 죽었다.
해결 ➡ 371, 372쪽

궤양병(150쪽) 체리 줄기가 갈라지고, 그 안에 검은 조직의 원형 고리가 생겼다.
해결 ➡ 282, 283쪽

궤양병(148쪽) 복숭아의 궤양병부에서 진이 스며나온다.
해결 ➡ 280, 281쪽

검은별무늬병(149쪽) 사과나무의 줄기와 잎에 올리브갈색 반점이 생겼다.
해결 ➡ 280, 281쪽

곤충

솔벌레류(152쪽) 가문비나무(*Picea*) 가지의 솔벌레류가 서식하는 자리에 파인 애플 모양의 갈색 혹이 났다.
해결 ➡ 346, 347쪽

천공충(150쪽) 산딸나무(*Cornus*) 나무껍질에 이와 같은 구멍이 있으면 천공충이 껍질 밑에 굴을 파고 들어갔음을 알리는 것이다.
해결 ➡ 341, 342쪽

솜벌레류(151쪽) 전나무(*Abies*)의 바늘잎 사이 줄기에 솜덩어리 같은 딱지가 쌓이고 있다. 이는 솜벌레가 서식하면 발생하는 증상이다.
해결 ➡ 318, 319쪽

왜 이럴까? 483

■ 줄기에 구멍이 나거나, 파먹히거나, 쪼개지거나, 갈라지거나 부러졌다 ■

진단은 154쪽 흐름도에서 시작한다.

생육 환경

지나친 과일 무게(157쪽) 복숭아 나무의 가지에 과일이 너무 많이 열려 원줄기에 연결되는 부분이 부러졌다.
해결 ➡ 252, 253쪽

불규칙적인 물 주기(158쪽) 식물의 생육기에 이 자두(*Prunus*)와 같이 줄기에 세로로 균열이 생겨서 갈라졌다면 불규칙적인 물 주기가 원인이다.
해결 ➡ 260, 261쪽

상열(158쪽) 식물의 휴면기에 이 사과와 같이 줄기에 세로로 균열이 생겨서 갈라졌다면 서리가 원인이다. 이렇게 생긴 균열은 여름이 되면 사라진다.
해결 ➡ 262, 263쪽

진균

궤양병(157쪽) 복숭아 가지가 궤양병으로 인해 갈라지고 쪼개졌으며, 껍질은 원형 고리 모양으로 갈라졌다.
해결 ➡ 282, 283쪽

곤충

나무좀(156쪽) 사진과 같이 죽은 미송(*Pseudotsuga menziesii*)의 껍질을 벗겨보면, 줄기를 따라서 중심까지 파고들어 간 구멍을 발견할 수 있다.
해결 ➡ 341, 342쪽

각종 천공충(155쪽) 이 불두화와 같이 톱밥처럼 보이는 가루가 줄기에 생긴 구멍 밖에 쌓여 있으면 분명 그 안에는 천공충이 있다.
해결 ➡ 341, 342쪽

아스파라거스딱정벌레(154쪽) 아스파라거스에서 표면 조직이 사라진 병흔을 발견했으면, 아스파라거스딱정벌레를 구제해야 한다.
해결 ➡ 318, 319쪽

기타 해충

딱따구리(155쪽) 이 미송(*Pseudotsuga menziesii*) 줄기에 난 것과 같이 지름이 2.5cm 이상인 구멍이 있으면 딱따구리가 곤충의 유충을 찾으려고 뚫은 자국이다.
해결 ➡ 414, 415쪽

즙빨기딱따구리(156쪽) 즙빨기딱따구리가 주목(*Tsuga*)의 수액을 마시려고 얕은 구멍을 바둑판 배열로 뚫었다.
해결 ➡ 414, 415쪽

잔디깎기 기계(154쪽) 이 느릅나무(*Ulmus*) 밑동에 남아 있는 오래된 상처는 제초기가 너무 가까이 접근해서 생긴 것이다.
해결 ➡ 419쪽

설치류(154쪽) 이 비트(*Beta*) 줄기의 조직 일부가 사라진 원인을 조사해보면 이빨 자국을 발견할 수 있다.
해결 ➡ 416, 417쪽

■ 줄기가 왜소하거나 비틀어졌다 ■
진단은 159쪽 흐름도에서 시작한다.

생육 환경

제초제 피해(160쪽) 제초제 피해를 입어서 왜소한 장미(*Rosa*)의 잔가지는 한 철 내지 두 철이 지나면 회복된다.
해결 ➡ 252쪽

제초제 피해(160쪽) 제초제를 부주의하게 사용하면 이루핀(*Lupinus*)처럼 줄기가 기이하게 꼬이기도 한다.
해결 ➡ 252쪽

곤충

솔벌레류(159쪽) 이 가문비나무(*Picea*) 가지에 난 파인애플처럼 생긴 갈색의 마른 벌레혹 안에는 독성 타액이 들어 있다.
해결 ➡ 346, 347쪽

바이러스

빗자루병(160쪽) 체리나무에 거친 잔가지가 빽빽이 나서 몇 년 동안 떨어지지 않는다.
해결 ➡ 383~385쪽

대화帶化(159쪽) 섬개야광나무에 납작한 리본 같은 줄기가 났다. 이는 바이러스병이다.
해결 ➡ 378, 379쪽

왜 이럴까? 487

■ 줄기에 곰팡이가 피거나, 줄기가 물렁하거나 얇아졌다 ■

진단은 162쪽 흐름도에서 시작한다.

진균

관부썩음병(162쪽) 단풍나무(*Acer*)의 가지가 하나씩 죽어가고 있다. 원줄기 시작 부분과 뿌리가 갈색으로 썩었기 때문이다.
해결 ➡ 292, 293쪽

심부병(163쪽) 너도밤나무(*Fagus*) 밑동에서 선반 같은 물질이 자라고 있다. 이 나무의 심부가 썩었다는 표시다.
해결 ➡ 302쪽

세균

줄기썩음병(162쪽) 수박(*Citrullus*)의 줄기가 얇아지면서 썩는다면, 수박 줄기 시작 부분에서 검은색의 작은 덩어리를 발견할 수 있을 것이다.
해결 ➡ 292, 293쪽

점액 유출(163쪽) 참나무(*Quercus*)에서 유액이 흘러내리고 줄기에서는 지독한 냄새가 난다. 세균 감염 증상이다.
해결 ➡ 377~379쪽

■ **줄기에 혹이 나거나, 이상한 물질이 자라고 있거나, 해충이 발견된다**
진단은 164쪽 흐름도에서 시작한다.

진균

곤충검은혹병(165쪽) 체리 줄기에 검은색에 질감은 코르크 같고, 지름 2.5cm 정도 되는 원통형 물질이 30cm 길이로 자란다.
해결 ➡ 280, 281쪽

구멍장이균류(168쪽) 단풍나무에서 선반 같은 생물체가 자라고 있다.
해결 ➡ 302쪽

곤충

깍지벌레류, 굴깍지벌레, 산호세깍지벌레(169쪽) 딱딱하고 둥글거나 타원형인 돌기가 벵갈고무나무 줄기에 다닥다닥 붙어 있다.
해결 ➡ 318, 319쪽

진딧물(169쪽) 작고 몸은 서양배처럼 생겼으며 끝에 두 개의 뿔이 나 있는 곤충이 장미 줄기에 가득하다.
해결 ➡ 318, 319쪽

밀깍지벌레류(169쪽) 이 느티나무 가지에서 발견되는 것처럼 약 6mm 크기의 갈색 혹이 줄기에 밀집해 있으면 이들은 밀깍지벌레과 종류의 곤충이다.
해결 ➡ 318, 319쪽

혹벌류의 충영(168쪽) 장미에 생긴 부드러운 이끼 같은 녹색 벌레혹(Mossyrose gall) 안에는 곤충이 서식한다.
해결 ➡ 346, 347쪽

솜벌레류(169쪽) 흰색 솜뭉치나 곰팡이 같은 딱지가 주목에 붙어 있다.
해결 ➡ 318, 319쪽

거품벌레(166쪽) 흰 거품방울 같은 물질이 톱풀 줄기에 붙어 있으면 톱풀에 거품벌레가 서식한다는 뜻이다.
해결 ➡ 318, 319쪽

기타 해충

참겨우살이(167쪽) 녹색 잎과 가지가 무성한 식물이 참나무 줄기에서 바로 생겨나 자라고 있다.
해결 ➡ 419쪽

지의류(167쪽) 지의류(이 지의류는 사과 가지에 난 것이다)는 해를 끼치지 않는 생물이다. 그리고 보통 깨끗한 공기에서만 자란다. 지의류는 녹색, 회색, 갈색, 주황색, 연두색 등이 있으며, 건조하고 딱딱하거나 잎이 있다.

세균

줄기혹병(165쪽) 울퉁불퉁하고 둥근 물질이 자두 줄기에서 튀어나왔다.
해결 ➡ 377, 378쪽

Problems on roots, bulbs, and root vegetables

뿌리, 알뿌리, 뿌리채소에서 나타나는 증상

이 사진을 참고하기 전에 흐름도를 따라 진단하길 바란다. 식물의 증상이 사진과 비슷해 보여도 원인은 매우 다양하다. 흐름도를 보고 일치하는 증상을 따라가면서 해당되지 않는 요소들을 하나씩 제거해 나감으로써 최종적으로 정확한 진단에 이르도록 한다.

■ 뿌리 전체 색이 변했다 ■
진단은 176쪽 흐름도에서 시작한다.

생육 환경

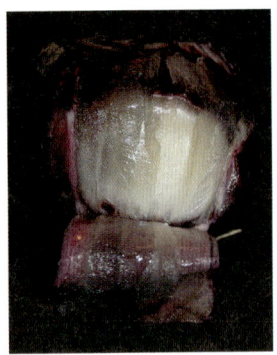

고온 장해(176쪽) 양파(Allium cepa) 알뿌리가 회색으로 변한 것은 높은 지열 때문이다.
해결 ➡ 264, 265쪽

진균

뿌리썩음병(176쪽) 이 치자 뿌리와 같은 종류(살이 많은 저장근 종류가 아닌 실뿌리 종류)의 뿌리가 갈색으로 변하면 진균에 감염된 것이다.
해결 ➡ 292, 293쪽

세균

감자둘레썩음병(177쪽) 큰 저장 기관인 감자(Solanum tuberosum)인데 갈색으로 변하기 시작한다면 세균 감염을 의심해야 한다.
해결 ➡ 377, 378쪽

■ 뿌리에 색이 변한 부위가 있다 ■

진단은 179쪽 흐름도에서 시작한다.

| 진균 |

뿌리썩음병(180쪽) 이 강낭콩(*Phaseolus vulgaris*) 실생의 실뿌리와 같이 뿌리가 납작해지고 갈색으로 넓게 변색되었다면 진균에 감염된 것이다.
해결 ➡ 292, 293쪽

더뎅이병(183쪽) 감자 표면에 거친 코르크 질감의 둥근 조직이 생긴 이유는 진균에 감염되었기 때문이다.
해결 ➡ 292, 293쪽

진균병(182쪽) 튤립(*Tulipa*) 알뿌리의 변색된 부위가 움푹하고 딱딱하게 말랐으며, 갈흑색이고 자줏빛을 띠지는 않는다. 이는 모두 진균병 증상이다.
해결 ➡ 303, 304쪽

비늘줄기썩음병(184쪽) 나팔수선(*Narcissus*)의 갈색으로 변한 부위에서 청록색 곰팡이가 자라고 있다.
해결 ➡ 292, 293쪽

감자 역병(182쪽) 감자의 왼쪽 부분이 자갈색으로 변하고, 병반은 꺼지고 말라서 단단하다. 이 진균병은 감자에만 발생한다.
해결 ➡ 282, 283쪽

감자 역병(182쪽) 증상은 약간 다르나 병반의 색이 자줏빛을 띠므로 같은 진균병이다.
해결 ➡ 282, 283쪽

푸른곰팡이병(184쪽) 튤립 알뿌리의 적갈색 병반에 곰팡이가 폈다.
해결 ➡ 303, 304쪽

선충

세균

생육 환경

선충류(186쪽) 양파를 세로로 잘라 보면 양파 겹을 따라 원형의 갈색으로 썩은 부위가 있다.
해결 ➡ 377, 378쪽

둘레썩음병(188쪽) 세균 감염 시작 부위인 갈색으로 썩은 지점에서 주변이 노랗게 변색되면서 병반이 확산된다.
해결 ➡ 377, 378쪽

햇빛에 노출(181쪽) 당근(*Daucus*)의 윗부분이 밝은 초록색으로 변색되었다. 햇빛이 너무 강했기 때문이다.
해결 ➡ 255, 256쪽

■ 뿌리에 구멍이 났거나, 뿌리가 씹어 먹히거나, 금이 가거나 쪼개졌다. 뿌리의 일부 또는 전체가 없다. 뿌리에서 해충이 발견된다 ■

진단은 189쪽 흐름도에서 시작한다.

| 생육 환경 | 곤충 |

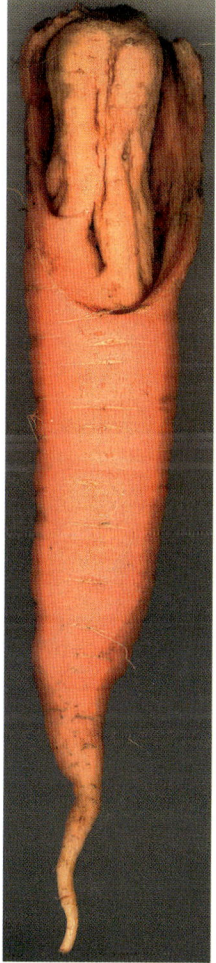

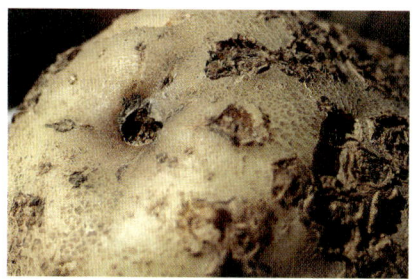

철사벌레(191쪽) 감자 표면에 코르크 조직으로 딱지가 앉았다. 딱지를 자세히 검사하면 구멍이 있고, 구멍 부분을 잘라보면 파리색 또는 회색의 긴 유충인 철사벌레를 발견할 수 있다. 철사벌레는 굴속에서 생활한다.
해결 ➡ 344, 345쪽

철사벌레(191쪽) 이 당근에 생긴 구멍 안에도 파리색 또는 회색의 긴 유충이 살고 있다.
해결 ➡ 344, 345쪽

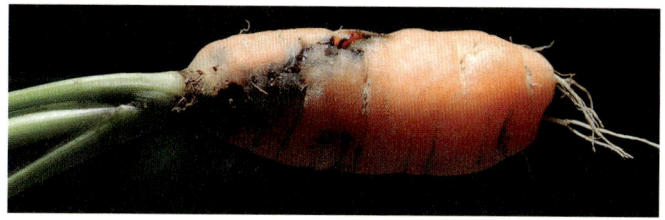

꽃파리류 유충(192쪽) 당근에 생긴 얇은 굴과 이동 경로를 따라가보면 흰 구더기를 볼 수 있다. 굴 주변은 갈색으로 상했다.
해결 ➡ 344, 345쪽

불규칙적인 물 주기(189쪽) 당근의 겉이 쪼개졌다. 이렇게 된 원인은 물을 너무 많이 주거나 적게 주었기 때문이다.
해결 ➡ 260, 261쪽

기타 해충

감자나방 애벌레(191쪽) 감자에 굴을 파고들어 가 사는 이 애벌레는 분홍색이다.
해결 ➡ 344, 345쪽

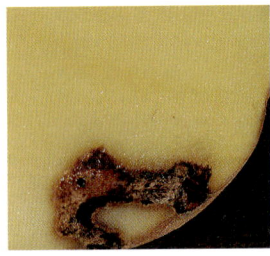

감자나방 애벌레(191쪽) 감자를 잘라보면 사진과 같이 감자나방 애벌레인 분홍색 벌레를 발견할 수 있다.
해결 ➡ 344, 345쪽

달팽이, 민달팽이(190쪽) 당근 표면에 생긴 구멍 안에는 큰 공간이 있다.
해결 ➡ 410, 411쪽

설치류(193쪽) 겨자무(*Raphanus*)의 표면이 설치류의 이빨 자국으로 상했다.
해결 ➡ 416, 417쪽

설치류(193쪽) 당근의 일부가 파먹혔는데, 평행한 홈으로 이빨 자국이 나 있는 것으로 보아 설치류의 소행이다.
해결 ➡ 416, 417쪽

■ 뿌리가 비틀어지거나, 왜소하거나 오그라들었다 ■
진단은 195쪽 흐름도에서 시작한다.

생육 환경

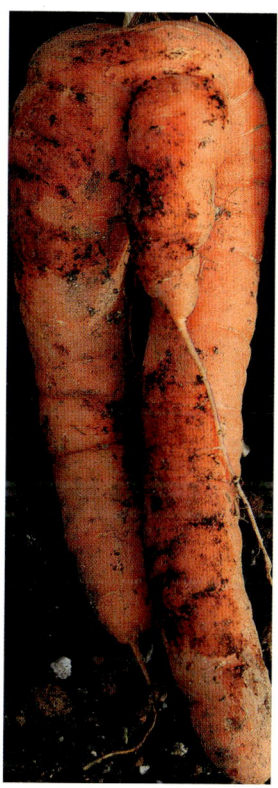

거칠고 돌이 많거나 너무 다져진 흙 (196쪽) 당근이 갈라진 이유는 흙에 돌이 많았기 때문이다.
해결 ➡ 273쪽

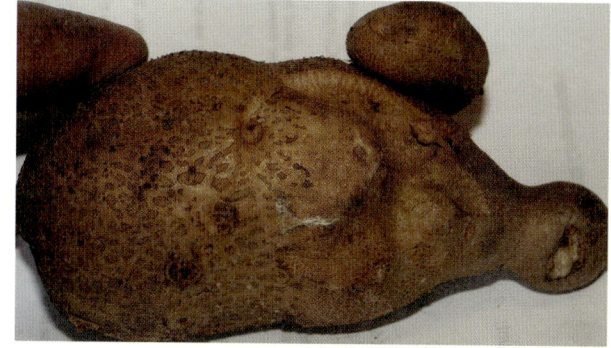

불규칙적인 물 주기(197쪽) 물을 균일하게 흡수하지 않으면 이처럼 기괴하게 생긴 감자가 탄생한다.
해결 ➡ 260, 261쪽

■ 뿌리에 곰팡이가 피거나 뿌리가 썩었다 ■

진단은 200쪽 흐름도에서 시작한다.

진균

비늘줄기썩음병(201쪽) 나팔수선 알뿌리가 무르고 끈적끈적하다. 조사해보면 흙 속에 작은 갈색 덩어리는 없다.
해결 ➡ 292, 293쪽

뿌리썩음병(201쪽) 치자 뿌리가 무르고 끈적하며, 작은 갈색 덩어리는 발견되지 않는다.
해결 ➡ 292, 293쪽

푸른곰팡이병(202쪽) 튤립 알뿌리에 움푹 들어간 병반이 있고, 불그스름한 갈색으로 변했으며 곰팡이가 자라고 있다.
해결 ➡ 303, 304쪽

관부썩음병(201쪽) 비트(*Beta*)는 무르고 푸석푸석하며 들깨알처럼 작은 갈색 덩어리가 뿌리 또는 흙 속에서 발견된다.
해결 ➡ 292, 293쪽

응애

뿌리응애(200쪽) 나팔수선 알뿌리를 쪼개보니 흰 응애가 서식하고 있다.
해결 ➡ 362, 363쪽

세균

둘레썩음병(200쪽) 감자 속을 보면 눈 주변이 검게 썩었다.
해결 ➡ 377, 378쪽

세균성 무름병(201쪽) 당근 중 하나가 줄기 시작 부근에서 진이 나오고 지독한 냄새가 난다.
해결 ➡ 377, 378쪽

Problems on seeds and seedlings

씨 또는 유묘에서 나타나는 증상

이 사진을 참고하기 전에 흐름도를 따라 진단하길 바란다. 식물의 증상이 사진과 비슷해 보여도 원인은 매우 다양하다. 흐름도를 보고 일치하는 증상을 따라가면서 해당되지 않는 요소들을 하나씩 제거해 나감으로써 최종적으로 정확한 진단에 이르도록 한다.

■ 씨 또는 유묘의 색이 변하거나, 비틀어지거나 오그라든다
진단은 210쪽 흐름도에서 시작한다.

생육 환경

망간 결핍(210쪽) 망간 결핍으로 인해 강낭콩(*Phaseolus vulgaris*)에 갈색 반점이 생겼다. 내부에는 빈 곳이 있다.
해결 ➡ 271, 272쪽

세균

세균성 마름병(210쪽) 호두 과일 표면에 검은색의 오목하고 단단한 반점이 생겼다. 이는 세균에 감염된 것이다.
해결 ➡ 371, 372쪽

곤충

과실파리류(210쪽) 호두 껍질 속이 검게 썩었으며 무르다. 그리고 과실파리류의 유충이 서식하고 있다.
해결 ➡ 318, 319, 341, 342쪽

세균성 마름병(210쪽) 세균(*Xanthomonas*)에 감염된 호두(*Juglans*)의 증상이다.
해결 ➡ 371, 372쪽

■ 씨 또는 유묘에서 구멍이 발견되거나 싹이 나지 않는다 ■
진단은 211쪽 흐름도에서 시작한다.

곤충

잎벌레류, 바구미류(213쪽) 아몬드(*Prunus dulcis*) 씨앗에 잎벌레류(Seed weevil) 또는 바구미류(Nut weevil)가 둥근 구멍을 파놓았다.
해결 ➡ 342쪽

밤바구미(213쪽) 도토리에 둥근 출구가 있다. 이것은 바구미 유충이 안에서 내용물을 다 먹고 성숙하여 과일을 빠져나온 자리다.
해결 ➡ 342쪽

잎벌레류(213쪽) 옥수수(*Zea mays*) 이삭의 일부 낟알에 둥글고 작은 출구가 있다. 이것은 잎벌레가 빠져나온 자리다.
해결 ➡ 342쪽

진균

모잘록병(211쪽) 콩(*Phaseolus*) 종자가 싹을 내기도 전에 흙 속에서 썩었다.
해결 ➡ 292, 293쪽

■ 씨 또는 유묘가 씹어 먹혔거나 아예 없다 ■

진단은 214쪽 흐름도에서 시작한다.

곤충

큰담배나방 애벌레(216쪽) 노란색, 갈색 또는 초록색 줄무늬가 있는 털벌레가 옥수수 껍질 안에서 이삭 끝을 먹고 있다.
해결 ➡ 342, 343쪽

기타 해충

새(217쪽) 이 옥수수는 새가 껍질을 뜯고 낟알을 먹었다. 땅에 떨어진 낟알은 없다.
해결 ➡ 414, 415쪽

다람쥐(217쪽) 호두 껍질이 나무 근처에 흩어져 있다.
해결 ➡ 416, 417쪽

■ **유묘의 발육이 좋지 않다** ■

진단은 218쪽 흐름도에서 시작한다.

생육 환경

수분 과잉(218쪽) 물을 너무 많이 주어서 강낭콩 유묘의 심근이 죽었다. 표면에 남은 천근이 살아 있기는 하나 식물은 뿌리썩음병 진균에 감염되었다.

해결 ➡ 261쪽

일조량 부족(218쪽) 오른쪽 강낭콩 유묘는 그늘에서, 왼쪽 유묘는 정상적인 빛 아래에서 자란 것이다. 동일한 종류에 나이와 재배품종도 동일하나 그늘에서 자란 식물은 키가 크고 연약하며 색이 옅다.

해결 ➡ 255, 256쪽

왜 이럴까? 503

부록

잔디 관리 요령
용어 해설
참고문헌
찾아보기

드넓은 잔디밭을 완벽한 상태로 유지하려면 깎기, 새칭thatching(인위적·자연적으로 쌓인 퇴적물을 긁어내는 작업), 시비, 관수, 제초, 가장자리 다듬기edging, 그리고 병해충 방제와 같은 작업을 부지런히 해야 한다.

양탄자처럼 잘 관리된 잔디밭을 보면 한번쯤 누워보고 싶다. 아이들이 뛰고 구르기에 안전한 잔디밭은 독성이 없는 유기농약으로 관리해야 하며, 잔디를 제대로 관리하기 위해서는 많은 자원과 시간을 투자해야 한다.

What's Wrong With My Lawn?

잔디 관리 요령

    잔디는 큰 군집을 이루는 식물이며, 식물끼리 매우 근접한 거리에서 생육하는 종류다. 잔디 재배는 사과 과수원이나 옥수수밭과 똑같이 단종재배 환경이다. 그리고 잔디의 각 포기는 빽빽히 밀집해 있으므로 동일한 장애, 질병, 해충에 걸릴 확률이 높고, 한번 문제가 생기면 마치 산불처럼 빠르게 확산된다. 즉, 잔디의 어느 한 포기에 문제가 발생하면 그 식물에서 그치지 않고 모든 잔디에 전염되는 것이다.

    이상하게 들릴지 모르지만 잔디를 관리할 때 가장 첫 번째로 해야 할 일이 잔디를 모조리 없애는 일일 수도 있다. 미국에서는 잔디를 거의 필수로 취급하고 있으며, 원예를 좋아하는 사람들 중 "잔디가 정말 필요한가?"라는 의문을 가져본 사람은 얼마 없을 것이다. 아직 자신에게 이 질문을 해보지 않았다면 한번 해보기 바란다.

    잔디는 필요 이상의 소비가 필요한 자원이며, 잔디 관리는 지하수를 심각하게 오염시킬 수 있다. 미국에서는 잔디 관리에 매년 84억 달러를 소비하고 있다. 지구상의 마시는 물은 점점 줄어들어서 귀한 자원이 되고 있는데, 이 물을 잔디에 어마어마하게 바치고 있다. 뿐만 아니라 깎기, 제초, 시비, 밟기 등 수시로 해야 하는 작업도 만만치 않다.

잔디를 없애고 잔디에 쏟아야 하는 돈, 시간, 천연 자원을 다른 식물에 투자하면 신선하고 싱싱한 과일, 채소, 허브, 꽃을 즐길 수 있다. 또한 물과 공기 정화에 보탬이 되고, 새, 나비, 벌에 훨씬 풍요롭고 건강한 쉼터를 만들어줄 수 있다.

잔디를 관리하는 이유는 미관상의 목적뿐 아니라 그 위를 걷거나 앉아서 푸르름을 즐기기 위해서다. 그러나 유독한 화학농약으로 관리한 잔디밭이라면 어린이와 애완동물은 그 위에서 놀지 않도록 지도하는 것이 안전하다. 필자들은 잔디밭은 되도록 공원에서 즐기라고 권하지만, 집에서 잔디를 관리하는 방법도 아래에 소개한다.

잔디 관리 요령

잔디를 건강하게 가꾸는 비결은 잔디가 생육 시기에 활발하고 싱싱하게 자라도록 해주는 것이다. 이 말은 곧 온도와 빛, 물, 영양 등의 환경이 모두 적절해야 한다는 뜻이다.

잔디는 최소한의 면적으로 조성한다 | 잔디밭이 조성되어 있는 집이라면, 잔디를 최대한 줄이고 화단으로 바꾸기를 권한다. 화단을 만들고 멀칭 시트를 까는 방법이 가장 쉽다. 먼저 화단으로 만들고자 하는 공간의 잡초와 잔디를 지면 수준까지 깎는다. 납작하게 눌린 종이상자나 신문지 몇 겹으로 지면을 덮는다. 빛이 지면에 조금이라도 닿아서는 안 된다. 종이 위에 유기질 퇴비를 한 층 깐다. 가장자리는 원하는 높이로 턱을 만들고 화단을 질 좋은 유기 혼합 토양으로 채운다. 식물을 심고 유기멀치를 2.5~7.5cm 두께로 깐다.

스프링클러 범위에 맞게 조성한다 | 설치된 스프링클러가 물을 전달하는 범위와 방식에 적합한 크기로 잔디밭을 구상한다. 보통 스프링클러의 물은 원형 아니면 타원형으로 분사된다. 스프링클러를 설치하고 물을 틀어서 물이 정확히 어디까지 도달하는지 확인한다. 잔디를 이 모양에 맞게 재단한다. 물 비용은 물론이고, 쓸데없이 물을 인도나 길가에 낭비하는 일도 없을 것이다.

환경에 맞는 잔디 종류를 선택한다 | 잔디(벼과)는 크게 한지형 잔디와 난지형 잔디로 구분한다. 한지형 잔디는 온도가 낮은 가을, 겨울, 봄에 푸르고 온도가 높은 여름에 갈색으로 마른다. 따라서 여름에 초록색을 계속 유지하려면 물을 주어야 한다. 난지형 잔디는 온도가 높은 봄, 여름, 초가을에 푸르고 추워지면 갈색으로 마른다.

- **한지형 잔디** 왕포아풀 *Poa pratensis*, 왕김의털 *Festuca rubra*, 톨 페스큐 *schedonorus pheonix*, 겨이삭 *Agrostis*, 아그로피론 크리스타툼 *Agropyron cristatum*, 호밀풀 *Lolium perenne*
- **난지형 잔디** 우산잔디 *Cynodon dactylon*, 보우텔로우아 그라칠리스 *Bouteloua gracilis*, 버펄로 그래스 *Bouteloua dactyloides*, 아메리카잔디 *Stenotaphrum secundatum*, 한국잔디 *Zoysia*

겨울이 온난한 지역은 난지형 잔디를 재배하기에 적합하다. 한지형 잔디는 겨울이 한랭한 지역에서 잘 자란다. 어떤 전문가는 사계절 내내 푸른 잔디를 감상할 수 있도록 난지형 잔디와 한지형 잔디를 섞어 파종하기를 권하기도 하는데, 필자들의 소견은 그 반대다. 사계절 내내 갈색 잔디가 섞여 있는 것을 봐야 하기 때문이다.

내병성 품종을 고른다 | 잔디밭을 새로 조성하거나 파종을 다시 할 때는 병충해에 저항력이 강한 품종을 선택한다. 라벨이나 카탈로그에 잔디가 어떤 내병성이 있는지 설명되어 있을 것이다. 라벨 또는 카탈로그에 아무 설명이 없으면 그 잔디는 내병성이 없는 것이므로 다른 품종을 고르도록 한다.

다종재배를 시도한다 | 잔디 종자와 토끼풀 Trigolium repens 종자를 섞어 파종한다. 서로 다른 종류의 식물이 섞여 자라면 병충해 확산이 그만큼 느려진다. 또 클로버는 질소 고정 식물이므로 공기 중의 질소를 흡수하여 식물이 섭취할 수 있는 비료 상태로 저장한다.

일조량이 잔디에 알맞은지 확인한다 | 대부분의 잔디는 그늘이 전혀 없어야 가장 건강하게 자란다. 맨땅이 너무 많으면 잔디는 오히려 햇빛을 충분히 받지 못한다. 빛이 부족하면 잔디는 지면을 잘 덮지 못하고, 맨땅에서는 잡초가 잘 자란다.

일부 품종(왕김의털, 겨이삭, 아메리카잔디)은 음지에 강해서 밝은 그늘에서도 잘 자란다. 심한 그늘에서는 어느 잔디도 잘 자라지 못한다. 잔디를 구입할 때 필요한 빛 조건을 확인한다. 흙이 드러난 구역은 적합한 품종으로 재파종한다.

물관리 | 256, 257쪽을 참고한다. 잔디는 종류에 따라 물 주는 양이 다르다. 미서부 초원이 원산지인 잔디(보우텔로우아 그라칠리스, 버펄로 그래스)는 내건성이 가장 강하므로 1년에 30cm 정도의 물만 주어도 잘 자란다. 반면 켄터키 블루그래스는 건강한 초록색을 유지하려면 생육기에 120cm 정도의 물을 주어야 한다.

포장, 라벨 또는 원예 서적을 참고하여 잔디에 물을 얼마나 주어야 하는지 확인한다. 잔디의 종류를 모르는데 생육기에 갈색으로 시들어가면 물이 부족하기 때문이다.

- **직접 물을 주지 않는다** 잔디가 필요한 만큼 충분히 물을 주려면 대부분 인내의 한계에 도달한다.
- **스프링클러를 설치한다** 물 2.5cm를 주는 시간이 얼마나 걸리는지 계산한다. 크기가 동일한 빈 용기를 배열한다. 용기 벽면은 수직이어야 한다. (참치캔이 이 용도로 좋다.) 15분 뒤에 각 용기에 고인 물의 높이를 잰다. 2.5cm를 용기에 고인 물의 높이로 나눈다. 이 숫자에 15(분)를

곱한다. 이렇게 해서 얻은 값은 물 2.5cm를 잔디에 주기까지 걸리는 시간[2.5 ÷ (15분 동안 받은 물의 높이) × 15 = (강수량 2.5cm에 도달하기까지 걸리는 시간)-옮긴이]이다. 이 공식을 활용해서 잔디에 물을 알맞게 주도록 한다.

- **물이 땅속 깊이 흡수되도록 충분히 준다** 토양이 완전히 마를 때까지는 물을 다시 주지 않는다. 그러면 뿌리가 깊이 뻗고 건조에도 적응시킬 수 있다. 물을 조금씩 자주 주면 뿌리가 얕게 뻗고 가뭄에 약해진다. 또한 진균병 발생 확률도 높아진다.

토양관리 | 265쪽을 참고한다.

질소가 풍부한 유기비료를 사용한다. 질소는 잎 성장을 촉진시키므로 잔디에 필요한 영양소다. 1년에 한 번, 겨울이 한랭한 지역은 봄에, 겨울이 온난한 지역은 봄이나 여름에 시비한다. 유기비료는 토양 속 분해 생물에 먹이를 공급하고, 분해자들은 영양분을 서서히 내놓는다. 이 과정은 질소 공급에 특히 중요한데, 질소는 물기둥에서 이동성이 높고 지하수에 빨리 흡수되기 때문이다. 합성비료는 질소가 너무 빨리 빠져나간다.

- **토양의 pH(산도)를 검사한다** 대부분의 잔디는 pH 6.0~7.0인 토양이 적합하다. 구하기 편한 대로 약식 pH 검사 키트나 전지 pH 측정기를 사용한다. 두 기구 다 포장에 적혀 있는 대로 따라 하면 사용하기 쉽다.

- **필요하면 pH를 조절한다** pH를 조절하면 생육기 한철 동안은 그 수치가 유지된다. 토양에 염기성을 더하려면(즉, pH 수치를 높이려면) 백운석질 석회를 잔디에 뿌린다. 라벨의 지시에 따른다. 백운석질 석회는 pH를 높일 뿐 아니라 필수 영양소인 칼슘과 마그네슘도 공급한다. 토양에 산성을 더하려면(즉, pH 수치를 낮추려면) 황을 뿌린다. 사용량은 라벨의 지시에 따른다.

잔디 깎는 법을 올바로 익힌다 | 잔디 깎는 빈도가 덜한 종류를 식재 또는 파종하도록 한다. 보우텔로우아 그라칠리스, 버펄로 그래스 및 왕김의털은 15~20cm 크기로 자라고 가을에 한 번만 깎아도 보기가 좋다.

잔디를 너무 짧게 깎으면 잔디가 심각하게 손상된다. 모든 잔디 품종은 권장하는 깎기높이가 있다. 라벨, 포장, 참고 서적을 통해서 정확하게 확인하도록 한다. 잔디의 품종을 모르면 샘플을 해당 지역의 마스터 가드너 단체에 가져가서 문의한다.

부스러기는 너무 무겁지 않으면 그대로 둔다. 부스러기가 너무 두껍게 쌓여 있으면 빛과 공기를 차단하므로 긁어낸다. 그러나 약간의 잔부스러기는 분해되어서 토양을 비옥하게 하는 공짜 비료다.

이로운 생물을 모은다 | 잔디에는 수많은 해충과 응애가 발생하므로 이들의 구제를 돕는 이로운 생물들을 모은다. 익충을 정원에 모으려면 주변 화단에 이러한 동물들이 먹거나 쉴 곳으로 선호하는 식물을 기르면 된다. 수반이나 화분 받침대와 같은 얕은 용기에 물도 담아놓는다.

- 미나리과_{Apiaceae} : 당근, 고수, 딜, 펜넬, 파슬리 등
- 꿀풀과_{Lamiaceae} : 개박하, 백리향, 로즈마리, 히솝, 레몬밤 등
- 국화과_{Asteraceae} : 코스모스, 톱풀, 수레국 등

거미와 새 역시 효율적인 곤충 및 기타 해충 포식자다. 우리가 다니는 길에 거미줄이 쳐져 있다면 성가시겠지만 거미를 죽이지는 말자. 거미는 그저 할 일을 했을 뿐이고, 거미가 하는 일 중에는 곤충을 최대한 많이 잡아먹는 일도 있다.

새는 특정 시간에만 곤충을 잡아먹는 종류와 하루 종일 곤충만 잡아먹는 종류가 있

다. 또한 달팽이와 민달팽이를 별미로 삼는 새도 있다. 물과 쉴 곳을 제공하여 새 종류는 가리지 말고 정원이나 밭으로 끌어들이도록 하자. 우리의 귀중한 동맹군이다.

익충으로 구제 효과를 높이고 싶으면 가까운 가든 센터에 가거나 우편 주문으로 이들을 구매할 수 있다. 판매자에게 병충해 증상, 기주 식물, 환경 조건 등을 알려주어 어떤 종이 가장 이로운지 상담 후 구입한다.

- 칠성풀잠자리, 무당벌레류, 사마귀, 꽃노린재류는 수많은 해충을 사냥하고 죽이며, 또 먹이로 삼는 익충이다.
- 포식기생충은 다른 곤충의 알 속에 산란한다. 이를테면 알벌 *Trichogramma*은 털벌레에, 온실가루이좀벌 *Encarsia formosa*은 가루이에, 혹진디벌류는 진딧물의 몸속에 알을 낳는다.
- 곤충병원성 선충은 일생 동안 혹은 일부 시기를 흙 속에 살면서 곤충을 구제한다.
- 포식성 응애는 잎응애와 시클라멘먼지응애를 잡아먹는다. 이리응애 류(*Phytoseiulus*, *Amblyseius*, *Metaseiulus* 등)를 판매한다.

가든 센터에서 카드가 한 장 든 봉투를 구입하여 업체에 우편을 보내면 업체에서는 200여 개의 알이나 번데기를 배송한다. 알 또는 번데기 대부분은 해충이 가장 번성한 곳에 살포하고 나머지는 밭이나 화단 전체에 뿌린다. 사마귀 알은 가든 센터에서 쉽게 구할 수 있다. 알은 부화할 때까지(4~6주) 실내에 보관한 후, 애벌레가 태어나면 실외로 가져간다. 무당벌레 성충도 구할 수 있다. 이들은 이른 저녁에 풀어놓아야 이웃집 밭으로 날아가지 않고 풀어놓은 자리에 서식한다.

잡초를 제거한다 | 잡초는 잔디와 물, 양분, 햇빛을 서로 차지하려고 경쟁한다. 잡초를 제거하면 병충해 확률과 달팽이, 민달팽이와 같은 기타 해충의 수를 상당히 줄일 수

있다. 잡초는 식물 질병, 해로운 곤충, 기타 해충의 은신처다. 곤충은 일부 바이러스성·세균성·몰리큐트성 질병에 걸린 잡초를 물고 들어와 처음에는 그 잡초를 먹이로 살다가 다음에는 정원의 식물로 옮긴다. 잡초는 달팽이와 민달팽이의 은신처이기도 하다. 잡초를 억제하는 방법을 몇 가지 소개한다.

- 멀치를 깐다. 지독한 잡초를 제거하는 매우 효과적인 방법이다(잔디 역시 죽는다) 먼저 잡초나 잔디를 지면 가까이 베거나 깎는다. 지면을 종이상자를 납작하게 눌러서 덮거나 신문지를 겹겹이 덮는다. 지면에 햇빛이 조금도 닿지 않게 하는 것이다. 그리고 상자 위에 유기멀치를 한 층 깐다. 수개월에서 1년 동안 잡초가 전혀 햇빛을 못 받으면 마침내 죽는다. 그리고 골판지는 비료로 분해된다. 잡초가 죽고 나면 원하는 잔디 종자를 다시 파종한다.
- 김맨다. 이미 활착이 된 잔디나 살려두고 싶은 식물 사이사이에 잡초가 났을 때는 김매기 작업이 효과적이다. 캐나다엉겅퀴*Cirsium*, 메꽃*Convolvulus*, 속새*Equisetum*는 뿌리의 극히 작은 일부분만 있어도 다시 하나의 개체로 자란다. 열심히 김을 맸는데 다시 잡초가 무성한 꼴을 보면 화가 나겠지만 꾸준히 반복하면 잡초는 마침내 사라진다. 민들레*Taraxacum*, 서양금혼초*Hypochaeris*는 곧은 뿌리가 시작되는 관부까지 잘라야 다시 자라지 않는다. 잡초를 뽑고 난 자리에 맨흙이 드러나는 구역은 건강한 잔디 종자로 다시 파종한다.
- 발아 억제제를 사용한다. 옥수수 글루텐은 잡초 종자의 발아를 억제한다(다른 식물 종자의 발아도 억제한다) 이미 성장한 식물에는 영향을 미치지 않는다. 그리고 유기물이므로 썩으면 토양에 양분이 되고 질소를 공급하여 토양을 비옥하게 한다. 유전자 변형 옥수수를 밭에 사용하는 것이 꺼림칙하다면 유전자 변형이 되지 않은 옥수수 글루텐을 사용하면 된다.

통기시킨다 | 잔디 통기란 땅을 찔러 구멍을 내서 잔디 뿌리에 통풍을 시키는 일이다. 발, 기계 등으로 다져진 땅에는 특히 이 작업을 해주어야 한다. 전동식 통기 작업 기계를 빌려서 사용하면 편리하다. 쇠스랑 등으로 잔디밭을 찍어서 구멍을 내도 된다.

용어해설

가지마름병(dieback) | 줄기가 갈색으로 시들고 검게 변하여 죽는 현상. 가지 끝에서부터 병이 진행되어 뿌리까지 확산된다. 가지치기를 잘못하여 줄기에 그루터기가 남아 있을 경우 종종 발생한다.

가지치기(prune) | 전정剪定. 건강 상태 또는 모양을 개선하기 위하여 식물의 일부를 선택적으로 제거하는 일

감로(honeydew) | 달고 끈적한 액상 분비물. 진딧물, 깍지벌레류, 가루깍지벌레 등의 곤충이 분비한다.

감염(infected, infection) | 식물이 진균, 바이러스 또는 세균 병원체의 침입을 받는 것

개량제(amendment) | 퇴비 또는 유기비료 등 토양 속 상태, 영양소 함량, 구조 또는 pH(산도)를 개선하기 위하여 토양에 첨가하는 물질

곰팡이(mold, moldy) | 육안으로 관찰되는 진균 병원체. 식물의 체외에서 질감이 폭신한 균체로 관찰된다.

과(科, family) | 유연관계가 있는 것들을 대충 일컬어 '과'로 잘못 사용하고 있다. 식물학에서 과는 유연관계에서의 특정 수준을 가리킨다. 모든 식물의 과명은 '-aceae'로 끝난다. 예를 들어, 국화과는 'Asteraceae'며, 이에 속하는 종류로는 여러 관상속(코스모스속, 달리아속, 천인국속)과 꽃상추 *Cichorium*, 아티초크 *Cynara*, 상추 *Lactuca* 와 같은 식용 식물이 있다.

과일(fruit) | 발육이 되어 익은 씨방. 씨방 속에는 씨가 있다. 과일은 포도 *Vitis*, 노지멜론 *Cucumis melo*, 토마토 *Lycopersicon esculentum* 등 육질이 풍부한 종류와 양귀비 *Papaver*, 땅콩 *Arachis* 등 건조한 껍질로 된 종류가 있다.

관부(crown) | 1. 줄기가 없고 기저에서 뭉쳐 나는 식물에서 잎이 시작되는 부위. 딸기 *Fragaria*, 상추 *Lactuca* 등

이 있다. 2. '수관canopy'의 동의어 : 교목과 관목의 수관樹冠, '수관' 참고

괴사(necrosis, necrotic) | 조직이 갈색 또는 검은색으로 죽음

교잡종(hybrid) | 자연적 또는 인위적으로 두 종 또는 계통 간에 교배한 잡종

구멍병(shot hole) | 잎 조직에서 병든 부위가 떨어져 나가 작은 구멍이 여러 군데 생기는 병

궤양병(canker) | 줄기, 가지 등에서 발생하고 병부는 오목하며, 종종 거무스름한 색으로 괴저한다.

규조토(diatomaceous earth) | 미세한 규조류 조직으로 이 위를 곤충, 달팽이, 민달팽이가 기어가면 찰과상으로 죽는다.

균근(mycorrhiza) | 식물 뿌리 속 또는 겉에서 공생하는 특수한 진균. 마이코라이자균은 토양으로부터 물 및 무기양분을 흡수하여 식물에 제공한다. 한편 식물은 당분을 생산하여 진균에 제공한다.

균사(hypha) | 진균을 구성하는 사상체絲狀體

균사체(mycelium) | 진균의 실체를 구성하는 망형의 균사 덩어리

그을음병(sooty mold) | 식물 표면에 서식하는 진균. 이 진균은 진딧물 등 곤충이 분비하는 단 분비물(감로)을 먹고 확산한다. 기생균이 아니고 공기 전염되지 않는다.

기관(organ) | 여러 조직으로 이루어진 식물체의 구조. 잎, 꽃, 과일 등은 기관이다.

기는줄기(stolon) | 지상부에서 상당히 변형된 줄기. 딸기 *Fragaria* 의 덩굴 등이 있다.

기주(host) | 병원체 또는 기타 기생생물에 감염되거나 전염된 식물

깍지벌레류(scale) | 보통 방패 같은 껍질로 싸여 있으며, 성숙하면 이동성이 없는 곤충

깜부기병(smut) | 몇 종의 깜부기균이 유발하는 질병. 거무스름한 가루포자 덩어리가 생긴다.

꽃가루(pollen) | 정자가 든 개체. 속씨식물의 웅성 부분 또는 겉씨식물의 웅성구화수에서 생산한다.

꽃받침(sepal) | 꽃을 감싸는 첫 번째 부속지. 보통 초록색으로 꽃잎 바로 밑에 위치한다.

꽃밥(anther) | 꽃의 수술을 구성하는 한 부분. 꽃가루를 생산, 함유, 발신한다.

꽃봉오리 솎기(disbudding) | 적화摘花, 한 개의 꽃차례에서 피는 꽃의 일부를 솎아내는 일. 꽃봉오리 솎기를 하면 남은 꽃은 크게 핀다.

꽃차례(inflorescence) | 꽃이 한 줄기에서 집단으로 피는 배열

꽃턱잎(bract) | 변형된 잎 또는 잎처럼 생긴 부속지로, 꽃 또는 꽃차례 바로 밑에서 자라며 보통 잎보다 작거나 크다. 색깔이 변한 것도 있다. 포인세티아의 밝은 빨간 '꽃'은 미미한 꽃을 보완하기 위하여 진화한 꽃턱잎이다.

끈끈이 덫(sticky trap) | 점성이 있고 끈끈한 물질로 미끼에 꼬인 곤충을 잡는 장치

낙엽수(deciduous) | 가을에 낙엽이 지고 겨울에 잎이 없는 목본 식물(교목喬木, 관목灌木, 덩굴성 식물)

내병성(resistant) | 자체에서 병해충에 저항하는 능력이 있어 감염 또는 확산 확률이 작은 식물

내부기생충(endoparasite) | 기주 식물 내부에 붙어서 기주의 양분을 섭취하는 기생충

내성(tolerant) | 병충해 확률이 낮고 손상이 미미한 식물의 성향

내한성(hardiness) | 겨울철 지속되는 결빙 온도에 죽지 않고 견디는 능력

녹병(rust) | 각종 녹균에 의해 발생하는 질병

농약(pesticide) | 특정 생물을 구제하기 위하여 제조된 각종 화학제. 곤충을 죽이는 살충제, 응애를 죽이는 살비제, 진균을 죽이는 살균제, 식물을 죽이는 제초제가 있다.

다종재배(polyculture) | 병충해의 전염을 늦추기 위하여 여러 종류의 식물을 이웃하여 식재하는 일

다짐, 다져짐(compaction) | 무거운 장비를 올려놓거나 토양이 젖어 있을 때 작업을 한 등의 원인으로 토양에 공극이 없는 상태

단종재배(monoculture) | 한 종류의 식물만 재배되는 구역. 사과 *Malus* 과수원, 옥수수 *Zea mays* 밭, 한 종의 잔디로 조성된 잔디밭은 단종재배의 예다.

더뎅이병(scab) | 식물의 특정 부위가 코르크화되어 솟아오르는 몇 가지 진균병

덧거름(topdressing) | 정원용 모래 또는 자갈 등 미관을 고려한 자재. 화분 식물의 분토 표면에 깐다.

덩이뿌리(tuberous root) | 땅속에서 양분 저장 기관으로 상당히 변형된 뿌리. 고구마 *Ipomoea batatas* 는 덩이뿌리다.

덩이줄기(tuber) | 땅속에서 양분 저장 기관으로 상당히 변형된 줄기. 감자 *Solanum tuberosum* 는 덩이줄기다.

도먼트 오일(dormant oil) | 원예용 기름으로 겨울철 월동하는 곤충, 응애, 알을 질식시켜 구제할 목적으로 나무 및 떨기나무에 분사하는 농약이다. 나무 및 떨기나무가 잎이 없는 휴면기 상태일 때 사용한다.

돌려짓기(crop rotation) | 한해살이 식물을 매년 다른 장소에서 재배하는 기술. 토양 전염성 병충해를 방지하기 위함이다.

동녹병(russet) | 코르크 세포의 형성으로 식물의 특정 부위가 갈색에서 주황색으로 변색되고 거칠어지는 중상

두해살이 식물(biennial) | 수명이 2년인 식물. 양배추 *Brassica oleracea* 등이 있다. 첫 해에는 다음 해에 소비할 에너지를 생산 및 저장하고, 이듬해에 꽃이 펴서 종자를 생산하고 죽는다.

둥근줄기(corm) | 구경球莖, 알뿌리와 비슷하게 생겼으나 알뿌리와 달리 줄기 조직이다. 흔한 둥근줄기로는 글라디올러스와 크로커스가 있다.

땅속줄기(rhizome) | 땅속에서 상당히 변형된 줄기. 붓꽃속의 둥근줄기 등이 있다.

떡잎(cotyledon) | 식물 종자의 씨눈에서 난 잎으로 양분이 저장되어 있다.

마디(node) | 잎이 줄기에 붙은 자리. 눈을 포함한 부위다.

마디 사이(internode) | 잎 또는 마디 사이 줄기 부분

마름병(blight) | 잎, 줄기, 꽃이 단시간에 죽는 질병. 각종 세균 또는 진균이 일으킨다.

매개체(vector) | 병원체를 한 식물에서 다른 식물로 전이시키는 동물 또는 공구

멀치(mulch) | 수분 증발 방지, 잡초 제거, 질병 예방, 토양 양분 공급의 목적으로 지표면에 덮는 재료

모자이크(mosaic)병 | 변색된 조직이 여러 군데 나타나는 바이러스성 질병
모잘록병(damping off, damp off) | 씨 또는 실생의 뿌리가 몇 종의 진균 감염으로 죽는 현상
몰리큐트(mollicute) | 세균과 유연관계가 있는 원핵생물인데 세포벽이 없다. 몰리큐트는 절대 동식물 병원체다. 예를 들어, 국화황화병은 몰리큐트가 유발하는 식물 병해다.
문침(吻針, stylet) | 선충 및 일부 곤충의 피하에 위치한 바늘 같은 입
물관부(xylem) | 유관속 조직 중 성숙하면 죽는 세포로 물과 무기양분이 이동하는 통로
미기후(microclimate) | 정원 또는 밭 일대의 더움, 추움, 습함, 건조함, 양지, 음지를 형성하는 작은 범위의 환경 조건.
미이라(mummy) | 갈색 또는 검은색으로 썩어서 죽은 과일이 그대로 식물에 달려 있는 상태
바실루스(Bacillus) | 막대기 모양의 세균의 한 속. 몇 종은 곤충 구제 *Bacillus thuringiensis var. kurstacki, Bt israelensis, Bt san diego, B. popolliae, B. lentimorbus* 또는 진균병 방제 *B. subtilis*에 중요한 역할을 한다.
바이러스(virus) | 핵산과 단백질로 이루어진 절대기생생물. 전자현미경으로만 관찰 가능하다.
반문(mottling) | 변색된 부위가 군데군데 나타난 것
발아(germination) | 환경 조건이 갖추어지면 씨가 저장된 양분을 대사하여 휴면기에서 깨어나는 생육 과정
발아 억제제(pre emergent herbicide) | 잡초 방제에 사용하는 물질. 발아억제제를 사용하면 씨가 발아하지 못한다.
백운석(dolomite) | 석회석(탄산칼슘)의 한 종류. 마그네슘이 다량 함유되어 있다.
번식(propagate) | 유성 또는 무성생식으로 식물 개체수가 늘어나는 것
벌레혹(gall) | 식물 조직이 종양처럼 비정상적으로 크게 자란 것. 곤충 또는 세균이 유발한다.
변종(variety) | 기본 성질이 변형된 식물. 학명으로 습성이 다른 변종(처지는 성질이 있으면 *pendula*), 꽃의 색상이 다른 변종(흰색일 경우 *alba*), 잎의 색상이 다른 변종(얼룩무늬의 경우 *variegata*)을 각각 표시한다.
병반(lesion) | 식물에서 손상되거나 죽은 부위. 보통 색이 변한다.
병원체(pathogen) | 질병을 유발하는 생물
병징(symptom) | 장해 및 병해충으로 식물 내외에서 일어나는 반응 또는 변화
복제(clone) | 무성생식 또는 조직배양 번식으로 동일한 식물 한 개체를 더 생산하는 일
부생균(saprophyte) | 죽은 유기체로 양분을 만드는 생물
비내한성(tender) | 겨울철 영하 온도에서 살지 못하는 식물 성향
비료(fertilizer) | 식물 생육에 필요한 특정 무기 성분이 풍부한 물질. 토양에 살포하면 식물이 흡수한다.
빗자루병(witches' broom) | 공 모양의 덩어리에서 짧은 줄기가 빽빽하게 나 수년간 지속되는 현상
삭과(capsule) | 꼬투리 안에 씨가 든 과일. 익으면 씨방이 말라서 쪼개지고 씨가 밖으로 떨어진다.
산성 토양(acid soil) | pH가 7.0 미만인 토양. 만병초, 영산홍, 철쭉 *Rhododendron*, 블루베리 *Vaccinium*, 동백, 치자, 기타 산성토 식물 재배에 필요한 토양

산성화(acidify) | 커피가루, 황, 황산알루미늄 등을 첨가하여 토양을 산성으로 개량하는 일

살균제(fungicide) | 진균을 구제하는 데 사용하는 물질

살충비누(insecticidal soap) | 세제가 아닌 비누(지방산칼륨염). 곤충 구제에 사용한다.

상록수(evergreen) | 활엽상록수는 속씨식물이고 교목과 관목이 있다. 다년초多年草를 활엽상록수로 분류하기도 한다. 침엽상록수는 겉씨식물이고 교목과 관목 종류만 있다.

생물농약(biological remedy) | 대량 생산되어 온·오프라인 매장에서 판매되는 이로운 생물

석회(lime) | 탄산칼슘(석회석) pH 수치를 높이고 칼슘을 공급하는 토양 개량제

선충(nematode) | 미생물의 한 부류. 일부는 식물기생생물이다.

세균(bacteria) | 원핵생물. 보통 단세포이며, 세포벽은 있으나 핵이 없다. 세균은 어디에나 존재한다. 몇 종은 심각한 식물 질병을 유발한다〔*Erwinia amylovora*(화상병), *E. carotovora*(무름병), *Pseudomonas syringae*(마름병), *Xanthomonas campestris*(마름병), *Agrobacterium tumefaciens*(근두암종병)〕

소독(sterilization) | 열 또는 화학물질을 사용하여 토양, 공구, 식물 부위에서 병원체를 제거하는 일

소반(scorch) | 부적합한 환경 조건으로 인하여 잎 끝과 가장자리가 갈색으로 죽는 현상

소엽(小葉, leaflet) | 잎의 일부분으로, 소엽 여러 장이 모여 하나의 잎을 형성한다. 예를들면, 토끼풀 *Trifolium* 잎은 세 장의 소엽으로 구성된다.

속(屬, genus) | 유연관계가 매우 가까운 종의 집단. 예를 들면, *Rosa damascena*, *R. gallica*, *R. centifolia*는 모두 장미속 *Rosa* 종이다.

솎아내기(thinning) | 1. 너무 많이 열린 과실을 발육하기 전에 제거하는 일 2. 나무 또는 떨기나무의 무성한 가지를 선택적으로 치는 일 3. 유묘가 너무 많이 났을 때 재배할 몇 개만 남기고 뽑아내는 일

수관(樹冠, canopy) | 나무 또는 떨기나무의 잎이 지상에서 뻗는 모양

수분(受粉, pollination) | 정자가 든 꽃가루가 꽃 또는 구화의 난자가 든 자성 부분으로 이동하는 과정. 이동은 바람 또는 벌, 벌새, 사람 등 동물에 의해서 이루어진다.

수술(stamen) | 꽃의 웅성雄性 부분. 꽃실과 정자가 든 꽃밥으로 이루어져 있다.

슈피리어 오일(superior oil) | 곤충 및 응애 구제용으로 생육기 식물에 사용이 가능하도록 정제된 원예용 기름

스트레스(stress) | 제한되거나 과도한 환경 자원 때문에 식물 내에서 대사 및 광합성 작용이 저해되는 상태. 식물은 약해지고 병해충 공격에 대한 이병성이 높아진다.

시든 꽃 따내기(deadheading) | 종자 형성을 막아서 식물의 에너지 소모를 방지하기 위하여 시든 꽃을 제거하는 일

시들음(wilt) | 식물의 일부가 처지는 현상. 원인으로는 물을 적게 준 결과 수분 부족, 비료 또는 기타 염분 농도 과다, 수분 과잉이나 진균병, 선충, 흙다짐 등에 의한 뿌리 괴사 등이다.

시비(fertilization) | 1. 토양을 비옥하게 하고 식물 생육을 촉진하기 위하여 비료를 살포하는 일 2. 수정fertilization : 정자와 난자가 결합하여 접합자를 생성하는 것. 접합자는 자라서 식물과 동물 개체가 된다.

식물중독(phytotoxic) | 특정 환경 조건하에서 여러 원인으로 인하여 식물 세포가 상하거나 죽는 현상

심근(深根, deep root) | 땅속 깊이 뻗은 뿌리

쌍떡잎식물(dicot) | 'dicot'은 'dicotyledon'의 줄임말. 속씨식물의 두 가지 부류 중 하나. 쌍떡잎식물의 씨에서는 떡잎이 두 개 난다. 다른 한 가지 부류는 외떡잎식물이다.

썩음병(rot) | 세균 또는 진균 감염으로 물러지고 변색되며, 식물 조직에서 분리되는 증상

알뿌리(bulb) | 상당히 변형된 잎이 작고 연약한 줄기를 감싸는 구조의 땅속 저장 부위(양파, 튤립 등)

암술(pistil) | 꽃의 자성雌性 부분. 씨방, 암술대, 암술머리로 이루어져 있다.

암술대(style) | 암술의 장대 같은 부속지. 씨방과 암술머리 사이에 있다.

암술머리(stigma) | 꽃의 암술 끝부분. 꽃가루를 받아서 꽃가루의 정자를 씨방 속 난자로 통과시킨다.

애벌레 · 유충(larva) | 곤충, 응애 또는 선충이 미성숙한 상태 또는 유충인 상태

여러해살이 식물(perennial) | 수명이 2년 이상인 식물

연형동물(worm) | 지렁이처럼 생긴 벌레

염기성 토양(alkaline soil) | pH7.0 초과인 토양

영양(nutrient) | 천연 무기 성분. 토양 속 암석 입자가 풍화되거나 유기물질이 썩어서 생기며 식물 뿌리가 흡수한다.

외떡잎식물(monocot) | 'monocot'는 'monocotyledon'의 줄임말. 속씨식물의 두 가지 부류 중 하나. 외떡잎식물의 씨에서는 떡잎이 한 개 난다. 다른 한 가지 부류는 쌍떡잎식물이다.

외부기생충(ectoparasite) | 기주 식물 외부에 붙어서 기주의 양분을 섭취하는 기생충

울타리유인(espalier) | 나무 및 떨기나무의 가지치기 기술 중 하나로 가지가 벽면이나 울타리 등에 납작하게 붙어서 2차원으로 뻗도록 유도하는 가지치기다. 매우 좁은 공간에서 과일나무를 재배하고자 할 때 공간을 절약하는 기술이다.

원예용 기름(horticultural oil) | 곤충을 구제하기 위하여 식물에 분사하는 기름. 식물성 기름 또는 광물성 기름으로 제조하며, 겨울철 휴면기에는 높은 농도로, 생육기에는 낮은 농도로 사용한다.

원핵생물(prokaryote) | 단순 미생물(세균, 몰리큐트). 흔히 단세포이며 핵은 세포막으로 둘러싸여 있지 않다.

월동(overwinter) | 어떤 생물이 일정 기간 동안 영하 온도에서 살아남음

위생처리(sanitize) | 병충해를 입은 식물의 특정 부위를 식물에서 제거하거나, 식물 자체를 재배 환경에서 제거하는 일

유관속(vascular) | 유액을 통과시키는 식물 계통. 우리 몸의 혈관 또는 심혈관 계통과 유사하다.

유기멀치(organic mulch) | 토양 최상층을 피복하는 분쇄 수피, 코코넛 섬유, 견과 껍질, 나뭇조각, 솔잎, 짚, 파쇄한 신문지, 종이상자 등 천연 생물질

유기물질(organic matter) | 천연생물자원에서 생성된 물질

유기비료(organic fertilizer) | 최소한의 공정을 거친 천연 생물 또는 무기 자원. 혈분, 골분, 해조류 등은 유기비료다.

유묘(幼苗, seedling) | 싹이 터서 자란 어린 식물

익충(beneficial organism) | 원예 작물의 병해충 구제에 도움이 되는 곤충, 응애, 선충, 세균 등. 익충은 번식시켜야 한다.

잎(leaf) | 광합성을 하는 1차적 기관. 보통 납작한 형태의 녹색 기관으로, 태양으로부터 에너지를 얻는 역할을 한다.

잎자루(petiole) | 잎이 붙은 대. 잎과 줄기를 연결한다.

자실체(fruiting body) | 포자를 포함하는 생식 기관. 자실체는 진균이 생산한다.

장과류(berry) | 과육과 액즙이 많고 속에 씨가 든 과일

장해(disorder) | 병해충이 아닌 환경에 불균형이 생겨 식물에 질병이 생기는 것. 질소 결핍이 그 예다.

재배품종(cultivar) | 재배 작물의 특정 종류〔'cultivar'는 'cultivated(재배)'와 'variety(종류)'에서 파생〕

저장근(storage root) | 식물의 양분을 저장하기 때문에 비대한 뿌리

적소지위(niche) | 식물이 살기에 적합한 환경 조건이 갖추어진 장소

절대병원체(obligate pathogen) | 질병을 유발하는 매개체 중 기주 외부에서는 살지 못하는 종류. 절대병원체로는 바이러스, 몰리큐트, 특정 진균 또는 세균이 있다.

접목(grafting) | 한 식물(접수)을 잘라낸 일부를 다른 식물(대목)의 뿌리 계통에 붙이는 기술

접합자(zygote) | 수정된 식물 또는 동물 난세포

제초제(herbicide) | 식물을 죽이는 데 사용하는 각종 약제

조직(tissue) | 특정 기능을 수행하는 세포의 집합. 표피 조직은 식물체를 보호하는 조직으로, 피부 역할을 하는 조직이다. 유관속 조직은 물, 양분, 무기양분을 식물 전체로 전달한다.

종(species) | 식물학적 분류의 단위. 동계 교배가 가능한 유연관계의 집단

종양(tumor) | 조직이 손상되어 비정상적으로 자라서 부풀어 오른 것

진균(fungus) | 포자로 번식하고 생장 습성이 사상성絲狀性인 거대한 생물 집단 중 하나. 독립 계통으로 분류되는 진균은 대부분 심각한 식물 병원균이다.

질소(nitrogen) | 천연 원소이자 식물의 주요 영양소

착생 식물(epiphyte) | 기주 식물 외부에 붙어서 생육하는 식물. 단, 기생 생물과 달리 기주로부터 양분을 섭취하지 않는다.

채소(vegetable) | 식물학이 아닌 식품 기준의 용어. 보통 달지 않은 식용 식물 또는 식물의 일부를 뜻한다.

천근(淺根, shallow root) | 지표면 가까이에 있는 뿌리

체관부(phloem) | 유관 속 조직의 살아 있는 세포. 양분이 식물체 전 부위로 이동하는 통로다.

추대(bolting) | 온도 및 일조량 이상으로 특정 식물(상추, 시금치, 양배추 등)에서 일찍 꽃이 피는 현상

침엽수(conifer) | 겉씨식물 중 종자를 구화에서 생산하는 식물 부류. 소나무 *Pinus*, 전나무 *Abies*, 가문비나무 *Picea*, 레드우드 *Sequoia*, 개잎갈나무 *Cedrus*, 향나무 *Juniperus* 등이 있으며, 꽃이 피지 않으므로 과일도 열리지 않는다.

침투성(systemic) | 병원체 또는 물질이 유관속 조직을 통과하여 식물 전체에 확산되는 것. 바이러스, 세균 또는 몰리큐트 감염은 침투성이 많다.

코르크(cork) | 코르크 조직은 질감이 거칠고 보통 오렌지갈색이다. 수분 과잉이나 질병으로 잎, 과일, 줄기에 생긴다.

킬레이트화 철(chelated iron) | 식물이 흡수하기 좋도록 EDTA(ethylenediaminetetraacetic acid, 에틸렌다이아민테트라아세트산) 등의 화합물과 결합한 철

탄저병(anthracnose) | 잎, 과일, 줄기에 발생하는 질병. 진균 콜렉토트리쿰 *Collectotrichum*, 글로메렐라 *Glomerella* 에 의한 질병으로, 증상은 발병 부위가 짙은 색으로 변하고 꺼지며 종종 검은 원심부를 생성한다.

태양열 소독(solarize) | 토양을 비닐로 덮어 태양열로 특정 병원체를 없애는 일

태좌(placenta) | 밑씨가 씨방 안에 붙은 부위

통기(aeration) | 1. 액체 속에 공기방울을 보내는 일 2. 잔디밭에 구멍을 내어 공기가 토양을 투과하게 하는 일

퇴비(compost) | 식물성 쓰레기(주방 또는 정원에서 생성되는)를 이로운 세균 및 진균이 영양이 풍부한 물질로 분해한 것. 색은 검고 질감은 푸석푸석하다. 토양 개량제로 사용되어 비료를 제공하고 건강한 생물학적 활동을 회복시킨다. 퇴비를 줌으로써 병충해를 유발하는 병원성 진균 및 세균을 구제한다.

퇴비차(compost tea) | 물에 퇴비 및 당밀을 넣고 공기를 주입하여 여과한 것. 이 혼합물은 이로운 세균 및 진균 확산을 촉진한다. 갓 양조한 퇴비차를 잎에 분사하면 병원성 진균 및 세균을 구제할 수 있다.

페로몬(pheromone) | 짝짓기를 위하여 또는 공격 등 특정 행동을 암시하기 위하여 생물이 생산하는 화학물질. 합성 페로몬은 특정 곤충의 생활주기를 교란하기 위하여 천연 페로몬을 인공 생산한 페로몬이다.

포식성 응애(predatory mite) | 식물을 해치는 응애를 잡아먹는 이로운 응애

포자(spore) | 식물의 씨와 유사한 진균의 생식 개체

표피(epidermis) | 식물의 전 부분을 피부처럼 싸서 보호하는 외부 조직

해충(pest) | 식물의 일부를 먹이로 삼는 동물

핵과(stonefruit) | 한가운데에 씨가 단단한 핵으로 들어 있는 열매

핵산(nucleic acid) | 유전 정보를 포함하는 DNA 또는 RNA

혐기성(anaerobic) | 산소 접촉을 거부하는 상태 또는 산소가 없어야 하는 공정

호기성(aerobic) | 산소와 접촉하는 상태 또는 산소가 요구되는 공정

호온성 식물(好溫性 植物, warm season plant) | 온난한 환경에서 자라는 식물

황화병(yellows) | 식물이 오그라들고 노란색으로 변하는 식물 질병

휴면(dormancy) | 식물이 생명을 유지하기 위하여 대사 과정을 최소한으로 줄이고 생육 활동이 정지된 상태. 예를 들어, 종자는 환경 조건이 적당해질 때까지 휴면하고 환경 조건이 적합하면 발아 과정을 시작한다. 많은 나무 및 떨기나무는 겨울에 휴면한다.

흰가루병(powdery mildew) | 몇 종류의 진균 병원체로 인하여 식물 일부의 표면에서 흰 물질이 생기는 병

흰곰팡이(mildew) | 흰가루병powdery mildew 참고

NPK | 비료 포장에 표기된 문자. N은 질소, P는 인, K는 칼륨을 가리킨다.

pH | '수소이온농도'의 표시단위. pH7 미만인 수용액은 산성, pH7 초과인 수용액은 염기성이라 한다.

pH 수치 | pH 수치의 범위는 0~14이며, 가운데 수치인 7은 중성이다.

별표(*)가 있는 도서는 유기농 재배 기술을 전문적으로 다룬 것들이다.

Agrios, George N. 2005. *Plant Pathology.* 5th ed. Burlington, Massachusetts: Elsevier Academic Press.

Brenzel, Kathleen Norris, ed. 2007. *Sunset Western Garden Book.* 8th ed. Menlo Park, California: Sunset Publishing Corporation.

* Coleman, Eliot. 1989. *The New Organic Grower.* Chelsea, Vermont: Chelsea Green Publishing.

* Ellis, Barbara W., and Fern Marshall Bradley, eds. 1996. *The Organic Gardener's Handbook of Natural Insect and Disease Control.* Emmaus, Pennsylvania: Rodale Press.

Gillman, Jeff. 2008. *The Truth About Garden Remedies.* Portland, Oregon: Timber Press.

_____, 2008. *The Truth About Organic Gardening.* Portland, Oregon: Timber Press.

Grissell, Eric. 2001. *Insects and Gardens: In Pursuit of a Garden Ecology.* Portland, Oregon: Timber Press.

Lowenfels, Jeff, and Wayne lewis. 2006. *Teaming with Microbes.* Portland, Oregon: Timber Press.

McKinley, Michael, ed. 2001. *Ortho's Home Gardener's Problem Solver.* Des Moines, Iowa: Ortho Books.

Olkowski, William, Sheila Daar, and Helga Olkowski. 1991. *Common-Sense Pest Control.* Newtown, Connecticut: Taunton Press.

Westcott, Cynthia. 1973. *The Gardener's Bug Book.* Garden City, New York: Doubleday & Co.

_____, 1990. *Westcott's Plant Disease Handbook.* 5th ed., rev. by R. Kenneth Horst. New York: Van Nostrand Reinhold Co.

찾아보기

● 참고 | 굵게 표기된 번호는 그림 또는 사진이 포함된 쪽번호임

ㄱ

가뢰류(blister beetle) 452
가루깍지벌레(mealybug) 44, 61, 151, 169, 191, 194, 203, 279, 297~298, 300, 312~313, 318~319, 344, 443, 516
가루이(whitefly) 56, 234, 240, 316, 318, 321~324, 326, 388, 398, 438, 512
가문비나무속(spruce tree, *Picea*) 17, 152, 159, 483, 487, 523
가루깍지벌레류(root mealybug) 194, 203, 344
가울테리아 스할론(salal, *Gaultheria shallon*) 278, 426, 432, 434, 439~440
가위벌류(leafcutter bee) 57, 318, 438
가지(eggplant, *Solanum melongena*) 205, 264
가지마름병(dieback) 143, 148, 281, 478, 516

가지부러짐(branche broken) 52, 230, 232, 250~251, 254, 434 (줄기 참고)
가지 부실(weak fork) 156, 253~354
가지치기(전정剪定, pruning) 96, 231~232, 241~242, 245, 247, 251, 253~254, 247, 373~374, 419, 459, 516, 521
가지치기 3대 규칙(Three-Protection Regulations) 247
가짓과(nightshade) 237
갈색썩음병(brown rot) 48, 76, 90, 117, 129, 131~132, 143, 148, 281, 437, 450, 458, 466, 473, 475, 478, 481
감귤류 동해(citrus freeze damage) 104, 116, 263, 464, 465
감로(honeydew) 297~298, 313, 428, 516~517

527

감염(infection) 516
감자(potato, *Solanum tuberosum*) 173~174, 177, 237, 250, 269, 270, 273, 293~294, 317, 323, 344, 377, 379, 441, 492~497, 499, 518
갓(mustard) 195
강낭콩(green bean, *Phaseolus vulgaris*) 101~103, 205, 219, 234, 264, 296, 369, 387, 468, 493, 500, 503
개곰솔(Scots pine, *Pinus sylvestris*) 19
개나리속(forsythia) 253
개량제(amendment) 516
개미(ant) 56, 83, 155, 298, 309, 312, 318, 342, 451
개박하(catnip) 239, 322, 354, 512
개잎갈나무(cedar tree) 17, 523
거미(spider) 239, 322, 512
거세미(cutworm) 80, 214, 313, 318~319, 326~327, 334 (파밤나방 참고)
거세미 벽(cutworm collar) 324
거품벌레(spittlebug) 81~82, 166, 318~319, 452, 490
검은무늬병(black spot) 42, 225, 234, 280, 283~284, 429
검은별무늬병(scab) (더뎅이병 참고) 149, 269, 281, 429, 482
검은썩음병(black rot) 114, 129, 130, 281, 466, 475
검은점병(fly speck) 114, 281, 467
검은혹병(black knot) 146, 165, 281, 478, 489
겁주기(fright tactic) 415
겉씨식물(non-flowering plant) 17

겨울철 건조해(winter desiccation) 39, 262~263, 427
겨울 추위(winter chill) 97, 265, 365, 461
겨이삭(bentgrass, *Agrostis*) 509~510
겨자무(radish, *Raphanus*) 195, 496
견과류(nut) 205, 121, 243, 400, 407
고구마(*Ipomoea*, sweet potato) 172, 174, 237, 518
고구마바구미(sweet potato weevil) 192, 344
고두병(bitter pit) 118, 271, 273
고사枯死(flagging) 52, 246, 436
고수(coriander) 239, 322, 355, 512
고온 장해(heat damage) 176, 264~265, 492
고추(pepper, *Capsicum*) 129, 205, 234, 237, 264, 388, 398, 418, 473
곰팡이(mold) 516 (흰곰팡이 참고)
공중습도(humidity) 64, 260, 265, 445
과(family) 516
과다 결실(excess fruit, heavy fruit crop) 253, 472
과밀(overcrowding) 198, 249, 250
과실파리(fruit fly) 328, 319
과실파리류(blueberry maggot, currant fruit fly, husk fly) 126, 134, 210, 318~319, 341~342, 500
과일(fruit) 516
과일벌레(fruitworm) 317, 326, 469
관개(irrigation) 271 (물 관리 참고)
관목灌木(shrub) 147, 150, 153, 156~157, 238, 251, 292, 302, 364, 398, 418, 517, 520 (줄기 참고)
관부(crown) 516
관부썩음병(crown rot) 153, 162, 201, 293, 481,

488, 498
관상초(ornamental grass) 101
관생貫生(proliferation) 86, 262~263, 379, 455
광단풍나무(Japanese maple) 426
광합성(photosynthesis) 15, 30~31, 34, 137, 139, 207, 228, 262, 264, 297, 368, 428, 433
괴사(necrosis) 517
교목喬木(tree) 147, 150, 153, 156~157, 238, 251, 302, 364, 399, 419, 517, 520 (줄기 참고)
교잡종(hybrid) 547
구근부패병(dahlia tuber rot) 177, 202, 303
구근 진균병(bulb fungus) 183
구더기(maggot) 91, 124, 127, 130, 133~134, 189, 191~192
구리(copper) 252, 291, 334~335, 376~377
구리 테이프(copper tape) 410
구멍병(shot hole fungus) 109, 115, 280, 517
구멍장이균류(bracket fungus) 168, 302, 489
국화과(daisy family, Asteraceae) 239, 322, 355, 512, 516
국화황화병(aster yellows) 84~85, 198, 309, 370, 378~379, 516
굴 파는 동물(burrowing mouce) 214, 418, 416
굴파리류(leafminer) 46, 318, 341, 433
굼벵이(white grub) 211, 306, 344
궤양병(canker) 517
규조토(diatomaceous earth) 332~333, 410, 412~413, 517
균근(mycorrhiza) 266, 276, 277, 517
균사(hyphae) 276~277, 517
균사체(mycelium) 276~277, 280, 517

그늘(shade) 94, 96, 98, 241, 146, 255~256, 288, 461~462, 503, 510
그을음병(sooty mold) 10, 36, 107, 113, 278~279, 296~299, 428, 517
근두암종병(crown gall) 27, 146, 202, 377, 425, 480, 520
글라디올러스(gladiolus) 177, 238, 399, 450
글로메렐라(*Glomerella*) 523
금잔화(calendula) 379, 455
기관의 정의(organ, defined) 517
기는줄기(stolon) 136, 517
기생봉(parasitic plant) 298
기생 식물(parasitic plant) 151, 167, 403, 405~406, 408~409, 419
기생초(tickseed, *Coreopsis grandiflora*) 422
기주(host) 222, 517
기피제(repellent) 418
김매기(weeding) 244, 514
깍지벌레류(scale) 44, 146, 169, 279, 297~298, 300, 307, 312, 316, 318~319, 428, 430, 489, 517
깔따구(midge) 66, 318
깜부기병(smut) 146, 165, 210, 281~282, 517
껍질 벗겨짐(bark damage) 141, 144
꽃(flower) 67~99, 448~463
꽃가루(pollen) 517
꽃기린(crown of thorns, *Euphorbia*) 424
꽃노린재류(minute pirate bug) 240, 309, 312, 322, 355, 513
꽃등에(hover fly, syrphid) 298, 306, 309, 312
꽃받침(sepal) 68~69, 81, 452, 517

꽃밥(anther) 69, 517
꽃봉오리 솎기(적화摘化, disbudding) 88, 232, 253, 455, 517
꽃차례(inflorescence) 68, 248, 517
꽃턱잎(bract) 31, 32, 159, 517
꽃파리류(root maggot) 192, 344, 495
꿀꿀이바구미류(curculio) 83, 310~311, 319, 332~333, 451
꿀풀과(mint family, Lamiaceae) 239, 322, 355, 512
끈끈이 덫(sticky trap) 328, 517

ㄴ

나리(lily, *Lilium*) 17, 19, 69
나무딸기(*Rubus idaeus*) 99, 116, 128, 142, 148, 269, 270, 274, 475, 479
나무이류(psyllid) 64, 297, 300, 316, 318, 339, 367, 446
나무좀(bark beetle) 27, 98, 156, 317, 341~342, 485
나무좀류(shot hole borer) 155, 329~330, 342
나뭇가지띠하늘소(twig girdler) 142, 342
나방(moth) 313, 315, 330, 334~335 (코들링나방·잎말이나방류pea moth larva 참고)
나비(butterfly) 68, 70~71, 305~308, 313, 315, 333~336, 403~404, 413
나비목(Lepidoptera) 313, 329, 330
나팔수선(daffodil, *Narcissus*) 173, 238, 265, 303, 365, 399, 459, 493, 498
낙엽수(deciduous) 1517

난蘭(orchid, *Orchidaceae*) 17, 31, 69, 136, 267, 309
날씨 문제(weather problem) 262, 264~265
남천(heavenly bamboo, *Nandina*) 446
낮 길이(daylength) 198, 256
내병성 식물(disease- or pest-resistant plant) 234~235, 294, 302, 396, 399, 517
내병성 품종(resistant cutivar) 234, 284, 320, 345, 373, 378, 379, 387, 398, 509
내부기생충(endoparasite) 393, 517
내성의 정의(tolerant) 518
내한성(hardiness) 229, 263, 518
너구리(raccoon) 122, 217, 405~408, 416~418
너도밤나무속(beech, *Fagus*) 149
노블전나무(noble fir, *Abies procera*) 32
노린재목(Hemiptera) 82, 312
노제마 로쿠스테(*Nosema locustae*) 331~332
노지멜론(cantaloupe, *Cucumis melo*) 102, 408, 516
노화(old age) 38, 77, 246, 248, 428, 449
녹병(rust) 42, 44, 63, 150, 157, 225, 234, 282, 284, 429, 443, 518
녹응애류(rust mite) 350~351
농업개량보급소(Cooperative Extension Service) 234, 239, 287, 388, 394, 398
농약(pesticide) 518
농약 피해(pesticide damage) 75, 78, 252, 448
누탈리이 층층나무(Pacific dogwood, *Cornus nuttallii*) 32
눈 쌓임에 따른 피해(snow damage) 157, 253~254
느릅나무(elm, *Ulmus*) 480, 486

느티나무(zelkova) 478, 490

남나무(neem, *Azadirachta indica*) 289, 336, 357

ㄷ

다년초多年草(perennial) 238, 520

다람쥐(squirrel) 217, 405~406, 416, 418, 502

다짐, 다져짐(compaction) 518

단일재배와 다종재배 비교(monoculture vs. polyculture) 236, 237, 285, 296, 320, 399, 400, 518

단풍나무속(maple, Acer) 16, 144, 149

달리아(dahlia) 177, 202, 238, 253, 365, 393, 399

달팽이 및 민달팽이(slug and snail) 54, 59, 79, 82, 119, 190, 212, 239, 243, 322, 332~333, 403, 405, 442, 454, 471, 496, 513~514

담배모자이크바이러스(tobacco mosaic virus) 234, 380, 388, 389, 398

당근(carrot, Daucus) 172, 198, 237, 239, 249, 273, 322, 355, 494, 497, 512

당근파리(rust fly) 192, 344

대만 총채벌레(flower thrip) 85, 319, 456

대화帶化(fasciation) 159, 487

더뎅이병(scab) 115, 123, 125, 183, 269, 270, 281, 293~294, 467, 469, 473, 493, 518

덩이줄기(tuber) 137, 176, 177, 280, 303, 352, 518

덧거름(topdressing) 243, 283, 400, 407, 518

덫(trap) 327~329, 410, 417~418

델피니움(delphinium) 16

도먼트 오일(dormant oil) 337, 358, 518

도토리(acorn) 204, 501

돌려짓기(crop rotation) 237~238, 269, 325, 385, 399, 518

동녹병(russetting) 115, 249, 465, 518

동백(camellia) 270, 274, 279, 299, 449

동백꽃썩음병(camellia flower blight) 76, 89, 281, 450, 458

두해살이 식물(biennial) 264, 518

둘레썩음병(bacterial ring rot) 188, 200, 494, 499

둥근줄기(구경球莖, corm) 176, 235, 518

디펜바키아(dieffenbachia) 426

디플로카르폰 로사이(*Diplocarpon rosae*) 280

딜(dill, *Anethum*) 236, 239, 298, 322, 355, 400, 512

딱따구리(woodpecker) 155, 406, 413, 486

딱정벌레(beetle) 55, 58, 82, 154, 216, 306, 310~312, 318, 332~334, 336, 411, 441, 451

딱정벌레목(Coleoptera) 310

딸기(strawberry, *Fragaria*) 99, 136, 315, 352, 393, 405, 407, 453, 460, 516

딸기속(*Rubus*) 463

땅속줄기(rhizome) 137, 173, 176, 235, 280, 294, 363~364, 387, 518

떡병(leaf gall) 36, 280, 428

떡잎(cotyledon) 100, 205~206, 518

ㄹ

라벤더(lavender) 236, 242, 400, 417, 481

라일락 불마름병(lilac blight) 143, 372

레드우드(redwood tree, *Sequoia*) 523

레몬밤(lemon balm) 239, 322, 355, 512

로제트(double blossom) 86, 383

로즈마리(rosemary, *Rosmarinus*) 33, 236, 239, 322, 355, 417, 461, 512
루드베키아(black-eyed Susan, *Rudbeckia*) 236, 400, 451
루핀(lupine, *Lupinus*) 487
리소도라(*Lithodora*) 461
리조비움속(*Rhizobium*) 368
리족토니아속(*Rhizoctonia*) 268

ㅁ

마그네슘 결핍(magnesium deficiency) 29, 38, 49, 231, 270~272, 425, 427, 434
마드론(madrone, *Arbutus menziesii*) 433
마디(node) 518
마디 사이(internode) 136, 518
마름병(blight) 518
막덮기(row cover) 263, 324, 414, 416
말벌(wasp, yellowjacket) 122, 307, 309~310, 312~314, 319, 469
망간 결핍(manganese deficiency) 29, 38, 49, 210, 271, 272, 424, 427, 434, 500
매개체(vector) 518
매미(cicada) 307
매미목(Homoptera) 316
매미충(leafhopper) 41, 43, 56, 316, 318, 323, 367, 370, 379, 431, 438
매자나무(barberry, *Berberis*) 454
맨자니타(kinnikinnik, *Arctostaphylos*) 444
먼지진드기(dust mite) 351
멀구슬나무(chinaberry tree, *Melia azedarach*) 289, 336, 357~358
멀치(mulch) 243, 257, 265, 268, 283, 287, 295, 327, 375, 400, 419, 514, 518
메뚜기(grasshopper) 55, 58, 83, 214, 313~314, 318~319, 331~332, 440, 451, 453
메뚜기목(Orthoptera) 313
멜론(melon, *Cucumis*) 102, 408, 466, 472~473
명나방류(cranberry fruitworm, European corn borer) 120, 133, 319, 341
명나방류의 애벌레(navel orange worm, pecan nut casebearer) 121, 127, 155, 215, 319, 326, 334, 342
명자나무(flowering quince, *Chaenomeles*) 424
모자이크바이러스병(mosaic virus) 106, 111, 126, 383, 468
모잘록병(damping off) 26, 211, 268, 293, 501, 519
목련(magnolia) 459
목수개미(carpenter ant) 155, 312, 342
몰리큐트(mollicute) 243, 367, 370~371, 376, 379, 514, 519
무고자리파리(cabbage maggot) 192, 344
무당벌레(ladybird beetle) 240, 289, 298, 300~301, 308~309, 310, 323, 330~331, 337, 340, 357~358, 361, 513
무당벌레류(mealybug destroyer) 240, 322, 355, 513
무름병(soft rot) 182, 201, 293, 377, 520
무사마귀병(clubroot) 195, 269~270, 293~294
무화과속(*Ficus*) 121, 407
문침吻針(stylet) 392, 394~395, 519

물 관리(water management) 232, 256~257, 261, 284, 295, 401

물관부(xylem) 34, 315~316, 171~172, 519

물레나물(St. John's wort, *Hypericum*) 443

물리적 원인에 의한 손상(mechanical damage) 23, 39, 52, 116, 185, 250~251, 403, 422, 427, 435

물 빠짐(drainage) 250, 258~259, 262, 273, 295, 407

뭉뚝날개나방(skeletonizer) 41, 46, 60, 318, 341, 430, 433, 438

미국 산딸나무(flowering dogwood, *Cornus florida*) 425

미나리과(Apiaceae) 239, 322, 355, 512

미로테시움 베르루카리아(*Myrothecium verrucaria*) 401

미이라(mummy) 519

미이라병(blueberry mummy berry) 129, 281

미송(Douglas fir) 152, 161, 319, 425, 427, 485~486

민들레(dandelion, *Taraxacum officinate*) 101, 103~104, 252, 514

밀깍지벌레류(lecanium scale) 146, 169, 319, 479, 490

밀크위드(milkweed, *Asclepias*) 103, 428, 452

밀크위드진딧물(milkweed aphid) 152, 161, 319

밀토니옵시스(pansy orchid, *Miltoniopsis*) 288

밑빠진벌레(sap beetle) 216, 342

ㅂ

바구미(weevil) 55, 57, 83, 99, 310~311, 318~319, 439, 451, 463

바구미류(black vine weevil, carrot weevil, nut weevil, strawberry root weevil, plum curculio) 25, 83, 99, 119, 192~193, 317, 319, 324, 332~333, 342~344, 463, 469, 501

바구미류 유충(root weevil larva, white-fringed beetle) 127, 133, 192, 213, 501

바람에 의한 피해(wind damage) 39, 98, 263, 422, 427, 435, 445

바로아 응애(*Varoa* mite) 351

바실루스(*Bacillus*) 519

바실루스 렌티모르부스(*Bacillus lentimorbus*) 335

바실루스 수브틸리스(*Bacillus subtilis*) 288, 368

바실루스 투린지엔시스(*Bacillus thuringiensis*) 333~334, 368

바실루스 포필리에(*Bacillus popilliae*) 335

바이러스(virus) 28, 48, 66, 75, 78, 231, 236, 239, 243~244, 380~390, 394, 396, 400, 425, 434, 447, 468, 487, 519

박주가리진딧물(oleander aphid) 152, 161, 319

반문(mottled leaf) 28, 35, 48~49, 75, 78, 126, 434, 519

반시류 곤충(true bug) 82

발아(germination) 205~207, 519

발아억제제(pre-emergent herbicide) 244, 514, 519

발육 부진(distorted growth) 94, 97

밤나무속(chestnut) 149

밤나무 줄기마름병(endothia canker) 302

밤나방류(common stalk borer) 156, 161, 191, 342, 344

찾아보기 **533**

방조망(net) 414
방패벌레(lace bug) 43, 87, 318~319, 430, 456
배나무속(pear, *Pyrus*) 109, 118, 125, 127, 458, 478
배꼽썩음병(blossom end rot) 113, 271, 273, 466
배추과(Brassicaceae, cabbage family) 195, 237, 269~270
백각병(milky spore) 335~336
백리향(thyme, *Thymus*) 33, 236, 239, 322, 355, 417, 512
백운석질 석회(dolomite lime) 270, 511
벵갈고무나무(banyan tree) 171, 430, 489
버드나무(willow, *Salix*) 443
버팀뿌리(prop root) 171
버펄로 그래스(buffalo grass, *Bouteloua dactyloides*) 509~510, 512
벌(bee) 68~69, 92, 248, 254~255, 289, 305, 307~308, 312~314, 337, 351, 358, 371, 508
벌떼 실종 괴현상(CCD, colony collapse disorder) 254
벌레혹(gall) 63, 152, 159, 346, 443, 487, 490, 519
벌목(Hymenoptera) 312~313
베고니아(begonia) 238, 365, 398
베이킹 소다 분무제(baking soda spray) 227, 286
벼(*Oryza sativa*) 101, 208
벼과(Poaceae) 508
벼과 식물(grass, 벼, 잔디 등) 19, 31, 33
변종(variety) 398, 519
병반(lesion) 519
병원체(pathogen) 11, 173, 222, 229, 231, 258, 266, 275, 277~278, 288, 290, 295, 519

보석딱정벌레(flatheaded borer) 155, 342
보우텔로우아 그라칠리스(blue grama, *Bouteloua gracilis*) 509~510, 512
보트리티스균(botrytis) 23, 52, 74, 76, 90, 112, 132, 143, 153, 281, 293, 423, 436, 449, 458, 466, 475, 477, 481
복숭아(peach, *Prunus persica*) 90, 104, 205, 230, 265, 278, 428, 446, 467~468, 473, 475, 479, 482, 484
복숭아순나방(oriental fruit moth) 142, 145, 341~342
복숭아순나방 애벌레(oriental fruit worm) 121, 326, 341
복족강(gastropod) 403~405
부생균(saprophyte) 275~278, 368, 519
부유피복(floating row cover) 325, 414
부종(edema) 63, 261, 443
분토(potting soil) 253, 267~269
불두화(viburnum) 422, 425~426, 432, 435, 438, 445~446, 456, 485
불마름병(fire blight) 143, 372
붉은가지마름병(coral spot) 143, 281, 478
붉은바위취(foamy bells, × *Heucherella*) 441
붓꽃(iris) 173, 442
붕소 결핍(boron deficiency) 185, 271, 273
브로콜리(broccoli) 68, 195, 237, 440
브루셀스프라우트(Brussels sprout) 237
블랙베리(blackberry) 86, 99, 110, 116, 362, 424, 431, 466~467
블루베리(blueberry, *Vaccinium*) 101, 129, 246, 269~270, 326, 407, 519

비내한성(tender) 263, 519
비늘줄기썩음병(bulb rot) 201, 293, 493, 498
비료(fertilizer) 228, 244, 246, 250, 260, 263, 266, 268, 270~274, 268, 298, 412, 423, 426, 460, 519
비트(beet, *Beta*) 172, 176, 185, 198, 237, 265, 271, 273, 486, 498
빗자루병(witches' broom) 160, 383, 487, 519
뿌리가 화분에 꽉 참(rootbound plant) 25, 253, 260, 422, 432
뿌리 및 알뿌리(root and bulb) 170~174, 492~499
뿌리썩음병(root rot) 24, 151, 168, 176, 178, 180, 198, 200, 243, 256~258, 279, 284, 293~295, 400, 492~493, 498, 503
뿌리응애(bulb mite) 200, 364~365, 499
뿌리진딧물(root aphid) 194, 203, 344
뿌리채소(root vegetable) 137, 172, 237, 250~251, 492
뿌리혹병(root gall) 203, 377
뿌리혹선충(*Meloidogyne*, root-knot nematode) 21, 203, 236, 392~395, 397, 400
뿔나방류(peachtwig borer) 142, 145, 342, 479
뿔남천(Oregon grape, *Mahonia*) 427

ㅅ

사과나무속(apple, *Malus*) 76, 99, 109, 115, 117~118, 125~126, 150, 232, 254, 326, 328, 450, 458, 478
사람에 의한 피해(human-caused damage) 217, 416
사마귀(praying mantise) 240, 313, 322~323, 355, 513
사슴(deer) 57, 80, 122, 144, 231, 234, 236, 404~407, 416~418, 442, 454
사탕무 바이러스병(curly top virus) 198, 234, 383, 387
사탕수수(sugar cane, *Saccharum officinarum*) 137
삭과(capsule) 101, 519
산딸나무(dogwood, *Cornus*) 425, 438, 449, 483
산사나무속(*Crataegus*) 458
산성 토양(acid soil) 246, 274, 519
산성화(acidify) 520
산호세깍지벌레(San Jose scale) 146, 319, 489
살균제(fungicide) 277, 285, 288, 290~291, 368, 376, 500
살비제(miticide) 300~301, 331, 340, 363, 356~357, 361
살선충제(nematicide) 401
살충비누(insecticidal soap) 227, 300, 330~331, 347, 356 347, 520
살충제(insecticide) 227, 300, 328~331, 340, 345, 356, 361, 363, 368 (살충비누 참고)
삼나무(plume tree, Cryptomeria) 338, 359
상록수(evergreen) 248, 263, 289, 292, 336, 357, 428, 520
상추(lettuce, *Lactuca*) 33, 95, 264, 405, 407, 516
새삼(dodder, *Cuscuta*) 383, 408~409
새포아풀(bluegrass, *Poa annua*) 32
생리 장해 잎반점병(physiological leaf-spot) 41, 246, 248, 429 (세균성 잎반점병, 잎반점병 참고)

생물농약(biological remedy) 520 (이로운 생물 참고)

생장 균열(growth crack) 123, 261, 469

생육 환경(growing condition) 18, 188, 198, 206, 222, 228, 231, 249~250, 270, 282, 284, 292~293, 297, 299, 320, 329, 422, 424, 426, 429, 432, 434~435, 443, 445, 448, 455, 457, 459, 464~465, 469, 472, 484, 487, 492, 494~495, 497, 500, 503

서늘한 날씨(cool weather) 219, 262, 264

서리 피해(frost damage) 77, 99, 262, 263, 449, 461 (한해 참고)

서양금혼초(cat's ear, *Hypochaeris radicata*) 103

서양측백(arborvitae, *Thuja occidentalis*) 422~423

석회(lime) 520

석회유황합제(lime-sulfur) 285, 291~292

선인장(cacti) 31, 137, 139, 268

선충류(nematode) 186, 196, 198, 231, 234, 387, 391~394, 396, 398, 402, 494

설악눈주목(yew, *Taxus*) 447

설치류(rodent) 122, 144, 154, 193, 231, 251, 406~408, 416~418, 470, 486, 496

섬개야광나무속(cotoneaster) 458

세균(bacteria) 366~379

세균성 마름병(bacterial blight) 117, 148, 210, 372, 468, 482, 500

세균성 무름병(bacterial rot) 201, 377, 379, 499

세균성 살균제(bacterial fungicide) 288

세균성 점무늬병(bacterial leaf-spot) 118, 131, 372, 468, 476 (잎반점병, 생리 장해 잎반점병 참고)

세이지(sage, *Salvia*) 33, 236, 417

소나무속(pine tree) 156

소나무 혹병(gall rust of pine) 166

소독(토양, sterlizing soil) 268~269, 520

소독(공구, sterlizing tool) 244~245

소리쟁이(dock, *Rumex*) 433

소반(scorch) 259, 426, 520 (잎덴 참고)

소엽(leaflet) 520

속(genus) 520

솎아내기의 정의(thinning, defined) 520

솔방울毬花(cone) 17~19

솔벌레류(Cooley spruce gall adelgids) 152, 159, 161, 319, 346, 483, 487

솜깍지벌레류(cottony scale) 44, 61, 151, 169, 318~319, 443

솜벌레류(adelgid) 44, 61, 151, 169, 316, 318~319, 430, 443, 483, 490

솜진딧물(woolly aphid) 151, 169, 319

수관(canopy) 39, 241, 423, 517, 520

수국(hydrangea) 432, 435

수레국(coneflower) 239, 322, 355, 512

수박(watermelon, *Citrullus*) 129, 488

수분受粉(pollination) 69, 92, 100, 126, 248, 254, 308, 520

수분 과잉(overwatering) 98, 123, 218, 261, 462, 469, 503

수선화꽃등에(narcissus bulb fly) 192, 344

수술(stamen) 67, 69, 520

슈피리어 오일(superior oil) 337, 358, 520

스모크트리(smoke tree, *Cotinus*) 338, 359

스킨답서스(pothos, *Epipremnum pinnatum*) 32, 427
스트레스(stress) 520
스트렙토미세스 그리세우스(*Streptomyces griseus*) 369
시금치(spinach, *Spinacia*) 33, 95, 264, 523
시든 꽃 따내기(deadheading) 95, 231, 253, 459, 520
시들음(wilt) 235, 246, 248, 294, 302, 309, 387, 520 (시들음병 참고)
시들음병(위조병萎凋病, fusarium wilt) 142, 178, 184, 186, 202, 302, 309, 281, 293, 477
시비(fertilization) 520
시카모르단풍 그을음껍질병(sycamore maple sooty bark disease) 149, 282
시클라멘(cyclamen) 448
시클라멘먼지응애(cyclamen mite) 85, 240, 350~353, 355, 513
식물기생선충(plant parasite nematode) 392~395
식물 살균(sanitizing plant) 268~269, 277, 285, 288, 290~291, 293, 368, 376
식물의 간격(plant spacing) 241, 249
식물의 격리(quarantined plant) 235~236, 320, 352~353, 385
식물의 배치(placement of plant) 223, 233, 237, 241, 256, 283, 320
식물의 번식(plant reproduction) 17
식물의 진화(evolution of plant) 15, 17, 31
식재 시기(planting time) 96, 264~265, 521
심부병(heart rot) 163, 302, 488
쌀(rice) 101, 208

쌍떡잎식물(decotyledon, dicot) 16, 17, 205, 521
썩음병(rot) 24, 51, 76, 89, 90, 113, 114, 117, 129~132, 143, 148, 151, 153, 162, 168, 176~178, 180, 184, 187~188, 199~201, 243, 256~258, 271, 273, 279, 281, 284, 293~295, 303, 377, 400, 437, 450, 458, 466, 473~475, 478, 481, 488, 492~494, 498, 503, 521 (뿌리썩음병 참고)
쑤시기붙이류(raspberry fruitworm) 116, 326, 341, 451
씨 및 유묘(seed and seedling) 204~219, 500~503

ㅇ

아그로박테리움 투메파시엔스(*Agrobacterium tumefaciens*) 369, 520
아그로피론 크리스타툼(crested wheatgrass, *Agropyron cristatum*) 509
아메리카잔디(St. Augustine grass, *Stenotaphrum secundatum*) 509~510
아몬드(almond) 90, 501
아밀라리아 뿌리썩음병(armillaria root rot) 24, 151, 168, 293~294, 302
아보카도(avocado, *Persea*) 230, 424
아스파라거스딱정벌레(asparagus beetle) 154, 319, 485
아이비(English ivy, *Hedera helix*) 441
아이비제라늄(ivy geranium, *Pelargonium*) 284, 443, 449
아티초크(artichoke, *Cynara*) 68, 70, 440, 516
아프리칸바이올렛(African violet, *Saintpaulia*) 31,

70

알벌(Trichogramma wasp) 240, 322, 513

알뿌리(비늘줄기, bulb) 137, 173, 234~235, 237~238, 241, 265, 279~280, 294, 296, 303~304, 352, 364~365, 373, 387, 398~399, 407, 459, 492~494, 498~499, 521 (뿌리 및 알뿌리 참고)

알팔파(alfalfa) 33

암술(pistil) 521

암술대(style) 69, 521

암술머리(stigma) 69, 521

애배잎벌류(European apple sawfly) 109, 134, 341

애벌레(grub, larva) 116, 124, 127, 130, 133, 189, 191~193, 211, 213, 240, 305~306, 311, 313, 317, 323, 325, 329, 335, 392, 513

야생당근(Queen Anne's lace, *Daucus carota*) 448

야자나무(palm) 17, 19, 31

양귀비(poppy, *Papaver*) 101, 516

양배추(*Brassica oleracea*) 33, 173, 195, 205, 237, 264, 270, 294, 440, 459, 518, 523

양봉꿀벌(*Apis mellifera*) 351

양파(onion) 173~174, 176~178, 181, 184, 197~200, 202, 237, 265, 269, 492, 494, 521

어린이에 의한 피해(child-caused damage) 122, 157, 224, 253, 254, 292, 338, 359, 412, 416, 418

에르위니아 아밀로보라(*Erwinia amylovora*) 437, 520

에르위니아 카로토보라(*Erwinia carotovora*) 520

에틸렌(ethylene) 92, 246, 248, 457

역병(late blight, phytophthora root rot) 117, 153, 162, 182, 281~282, 293, 467, 481, 494

연방 살충제, 살진균제, 쥐약 법안(Federal Insecticide, Fungicide and Rodenticide Act, FIFRA) 227

염기성 토양 270, 521

염해(salt burn, salt damage) 22, 37, 271, 273, 423, 426

엽록소(chlorophyll) 15

영양 관리(nutrient management) 232, 265

영양의 정의(nutrient, defined) 521

예방(prevention) 222, 231, 233, 320, 345, 352, 373

오그라드는 증상(shriveled growth) 35, 64, 66, 72, 84~85, 98, 105, 124, 128~129, 131~132, 175, 177~178, 195, 199, 206, 209~210, 254, 445~447, 454, 472, 476, 497, 500, 524

오렌지(orange, *Citrus sinensis*) 101, 464

오이(cucumber, *Cucumis sativus*) 129, 468, 474

옥수수(corn, *Zea mays*) 171, 205, 156, 161, 208, 210, 216, 219, 234, 236, 244, 254, 296, 309, 369, 388, 407, 470, 501~502, 507, 514, 518 [큰담배밤나방의 애벌레, 잎벌레류(corn rootworm) 참고]

옥수수씨딱정벌레(seedcorn beetle) 211, 344

온도(temperature) 22, 26, 95, 176, 185, 223~224, 228~229, 231~233, 248, 250, 262~265, 284, 288, 290, 292, 302, 334~335, 338~339, 354, 359, 360, 368, 393, 459, 461, 508~509 (서리 피해, 고온 장해 참고)

온실가루이좀벌(*Encarsia formosa*) 240, 322, 512
완두(pea, *Pisum*) 239
왕김의털(red fescue, *Festuca rubra*) 509~510, 512
왕포아풀(Kentucky bluegrass, *Poa pratensis*) 509
왜성겨우살이(dwarf mistletoe, *Arceuthobium*) 151, 167, 408, 419
왜소한 증상(stunted growth) 84, 87~88, 97, 105, 124, 126, 128, 140, 159~160, 175, 195, 198, 254, 352, 393, 424, 456, 472, 487, 497
외떡잎식물(monocotyledon, monocot) 17, 19, 136, 445, 521
외부기생충(ectoparasite) 393, 521
용설란(agave) 19
우산잔디(Bermuda grass, *Cynodon dactylon*) 509
울타리유인(espalier) 326, 521
원줄기(trunk) 135, 144, 157, 168, 241, 247, 283, 382, 484, 488 (줄기 참고)
원핵생물계(prokaryote) 366
월동(overwinter) 325, 374, 518, 521
유관속(vascular) 135, 172, 521
유기멀치(organic mulch) 244, 508, 514, 521
유기물질(organic matter) 229, 270, 368, 522
유기비료(organic fertilizer) 260, 270, 272~273, 511, 522
유럽집먼지진드기(*dermatophagoides pteronyssinus*) 349
유리나방류(squash vine borer, dogwood borer) 155, 352, 425
유티파 가지마름병(eutypa dieback) 143, 148, 281

으아리(clematis) 449, 459
응애(mite) 348~365, 431, 444, 447, 467, 499
이로운 생물(beneficial organism) 1
이리응애류(Amblyseius, Phytoseiulus, Metaseiulus) 240, 355
이식 쇼크(transplant shock) 22, 93, 260, 423, 459
이콜라이(*E. coli* bacteria) 369
인 결핍(phosphorus deficiency) 218, 271, 274
인동(honeysuckle, *Lonicera*) 431
인산철(iron phosphate) 411~412
일소日燒(sunburn, sunscald) 46, 74, 112~113, 150, 158, 181, 255~256, 432, 448, 465
잎(leaf) 30~66, 426~447
잎뎀(leaf scorch) 37, 259, 426
잎말이나방류(leafroller, grape berry moth, Nantucket pine tip) 64, 120, 145, 156, 318, 329, 341~342, 447
잎말이나방류의 애벌레(cherry fruitworm, pecan shuckworm, hickory shuckworm) 120, 127, 134, 213, 215, 318, 326, 334, 342
잎반점병(leaf-spot) 41~42, 47, 60, 65, 246, 248, 278, 280, 372, 429, 431~432, 438, 446 (세균성 잎반점병, 생리 장해 잎반점병 참고)
잎벌(sawfly) 312, 438, 476
잎벌레류(flea beetle, cucumber beetle, corn rootworm, seed weevil, spotted cucumber beetle) 59, 192~193, 211, 213, 318, 342, 344, 441, 453, 501
잎벌 유충(sawfly larva) 54, 318
잎선충(foliar nematode, leaf nematode) 47, 257, 259, 393~394, 397, 433

잎선충류(*Aphelenchoides*) 393

잎응애(spider mite) 43, 240, 348~352, 354~355, 431, 513

잎자루(petiole) 30~31, 34, 522

잎혹진딧물류(kinnikinnik leaf gall aphid) 62, 346, 444

ㅈ

자두(plum) 90, 203, 372, 461, 475, 476, 484, 491

자엽자두(purpleleaf plum, *Prunus cerasifera*) 307, 441, 478

자이언트측백나무(western red cedar, *Thuja plicata*) 32, 436

자작나무속(birch, *Betula*) 144

자주천인국(purple cone flower, *Echinacea purpurea*) 307

잔디 관리(lawn care) 504~515

잔디깎기 기계에 의한 피해(lawnmower damage) 144, 154, 250, 405~406, 409, 419, 480, 486

잠자리(dragonfly) 306

장님노린재류(tarnished plant bug) 115, 312, 319, 467

장미(rose, *Rosa*) 16~17, 31, 70, 91, 99, 143, 225, 234, 241, 253~254, 262, 264, 280, 283~284, 262, 264, 280, 283~284, 310, 346, 354, 384, 386, 425, 248, 430, 434~436, 438, 442, 444~445, 447, 449, 451~452, 457~458, 463, 477, 480~482, 487, 489, 490, 520

장밋과(rose family) 458

장비(equipment) 226

장해와 질병 비교(disorder vs. disease) 230, 522

잿빛곰팡이(gray mold) 23, 52, 74, 76, 90, 112, 132, 143, 153, 281, 284, 293, 423, 436, 449, 458, 466, 475, 477, 481

전나무속(fir tree, *Abies*) 17, 31, 483, 523

전자음(electronic sound) 417

절대병원체(obligate pathogen) 258, 522

점무늬(spot) 40, 43, 114, 118, 131, 183, 235, 248, 268, 282, 294, 352, 372, 387, 429~431, 468, 476

점박이응애(two-spotted spider mite) 235, 350, 352, 349

점액 유출(slime flux) 163, 377~378, 488

접목(grafting) 138, 522

점무늬병(tulip fire) 118, 131, 183, 269, 282, 372, 468, 476

접시꽃(hollyhock, *Alcea*) 429

접합자(zygote) 522

제초기로 인한 피해(weed-eater damage) 144, 154, 250~251, 405~406, 409, 419, 486

제초제(herbicide) 243, 252, 522 (제초제 피해 참고)

제초제 피해(herbicide damage) 28, 48, 66, 86~87, 160, 252, 424, 434, 445, 455, 487

제충국(*Chrysanthemum cinerariifolium*) 301, 340, 361

조류(algae) 17, 405

조직 괴사(death of tissue) 259, 435

조직배양을 통한 무성번식(clone) 389

조직 손상(tissue damage) 50

조직의 정의(tissue, defined) 522

좀회양목(boxwood, *Buxus*) 446
좁은잎백일홍-(zinnia) 423, 436
종(species) 522
종양(tumor) 522
종이봉투(paper bag) 326
주목(hemlock, *Tsuga*) 430, 443, 486, 490
줄기(stem) 135~169, 477~491
줄기썩음병(stem rot) 162, 184, 293, 488
줄기혹병(aerial crown gall) 165, 377, 491
중독(phytotoxicity) 224, 520
즙빨기딱따구리(sapsucker) 156, 406, 413~415, 486
지의류(lichen) 167, 406, 408~409, 491
진균(fungi) 10, 45, 47, 49, 60, 86, 136, 149~151, 162~163, 170, 182~183, 187, 222, 224, 229, 231, 234, 236~238, 241, 243, 248, 251, 257~259, 266, 268~270, 273, 275~304, 423, 428~429, 431~432, 434, 436, 438, 443, 445, 449, 458, 466, 469, 473, 475, 477, 481, 484, 488, 489, 492~493, 498, 501, 522
진달래속(rhododendron) 241, 248, 274
진딧물(aphid) 56, 62, 65, 81, 86, 125, 140, 152, 161, 169, 191, 194, 203, 231, 234, 239~240, 278~279, 297~298, 300, 308~310, 312, 314~316, 318~319, 321~323, 339, 388, 428, 440, 444, 446, 451, 456, 474, 489, 513
진딧물류(black aphid) 239, 388, 440
질경이둥글밑진딧물(rosy apple aphid) 125, 318~319, 474
질소 결핍(nitrogen dificiency) 29, 38, 49, 231, 270~272, 425, 427, 434

질소 과다(excess nitrogen) 93, 97, 270, 272~273, 298, 460
질소의 정의(nitrogen, defined) 522
집게벌레(earwig) 55, 59, 79, 83, 212, 313, 318~319, 327~328, 332~333, 439, 452

ㅊ

착생 식물(epiphyte) 139, 408~409, 522
참겨우살이(leafy mistletoe, *Phoradendron*) 167, 408, 419, 490
참나무(oak, *Quercus*) 16~17, 138, 149, 205, 302, 346, 488, 490
채소(vegetable) 522 (과일 참고)
채진목(serviceberry, *Amelanchier*) 426
천공충穿孔蟲(borer) 25, 27, 39, 51, 98, 150, 315, 317, 324, 341~344, 423, 425, 428, 436, 483, 485
천수국(marigold, *Tagetes*) 236~237, 296, 397~400
철 결핍(iron dcficiency) 29, 38, 49, 271~272, 424, 427, 434
철사벌레(wireworm) 191, 193, 211, 317, 344, 495
철쭉(azalea) 518
청고병(verticillium wilt) 52, 280, 293, 436
체관부(phloem) 34, 134~136, 171~172, 383, 522
체리(*Prunus avium*) 104, 260, 370, 407, 437, 438~439, 458, 478, 481~482, 487, 489
체리라우렐(cherry laurel, *Prunus laurocerasus*) 248, 439

총채벌레(thrip) 43, 78, 85, 315~316, 319, 339, 450, 456

총채벌레목(Thysanoptera) 315

총채벌레류(citrus thrip) 106, 111

추대(bolting, seedstalk formation) 95, 197, 256, 264, 523

측백나무(*Thuja*) 248

치르치나툼단풍(vine maple, *Acer circinatum*) 32

치자(gardenia) 246, 270, 274, 492, 498

칠성풀잠자리(green lacewing) 240, 300, 310, 322, 331, 355, 357, 513

침엽수(conifer) 17, 61, 151, 167, 348, 430, 436, 443, 461, 523

침투성(systemic) 382, 523

콜롬비아눔 나리(*Lilium columbianum*) 19

콜리플라워(cauliflower) 195, 236

콩(bean, *Phaseolus*) 16, 348, 423, 501

콩과(legume) 21, 203, 367

크럼블리 베리 바이러스병(crumbly berry virus) 128

크로톤(croton, *Codiaeum*) 349

크산토모나스 캄페스트리스(*Xanthomonas campestris*) 520

큰극락조화(bird of paradise, *Strelitzia nicolai*) 463

클레마티스 아르만디(*Clematis armandii*) 32

키도니아속(quince, *Cydonia*) 458

키스투스(rockrose, *Cistus*) 454

킬레이트화 철(chelated iron) 523

ㅋ

칼륨 결핍(potassium deficiency) 176, 270, 272

칼슘(calcium) 270, 272, 273, 511, 520

캐비티스폿(cavity spot) 190, 271, 273

케일(kale) 195, 237

코들링나방 애벌레(codling moth larva) 213, 326, 341~342, 470, 476

코랄벨스(coral bells, *Heuchera*) 440

코르크 조직(corky tissue) 63, 108~109, 115, 118, 123, 125, 183, 249, 495, 523

코스모스(cosmos) 236, 239, 322, 355, 400, 512

코요테(coyote) 122, 406, 416

코코넛(coconut) 205, 243, 268, 400

코코야자(coconut palm) 136

콜라비(kohlrabi) 236

ㅌ

탄산수소나트륨(sodium bicarbonate) 286

탄산수소칼륨(potassium bicarbonate) 286

탄저병(anthracnose) 75, 114, 118, 129, 181, 281~282, 449, 473, 523

태양열 소독(solarizing soil) 269, 397, 523

털벌레(caterpillar) 54, 58~59, 80~81, 124, 127, 130, 133, 145, 189, 191, 214~216, 240, 306~307, 310, 313~314, 318, 322~323, 326, 333~335, 440, 447, 452, 454, 476, 479, 502, 513

토끼(rabbit) 25, 214, 404, 406~407, 414

토끼풀(white clover, *Trigolium repens*) 510, 520

토마토(tomato, *Lycopersicon esculentum*) 16, 31,

100~102, 129, 205, 208, 219, 234, 237, 261, 263~264, 270, 272, 296, 388, 399, 460, 462, 464~469, 472, 476, 516

토마틸로(tomatillo) 237

토양 관리(soil management) 265, 271, 295, 320 (영양 관리 참고)

톨 페스큐(tall fescue, *schedonorus pheonix*) 509

톱풀(yarrow, *Achillea*) 70, 236, 238, 322, 355, 400, 452, 490, 512

통기(aeration) 393, 515, 523

통풍(air movement) 240, 283

퇴비(compost) 265~270, 282, 287~288, 294~295, 523

퇴비차(compost tea) 287~288, 523

튤립(tulip, *Tulipa*) 173, 183, 238, 265, 279, 365, 399, 407, 493, 494, 498

팀블베리(thimbleberry) 450, 453

ㅍ

파리(fly) 306, 309, 311~312, 323, 326, 328 (검은 점병 참고)

파리목(Deptera) 311~312

파밤나방(army worm) 120, 216, 319, 326~327, 329, 334, 341~342

파슬리(parsley) 33, 239, 322, 355, 512

팔라놉시스속(*Phalaenopsis*) 248

팬지(pansy, *Viola*) 69~70, 235, 288, 449

페로몬 덫(pheromone trap) 329~330, 523

페튜니아(petunia) 237, 399, 452

페포 호박(zucchini, *Cucurbita pepo*) 101, 423, 451

펜넬(fennel, *Foeniculum*) 236, 298, 310, 322, 355, 400, 512

포도(grape, *Vitis*) 120, 129, 136, 253, 407, 414, 441, 445, 466, 475, 516

포식기생충(parasitoid) 240, 322, 513

포식성 응애(predatory mite) 240, 355, 513, 523

포유류(mammal) 405~407, 416

포자(spore) 16~17, 523

포장용 삼베 싸기(burlap wrap) 414

포플러(poplar, *Populus*) 429

표피(epidermis) 171~172, 523

푸른가문비나무(blue spruce tree, *Picea pungens*) 338, 358

푸른곰팡이병(bulb blue mold, gladiolus corm rot) 177, 184, 202, 303, 494, 498

푸른바탕병(greenback) 106, 262~263, 464

푸사리움 황화병(fusarium yellow) 87, 293

풋마름병(cucurbit bacterial wilt) 129, 378, 474

품종(cultivar) 522

풍뎅이류(Japanese beetle) 311, 335~336, 453

풍뎅이류 유충(Japanese beetle larva) 25, 192~193, 316, 344

풍해(blow down) 27, 250, 425

프소이도모나스 시링가이(*Pseudomonas syringae*) 370, 520

플록스선충(phlox nematode) 160, 394

피라칸타속(pyracantha) 458

피레트룸(*Pyrethrum*, pyrethrin) 301, 340, 361

피칸(pecan tree, Carya illinoinensis) 213, 215

피티움속(*Pythium*) 257, 268, 295

필로덴드론(philodendron) 31, 171

ㅎ

하늘소류(twig pruner) 142, 341, 342, 479
한국잔디(zoysia grass, *Zoysia*) 509
한해寒害(cold injury) 176, 264~265 (서리 피해 참고)
한해살이 식물(annual) 237~238, 296, 398~399, 518
해충의 정의(pest, defined) 523
핵과(stonefruit, *Prunus*) 76, 90, 99, 109, 115, 117, 450, 458, 523
핵과류(drupe) 205
핵산(nucleic acid) 318, 523
행동 감지 스프링클러(motion-activated sprinkler) 417
향나무속(Juniperus) 17, 31, 238, 477, 523
허리노린재류(squash bug) 82, 312, 314, 318, 451
헤이즐넛(hazelnut, Corylus) 205
헤테로랍디티스 박테리오포라(*Heterorhabditis bacteriophora*) 343
헬레보레(hellebore, *Helleborus*) 440
혐기성(anaerobic) 287, 523
호기성(aerobic) 287, 523
호두(walnut, *Juglans*) 210, 213, 328, 468, 474, 500, 502
호밀풀(perennial ryegrass, *Lolium perenne*) 509
호박(acorn squash, pumpkin, *Cucurbita*) 16, 296, 471
호야(hoya) 443

호접란(moth orchid) 457
호티컬처럴 오일(horticultural oil) 337, 358
혹벌류의 충영(mossyrose gall, spiny rose gall) 62, 168, 346, 444, 490
혹병(European canker) 143, 166, 247, 381, 382
혹응애류(bladder gall mite, blister mite, gall mite, redberry mite) 45, 62~63, 110, 350~351, 354, 362, 431, 444, 467
홍가시나무(photinia) 248, 429, 432, 442
환경 스트레스(environmental stress) 128, 249, 472
환상박피(girdling) 28, 250~251
황(sulfur) 264, 270, 272, 290, 339~340, 360~361, 364
황 피해(sulfur phytotoxicity) 36, 264, 338, 359, 426
황화병(yellows) 84~85, 87, 198, 293, 309, 370, 378~379, 524
휴면(dormancy) 253, 292, 337~338, 358~359, 484, 524
흑호두(black walnut tree, *Juglans nigra*) 338, 359 (호두 마름병, 호두 참고)
흙파는쥐(gopher) 25, 406, 414, 418
흰가루병(powdery mildew) 42, 65, 74, 84, 107, 111, 224, 234, 280, 284, 429, 445, 449, 524
흰곰팡이(white mold) 24, 65, 112, 153, 163, 178, 184, 186, 202, 275, 281, 293, 466, 524
흰구더기(white maggot) 212, 342, 458, 495
흰소나무바구미(white pine weevil) 161, 342
히솝(hyssop) 239, 322, 355, 512
히코리(hickory nut, *Carya ovata*) 213, 338, 359